2025年版全国一级建造师执业资格考试用书

建筑工程管理与实务

全国一级建造师执业资格考试用书编写委员会　编写

中国建筑工业出版社

图书在版编目（CIP）数据

建筑工程管理与实务／全国一级建造师执业资格考
试用书编写委员会编写．-- 北京：中国建筑工业出版社，
2024.12.（2025.5重印）--（2025年版全国一级建造师执业资格考试用
书）．-- ISBN 978-7-112-30648-0

Ⅰ．TU71

中国国家版本馆 CIP 数据核字第 2024LR4669 号

责任编辑：冯江晓
责任校对：张惠雯

2025年版全国一级建造师执业资格考试用书

建筑工程管理与实务

全国一级建造师执业资格考试用书编写委员会　编写

*

中国建筑工业出版社出版、发行（北京海淀三里河路9号）
各地新华书店、建筑书店经销
北京云浩印刷有限责任公司印刷

*

开本：787毫米×1092毫米　1/16　印张：24　字数：582千字
2025年1月第一版　2025年5月第五次印刷
定价：**88.00**元（含增值服务）
ISBN 978-7-112-30648-0
（44038）

如有内容及印装质量问题，请与本社读者服务中心联系
电话：（010）58337283　QQ：2885381756
（地址：北京海淀三里河路9号中国建筑工业出版社604室　邮政编码：100037）

序

为了加强建设工程项目管理，提高工程项目总承包及施工管理专业技术人员素质，规范施工管理行为，保证工程质量和施工安全，根据《中华人民共和国建筑法》《建设工程质量管理条例》《建设工程安全生产管理条例》和国家有关执业资格考试制度的规定，2002年，人事部和建设部联合颁布了《建造师执业资格制度暂行规定》（人发〔2002〕111号），对从事建设工程项目总承包及施工管理的专业技术人员实行建造师执业资格制度。

注册建造师是以专业工程技术为依托、以工程项目管理为主的注册执业人士。注册建造师可以担任建设工程总承包或施工管理的项目负责人，从事法律、行政法规或标准规范规定的相关业务。实行建造师执业资格制度后，我国大中型工程施工项目负责人由取得注册建造师资格的人士担任。建造师执业资格制度的建立，将为我国拓展国际建筑市场开辟广阔的道路。

按照《建造师执业资格制度暂行规定》（人发〔2002〕111号）、《建造师执业资格考试实施办法》（国人部发〔2004〕16号）和《关于建造师资格考试相关科目专业类别调整有关问题的通知》（国人厅发〔2006〕213号）的规定，本编委会组织全国具有较高理论水平和丰富实践经验的专家、学者，依据"一级建造师执业资格考试大纲（2024年版）"，编写了"2025年版全国一级建造师执业资格考试用书"（以下简称"考试用书"）。在编撰过程中，遵循"以素质测试为基础、以工程实践内容为主导"的指导思想，坚持"模块化与系统性相结合，理论性与实操性相结合，指导性与实用性相结合，一致性与特色化相结合"的修订原则，旨在引导执业人员提升理论水平和施工现场实际管理能力，切实达到加强工程项目管理、提高工程项目总承包及施工管理专业技术人员素质、规范施工管理行为、保证工程质量和施工安全的目的。

本套考试用书共14册，书名分别为《建设工程经济》《建设工程项目管理》《建设工程法规及相关知识》《建筑工程管理与实务》《公路工程管理与实务》《铁路工程管理与实务》《民航机场工程管理与实务》《港口与航道工程管理与实务》《水利水电工程管理与实务》《矿业工程管理与实务》《机电工程管理与实务》《市政公用工程管理与实务》《通信与广电工程管理与实务》《建设工程法律法规选编》。本套考试用书既可作为全国一级建造师执业资格考试学习用书，也可供从事工程管理的其他人员学习使用和高等学校相关专业师生教学参考。

考试用书编撰者为高等学校、行业协会和施工企业等方面的专家和学者。在此，谨向他们表示衷心感谢。

在考试用书编写过程中，虽经反复推敲核证，仍难免有不妥甚至疏漏之处，恳请广大读者提出宝贵意见。

全国一级建造师执业资格考试用书编写委员会

前　言

根据《一级建造师执业资格考试大纲（建筑工程专业）》（2024年版），结合理论联系实际、"考""干"结合的方针，遵循建造师考试原则，参照最新颁布施行的法律法规、标准规范，由中国土木工程学会总工程师工作委员会牵头组织业内专家及相关院校学者，对《建筑工程管理与实务》一书进行了改版修订，用于指导考生参加一级建造师执业资格考试。

2025年版《建筑工程管理与实务》考试用书按照大纲要求，在2024年版考试用书基础上，更新了《建筑与市政施工现场安全卫生与职业健康通用规范》GB 55034—2022、《建筑与市政工程绿色施工评价标准》GB/T 50640—2023、《绿色建筑评价标准（2024年版）》GB/T 50378—2019、《通用硅酸盐水泥》GB 175—2023、《施工现场建筑垃圾减量化技术标准》JGJ/T 498—2024等规定内容，增加了《房屋建筑和市政基础设施工程危及生产安全施工工艺、设备和材料淘汰目录（第一批）》《招标投标领域公平竞争审查规则》《国务院关于调整完善工业产品生产许可证管理目录的决定》（国发〔2024〕11号）等要求内容，对考试用书中不准确的表述进行了修订，以适应新政策和行业发展的新变化。

新版用书分为三篇。第1篇，建筑工程技术。包括建筑工程设计技术、主要建筑工程材料的性能与应用、建筑工程施工技术，侧重于对本专业基础知识、工程材料、施工技术的掌握。第2篇，建筑工程相关法规与标准。包括相关法规和相关标准内容，以最新法律法规和标准规范为依据，增加了建筑工程通用规范的内容解读。第3篇，建筑工程项目管理实务。包括建筑工程企业资质与施工组织、工程招标投标与合同管理、施工进度管理、施工质量管理、施工成本管理、施工安全管理、绿色建造及施工现场环境管理、施工资源管理，对建筑工程项目管理实务进行解析。

本书在编写过程中，通过多种方式征求了在职项目经理及有关工程技术人员和业界专家的意见，吸收了广大读者提出的合理化建议，调研听取了考试主管部门的指导要求，书稿完成后又组织专家进行了评审。本书在编写过程中，得到各主管部门的指导以及业界诸多专家的支持和参与本书审稿同志们的帮助。在本书出版之际，对各位领导、专家和同志，以及广大读者表示衷心感谢！

虽经长时间准备和研讨、审查与修改，书中仍难免存在疏漏与不足，恳请广大读者提出宝贵意见，以便完善。

网上免费增值服务说明

为了给一级建造师考试人员提供更优质、持续的服务，我社为购买正版考试图书的读者免费提供网上增值服务，增值服务分为文档增值服务和全程精讲课程，具体内容如下：

☞ **文档增值服务：** 主要包括各科目的备考指导、学习规划、考试复习方法、重点难点内容解析、应试技巧、在线答疑，每本图书都会提供相应内容的增值服务。

☞ **全程精讲课程：** 由权威老师进行网络在线授课，对考试用书重点难点内容进行全面讲解，旨在帮助考生掌握重点内容，提高应试水平。课程涵盖全部考试科目。

更多免费增值服务内容敬请关注"建工社微课程"微信服务号，网上免费增值服务使用方法如下：

1. 计算机用户

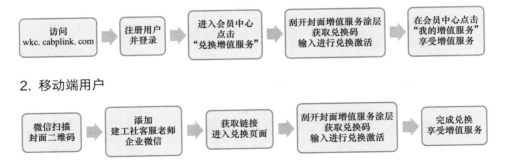

访问 wkc.cabplink.com → 注册用户并登录 → 进入会员中心点击"兑换增值服务" → 刮开封面增值服务涂层获取兑换码输入进行兑换激活 → 在会员中心点击"我的增值服务"享受增值服务

2. 移动端用户

微信扫描封面二维码 → 添加建工社客服老师企业微信 → 获取链接进入兑换页面 → 刮开封面增值服务涂层获取兑换码输入进行兑换激活 → 完成兑换享受增值服务

注： 增值服务从本书发行之日起开始提供，至次年新版图书上市时结束，提供形式为在线阅读、观看。如果输入兑换码后无法通过验证，请及时与我社联系。

客服电话：4008-188-688（周一至周五 9：00—17：00）

Email: jzs@cabp.com.cn

防盗版举报电话：010-58337026，举报查实重奖。

网上增值服务如有不完善之处，敬请广大读者谅解。欢迎提出宝贵意见和建议，谢谢！

读者如果对图书中的内容有疑问或问题，可关注微信公众号【建造师应试与执业】，与图书编辑团队直接交流。

建造师应试与执业

目　　录

第1篇　建筑工程技术

第1章　建筑工程设计技术

1.1　建筑物的构成与设计要求

第1章
看本章精讲课
做本章自测题

1.1.1　建筑物分类与构成

1. 建筑物的分类

1）按建筑物的用途分类

按建筑物的用途通常可以将建筑物分为民用建筑、工业建筑和农业建筑。

（1）民用建筑

民用建筑是为人们大量使用的非生产性建筑。根据具体使用功能的不同，它分为居住建筑和公共建筑两大类。

① 居住建筑主要是指供人们居住使用的建筑，可分为住宅类居住建筑和非住宅类居住建筑（如宿舍类建筑和民政建筑）。

② 公共建筑主要是指供人们进行各种公共活动的建筑。公共建筑包含教育、办公科研、商业服务、公众活动、交通、医疗、社会民生服务、综合类等场所的建筑。

（2）工业建筑

工业建筑是指为工业生产服务的各类建筑，也可以称为厂房类建筑，如生产车间、辅助车间、动力用房、仓储建筑等。

（3）农业建筑

农业建筑是指用于农业、牧业生产和加工的建筑，如温室、畜禽饲养场、粮食和饲料加工站、农机修理站等。

2）按建筑物的层数或高度分类

（1）根据《民用建筑设计统一标准》GB 50352—2019，民用建筑按地上层数或高度（应符合防火规范）分类划分应符合下列规定：

① 建筑高度不大于27m的住宅建筑、建筑高度不大于24m的公共建筑及建筑高度大于24m的单层公共建筑为低层或多层民用建筑。

② 建筑高度大于27m的住宅建筑和建筑高度大于24m的非单层公共建筑，且高度不大于100m，为高层民用建筑。

③ 建筑高度大于100m的民用建筑为超高层建筑。

（2）根据《建筑设计防火规范（2018年版）》GB 50016—2014，民用建筑根据其高度和层数可分为单、多层民用建筑和高层民用建筑。高层民用建筑根据其建筑高度、使用功能和楼层的建筑面积可分为一类和二类。民用建筑的分类见表1.1-1。

建筑高度的计算应符合下列规定：

表 1.1-1 民用建筑的分类

名称	高层民用建筑		单、多层民用建筑
	一类	二类	
住宅建筑	建筑高度大于 54m 的住宅建筑（包括设置商业服务网点的居住建筑）	建筑高度大于27m, 但不大于 54m 的住宅建筑（包括设置商业服务网点的住宅建筑）	建筑高度不大于27m 的住宅建筑（包括设置商业服务网点的住宅建筑）
公共建筑	1. 建筑高度大于 50m 的公共建筑； 2. 建筑高度24m 以上部分任一楼层建筑面积大于1000m² 的商店、展览、电信、邮政、财贸金融建筑和其他多种功能组合的建筑； 3. 医疗建筑、重要公共建筑、独立建造的老年人照料设施； 4. 省级及以上的广播电视和防灾指挥调度建筑、网局级和省级电力调度建筑； 5. 藏书超过 100 万册的图书馆	除一类高层公共建筑外的其他高层公共建筑	1. 建筑高度大于24m 的单层公共建筑； 2. 建筑高度不大于24m 的其他公共建筑

① 平屋顶建筑高度应按室外设计地坪至建筑物女儿墙顶点的高度计算，无女儿墙的建筑应按至其屋面檐口顶点的高度计算。

② 坡屋顶建筑应分别计算檐口及屋脊高度，檐口高度应按室外设计地坪至屋面檐口或坡屋面最低点的高度计算，屋脊高度应按室外设计地坪至屋脊的高度计算。

③ 当同一座建筑有多种屋面形式或多个室外设计地坪时，建筑高度应分别计算后取其中最大值。

④ 机场、广播电视、电信、微波通信、气象台、卫星地面站、军事要塞等设施的技术作业控制区内及机场航线控制范围内的建筑，建筑高度应按建筑物室外设计地坪至建（构）筑物最高点计算。

⑤ 历史建筑，历史文化名城名镇名村、历史文化街区、文物保护单位、风景名胜区、自然保护区的保护规划区内的建筑，建筑高度应按建筑物室外设计地坪至建（构）筑物最高点计算。

⑥ 第④条、第⑤条规定以外的建筑，屋顶设备用房及其他局部突出屋面用房的总面积不超过屋面面积的 1/4 时，不应计入建筑高度。

⑦ 建筑的室内净高应满足各类型功能场所空间净高的最低要求，地下室、局部夹层、公共走道、建筑避难区、架空层等有人员正常活动的场所最低处室内净高不应小于2.00m。

3）按民用建筑的规模大小分类

可以分为大量性建筑和大型性建筑。

（1）大量性建筑是指量大面广，与人们生活密切相关的那些建筑，如住宅、学校、商店、医院等。

（2）大型性建筑是指规模宏大的建筑，如大型体育馆、大型剧院、大型火车站和航空港、大型展览馆等。

2. 建筑物的构成

建筑物由结构体系、围护体系和设备体系组成。

1）结构体系

结构体系承受竖向荷载和侧向荷载，并将这些荷载安全地传至地基，一般将其分为上部结构和地下结构：上部结构是指基础以上部分的建筑结构，包括墙、柱、梁、板、屋盖等；地下结构指建筑物的基础结构。

2）围护体系

建筑物的围护体系由屋面、外墙、门、窗等组成。屋面、外墙围护出的内部空间，能够遮蔽外界恶劣气候的侵袭，同时也起到隔声的作用，从而保证使用人群的安全性和私密性。门是连接内外的通道，窗户可以透光、通气和开放视野，内墙将建筑物内部划分为不同的单元。

3）设备体系

设备体系通常包括给水排水系统、供电系统和供热通风系统。其中供电系统分为强电系统和弱电系统两部分，强电系统指供电、照明等，弱电系统指通信、信息、探测、报警等；给水系统为建筑物内的使用人群提供饮用水和生活用水，排水系统排走建筑物内的污水；供热通风系统为建筑物内的使用人群提供舒适的环境。

1.1.2　建筑设计程序与要求

1. 建筑设计程序

建筑设计的程序一般可分为方案设计、初步设计、施工图设计、专项设计阶段。对于技术要求相对简单的民用建筑工程，当有关主管部门在初步设计阶段没有审查要求，且合同中没有做初步设计的约定时，可在方案设计审批后直接进入施工图设计。

1）方案设计

一般在投资决策之后，由咨询单位将可行性研究提出的意见和问题，经过与业主协商认可后提出具体开展建设的设计文件，其深度应满足编制初步设计文件和控制概算的需要。

方案设计文件的内容应包括设计说明书、总平面以及相关建筑设计图纸，设计委托或设计合同中规定的透视图、鸟瞰图、模型等。

2）初步设计

初步设计是项目的宏观设计，其内容根据项目类型的不同有所变化，是对项目的总体布局、主要工艺流程、设备的选型和安装、土建工程量及费用估算的考量，其深度应满足编制施工招标文件、主要设备材料订货和编制施工图设计文件的需要。

初步设计文件的内容应包括设计说明书、有关专业的设计图纸、主要设备或材料表、工程概算书、有关专业计算书等。

3）施工图设计

施工图设计的任务是根据批准的初步设计，绘制出正确、完整、详细的施工图纸，明确部分工程详图、零部件结构明细表、验收标准及方法、施工图预算等，其深度应满足设备材料采购、非标准设备制作和施工需要。

施工图设计文件的内容应包括合同要求所涉及的所有专业的设计图纸、工程预算书、各专业计算书等。

4）专项设计

建设单位另行委托相关单位承担项目专项设计（包括二次设计）时，主体建筑设计单位应提出专项设计的技术要求并对主体结构和整体安全负责。

专项设计工程：建筑装饰工程、建筑智能化系统设计、建筑幕墙工程、基坑工程、轻型房屋钢结构工程、风景园林工程、消防设施工程、环境工程、照明工程、预制混凝土构件加工图设计等。

2. 建筑设计要求

建筑设计除了应满足相关的建筑标准、规范等要求之外，原则上还应符合以下要求：

1）满足建筑功能要求

满足建筑物的功能要求，为人们的生产和生活活动创造良好的空间环境，是建筑设计的首要任务。例如学校建筑设计，首先要满足教学活动的需要，教室设计应做到合理布局，使各类活动有序进行、动静分离、互不干扰；教学区应有便利的交通联系和良好的采光、通风条件，同时还要合理安排学生的课外和体育活动空间以及教师的办公室、卫生设备、储存空间等。

2）符合总体规划要求

规划设计是有效控制城市发展的重要手段。所有建筑物的建造都应该纳入所在地规划控制的范围。城市规划通常会给某个建筑总体或单体提供与城市道路连接的方式、部位等方面的设计依据。同时，规划还会对建筑提出形式、高度、色彩等方面的要求。建筑设计应当做到既有鲜明的个性特征、满足人们对良好视觉效果的需求，同时又是整个城市空间和谐乐章中的有机组成部分。新设计的单体建筑，应与所在基地形成协调的室外空间组合，创造出良好的室外环境。

3）采用合理的技术措施

采用合理的技术措施能为建筑物安全、有效地建造和使用提供基本保证。根据所设计项目建筑空间组合的特点，正确地选用相关的建筑材料和技术，尤其是适用的建筑结构体系、合理的构造方式以及可行的施工方案，可以做到高效率、低能耗，并兼顾建筑物在建造阶段及较长使用周期中的各种相关要求，达到可持续发展的目的。

4）考虑建筑美观要求

建筑物是社会物质和文化财富，它在满足使用要求的同时，还需要考虑人们对建筑物在美观方面的要求，考虑建筑物所赋予人们精神上的感受。建筑设计要努力创造具有时代精神和延续文脉的建筑空间组合与建筑形象。

5）具有良好的经济效益

房屋建造是一个复杂的物质生产过程，需要大量的人力、物力和资金。在房屋的设计和建造中，要因地制宜、就地取材，尽量做到节省劳动力、节约建筑材料和资金。设计和建造房屋要有周密的计划和核算，重视经济领域的客观规律，讲究经济效果，要提供在投资计划所允许的经济范畴之内运作的可能性。房屋设计的使用要求和技术措施，要和相应的造价、建筑标准统一起来。

1.1.3　建筑室内物理环境技术要求

1. 室内光环境

（1）建筑采光设计应做到技术先进、经济合理，有利于视觉工作和身心健康。

（2）采光系数和室内天然光照度为采光设计的评价指标。

（3）住宅建筑的卧室、起居室（厅）、厨房应有直接采光。

（4）采光设计时，减小窗的不舒适眩光可采取的措施：

① 作业区应减少或避免直射阳光；

② 工作人员的视觉背景不宜为窗口；

③ 可采用室内外遮挡设施；

④ 窗结构的内表面或窗周围的内墙面，宜采用浅色饰面。

（5）采光设计时，应采取以下有效的节能措施：

① 大跨度或大进深的建筑宜采用顶部采光或导光管系统采光；

② 在地下空间，无外窗及有条件的场所，可采用导光管采光系统；

③ 侧面采光时，可加设反光板、棱镜玻璃或导光管系统，改善进深较大区域的采光。

（6）照明设计标准的规定

① 照明方式分为：一般照明、局部照明、混合照明、重点照明和氛围照明。

② 照明种类分为：正常照明、应急照明、值班照明、警卫照明以及障碍照明。

③ 照明光源应根据使用场所光色、启动时间、电磁干扰等要求，按下列条件选择：

a. 灯具安装高度较低的房间宜采用 LED 光源、细管径直管形三基色荧光灯；

b. 灯具安装高度较高的场所宜采用 LED 光源、金属卤化物灯、高压钠灯或大功率细管径直管形荧光灯；

c. 重点照明宜采用 LED 光源、小功率陶瓷金属卤化物灯；

d. 室外照明场所宜采用 LED 光源、金属卤化物灯、高压钠灯；

e. 照明设计不应采用普通照明白炽灯，对电磁干扰有严格要求，且其他光源无法满足的特殊场所除外。

④ 照明节能措施：

a. 照明场所应以用户为单位计量和考核照明用电量；

b. 除美术馆、博物馆等对显色要求高的场所的重点照明可采用卤钨灯外，一般场所不应选用卤钨灯；

c. 一般照明不应采用荧光高压汞灯。

2. 室内声环境

（1）影响建筑主要功能房间室内噪声的因素主要分为两类，一类是建筑物外部噪声源通过建筑围护结构传播至室内，另一类是建筑物内部的建筑设备产生的振动与噪声传播至室内。

（2）室内允许噪声级采用 A 声级作为评价量。

（3）室内允许噪声级应为关窗状态下昼间和夜间时段的标准值。昼间和夜间时段所对应的时间：昼间，6：00—22：00；夜间，22：00—6：00。

（4）新建居住小区临交通干线、铁路线时，宜将对噪声不敏感的建筑物作为建筑声屏障，排列在小区外围。

（5）对安静要求较高的民用建筑，宜设置于本区域主要噪声源夏季主导风向的上风侧。

（6）与住宅建筑配套而建的停车场、儿童游戏场或健身活动场地的位置选择，应避免对住宅产生噪声干扰。

（7）当住宅建筑位于交通干线两侧或其他高噪声环境区域时，应根据室外环境噪声状况及室内允许噪声级，确定住宅防噪措施，设计具有相应隔声性能的建筑围护结构。

（8）在选择住宅建筑的体形、朝向和平面布置时，应充分考虑噪声控制的要求，并应符合下列规定：

① 在住宅平面设计时，应使分户墙两侧的房间和分户楼板上下的房间属于同一类型。

② 宜使卧室、起居室（厅）布置在背噪声源的一侧。

③ 对进深有较大变化的平面布置形式，应避免相邻户的窗口之间产生噪声干扰。

（9）电梯不得紧邻卧室布置，也不宜紧邻起居室（厅）布置。受条件限制需要紧邻起居室（厅）布置时，应采取有效的隔声和减振措施。

（10）当厨房、卫生间与卧室、起居室（厅）相邻时，管道、设备等不宜设在隔墙上。对固定于墙上且可能引起传声的管道等物件，应采取有效的减振、隔声措施。主卧室内卫生间的排水管道宜做隔声包覆处理。

（11）现浇、大板或大模板等整体性较强的住宅建筑，在附着于墙体和楼板上可能引起传声的设备处和经常产生撞击、振动的部位，应采取防止结构声传播的措施。

3. 室内热工环境

1）热工设计原则

建筑热工设计区划分为两级。一级区包括5个热工分区：严寒、寒冷、夏热冬冷、夏热冬暖、温和地区。

（1）保温设计

① 建筑物的总平面布置、平面和立面设计、门窗洞口设置应考虑冬季利用日照并避开冬季主导风向。

② 建筑物宜朝向南北或接近朝向南北，体形设计应减少外表面积，平、立面的凹凸不宜过多。

③ 严寒地区和寒冷地区的建筑不应设开敞式楼梯间和开敞式外廊。

④ 严寒地区建筑出入口应设门斗或热风幕等避风设施。

⑤ 外窗、透光幕墙、采光顶等透光外围护结构的面积不宜过大。

⑥ 围护结构的保温形式应根据建筑所在地的气候条件、结构形式、采暖运行方式、外饰面层等因素选择，并按要求进行防潮设计。

（2）防热设计

① 建筑物防热应综合采取有利于防热的建筑总平面布置与体形设计、自然通风、建筑遮阳、围护结构隔热和散热、环境绿化、被动蒸发、淋水降温等措施。

② 建筑朝向宜采用南北向或接近南北向，建筑平面、立面设计和门窗设置应有利于自然通风，避免主要房间受东、西向的日晒。

③ 建筑围护结构外表面宜采用浅色饰面材料，屋面宜采用绿化、涂刷隔热涂料、遮阳等隔热措施。

④ 建筑物的向阳面，东、西向外窗（透光幕墙），应采取有效的遮阳措施。

⑤ 房间天窗和采光顶应设置建筑遮阳，并宜采取通风和淋水降温措施。

⑥ 夏热冬冷、夏热冬暖和其他夏季炎热的地区，一般房间宜设置电扇调风改善热

环境。

2）围护结构保温设计

（1）提高墙体热阻值可采取的措施：

① 采用轻质高效保温材料与砖、混凝土、钢筋混凝土、砌块等主墙体材料组成复合保温墙体构造。

② 采用低导热系数的新型墙体材料。

③ 采用带有封闭空气间层的复合墙体构造设计。

（2）严寒地区、寒冷地区建筑应采用木窗、塑料窗、铝木复合门窗、铝塑复合门窗、钢塑复合门窗和断热铝合金门窗等保温性能好的门窗。严寒地区建筑采用断热金属门窗时宜采用双层窗。

（3）有保温要求的门窗、玻璃幕墙、采光顶采用的玻璃系统应为中空玻璃、Low-E 中空玻璃、充惰性气体 Low-E 中空玻璃等保温性能良好的玻璃，保温要求高时还可采用三玻两腔、真空玻璃等。传热系数较低的中空玻璃宜采用"暖边"中空玻璃间隔条。

（4）地下室外墙热阻、地面层热阻的计算只计入结构层、保温层和面层。地面保温材料应选用吸水率小、抗压强度高、不易变形的材料。

3）围护结构隔热设计

（1）外墙隔热可采取的措施：

① 采用浅色外饰面。

② 采用通风墙、干挂通风幕墙等。

③ 设置封闭空气间层时，可在空气间层平行墙面的两个表面涂刷热反射涂料、贴热反射膜或铝箔。当采用单面热反射隔热措施时，热反射隔热层应设置在空气温度较高一侧。

④ 采用复合墙体构造时，墙体外侧宜采用轻质材料，内侧宜采用重质材料。

⑤ 采用墙面垂直绿化及淋水被动蒸发墙面等。

⑥ 提高围护结构的热惰性指标 D 值。

⑦ 西向墙体可采用高蓄热材料与低热传导材料组合的复合墙体构造。

（2）屋面隔热可采取的措施：

① 采用浅色外饰面。

② 采用通风隔热屋面。

③ 采用有热反射材料层（热反射涂料、热反射膜、铝箔等）的空气间层隔热屋面。

④ 采用蓄水屋面。

⑤ 采用种植屋面。

⑥ 采用淋水被动蒸发屋面。

⑦ 采用带老虎窗的通气阁楼坡屋面。

（3）向阳面的窗、玻璃门、玻璃幕墙、采光顶设置固定遮阳或活动遮阳。

4）自然通风设计

（1）民用建筑优先采用自然通风去除室内热量。

（2）建筑的平、立、剖面设计，空间组织和门窗洞口的设置应有利于组织室内自然通风。

（3）受建筑平面布置的影响，室内无法形成流畅的通风路径时，宜设置辅助通风装置。

（4）采用自然通风的建筑，进深应符合下列规定：

① 未设置通风系统的居住建筑，户型进深不应超过 12m。

② 公共建筑进深不宜超过 40m，进深超过 40m 时应设置通风中庭或天井。

5）遮阳设计

（1）建筑门窗洞口的遮阳宜优先选用活动式建筑遮阳。

（2）当采用固定式建筑遮阳时，南向宜采用水平遮阳；东北、西北及北回归线以南地区的北向宜采用垂直遮阳；东南、西南朝向窗口宜采用组合遮阳；东、西朝向窗口宜采用挡板遮阳。

（3）建筑遮阳应与建筑立面、门窗洞口构造一体化设计。

4. 室内空气质量

（1）民用建筑室内装饰装修设计应有污染控制措施，应进行装饰装修设计污染控制预评估，控制装饰装修材料使用量负荷比和材料污染物释放量，采用装配式装修等先进技术，装饰装修制品、部件宜在工厂加工制作，现场安装。

（2）夏热冬冷地区、严寒及寒冷地区等采用自然通风的Ⅰ类民用建筑最小通风换气次数不应低于 0.5 次 /h，必要时应采取机械通风换气措施。

（3）当民用建筑工程场地土壤氡浓度测定结果大于 20000Bq/m³ 且小于 30000Bq/m³，或土壤表面氡析出率大于 0.05Bq/（m²·s）且小于 0.10Bq/（m²·s）时，应采取建筑物底层地面抗开裂措施。

（4）当民用建筑工程场地土壤氡浓度测定结果不小于 30000Bq/m³ 且小于 50000Bq/m³，或土壤表面氡析出率不小于 0.10Bq/（m²·s）且小于 0.30Bq/（m²·s）时，除采取建筑物底层地面抗开裂措施外，还必须按现行国家标准一级防水要求，对基础进行处理。

（5）Ⅰ类民用建筑室内装饰装修采用的无机非金属装饰装修材料放射性限量必须满足现行国家标准规定的 A 类要求。

（6）Ⅱ类民用建筑宜采用放射性符合 A 类要求的无机非金属装饰装修材料；当 A 类和 B 类无机非金属装饰装修材料混合使用时，每种材料的使用量应通过计算确定。

（7）民用建筑室内装饰装修采用的人造木板及其制品、涂料、胶粘剂、水性处理剂、混凝土外加剂、墙纸（布）、聚氯乙烯卷材地板、地毯等材料的有害物质释放量或含量，应符合相关国家标准规定。

1.1.4 建筑隔震减震设计构造要求

1. 地震的震级及烈度

地震是由于某种原因引起的强烈地动，是一种自然现象。震级是按照地震本身强度而定的等级标度，用以衡量某次地震的大小，用符号 M 表示。世界上多数国家采用的是 12 个等级划分的烈度表。一般来说，$M < 2$ 的地震称为无感地震或微震。$M = 2 \sim 5$ 的地震称为有感地震。$M > 5$ 的地震，对建筑物引起不同程度的破坏，统称为破坏性地震。$M > 7$ 的地震为强烈地震或大震。$M > 8$ 的地震称为特大地震。

地震烈度是指某一地区的地面及建筑物遭受一次地震影响的强弱程度。一般来说，距震中越远，地震影响越小，烈度就越小。反之，距震中越近，烈度就越大。为了进行建筑结构的抗震设计，按国家规定的权限批准作为一个地区抗震设防的地震烈度称为抗震设防烈度。

2. 抗震设防分类和设防标准

抗震设防的各类建筑与市政工程，均应根据其遭受地震破坏后可能造成的人员伤亡、经济损失、社会影响程度及其在抗震救灾中的作用等因素划分为甲、乙、丙、丁四个抗震设防类别：

甲类：特殊设防类，指使用上有特殊要求的设施，涉及国家公共安全的重大建筑与市政工程，地震时可能发生严重次生灾害等特别重大灾害后果，需要进行特殊设防的建筑与市政工程。

乙类：重点设防类，指地震时使用功能不能中断或需尽快恢复的生命线相关建筑与市政工程，以及地震时可能导致大量人员伤亡等重大灾害后果，需要提高设防标准的建筑与市政工程。

丙类：标准设防类，指除甲类、乙类、丁类以外按标准要求进行设防的建筑与市政工程。

丁类：适度设防类，指使用上人员稀少且震损不致产生次生灾害，允许在一定条件下适度降低设防要求的建筑与市政工程。

各抗震设防类别建筑和市政工程，其抗震设防标准应符合下列规定：

标准设防类，应按本地区抗震设防烈度确定其抗震措施和地震作用，达到在遭遇高于当地抗震设防烈度的预估罕遇地震影响时不致倒塌或发生危及生命安全的严重破坏的抗震设防目标。

重点设防类，应按高于本地区抗震设防烈度一度的要求加强其抗震措施。但抗震设防烈度为 9 度时应按比 9 度更高的要求采取抗震措施。地基基础的抗震措施，应符合有关规定。同时，应按本地区抗震设防烈度确定其地震作用。

特殊设防类，应按高于本地区抗震设防烈度一度的要求加强其抗震措施。但抗震设防烈度为 9 度时应按比 9 度更高的要求采取抗震措施。同时，应按批准的地震安全性评价的结果且高于本地区抗震设防烈度的要求确定其地震作用。

适度设防类，允许比本地区抗震设防烈度的要求适当降低其抗震措施，但抗震设防烈度为 6 度时不应降低。一般情况下，仍应按本地区抗震设防烈度确定其地震作用。

当工程场地为Ⅰ类时，对特殊设防类和重点设防类工程，允许按本地区设防烈度的要求采取抗震构造措施。对标准设防类工程，抗震构造措施允许按本地区设防烈度降低一度、但不得低于 6 度的要求采用。

3. 抗震体系与设计

1）建筑工程的抗震体系的规定

（1）结构体系应具有足够的牢固性和抗震冗余度。

（2）楼、屋盖应具有足够的面内刚度和整体性。采用装配整体式楼、屋盖时，应采取措施保证楼、屋盖的整体性及其与竖向抗侧力构件的连接。

（3）基础应具有良好的整体性和抗转动能力，避免地震时基础转动加重建筑震害。

（4）构件连接的设计与构造应能保证节点或锚固件的破坏不先于构件或连接件的

破坏。

2）各类建筑与市政工程结构的抗震设计的规定

（1）各类建筑与市政工程结构均应进行构件截面的抗震承载力验算。

（2）应进行抗震变形、变位或稳定验算。

（3）应采取抗震措施。

4. 抗震措施

1）一般规定

（1）混凝土结构房屋以及钢－混凝土组合结构房屋中，框支梁、框支柱及抗震等级不低于二级的框架梁、柱、节点核芯区的混凝土强度等级不应低于C30。

（2）对于框架结构房屋，应考虑填充墙、围护墙和楼梯构件的刚度影响，避免不合理设置而导致主体结构的破坏。

（3）建筑的非结构构件及附属机电设备，其自身及与结构主体的连接，应进行抗震设防。

（4）建筑主体结构中，幕墙、围护墙、隔墙、女儿墙、雨篷、商标、广告牌、顶篷支架、大型储物架等建筑非结构构件的安装部位，应采取加强措施，以承受由非结构构件传递的地震作用。

（5）围护墙、隔墙、女儿墙等非承重墙体的设计与构造应符合下列规定：

① 采用砌体墙时，应设置拉结筋、水平系梁、圈梁、构造柱等与主体结构可靠拉结。

② 墙体及其与主体结构的连接应具有足够的延性和变形能力，以适应主体结构不同方向的层间变形需求。

③ 人流出入口和通道处的砌体女儿墙应与主体结构锚固。防震缝处女儿墙的自由端应予以加强。

（6）建筑装饰构件的设计与构造应符合下列规定：

① 各类顶棚的构件及与楼板的连接件，应能承受顶棚、悬挂重物和有关机电设施的自重和地震附加作用。其锚固的承载力应大于连接件的承载力。

② 悬挑构件或一端由柱支承的构件，应与主体结构可靠连接。

③ 玻璃幕墙、预制墙板、附属于楼屋面的悬臂构件和大型储物架的抗震构造应符合抗震设防类别和烈度的要求。

2）混凝土结构房屋

（1）框架梁和框架柱的潜在塑性铰区应采取箍筋加密措施。抗震墙结构、部分框支抗震墙结构、框架－抗震墙结构等结构的墙肢和连梁、框架梁、框架柱以及框支框架等构件的潜在塑性铰区和局部应力集中部位应采取延性加强措施。

（2）框架－核心筒结构、筒中筒结构等筒体结构，外框架应有足够刚度，确保结构具有明显的双重抗侧力体系特征。

（3）对钢筋混凝土结构，当施工中需要以不同规格或型号的钢筋替代原设计中的纵向受力钢筋时，应按照钢筋受拉承载力设计值相等的原则换算，并符合规定的抗震构造要求。

3）砌体结构房屋

（1）砌体房屋应设置现浇钢筋混凝土圈梁、构造柱或芯柱。

（2）多层砌体房屋的楼、屋盖应符合下列规定：

① 楼板在墙上或梁上应有足够的支承长度，罕遇地震下楼板不应跌落或拉脱。

② 装配式钢筋混凝土楼板或屋面板，应采取有效的拉结措施，保证楼、屋盖的整体性。

③ 楼、屋盖的钢筋混凝土梁或屋架应与墙、柱（包括构造柱）或圈梁可靠连接。不得采用独立砖柱。跨度不小于6m的大梁，其支承构件应采用组合砌体等加强措施，并应满足承载力要求。

（3）砌体结构楼梯间应符合下列规定：

① 不应采用悬挑式踏步或踏步竖肋插入墙体的楼梯，8度、9度时不应采用装配式楼梯段。

② 装配式楼梯段应与平台板的梁可靠连接。

③ 楼梯栏板不应采用无筋砖砌体。

④ 楼梯间及门厅内墙阳角处的大梁支承长度不应小于500mm，并应与圈梁连接。

⑤ 顶层及出屋面的楼梯间，构造柱应伸到顶部，并与顶部圈梁连接，墙体应设置通长拉结钢筋网片。

⑥ 顶层以下楼梯间墙体应在休息平台或楼层半高处设置钢筋混凝土带或配筋砖带，并与构造柱连接。

（4）砌体结构房屋还应符合下列规定：

① 砌体结构房屋中的构造柱、芯柱、圈梁及其他各类构件的混凝土强度等级不应低于C25。

② 对于砌体抗震墙，其施工应先砌墙后浇构造柱、框架梁柱。

4）多层和高层钢结构房屋

（1）钢结构房屋需要设置防震缝时，缝宽应不小于相应钢筋混凝土结构房屋的1.5倍。

（2）一、二级的钢结构房屋，宜设置偏心支撑、带竖缝钢筋混凝土抗震墙板、内藏钢支撑钢筋混凝土墙板、屈曲约束支撑等消能支撑或筒体。

（3）钢结构房屋的楼盖应符合下列要求：

① 宜采用压型钢板现浇钢筋混凝土组合楼板或钢筋混凝土楼板，并应与钢梁有可靠连接。

② 对6、7度时不超过50m的钢结构，尚可采用装配整体式钢筋混凝土楼板，也可采用装配式楼板或其他轻型楼盖。

（4）梁与柱的连接构造应符合下列要求：

① 梁与柱的连接宜采用柱贯通型。

② 柱在两个互相垂直的方向都与梁刚接时宜采用箱形截面，并在梁翼缘连接处设置隔板。当柱仅在一个方向与梁刚接时，宜采用工字形截面，并将柱腹板置于刚接框架平面内。

（5）框架柱的接头距框架梁上方的距离，可取1.3m和柱净高一半二者的较小值。

上下柱的对接接头应采用全熔透焊缝。

5. 建筑消能减震措施

（1）消能器的选择应考虑结构类型、使用环境、结构控制参数等因素，根据结构在地震作用时预期的结构位移或内力控制要求，选择不同类型的消能器。

（2）抗震设防烈度为 7、8、9 度时，高度分别超过 160m、120m、80m 的大型消能减震公共建筑，应按规定设置建筑结构的地震反应观测系统，建筑设计应预留观测仪器和线路的位置和空间。

（3）应用于消能减震结构中的消能器应符合下列规定：

① 消能器应具有型式检验报告或产品合格证。

② 消能器的性能参数和数量应在设计文件中注明。

（4）消能器的抽样和检测应符合下列规定：

① 消能器的抽样应由监理单位根据设计文件和相关规程的有关规定进行。

② 消能器的检测应由具备资质的第三方进行。

（5）消能器与支撑、连接件之间宜采用高强度螺栓连接或销轴连接，也可采用焊接。

（6）在消能器极限位移或极限速度对应的阻尼力作用下，与消能器连接的支撑、墙、支墩应处于弹性工作状态；消能部件与主体结构相连的预埋件、节点板等应处于弹性工作状态，且不应出现滑移或拔出等破坏。

（7）支撑及连接件一般采用钢构件，也可采用钢管混凝土或钢筋混凝土构件。对支撑材料和施工有特殊规定时，应在设计文件中注明。

（8）钢筋混凝土构件作为消能器的支撑构件时，其混凝土强度等级不应低于 C30。

（9）消能部件的安装可在主体结构完成后进行或在主体结构施工时进行，消能器安装完成后不应出现影响消能器正常工作的变形，且计算分析时应考虑消能部件安装次序的影响。

（10）消能器与主体结构的连接一般分为：支撑型、墙型、柱型、门架式和腋撑型等，设计时应根据工程具体情况和消能器的类型合理选择连接形式。

（11）当消能器采用支撑型连接时，可采用单斜支撑布置、V 字形和人字形等布置，不宜采用 K 字形布置。

（12）消能器与支撑、节点板、预埋件的连接可采用高强度螺栓、焊接或销轴。

（13）预埋件、支撑和支墩、剪力墙及节点板应具有足够的刚度、强度和稳定性。

（14）消能器的支撑或连接元件或构件、连接板应保持弹性。

（15）消能器与结构连接的构造要求：

① 预埋件的锚筋应与钢板牢固连接，锚筋的锚固长度宜大于 20 倍锚筋直径，且不应小于 250mm。当无法满足锚固长度的要求时，应采取其他有效的锚固措施。

② 剪力墙、支墩沿长度方向全截面箍筋应加密，并配置网状钢筋。

（16）消能部件的施工和验收：

① 消能部件工程应作为主体结构分部工程的一个子分部工程进行施工和质量验收。消能减震结构的消能部件工程也可划分成若干个子分部工程。

② 消能部件子分部工程的施工作业，宜划分为二个阶段：消能部件进场验收和消能部件安装防护。消能器进场验收应提供下列资料：

a. 消能器检验报告；

b. 监理单位、建设单位对消能器检验的确认单。

③ 消能部件尺寸、变形、连接件位置及角度、螺栓孔位置及直径、高强度螺栓、焊接质量、表面防锈漆等应符合设计文件规定。

④ 消能部件的施工安装顺序：

a. 消能部件的施工安装顺序，应由设计单位、施工单位和消能器生产厂家共同商讨确定。

b. 消能减震结构的施工安装顺序制定，应符合下列规定：

划分结构的施工流水段；确定结构的消能部件及主体结构构件的总体施工顺序，并编制总体施工安装顺序表；确定同一部位各消能部件及主体结构构件的局部安装顺序，并编制安装顺序表。

c. 对于钢结构，消能部件和主体结构构件的总体安装顺序宜采用平行安装法，平面上应从中部向四周开展，竖向应从下向上逐渐进行。

d. 对于现浇混凝土结构，消能部件和主体结构构件的总体安装顺序宜采用后装法进行。

e. 同一部位各消能部件的局部安装顺序编制应符合下列规定：

确定同一部位各消能部件的现场安装单元、安装连接顺序；编制同一部位各消能部件的局部安装连接顺序，包括消能器、支撑、支墩、连接件的类型、规格和数量。

f. 同一部位消能部件的现场安装单元及局部安装连接顺序，同一部位消能部件的制作单元超过一个时，宜先将各制作单元及连接件在现场地面拼装为扩大安装单元后，再与主体结构进行连接。

⑤ 消能部件的现场安装单元或扩大安装单元与主体结构的连接，宜采用现场原位连接。

⑥ 消能部件安装前，准备工作应包括下列内容：

a. 消能部件的定位轴线、标高点等应进行复查。

b. 消能部件的运输进场、存储及保管应符合制作单位提供的施工操作说明书和国家现行有关标准的规定。

c. 按照消能器制作单位提供的施工操作说明书的要求，应核查安装方法和步骤。

d. 对消能部件的制作质量应进行全面复查。

⑦ 消能部件采用铰接连接时，消能部件与销栓或球铰等铰接件之间的间隙应符合设计文件要求，当设计文件无要求时，间隙不应大于 0.3mm。

⑧ 消能部件安装连接完成后，应符合下列规定：

a. 消能器没有形状异常及损害功能的外伤。

b. 消能器的黏滞材料、黏弹性材料未泄漏或剥落，未出现涂层脱落和生锈。

c. 消能部件的临时固定件应予撤除。

6. 建筑隔震措施

（1）隔震层中隔震支座的设计使用年限不应低于建筑结构的设计使用年限，且不宜低于 50 年。当隔震层中的其他装置的设计使用年限低于建筑结构的设计使用年限时，在设计中应注明并预设可更换措施。

（2）对较重要或有特殊要求的隔震建筑，应设置地震反应观测系统。隔震建筑宜设置记录隔震层地震变形响应的装置。

（3）隔震结构宜采用的隔震支座类型，主要包括天然橡胶支座、铅芯橡胶支座、高阻尼橡胶支座、弹性滑板支座、摩擦摆支座及其他隔震支座。

（4）隔震层采用的隔震支座产品和阻尼装置应通过型式检验和出厂检验。型式检验除应满足相关的产品要求外，检验报告有效期不得超过6年。出厂检验报告只对采用该产品的项目有效，不得重复使用。

（5）隔震层中的隔震支座应在安装前进行出厂检验，并应符合下列规定：

① 特殊设防类、重点设防类建筑，每种规格产品抽样数量应为100%；

② 标准设防类建筑，每种规格产品抽样数量不应少于总数的50%；有不合格试件时，应100%检测；

③ 每项工程抽样总数不应少于20件，每种规格的产品抽样数量不应少于4件，当产品少于4件时，应全部进行检验。

（6）隔震支座外露的预埋件应有可靠的防锈措施。隔震支座外露的金属部件表面应进行防腐处理。

（7）设置隔震支座的柱头应有防止局部受压破坏的构造措施。

（8）上部结构与周围固定物之间应设置完全贯通的竖向隔离缝以避免罕遇地震作用下可能的阻挡和碰撞，隔离缝宽度不应小于隔震支座在罕遇地震作用下最大水平位移的1.2倍，且不应小于300mm。对相邻隔震结构之间的隔离缝，缝宽取最大水平位移值之和，且不应小于600mm。对特殊设防类建筑，隔离缝宽度尚不应小于隔震支座在极罕遇地震下最大水平位移。

（9）上部结构与下部结构或室外地面之间应设置完全贯通的水平隔离缝，水平隔离缝高度不宜小于20mm，并应采用柔性材料填塞，进行密封处理。

（10）高层及复杂隔震结构隔震支座应进行施工阶段的验算。

（11）大跨屋盖建筑中的隔震支座宜采用隔震橡胶支座、摩擦摆隔震支座或弹性滑板支座。采用其他隔震支座时，应进行专门研究。

1.2　建筑构造设计的基本要求

1.2.1　楼地面基本构造要求

1. 楼面构造

（1）楼面、地面应根据建筑使用功能，满足隔声、保温、防水、防火等要求，其铺装面层应平整、防滑、耐磨、易清洁。

（2）建筑内的厕所、浴室、盥洗室等受水或非腐蚀性液体经常浸湿的楼地面应采取防水、防滑的构造措施，并设排水坡坡向地漏。

（3）内保温的建筑，靠近外墙处的楼板也会因此处的温度较低而出现结露的现象，做楼面装修前，应先在此处楼板上下作保温处理。

（4）为减少振动传声，应在楼面面层与楼板之间和与墙接合处加弹性阻尼材料隔绝振动传声。

（5）不发火（防爆的）面层采用的碎石应选用大理石、白云石或其他石料加工而成，并以金属或石料撞击时不发生火花为合格；水泥应采用普通硅酸盐水泥，其强度等级不应小于 42.5 级。

2. 地面构造

（1）有给水设备或有浸水可能的楼地面，其面层和结合层应采用不透水材料构造；当为楼面时，应加强整体防水措施。

（2）地面应根据需要采取防潮、防止地基土冻胀或膨胀、防止不均匀沉陷等措施。

（3）存放食品、食料或药物等房间地面、楼面、地面面层应采用无污染、无异味、符合卫生防疫条件的环保材料。

（4）受较大荷载或有冲击力作用的地面，应根据使用性质及场所选用由板、块材料、混凝土等组成的易于修复的刚性构造或由粒料、灰土类等组成的柔性材料。

（5）幼儿园建筑中乳儿室、活动室、寝室及音体活动室宜为暖性、弹性地面。幼儿经常出入的通道应为防滑地面。卫生间应采用易清洗、不渗水并防滑的地面。

（6）机动车库的楼面、地面应采用高强度且具有耐磨、防滑性能的材料。

1.2.2　墙体基本构造要求

1. 墙体建筑构造

（1）墙体应根据其在建筑物中的位置、作用和受力状态确定厚度、材料及构造做法，材料的选择应因地制宜。

（2）外墙应根据气候条件和建筑使用要求，采取保温隔热、隔声、防火、防水、防潮和防结露等措施。

（3）墙体防潮、防水应符合下列规定：

① 砌筑墙体应在室外地面以上、室内地面垫层处设置连续的水平防潮层，室内相邻地面有高差时，应在高差处贴邻土壤一侧加设防潮层；

② 有防潮要求的室内墙面迎水面应设防潮层，有防水要求的室内墙面迎水面应采取防水措施；

③ 有配水点的墙面应采取防水措施；

④ 防潮层采用的材料不应影响墙体的整体抗震性能。

（4）外墙的洞口、门窗等处应采取防止墙体产生变形裂缝的加强措施。外窗台应采取排水、防水构造措施。

（5）设置在墙上的内、外保温系统与墙体、梁、柱的连接应安全可靠。

（6）安装固定在墙体上的设备或管道系统应安全可靠，并应具有防止雨水、雪水渗漏到室内的可靠措施。

（7）安装在易于受到人体或物体碰撞部位的玻璃面板，应采取防护措施，并应设置提示标识。

（8）墙面的色彩应遵照色彩对大多数人产生有益影响进行设计。

2. 墙身细部构造

（1）勒脚部位外抹水泥砂浆或外贴石材等防水耐久的材料，高度不小于 700mm。

应与散水、墙身水平防潮层形成闭合的防潮系统。

（2）散水（明沟）：

① 散水的宽度宜为 600～1000mm；当采用无组织排水时，散水的宽度可按檐口线放出 200～300mm。

② 散水的坡度可为 3%～5%；当散水采用混凝土时，宜按 20～30m 间距设置伸缩缝。

③ 散水与外墙之间宜设缝，缝宽可为 20～30mm，缝内应填弹性膨胀防水材料。

（3）水平防潮层：在建筑底层内墙脚、外墙勒脚部位设置连续的防潮层隔绝地下水的毛细渗透，避免墙身受潮破坏。水平防潮层的位置：做在墙体内、高于室外地坪、位于室内地层密实材料垫层中部、室内地坪（±0.000）以下 60mm 处。

（4）墙体与窗框连接处必须用弹性材料嵌缝，以防风、水渗透。

（5）女儿墙：与屋顶交接处必须做泛水，高度不小于 250mm。

（6）非承重墙的要求：保温隔热、隔声、防火、防水、防潮等。

1.2.3　楼梯和电梯基本构造要求

1. 楼梯的建筑构造

1）防火、防烟、疏散的要求

（1）楼梯间前室和封闭楼梯间的内墙上，除在同层开设通向公共走道的疏散门外，不应开设其他的房间门窗（住宅除外）。楼梯间内宜有天然采光，并不应有影响疏散的凸出物。

（2）楼梯间及其前室内不应附设烧水间，可燃材料储藏室，垃圾道，可燃气体管道，甲、乙、丙类液体管道等。

（3）在住宅内，可燃气体管道如必须局部水平穿过楼梯间时，应采取可靠的保护设施。

（4）室外疏散楼梯和每层出口处平台，均应采取不燃材料制作。平台的耐火极限不应低于 1h，楼梯段的耐火极限应不低于 0.25h。在楼梯周围 2m 内的墙面上，除疏散门外，不应设其他门窗洞口。疏散门不应正对楼梯段。疏散出口的门应采用乙级防火门，且门必须向外开，并不应设置门槛。室内疏散楼梯的最小净宽度见表 1.2-1。

表 1.2-1　室内疏散楼梯的最小净宽度（m）

建筑类别	疏散楼梯的最小净宽度
医院病房楼	1.30
居住建筑	1.10
其他建筑	1.20

（5）疏散用楼梯和疏散通道上的阶梯不宜采用螺旋楼梯和扇形踏步。当必须采用时，踏步上下两级所形成的平面角度不应大于 10°。

2）楼梯的空间尺度要求

（1）供日常交通用的公共楼梯的梯段最小净宽应根据建筑物使用特征，按人流股数和每股人流宽度 0.55m 确定，并不应小于 2 股人流的宽度。

（2）住宅套内楼梯的梯段净宽，当一边临空时，不应小于 0.75m；当两侧有墙时，不应小于 0.90m。套内楼梯的踏步宽度不应小于 0.22m，高度不应大于 0.20m，扇形踏步转角距扶手边 0.25m 处，宽度不应小于 0.22m。

（3）当梯段改变方向时，楼梯休息平台的最小宽度不应小于梯段净宽，并不应小于 1.20m。

（4）公共楼梯休息平台上部及下部过道处的净高不应小于 2.00m，梯段净高不应小于 2.20m。

（5）公共楼梯每个梯段的踏步一般不应超过 18 级，亦不应少于 2 级。

（6）公共楼梯应至少于单侧设置扶手，梯段净宽达 3 股人流的宽度时应两侧设扶手。

（7）室内楼梯扶手高度自踏步前缘线量起不宜小于 0.90m。

（8）踏步面应采用防滑措施。

（9）楼梯踏步最小宽度和最大高度的规定见表 1.2-2。

表 1.2-2　楼梯踏步最小宽度和最大高度（m）

楼梯类别	最小宽度	最大高度
以楼梯作为主要垂直交通的公共建筑、非住宅类居住建筑的楼梯	0.26	0.165
住宅建筑公共楼梯、以电梯作为主要垂直交通的多层公共建筑和高层建筑裙房的楼梯	0.26	0.175
以电梯作为主要垂直交通的高层和超高层建筑楼梯	0.25	0.180
中（小）学校楼梯	0.28（0.26）	0.16（0.15）

注：表中公共建筑及非住宅类居住建筑不包括托儿所、幼儿园、中小学校及老年人照料设施。

2. 电梯的设置

（1）自动扶梯、自动人行道设置规定：

① 出入口畅通区的宽度从扶手带端部算起不应小于 2.50m；自动扶梯的梯级、自动人行道的踏板或传送带上空，垂直净高不应小于 2.30m。

② 位于中庭中的自动扶梯或自动人行道临空部位应采取防止人员坠落的措施。

（2）电梯设置规定：

① 高层公共建筑和高层非住宅类居住建筑的电梯台数不应少于 2 台。

② 建筑内设有电梯时，应设置至少 1 台无障碍电梯。

③ 电梯井道和机房与有安静要求的用房贴邻布置时，应采取隔振、隔声措施。

④ 电梯机房应采取隔热、通风、防尘等措施。

1.2.4　门和窗基本构造要求

1. 门窗构造要求

（1）门窗选用应根据建筑使用功能、节能要求、所在地区气候条件等因素综合确定，应满足抗风、水密、气密等性能要求，并应综合考虑安全、采光、节能、通风、防火、隔声等要求。

（2）门窗与墙体应连接牢固，不同材料的门窗与墙体连接处应采取适宜的连接构造和密封措施。

（3）全玻璃的门和落地窗应选用安全玻璃，并应设防撞提示标识。

（4）民用建筑（除住宅外）临空窗的窗台距楼地面的净高低于0.80m时应设置防护设施，防护高度由楼地面（或可踏面）起计算不应小于0.80m。

2. 门的设置规定

（1）门应开启方便、使用安全、坚固耐用；

（2）手动开启的大门扇应有制动装置，推拉门应采取防脱轨的措施；

（3）非透明双向弹簧门应在可视高度部位安装透明玻璃。

3. 窗的设置规定

（1）窗扇的开启形式应能保障使用安全，且应启闭方便，易于维修、清洗；

（2）开向公共走道的窗扇开启不应影响人员通行，其底面距走道地面的高度不应小于2.00m；

（3）外开窗扇应采取防脱落措施。

4. 天窗的设置规定

（1）采光天窗应采用防破碎坠落的透光材料，当采用玻璃时，应使用夹层玻璃或夹层中空玻璃；

（2）天窗应设置冷凝水导泄装置，采取防冷凝水产生的措施，多雪地区应考虑积雪对天窗的影响；

（3）天窗的连接应牢固、安全，开启扇启闭应方便可靠。

5. 防火门、防火窗和防火卷帘构造的基本要求

（1）防火门、防火窗应划分为甲、乙、丙三级，其耐火极限：甲级应为1.5h；乙级应为1.0h；丙级应为0.5h。

（2）防火门应为向疏散方向开启的平开门，并在关闭后应能从其内外两侧手动开启。

（3）用于疏散的走道、楼梯间和前室的防火门，应具有自行关闭的功能。双扇防火门，还应具有按顺序关闭的功能。

（4）常开的防火门，当发生火灾时，应具有自行关闭和信号反馈的功能。

（5）设在变形缝处附近的防火门，应设在楼层数较多的一侧，且门开启后门扇不应跨越变形缝。

（6）在设置防火墙确有困难的场所，可采用防火卷帘作防火分区分隔。

（7）设在疏散走道上的防火卷帘应在卷帘的两侧设置启闭装置，并应具有自动、手动和机械控制的功能。

1.2.5　屋面基本构造要求

1. 屋面坡度

屋面排水坡度应根据屋顶结构形式、屋面基层类别、防水构造形式、材料性能及使用环境等条件确定，其最小坡度的规定见表1.2-3。

表 1.2-3　屋面最小坡度

屋面类型	最小坡度（%）	屋面类型	最小坡度（%）
平屋面	2	波形瓦屋面	20
块瓦屋面	30	种植屋面	2
玻璃采光顶	5	压型金属板、金属夹芯板	5

2. 屋面设计规定

（1）屋面应设置坡度，且坡度不应小于 2%；

（2）屋面设计应进行排水计算，天沟、檐沟断面及雨水立管管径、数量应通过计算合理确定；

（3）装配式屋面应进行抗风揭设计，各构造层均应采取相应的固定措施；

（4）严寒和寒冷地区的屋面应采取防止冰雪融坠的安全措施；

（5）坡度大于 45° 的瓦屋面，以及强风多发或抗震设防烈度为 7 度及以上地区的瓦屋面，应采取防止瓦材滑落、风揭的措施；

（6）种植屋面应满足种植荷载及耐根穿刺的构造要求；

（7）上人屋面应满足人员活动荷载，临空处应设置安全防护设施；

（8）屋面应方便维修、检修，大型公共建筑的屋面应设置检修口或检修通道。

1.2.6　装饰装修基本构造要求

1. 装饰装修设计要求

1）装修设计的规定

（1）室内外装修不应影响建筑物结构的安全性。当既有建筑改造时，应进行可靠性鉴定，根据鉴定结果进行加固。

（2）装修工程应根据使用功能等要求，采用节能、环保型装修材料，且符合现行国家标准《建筑设计防火规范（2018 年版）》GB 50016—2014 的相关规定。

2）室内装修设计的规定

（1）室内装修不得遮挡消防设施标志、疏散指示标志及安全出口，并不得影响消防设施和疏散通道的正常使用；

（2）既有建筑重新装修时，应充分利用原有设施、设备管线系统，且应满足国家现行相关标准的规定；

（3）室内装修材料应符合现行国家标准《民用建筑工程室内环境污染控制标准》GB 50325—2020 的相关要求。

外墙装修材料或构件与主体结构的连接必须安全牢固。

2. 住宅室内装饰装修设计要求

（1）不得减少共用部分安全出口的数量和增加疏散距离。

（2）不得占用或拆改共用部分的门厅、走廊和楼梯间。

（3）不得影响消防设施和安全疏散设施的正常使用，不得降低安全疏散能力。

（4）不得擅自改变共用部分配电箱、弱电设备箱、给水排水、暖通、燃气管道等设施位置和规格。

（5）不得拆除室内原有的安全防护设施，且更换的防护设施不得降低安全防护的要求。

（6）不得采用国家禁止使用的材料，宜采用绿色环保的材料。

（7）不得封堵、扩大、缩小外墙窗户或增加外墙窗户、洞口。

（8）不应降低建筑设计对住宅光环境、声环境、热环境和空气环境的质量要求。

3. 吊顶装修构造

1）吊顶的主要功能

（1）围合空间，遮挡需隐蔽的构件、设备。

（2）可做成多种造型的吊顶，配合饰物、灯光，构成具有一定功能及艺术要求的空间效果。

（3）结合设备末端、功能构件及材料达到一定的防火、隔声的设计要求。

2）吊顶的装修构造及施工要求

（1）吊杆长度超过1.5m时，应设置反支撑或钢制转换层，增加吊顶的稳定性。

（2）重量大于3kg的物体，以及有振动的设备应直接吊挂在建筑承重结构上。

（3）龙骨在短向跨度上应根据材质适当起拱。

（4）大面积吊顶或在吊顶应力集中处应设置分缝，留缝处龙骨和面层均应断开，以防止吊顶开裂。

（5）石膏板等面层抹灰类吊顶，板缝须进行防开裂处理。

（6）为解决振动传声问题，应在吊杆与结构连接之间、四周墙之间设置弹性阻尼材料，减少或隔绝振动传声。

（7）对演出性厅堂和会议室等有音质要求的室内，吊顶应采用吸声扩散处理。

（8）大量管道和电气线路均安装在吊顶内部；吊顶材料和构造设计根据规范要求，应考虑防火、防潮、防水处理。

（9）抹灰吊顶应设检修人孔及通风口，高大厅堂和管线较多的吊顶内，应留有检修空间，并根据需要设走道板。

（10）重型灯具、电扇、风道及其他重型设备严禁安装在吊顶工程的龙骨上。

4. 墙体装修构造

1）外墙装饰构造设计

（1）外墙饰面砖应进行专项设计，其主要内容包括：

① 外墙饰面砖的品种、规格、颜色、图案和主要技术性能。

② 找平层、粘结层、填缝等所用材料的品种和技术性能。

③ 外墙饰面砖的排列方式、分格和图案。

（2）外墙饰面砖粘贴应设置伸缩缝。伸缩缝间距不宜大于6m，宽度宜为20mm。伸缩缝应采用耐候密封胶嵌缝。

（3）外墙饰面砖接缝的宽度不应小于5mm，缝深不宜大于3mm，也可为平缝。

（4）窗台、檐口、装饰线等墙面凹凸部位应采取防水和排水构造。

（5）点挂外墙板采用开放式构造时，建筑墙面基层应进行防水处理，或在面板与基层之间设置防水构造。

（6）点挂外墙板应与主体结构可靠连接，锚固件与主体结构的锚固承载力应通过现场拉拔试验进行验证。

（7）点挂外墙板系统不得影响基层墙体防水、保温性能。

2）墙体裱糊工程

（1）裱糊工程包括壁纸、壁布等，其规格、图案、颜色和燃烧性能等级必须符合设计要求及国家现行标准的规定。

（2）壁纸、壁布一般以抹灰墙、石膏板墙、阻燃型胶合板墙面为基层，要求基层具有一定强度、表面平整、干燥、光洁、无浮尘、无裂缝，其中金属壁纸对平整度要求较高，一般基层为打底处理过的石膏板和胶合板。

（3）旧墙面裱糊前应清除疏松的旧装修层，并涂刷界面剂。

（4）混凝土或抹灰基层含水率不得大于 8%；木材基层含水率不得大于 12%。

3）织物软包工程

（1）织物软包墙面分为：无吸声层织物软包墙面、有吸声层织物软包墙面。

（2）软包墙面的构造基本上可分为龙骨结构层、结构基层、软包基层、面层（饰面层）。

（3）软包面层、内衬及边框的材质、颜色、图案、燃烧性能等级和木材的含水率应符合设计要求及国家现行标准的有关规定。

4）饰面板工程

（1）饰面板木龙骨、木饰面板和塑料饰面板的燃烧等级应符合设计要求。

（2）饰面板安装工程的预埋件（或后置埋件）、连接件的数量、规格、位置、连接方法和防腐处理必须符合设计要求。后置埋件的现场拉拔力必须符合设计要求。

5）涂饰工程

（1）新建筑物的混凝土或抹灰基层在涂饰涂料前应涂刷抗碱封闭底漆。

（2）混凝土或抹灰基层涂刷溶剂型涂料时，含水率不得大于 8%；涂刷乳液型涂料时，含水率不得大于 10%。木材基层的含水率不得大于 12%。

（3）基层腻子应平整、坚实、牢固，无粉化、起皮和裂缝。

（4）厨房、卫生间、地下室墙面必须使用耐水腻子。

5. 地面装修构造

（1）地面由面层、结合层和基层组成。

（2）面层分为整体面层、板块面层和木竹面层。

（3）基层包括填充层、隔离层、找平层、垫层和基土。

（4）常用垫层有灰土垫层、砂垫层和砂石垫层、碎石垫层和碎砖垫层、三合土垫层、炉渣垫层、水泥混凝土垫层等。

1.2.7 变形缝构造要求

1. 变形缝设置

变形缝包括伸缩缝、沉降缝和抗震缝，其设置应符合下列规定：

（1）变形缝应按设缝的性质和条件设计，使其在产生位移或变形时不受阻，且不破坏建筑物。

（2）根据建筑使用要求，变形缝应分别采取防水、防火、保温、隔声、防老化、防腐蚀、防虫害和防脱落等构造措施。

（3）变形缝不应穿过卫生间、盥洗室和浴室等用水的房间，也不应穿过配电间等严禁有漏水的房间。

2. 变形缝的分类

1）按照建筑物变形缝装置的使用部位分类

（1）楼地面变形缝。

（2）内墙、顶棚吊顶变形缝。

（3）外墙变形缝。

（4）屋面变形缝。

2）按照变形缝两侧结构特点分类

（1）平面型：变形缝两侧的安装结构面在同一平面上。

（2）转角型：变形缝两侧的安装结构面是互相垂直的。

3）按照变形缝装置使用特点分类

（1）普通型：除下列各种特殊类型外均归为普通型。

（2）防滑型：金属中心板表面带有防滑凹槽。适用缝宽为50～200mm。可用于有防滑要求的楼地面。

（3）承重型：适用缝宽为30～350mm。选用时应注明所承受的荷载，厂家据此制作。

（4）抗震型：变形量大，接缝平整，隐蔽性好。适用缝宽为50～500mm。可用于有抗震设防要求的地区及有较高变形要求的部位。

（5）封缝型：双重密封，抗风防水，变形量大。适用缝宽为50～300mm。可用于外墙及有抗震设防要求的外墙部位。

3. 变形缝的设计、选用原则

（1）工程设计人员根据项目设计中变形缝所在部位确定选用类型；根据设计缝宽确定选用规格，确定伸缩量；最后根据装饰效果、连接方式确定选用型号。

（2）根据防火要求选配阻火带，并在项目设计中注明。

（3）对防水要求较高的楼地面除可设置止水带外，还可以选用在铝合金基座上装有止水胶条的产品。

（4）对防止噪声要求较高的楼地面，可以选用带有橡胶嵌条的产品。

（5）为保持整齐美观，在同一项工程中，内墙与顶棚应尽量选用同一产品。地面与墙面应选用宽度相同的产品。

1.3　建筑结构体系和设计作用（荷载）

1.3.1　结构可靠性要求

1. 结构工程的安全性

1）结构的功能要求

（1）结构在设计工作年限内，必须符合下列规定：

① 应能够承受在正常施工和正常使用期间预期可能出现的各种作用。

② 应保障结构和结构构件的预定使用要求。

③ 应保障足够的耐久性要求。

（2）安全性、适用性和耐久性概括称为结构的可靠性。

① 安全性

结构体系应具有合理的传力路径，能够将结构可能承受的各种作用从作用点传递到抗力构件。当可能遭遇爆炸、撞击、罕遇地震等偶然事件和人为失误时，结构应保持整体稳固性，不应出现与起因不相称的破坏后果。当发生火灾时，结构应在规定的时间内保持承载力和整体稳固性。

② 适用性

在正常使用时，结构应具有良好的工作性能。如吊车梁变形过大会使吊车无法正常运行，水池出现裂缝便不能蓄水等，都影响正常使用，需要对变形、裂缝等进行必要的控制。

③ 耐久性

在正常维护的条件下，结构应能在预计的使用年限内满足各项功能要求，也即应具有足够的耐久性，例如，不致因混凝土的老化、腐蚀或钢筋的锈蚀等影响结构的使用寿命。

2）安全等级与设计工作年限

（1）结构设计时，应根据结构破坏可能产生后果的严重性，采用不同的安全等级。结构安全等级划分为一级、二级、三级。结构部件的安全等级不得低于三级。结构部件与结构的安全等级不一致或设计工作年限不一致的，应在设计文件中明确标明。

（2）工程结构设计时，应根据工程的使用功能、建造和使用维护成本及环境影响等因素规定设计工作年限。房屋建筑结构的设计工作年限不应低于表 1.3-1 的规定。

表 1.3-1　房屋建筑结构的设计工作年限

类别	设计工作年限（年）
临时性建筑结构	5
普通房屋和构筑物	50
特别重要的建筑结构	100

（3）结构应按设计规定的用途使用，并应定期检查结构状况，进行必要的维护和维修。严禁下列影响结构使用安全的行为：

① 未经技术鉴定或设计认可，擅自改变结构用途和使用环境。

② 损坏或者擅自变动结构体系及抗震措施。

③ 擅自增加结构使用荷载。

④ 损坏地基基础。

⑤ 违章存放爆炸性、毒害性、放射性、腐蚀性等危险物品。

⑥ 影响毗邻结构使用安全的结构改造与施工。

2. 结构工程的适用性

1）适用性要求

建筑结构除了要保证安全外，还应满足适用性的要求，在设计中称为正常使用极限状态。这种极限状态是结构或构件达到正常使用或耐久性的某项规定的限值，它包括构件在正常使用条件下产生过度变形，导致影响正常使用或建筑外观；构件过早产生裂缝或裂缝发展过宽；在动力荷载作用下结构或构件产生过大的振幅等。超过这种极限状态会使结构不能正常工作，影响结构的耐久性。

2）杆件刚度与梁的位移计算

结构杆件在规定的荷载作用下，虽有足够的强度，但其变形也不能过大，如果变形超过了允许的范围，会影响正常的使用。限制过大变形的要求即为刚度要求，或称为正常使用下的极限状态要求。

梁的变形主要是弯矩引起的，叫弯曲变形。剪力所引起的变形很小，可以忽略不计。

悬臂梁的竖向位移计算见式（1.3-1）：

$$f = \frac{ql^4}{8EI} \qquad\qquad (1.3-1)$$

式中 f——梁的位移；

q——线荷载；

l——跨度；

E——材料的弹性模量；

I——截面的惯性矩。

影响梁的竖向位移变形因素除荷载外，还有：

（1）材料性能：与材料的弹性模量 E 成反比。

（2）构件的截面：与截面的惯性矩 I 成反比。

（3）构件的跨度：与跨度 l 的 4 次方成正比，此因素影响最大。

3）混凝土结构的裂缝控制

裂缝控制主要针对受弯构件（如混凝土梁）及受拉构件，裂缝控制分为三个等级：

（1）构件不出现拉应力。

（2）构件虽有拉应力，但不超过混凝土的抗拉强度。

（3）允许出现裂缝，但裂缝宽度不超过允许值。

对（1）、（2）等级的混凝土构件，一般只有预应力构件才能达到。

3. 结构工程的耐久性

1）耐久性要求

结构的耐久性是指结构在规定的工作环境中，在预期的使用年限内，在正常维护条件下不需要进行大修就能完成预定功能的能力。建筑结构中，混凝土结构耐久性是一个复杂的多因素综合问题，我国规范增加了混凝土结构耐久性设计的基本原则和有关规定。

2）混凝土结构耐久性的环境类别

在不同环境中，混凝土的劣化与损伤速度是不一样的，因此应针对不同的环境提出不同要求。结构所处环境按其对钢筋和混凝土材料的腐蚀机理，可分为如下五类，见表 1.3-2。

表 1.3-2　环境类别

环境类别	名称	劣化机理
Ⅰ	一般环境	正常大气作用引起钢筋锈蚀
Ⅱ	冻融环境	反复冻融导致混凝土损伤
Ⅲ	海洋氯化物环境	氯盐侵入引起钢筋锈蚀
Ⅳ	除冰盐等其他氯化物环境	氯盐侵入引起钢筋锈蚀
Ⅴ	化学腐蚀环境	硫酸盐等化学物质对混凝土的腐蚀

3）混凝土结构环境作用等级

一般环境、冻融环境对配筋混凝土结构的作用程度见表 1.3-3。当结构构件受到多种环境类别共同作用时，应分别满足每种环境类别单独作用下的耐久性要求。

表 1.3-3　一般环境、冻融环境对配筋混凝土结构的作用程度

环境类别 ＼ 环境作用等级	A 轻微	B 轻度	C 中度	D 严重	E 非常严重	F 极端严重
一般环境	Ⅰ-A	Ⅰ-B	Ⅰ-C			
冻融环境			Ⅱ-C	Ⅱ-D	Ⅱ-E	

4）混凝土结构耐久性的要求

（1）混凝土最低强度等级

结构构件的混凝土强度等级应同时满足耐久性、刚度和承载能力的要求，一般环境下配筋混凝土结构满足耐久性要求的混凝土最低强度等级要求见表 1.3-4。

表 1.3-4　一般环境下配筋混凝土结构满足耐久性要求的混凝土最低强度等级

环境类别与作用等级	设计使用年限		
	100 年	50 年	30 年
Ⅰ-A	C30	C25	C25
Ⅰ-B	C35	C30	C25
Ⅰ-C	C40	C35	C30

注：预应力混凝土楼板结构混凝土最低强度等级不应低于 C30，其他预应力混凝土构件的混凝土最低强度等级不应低于 C40。

（2）混凝土材料与钢筋最小保护层要求

一般环境中的配筋混凝土结构构件，其普通钢筋的保护层最小厚度与相应的混凝土强度等级、最大水胶比应符合表 1.3-5 的要求。

大截面混凝土墩柱在加大钢筋混凝土保护层厚度的前提下，其混凝土强度等级可低于表 1.3-5 的要求，但降低幅度不应超过两个强度等级，且设计使用年限为 100 年和 50 年的构件，其强度等级不应低于 C25 和 C20。

表 1.3-5　一般环境中混凝土材料与钢筋最小保护层厚度

环境作用等级		100 年			50 年			30 年		
	设计使用年限	混凝土强度等级	最大水胶比	钢筋最小保护层厚度（mm）	混凝土强度等级	最大水胶比	钢筋最小保护层厚度（mm）	混凝土强度等级	最大水胶比	钢筋最小保护层厚度（mm）
板、墙等面形构件	I-A	≥ C30	0.55	20	≥ C25	0.60	20	≥ C25	0.60	20
	I-B	C35	0.50	30	C30	0.55	25	C25	0.60	25
		≥ C40	0.45	25	≥ C35	0.50	20	≥ C30	0.55	20
	I-C	C40	0.45	40	C35	0.50	35	C30	0.55	30
		C45	0.40	35	C40	0.45	30	C35	0.50	25
		≥ C50	0.36	30	≥ C45	0.40	25	≥ C40	0.45	20
梁、柱等条形构件	I-A	C30	0.55	25	C25	0.60	25	≥ C25	0.60	25
		≥ C35	0.50	20	≥ C30	0.55	20			
	I-B	C35	0.50	35	C30	0.55	30	C25	0.60	30
		≥ C40	0.45	30	≥ C35	0.50	25	≥ C30	0.55	25
	I-C	C40	0.45	45	C35	0.50	40	C30	0.55	35
		C45	0.40	40	C40	0.45	35	C35	0.50	30
		≥ C50	0.36	35	≥ C45	0.40	30	≥ C40	0.45	25

注：1. I-A 环境中使用年限低于 100 年的板、墙，当混凝土骨料最大公称粒径不大于 15mm 时，保护层最小厚度可降为 15mm，但最大水胶比不应大于 0.55；

2. 年平均气温大于 20℃且年平均湿度大于 75% 的环境，除 I-A 环境中的板、墙构件外，混凝土最低强度等级应比表中规定提高一级，或将保护层最小厚度增大 5mm；

3. 直接接触土体浇筑的构件，其混凝土保护层厚度不应小于 70mm；有混凝土垫层时，可按表确定；

4. 处于流动水中或同时受水中泥沙冲刷的构件，其保护层厚度宜增加 10～20mm；

5. 预制构件的保护层厚度可比表中规定减少 5mm；

6. 当胶凝材料中粉煤灰和矿渣等掺量小于 20% 时，表中水胶比低于 0.45 的，可适当增加。

当采用的混凝土强度等级比表 1.3-5 的规定低一个等级时，混凝土保护层厚度应增加 5mm；当低两个等级时，混凝土保护层厚度应增加 10mm。

1.3.2　常用建筑结构体系和应用

1. 结构体系与应用

1）混合结构

混合结构房屋一般是指楼盖和屋盖采用钢筋混凝土或钢木结构，而墙和柱采用砌体结构建造的房屋，大多用在住宅、办公楼、教学楼建筑中。住宅建筑最适合采用混合结构，一般在 6 层以下。

2）框架结构

框架结构是利用梁、柱组成的纵、横两个方向的框架形成的结构体系。常用于公共建筑、工业厂房等。其主要优点是建筑平面布置灵活，可形成较大的建筑空间，建筑立面处理也比较方便。主要缺点是侧向刚度较小，当层数较多时，会产生过大的侧移，易引起非结构性构件（如隔墙、装饰等）破坏进而影响使用。

3）剪力墙结构

剪力墙结构是利用建筑物的墙体（内墙和外墙）做成剪力墙，既承受垂直荷载，也承受水平荷载，墙体既受剪又受弯，所以称剪力墙。剪力墙结构的优点是：侧向刚度大，水平荷载作用下侧移小。缺点是：剪力墙的间距小，结构建筑平面布置不灵活，结构自重也较大。剪力墙结构多应用于住宅建筑，不适用于大空间的公共建筑。

4）框架－剪力墙结构

框架－剪力墙结构是在框架结构中设置适当剪力墙的结构。它具有框架结构平面布置灵活、空间较大的优点，又具有侧向刚度较大的优点。框架－剪力墙结构中，剪力墙主要承受水平荷载，竖向荷载主要由框架承担。框架－剪力墙结构适用于不超过170m 高的建筑。

5）筒体结构

在高层建筑中，特别是超高层建筑中，水平荷载越来越大，起着控制作用。筒体结构是抵抗水平荷载最有效的结构体系，可分为框架－核心筒结构、筒中筒结构以及多筒结构等。筒体结构适用于高度不超过 300m 的建筑。

6）桁架结构

桁架是由杆件组成的结构体系。桁架结构的优点是可利用截面较小的杆件组成截面较大的构件。单层厂房的屋架常选用桁架结构，在其他结构体系中也得到应用，如拱式结构、单层钢架结构等体系中，当断面较大时，亦可采用桁架的形式。

7）网架结构

网架是由许多杆件按照一定规律组成的网状结构。网架结构可分为平板网架和曲面网架。平板网架采用较多，其优点是：空间受力体系，杆件主要承受轴向力，受力合理，节约材料，整体性能好，刚度大，抗震性能好。杆件类型较少，适合工业化生产。平板网架可分为交叉桁架体系和角锥体系两类。角锥体系受力更为合理，刚度更大。

8）拱式结构

拱是一种有推力的结构，它的主要内力是轴向压力，可利用抗压性能良好的混凝土建造大跨度的拱式结构。由于拱式结构受力合理，在建筑和桥梁中被广泛应用。它适用于体育馆、展览馆等建筑中。

9）悬索结构

悬索结构是比较理想的大跨度结构形式之一，主要用于体育馆、展览馆中，在桥梁中也被广泛应用。悬索结构的主要承重构件是受拉的钢索，用高强度钢绞线或钢丝绳制成。悬索结构可分为单曲面与双曲面两类。

2. 工程结构设计要求

（1）涉及人身安全以及结构安全的极限状态应作为承载能力极限状态。当结构或结构构件出现下列状态之一时，应认为超过了承载能力极限状态：

① 结构构件或连接因超过材料强度而破坏，或因过度变形而不适于继续承载。

② 整个结构或其一部分作为刚体失去平衡。

③ 结构转变为机动体系。

④ 结构或结构构件丧失稳定。

⑤ 结构因局部破坏而发生连续倒塌。

⑥ 地基丧失承载力而破坏。

⑦ 结构或结构构件发生疲劳破坏。

（2）涉及结构或结构单元的正常使用功能、人员舒适性、建筑外观的极限状态应作为正常使用极限状态。当结构或结构构件出现下列状态之一时，应认为超过了正常使用极限状态：

①影响外观、使用舒适性或结构使用功能的变形。

②造成人员不舒适或者结构使用功能受限的振动。

③影响外观、耐久性或结构使用功能的局部损坏。

（3）结构设计应对起控制作用的极限状态进行计算或验算。当不能确定起控制作用的极限状态时，应对不同极限状态分别进行计算或验算。

（4）结构设计应包括以下基本内容：

①结构方案。

②作用的确定及作用效应分析。

③结构及构件的设计和验算。

④结构及构件的构造、连接措施。

⑤结构耐久性的设计。

⑥施工可行性。

1.3.3　结构设计基本作用（荷载）

1. 作用（荷载）的分类

（1）引起建筑结构失去平衡或破坏的外部作用主要有两类。一类是直接施加在结构上的各种力，亦称为荷载。包括永久作用（如结构自重、土压力、预加应力等），可变作用（如楼面和屋面活荷载、起重机荷载、雪荷载和覆冰荷载、风荷载等），偶然作用（如爆炸、撞击、火灾、地震等）。另一类是间接作用，指在结构上引起外加变形和约束变形的其他作用，例如温度作用、混凝土收缩、徐变等。

（2）结构上的作用根据随时间变化的特性分为永久作用、可变作用和偶然作用，其代表值应符合下列规定：

①永久作用，应采用标准值。

②可变作用，应根据设计要求采用标准值、组合值、频遇值或准永久值。

③偶然作用，应按结构设计使用特点确定其代表值。

（3）确定可变作用代表值时应采用统一的设计基准期。当结构采用的设计基准期不是50年时，应按照可靠指标一致的原则，对《工程结构通用规范》GB 55001—2021规定的可变作用量值进行调整。

2. 结构作用的规定

1）永久作用

（1）结构自重的标准值应按结构构件的设计尺寸与材料密度计算确定。对于自重变异较大的材料和构件，对结构不利时自重的标准值取上限值，对结构有利时取下限值。

（2）位置固定的永久设备自重应采用设备铭牌重量值。当无铭牌重量时，应按实际重量计算。

（3）隔墙自重作为永久作用时，应符合位置固定的要求。位置可灵活布置的轻质隔墙自重应按可变荷载考虑。

（4）土压力应按设计埋深与土的单位体积自重计算确定。土的单位体积自重应根据计算水位分别取不同密度进行计算。

（5）预加应力应考虑时间效应影响，采用有效预应力。

2）楼面和屋面活荷载

（1）采用等效均布活荷载方法进行设计时，应保证其产生的荷载效应与最不利堆放情况等效。建筑楼面和屋面堆放物较多或较重的区域，应按实际情况考虑其荷载。

（2）一般使用条件下的民用建筑楼面均布活荷载的标准值及其组合值系数、频遇值系数和准永久值系数的取值，不应小于《工程结构通用规范》GB 55001—2021 的规定。

（3）地下室顶板施工活荷载标准值不应小于 5.0kN/m²，当有临时堆积荷载以及有重型车辆通过时，施工组织设计中应按实际荷载验算并采取相应措施。

（4）将动力荷载简化为静力作用施加于楼面和梁时，应将活荷载乘以动力系数，动力系数不应小于 1.1。

3）雪荷载和覆冰荷载

（1）屋面水平投影面上的雪荷载标准值应为屋面积雪分布系数和基本雪压的乘积。

（2）基本雪压应根据空旷平坦地形条件下的降雪观测资料，采用适当的概率分布模型、按 50 年重现期进行计算。对雪荷载敏感的结构，应按照 100 年重现期雪压和基本雪压的比值，提高其雪荷载取值。

4）风荷载

（1）垂直于建筑物表面上的风荷载标准值，应在基本风压、风向影响系数、地形修正系数、风荷载体型系数、风压高度变化系数的乘积基础上，考虑风荷载脉动的增大效应加以确定。

（2）基本风压应根据基本风速值进行计算，且其取值不得低于 0.3kN/m²。

5）偶然作用

当以偶然作用作为结构设计的主导作用时，应考虑偶然作用发生时和偶然作用发生后两种工况。在允许结构出现局部构件破坏的情况下，应保证结构不致因局部破坏引起连续倒塌。

1.4　建筑结构设计构造基本要求

1.4.1　混凝土结构设计构造基本要求

混凝土结构工程应确定其结构设计工作年限、结构安全等级、抗震设防类别、结构上的作用和作用组合。应进行结构承载能力极限状态、正常使用极限状态和耐久性设计，并应符合工程的功能和结构性能要求。

1. 混凝土结构体系

（1）混凝土结构体系应满足工程的承载能力、刚度和延性性能要求。

（2）混凝土结构体系设计应符合下列规定：

① 不应采用混凝土结构构件与砌体结构构件混合承重的结构体系。

② 房屋建筑结构应采用双向抗侧力结构体系。

③ 抗震设防烈度为 9 度的高层建筑，不应采用带转换层的结构、带加强层的结构、

错层结构和连体结构。

（3）房屋建筑的混凝土楼盖应满足楼盖竖向振动舒适度要求。混凝土结构高层建筑应满足 10 年重现期水平风荷载作用的振动舒适度要求。

2. 混凝土结构构造

（1）混凝土结构构件应根据受力状况分别进行正截面、斜截面、扭曲截面、受冲切和局部受压承载力计算。对于承受动力循环作用的混凝土结构或构件，尚应进行构件的疲劳承载力验算。

（2）混凝土结构构件之间、非结构构件与结构构件之间的连接应符合下列规定：

① 应满足被连接构件之间的受力及变形性能要求。

② 非结构构件与结构构件的连接应适应主体结构变形需求。

③ 连接不应先于被连接构件破坏。

（3）混凝土结构构件的最小截面尺寸应满足结构承载力极限状态、正常使用极限状态的计算要求，并应满足结构耐久性、防水、防火、配筋构造及混凝土浇筑施工要求，且尚应符合下列规定：

① 矩形截面框架梁的截面宽度不应小于 200mm。

② 矩形截面框架柱的边长不应小于 300mm，圆形截面柱的直径不应小于 350mm。

③ 高层建筑剪力墙的截面厚度不应小于 160mm，多层建筑剪力墙的截面厚度不应小于 140mm。

④ 现浇钢筋混凝土实心楼板的厚度不应小于 80mm，实心屋面板的厚度不应小于 100mm，现浇空心楼板的顶板、底板厚度均不应小于 50mm。

⑤ 预制钢筋混凝土实心叠合楼板的预制底板及后浇混凝土厚度均不应小于 50mm。

（4）装配式混凝土结构应根据结构性能以及构件生产、安装施工的便捷性要求确定连接构造方式并进行连接及节点设计。

3. 结构混凝土

（1）结构混凝土应进行配合比设计，并应采取保证混凝土拌合物性能、混凝土力学性能和耐久性能的措施。

（2）结构混凝土强度等级的选用应满足工程结构的承载力、刚度及耐久性需求。对设计工作年限为 50 年的混凝土结构，结构混凝土的强度等级尚应符合下列规定。对设计工作年限大于 50 年的混凝土结构，结构混凝土的最低强度等级应比下列规定提高。

① 素混凝土结构构件的混凝土强度等级不应低于 C20。钢筋混凝土结构构件的混凝土强度等级不应低于 C25。预应力混凝土楼板结构的混凝土强度等级不应低于 C30，其他预应力混凝土结构构件的混凝土强度等级不应低于 C40。钢－混凝土组合结构构件的混凝土强度等级不应低于 C30。

② 承受重复荷载作用的钢筋混凝土结构构件，混凝土强度等级不应低于 C30。

③ 抗震等级不低于二级的钢筋混凝土结构构件，混凝土强度等级不应低于 C30。

④ 采用 500MPa 及以上等级钢筋的钢筋混凝土结构构件，混凝土的强度等级不应低于 C30。

（3）混凝土结构应从设计、材料、施工、维护各环节采取控制混凝土裂缝的措施。混凝土构件受力裂缝的计算应符合下列规定：

① 不允许出现裂缝的混凝土构件，应根据实际情况控制混凝土截面不产生拉应力或控制最大拉应力不超过混凝土抗拉强度标准值。

② 允许出现裂缝的混凝土构件，应根据构件类别与环境类别控制受力裂缝宽度，使其不致影响设计工作年限内的结构受力性能、使用性能和耐久性能。

4. 结构钢筋

（1）混凝土结构用普通钢筋、预应力筋应具有符合工程结构在承载能力极限状态和正常使用极限状态下需求的强度和延伸率。

（2）混凝土结构中普通钢筋、预应力筋应采取可靠的锚固措施。普通钢筋锚固长度取值应符合下列规定：

① 受拉钢筋锚固长度应根据钢筋的直径、钢筋及混凝土抗拉强度、钢筋的外形、钢筋锚固端的形式、结构或结构构件的抗震等级进行计算。

② 受拉钢筋锚固长度不应小于 200mm。

③ 对受压钢筋，当充分利用其抗压强度并需锚固时，其锚固长度不应小于受拉钢筋锚固长度的 70%。

（3）混凝土结构中的普通钢筋、预应力筋应设置混凝土保护层，混凝土保护层厚度应符合下列规定：

① 满足普通钢筋、有粘结预应力筋与混凝土共同工作性能要求。

② 满足混凝土构件的耐久性能及防火性能要求。

③ 不应小于普通钢筋的公称直径，且不应小于 15mm。

（4）当施工中进行混凝土结构构件的钢筋、预应力筋代换时，应符合设计规定的构件承载能力、正常使用、配筋构造及耐久性能要求，并应取得设计变更文件。

1.4.2 砌体结构设计构造基本要求

1. 砌体结构设计

（1）砌体结构应按承载能力极限状态设计，并满足正常使用极限状态的要求。

（2）砌体结构和结构构件在设计使用年限内及正常维护条件下，必须保持满足使用要求，而不需大修或加固。

（3）设计应明确建筑结构的用途，在设计使用年限内未经技术鉴定或设计许可，不得改变结构用途、构件布置和使用环境。

（4）房屋的静力计算，根据房屋的空间工作性能分为刚性方案、刚弹性方案和弹性方案。

2. 砌体结构构造

（1）填充墙的构造设计要求：

① 填充墙宜选用轻质块体材料，其强度等级应符合规范规定；

② 填充墙砌筑砂浆的强度等级不宜低于 M5（Mb5、Ms5）；

③ 填充墙墙体墙厚不应小于 90mm；

④ 用于填充墙的夹心复合砌块，其两肢块体之间应有拉结。

（2）填充墙砌体与梁、柱或混凝土墙体结合的界面处（包括内、外墙），宜在粉刷前设置钢丝网片，网片宽度可取 400mm，并沿界面缝两侧各延伸 200mm，或采取其他有效的防裂、盖缝措施。

（3）在砌体中留槽洞及埋设管道构造要求：

① 不应在截面长边小于 500mm 的承重墙体、独立柱内埋设管线。

② 不宜在墙体中穿行暗线或预留、开凿沟槽，当无法避免时应采取必要的措施或按削弱后的截面验算墙体的承载力。

③ 对受力较小或未灌孔的砌块砌体，允许在墙体的竖向孔洞中设置管线。

（4）承重的独立砖柱截面尺寸不应小于 240mm×370mm。当有振动荷载时，墙、柱不宜采用毛石砌体。

（5）当梁跨度大于或等于下列数值时，其支承处宜加设壁柱，或采取其他加强措施：

① 240mm 厚的砖墙为 6m。

② 180mm 厚的砖墙为 4.8m。

（6）混凝土砌块房屋，宜将纵横墙交接处，距墙中心线每边不小于 300mm 范围内的孔洞，采用不低于 Cb20 混凝土沿全墙高灌实。

（7）圈梁构造要求：

① 圈梁宜连续地设在同一水平面上，并形成封闭状；当圈梁被门窗洞口截断时，应在洞口上部增设相同截面的附加圈梁。附加圈梁与圈梁的搭接长度不应小于其中垂直间距的 2 倍，且不得小于 1m。

② 纵、横墙交接处的圈梁应可靠连接。刚弹性和弹性方案房屋，圈梁应与屋架、大梁等构件可靠连接。

③ 圈梁宽度不应小于 190mm，高度不应小于 120mm，配筋不应少于 4ϕ12，箍筋间距不应大于 200mm。

④ 圈梁兼作过梁时，过梁部分的钢筋应按计算面积另行增配。

1.4.3　钢结构设计构造基本要求

1. 钢结构体系

（1）选用原则：在满足建筑及工艺需求前提下，应综合考虑结构合理性、环境条件、节约投资和资源、材料供应、制作安装便利性等选用因素。

（2）建筑钢结构常用的结构体系：

① 单层钢结构可采用框架、支撑结构。

② 多高层钢结构可采用框架、支撑结构、框架－支撑、框架－剪力墙板、筒体结构、巨型结构等。

③ 大跨度钢结构按照传力途径划分，可采用平面结构和空间结构。其中平面结构又分为桁架、拱及预应力结构；空间结构又分为薄壳结构、网架结构、网壳结构及预应力结构。

（3）施工过程对主体结构的受力和变形有较大影响时，应进行施工阶段验算。

2. 钢结构构造

（1）受力和构造焊缝可采用对接焊缝、角接焊缝、对接与角接组合焊缝、塞焊缝、槽焊焊缝。重要连接或有等强要求的对接焊缝应为熔透焊缝，较厚板件或无需焊透时可采用部分熔透焊缝。

（2）在次要构件或次要焊接连接中，可采用断续角焊缝。腐蚀环境中不宜采用断续角焊缝。

（3）螺栓（铆钉）连接宜采用紧凑布置，其连接中心宜与被连接构件截面的重心相一致。

（4）直接承受动力荷载构件的螺栓连接规定要求：

① 抗剪连接时应采用摩擦型高强度螺栓；

② 普通螺栓受拉连接应采用双螺帽或其他能防止螺帽松动的有效措施。

（5）当型钢构件拼接采用高强度螺栓连接时，其拼接件宜采用钢板。

（6）梁柱连接节点可采用栓焊混合连接、螺栓连接、焊接连接、端板连接、顶底角钢连接等构造。

（7）铸钢节点适用于几何形式复杂、杆件汇交密集、受力集中的部位。铸钢节点与相邻构件可采取焊接、螺纹或销轴等连接方式。

（8）钢管混凝土柱进行施工阶段的承载力验算时，应采用空钢管截面，空钢管柱在施工阶段的轴向应力，不应大于其抗压强度设计值的 60%，并满足稳定性要求。

（9）矩形钢管混凝土柱与钢梁连接节点可采用隔板贯通节点、内隔板节点、外环板节点和外肋环板节点。

（10）圆形钢管混凝土柱与钢梁连接节点可采用外加强环节点、内加强环节点、钢梁穿心式节点、牛腿式节点和承重销式节点。

（11）柱内隔板上应设置混凝土浇筑孔和透气孔，混凝土浇筑孔孔径不应小于 200mm，透气孔孔径不宜小于 25mm。

（12）构件采用防火涂料进行防火保护时，其高强度螺栓连接处的涂层厚度不应小于相邻构件的涂料厚度。

（13）钢结构防腐蚀可选择以下防腐蚀方案：

① 防腐蚀涂料；

② 各种工艺形成的锌、铝等金属保护层；

③ 阴极保护措施；

④ 耐候钢。

（14）对处于严重腐蚀的使用环境且仅靠涂装难以有效保护的主要承重钢结构构件，宜采用耐候钢或外包混凝土。

（15）钢结构的隔热保护措施在相应的工作环境下应具有耐久性，并与钢结构的防腐、防火保护措施相容。

1.5　装配式建筑设计基本要求

装配式建筑应采用系统集成的方法统筹设计、生产运输、施工安装和使用维护，实现全过程的协同。按照通用化、模数化、标准化的要求，以少规格、多组合的原则，实现建筑及部品部件的系列化和多样化。采用建筑信息模型（BIM）技术、智能化技术、绿色建材和性能优良的部品部件，提升建筑整体性能和品质。

1.5.1　装配式混凝土建筑设计基本要求

装配式混凝土建筑是建筑工业化最重要的方式，它具有提高质量、缩短工期、节约能源、减少消耗、清洁生产等许多优点。构件的装配方法一般有现场后浇叠合层混凝土、钢筋锚固后浇混凝土连接等，钢筋连接可采用套筒灌浆连接、机械连接、浆锚搭接连接、焊接连接、绑扎搭接连接等方式。

1. 基本设计规定

（1）装配式混凝土结构的设计应符合下列规定：

① 应采取有效措施加强结构的整体性；

② 装配式结构宜采用高强混凝土、高强钢筋；

③ 装配式结构的节点和接缝应受力明确、构造可靠，并应满足承载力、延性和耐久性等要求；

④ 应根据连接节点和接缝的构造方式和性能，确定结构的整体计算模型。

（2）装配式结构中，预制构件的连接部位宜设置在结构受力较小的部位，其尺寸和形状应符合下列规定：

① 应满足建筑使用功能、模数、标准化要求，并应进行优化设计；

② 应根据预制构件的功能和安装部位、加工制作及施工精度等要求，确定合理的公差；

③ 应满足制作、运输、堆放、安装及质量控制要求。

（3）建筑的围护结构以及楼梯、阳台、隔墙、空调板、管道井等配套构件、室内装修材料宜采用工业化、标准化产品。

（4）高层装配整体式结构应符合下列规定：

① 宜设置地下室，地下室宜采用现浇混凝土；

② 剪力墙结构底部加强部位的剪力墙宜采用现浇混凝土；

③ 框架结构首层柱宜采用现浇混凝土，顶层宜采用现浇楼盖结构。

（5）预制构件节点及接缝处后浇混凝土强度等级不应低于预制构件的混凝土强度等级；多层剪力墙结构中墙板水平接缝用坐浆材料的强度等级值应大于被连接构件的混凝土强度等级值。

2. 剪力墙结构设计要求

（1）装配整体式剪力墙结构的布置应满足下列要求：

① 应沿两个方向布置剪力墙；

② 剪力墙的截面宜简单、规则；预制墙的门窗洞口宜上下对齐、成列布置。

（2）预制剪力墙宜采用一字形，也可采用 L 形、T 形或 U 形；开洞预制剪力墙洞口宜居中布置，洞口两侧的墙肢宽度不应小于 200mm，洞口上方连梁高度不宜小于 250mm。

（3）当预制外墙采用夹心墙板时，应满足下列要求：

① 外叶墙板厚度不应小于 50mm，且外叶墙板应与内叶墙板可靠连接；

② 夹心外墙板的夹层厚度不宜大于 120mm；

③ 当作为承重墙时，内叶墙板应按剪力墙进行设计。

（4）预制剪力墙底部接缝宜设置在楼面标高处，并应符合下列规定：

① 接缝高度宜为 20mm；

② 接缝宜采用灌浆料填实;

③ 接缝处后浇混凝土上表面应设置粗糙面。

（5）上下层预制剪力墙的竖向钢筋，当采用套筒灌浆连接和浆锚搭接连接时，应符合下列规定:

① 边缘构件竖向钢筋应逐根连接。

② 预制剪力墙的竖向分布钢筋仅部分连接时，被连接的同侧钢筋间距不应大于600mm。

③ 一级抗震等级剪力墙以及二、三级抗震等级底部加强部位，剪力墙的边缘构件竖向钢筋宜采用套筒灌浆连接。

1.5.2 装配式钢结构建筑设计基本要求

1. 一般规定

（1）装配式钢结构建筑应符合国家现行标准对建筑适用性能、安全性能、环境性能、经济性能、耐久性能等的综合规定。

（2）钢构件应根据环境条件、材质、部位、结构性能、使用要求、施工条件和维护管理条件等进行防腐蚀设计。

（3）装配式钢结构建筑应根据功能部位、使用要求等进行隔声设计，在易形成声桥的部位应采用柔性连接或间接连接等措施。

（4）装配式钢结构建筑的热工性能、楼盖舒适度应符合现行标准规定。

2. 结构设计

（1）装配式钢结构建筑的结构体系应符合下列规定:

① 应具有明确的计算简图和合理的传力路径。

② 应具有适宜的承载能力、刚度及耗能能力。

③ 应避免因部分结构或构件的破坏而导致整个结构丧失承受重力荷载、风荷载和地震作用的能力。

④ 对薄弱部位应采取有效的加强措施。

（2）装配式钢结构建筑的结构布置应符合下列规定:

① 结构平面布置宜规则、对称。

② 结构竖向布置宜保持刚度、质量变化均匀。

③ 结构布置应考虑温度作用、地震作用或不均匀沉降等效应的不利影响，当设置伸缩缝、防震缝或沉降缝时，应满足相应的功能要求。

（3）装配式钢结构建筑可选用的结构体系有:钢框架结构、钢框架-支撑结构、钢框架-延性墙板结构、筒体结构、巨型结构、门式刚架结构、低层冷弯薄壁型钢结构。

（4）外墙系统与结构系统的连接形式可采用内嵌式、外挂式、嵌挂结合式等，并宜分层悬挂或承托;并可选用预制外墙、现场组装骨架外墙、建筑幕墙等类型。

1.5.3 装配式装饰装修设计基本要求

1. 一般规定

（1）装配式装饰装修应采用工厂化生产的部品部件，按照模块化和系列化的设计方法，满足多样化需求。

（2）装配式装饰装修设计应选用集成度高的内装部品。

（3）装配式装饰装修设计应满足结构受力、抗震、安全防护、防火、防水、防静电、防滑、隔声、节能、环境保护、卫生防疫、适老化、无障碍等方面的需要。

（4）装配式装饰装修设计流程宜按照技术策划、方案设计、部品集成与选型、深化设计四个阶段进行。

（5）装配式装饰装修设计应采用易维护、易拆换的技术和部品，对易损坏和经常更换的部位按照可逆安装的方式进行设计。

2. 集成设计与部品选型要求

（1）应结合项目需求、建筑条件与成本要求等，对隔墙与墙面系统、吊顶系统、楼地面系统、集成式厨房系统、集成式卫生间系统、收纳系统、内门窗系统、设备和管线系统等进行集成设计。

（2）应按照设备管线与结构分离的原则进行集成设计。

（3）集成设计宜选用通用化部品进行多样化组合，满足个性化要求。

（4）集成设计宜优先确定功能复杂、空间狭小、管线集中的建筑空间的部品选型和布置。

（5）应结合使用需求以及生产安装要求，对部品部件的外观效果、规格尺寸、连接方式及使用年限等进行选型和优化设计。

（6）集成式厨房（卫生间）的设计应包含厨房（卫生间）楼地面、吊顶、墙面、橱柜和厨房（洁具）设备及管线的设计，并应与内装修工程的其他系统进行协同设计。

第 2 章　主要建筑工程材料的性能与应用

2.1　结构工程材料

2.1.1　建筑钢材的性能与应用

02
第 2 章
看本章精讲课
做本章自测题

建筑钢材可分为钢结构用钢、钢筋混凝土结构用钢和建筑装饰用钢材制品等。

1. 建筑钢材的主要钢种

（1）钢材按化学成分分为碳素钢和合金钢两大类。碳素钢根据含碳量，又可分为低碳钢（含碳量小于 0.25%）、中碳钢（含碳量 0.25%~0.6%）和高碳钢（含碳量大于 0.6%）。合金钢按合金元素的总含量又可分为低合金钢（总含量小于 5%）、中合金钢（总含量 5%~10%）和高合金钢（总含量大于 10%）。

（2）根据钢中有害杂质硫、磷的多少，工业用钢可分为普通钢、优质钢、高级优质钢和特级优质钢。根据用途的不同，工业用钢常分为结构钢、工具钢和特殊性能钢。

（3）建筑钢材的主要钢种有碳素结构钢、优质碳素结构钢和低合金高强度结构钢。

（4）国家标准《碳素结构钢》GB/T 700—2006 规定，碳素结构钢的牌号由代表屈服强度的字母 Q、屈服强度数值、质量等级符号、脱氧方法符号四个部分按顺序组成。例如，Q235-AF 表示屈服强度为 235MPa 的 A 级沸腾钢。除常用的 Q235 外，碳素结构钢的牌号还有 Q195、Q215 和 Q275。碳素结构钢为一般结构和工程用钢，适于生产各种型钢、钢板、钢筋、钢丝等。

（5）优质碳素结构钢钢材按冶金质量等级分为优质钢、高级优质钢（牌号后加"A"）和特级优质钢（牌号后加"E"）。优质碳素结构钢一般用于生产预应力混凝土用钢丝、钢绞线、锚具，以及高强度螺栓、重要结构的钢铸件等。

（6）低合金高强度结构钢的牌号与碳素结构钢类似，不过其质量等级分为 B、C、D、E、F 五级，牌号有 Q355、Q390、Q420、Q460。主要用于轧制各种型钢、钢板、钢管及钢筋，广泛用于钢结构和钢筋混凝土结构中，特别适用于各种重型结构、高层结构、大跨度结构及桥梁工程等。

2. 常用的建筑钢材

1）钢结构用钢

（1）钢结构用钢主要是热轧成型的钢板和型钢等。薄壁轻型钢结构中主要采用薄壁型钢、圆钢和小角钢。钢材所用的母材主要是普通碳素结构钢及低合金高强度结构钢。

（2）钢结构常用的热轧型钢有：工字钢、H 型钢、T 型钢、槽钢、等边角钢、不等边角钢等。型钢是钢结构中采用的主要钢材。

（3）钢板材包括钢板、花纹钢板、建筑用压型钢板和彩色涂层钢板等。钢板规格表示方法为"宽度×厚度×长度"（单位为 mm）。钢板分厚板（厚度大于 4mm）和薄板（厚度不大于 4mm）两种。厚板主要用于结构，薄板主要用于屋面板、楼板和墙板等。

2）钢管混凝土结构用钢管

钢管混凝土结构用钢管可采用直缝焊接管、螺旋形缝焊接管和无缝钢管。钢管焊接必须采用对接焊缝，并达到与母材等强的要求。

由施工单位自行卷制的钢管，其钢板必须平直，不得使用表面锈蚀或受过冲击的钢板，并应有出厂证明书或试验报告单。卷管方向应与钢板压延方向一致。卷制钢管前，应根据要求将板端开好坡口。为适应钢管拼接的轴线要求，钢管坡口端应与管轴线严格垂直。卷板过程中，应注意保证管端平面与管轴线垂直。

3）钢筋混凝土结构用钢

钢筋混凝土结构用钢筋品种有热轧钢筋、余热处理钢筋、冷轧带肋钢筋及预应力筋，预应力筋有螺纹钢筋、钢丝和钢绞线等。热轧钢筋是建筑工程中用量最大的钢材品种之一，主要用于钢筋混凝土结构和预应力混凝土结构的配筋。我国热轧钢筋的品种、强度标准值见表2.1-1。

表 2.1-1　热轧钢筋的品种及强度标准值

品种	牌号	屈服强度 f_{yk}（MPa）	极限强度 f_{stk}（MPa）
		不小于	不小于
光圆钢筋	HPB300	300	420
带肋钢筋	HRB400	400	540
	HRBF400		
	HRB400E		
	HRBF400E		
	HRB500	500	630
	HRBF500		
	HRB500E		
	HRBF500E		
	HRB600	600	730

注：HPB 属于热轧光圆钢筋，HRB 属于普通热轧钢筋，HRBF 属于细晶粒热轧钢筋。

热轧光圆钢筋强度较低，与混凝土的粘结强度也较低，主要用作板的受力钢筋、箍筋以及构造钢筋。热轧带肋钢筋与混凝土之间的握裹力大，共同工作性能较好，其中HRB400级钢筋是钢筋混凝土用的主要受力钢筋，是目前工程中常用的钢筋牌号。

国家标准规定，有较高要求的抗震结构适用的钢筋牌号为：在表2.1-1中已有带肋钢筋牌号后加E（例如：HRB400E、HRBF400E）的钢筋。该类钢筋除满足表中的强度标准值要求外，还应满足以下要求：

（1）抗拉强度实测值与屈服强度实测值的比值不应小于1.25。

（2）屈服强度实测值与屈服强度标准值的比值不应大于1.30。

（3）最大力总延伸率实测值不应小于9%。

国家标准还规定，热轧带肋钢筋应在其表面轧上牌号标志、生产企业序号（许可证后3位数字）和公称直径毫米数字，还可轧上经注册的厂名（或商标）。

4）建筑装饰用钢材制品

现代建筑装饰工程中，钢材制品得到广泛应用。常用的主要有不锈钢钢板和钢管、彩色不锈钢板、彩色涂层钢板和彩色涂层压型钢板，以及镀锌钢卷帘门板及轻钢龙骨等。

（1）不锈钢及其制品

不锈钢是指含铬量在 12% 以上的铁基合金钢。铬的含量越高，钢的抗腐蚀性越好。建筑装饰工程中使用的是要求具有较好的耐大气和水蒸气侵蚀性的普通不锈钢。用于建筑装饰的不锈钢材主要有薄板（厚度小于 2mm）和用薄板加工制成的管材、型材等。

（2）轻钢龙骨

轻钢龙骨以镀锌钢带或薄钢板为原料由特制轧机经多道工艺轧制而成，断面有 U 形、C 形、T 形和 L 形。主要用于装配各种类型的石膏板、钙塑板、吸声板等，分为吊顶龙骨（代号 D）和墙体龙骨（代号 Q）两大类。与木龙骨相比，具有强度高、防火、耐潮、便于施工安装等特点。

3. 建筑钢材的力学性能

钢材的主要性能包括力学性能和工艺性能。其中，力学性能是钢材最重要的使用性能，包括拉伸性能、冲击性能、疲劳性能等。工艺性能表示钢材在各种加工过程中的行为，包括弯曲性能和焊接性能等。

1）拉伸性能

（1）反映建筑钢材拉伸性能的指标包括屈服强度、抗拉强度和伸长率。屈服强度是结构设计中钢材强度的取值依据。抗拉强度与屈服强度之比（强屈比）是评价钢材使用可靠性的一个参数。强屈比越大，钢材受力超过屈服点工作时的可靠性越大，安全性越高；但强屈比太大，钢材强度利用率偏低，浪费材料。

（2）钢材在受力破坏前可以经受永久变形的性能，称为塑性。钢材的塑性指标通常用伸长率表示。伸长率越大，钢材的塑性越大。热轧钢筋有最大力总伸长率指标要求。

（3）预应力混凝土用高强度钢筋和钢丝具有硬钢的特点，抗拉强度高，无明显的屈服阶段，伸长率小。由于屈服现象不明显，不能测定屈服点，故常以发生残余变形为 0.2% 原标距长度时的应力作为屈服强度，称条件屈服强度，用 $\sigma_{0.2}$ 表示。

2）冲击性能

冲击性能是指钢材抵抗冲击荷载的能力。钢的化学成分及冶炼、加工质量都对冲击性能有明显的影响。除此以外，钢的冲击性能受温度的影响较大，冲击性能随温度的下降而减小；当降到一定温度范围时，冲击值急剧下降，从而可使钢材出现脆性断裂，这种性质称为钢的冷脆性，这时的温度称为脆性临界温度。脆性临界温度的数值越低，钢材的低温冲击性能越好。所以，在负温下使用的结构，应当选用脆性临界温度较使用温度低的钢材。

3）疲劳性能

受交变荷载反复作用时，钢材在应力远低于其屈服强度的情况下突然发生脆性断裂破坏的现象，称为疲劳破坏。疲劳破坏是在低应力状态下突然发生的，所以危害极大，往往造成灾难性的事故。钢材的疲劳极限与其抗拉强度有关，一般抗拉强度高，其疲劳极限也较高。

4. 钢材化学成分及其对钢材性能的影响

钢材中除主要化学成分铁（Fe）以外，还含有少量的碳（C）、硅（Si）、锰（Mn）、磷（P）、硫（S）、氧（O）、氮（N）、钛（Ti）、钒（V）等元素，这些元素虽含量很少，但对钢材性能的影响很大：

（1）碳：碳是决定钢材性能的最重要元素。建筑钢材的含碳量不大于0.8%，随着含碳量的增加，钢材的强度和硬度提高，塑性和韧性下降。含碳量超过0.3%时钢材的可焊性显著降低。碳还增加钢材的冷脆性和时效敏感性，降低抗大气锈蚀性。

（2）硅：当含量小于1%时，可提高钢材强度，对塑性和韧性影响不明显。硅是我国钢筋用钢材中的主要添加元素。

（3）锰：锰能消减硫和氧引起的热脆性，使钢材的热加工性能改善，同时也可提高钢材强度。

（4）磷：磷是碳素钢中很有害的元素之一。磷含量增加，钢材的强度、硬度提高，塑性和韧性显著下降。特别是温度越低，对塑性和韧性的影响越大，从而显著加大钢材的冷脆性，也使钢材可焊性显著降低。但磷可提高钢材的耐磨性和耐蚀性，在低合金钢中可配合其他元素作为合金元素使用。

（5）硫：硫也是很有害的元素，呈非金属硫化物夹杂物存在于钢中，降低钢材的各种机械性能。硫化物所造成的低熔点使钢材在焊接时易产生热裂纹，形成热脆现象，称为热脆性。硫使钢的可焊性、冲击韧性、耐疲劳性和抗腐蚀性等均降低。

（6）氧：氧是钢中有害元素，会降低钢材的机械性能，特别是韧性。氧有促进时效倾向的作用。氧化物所造成的低熔点亦使钢材的可焊性变差。

（7）氮：氮对钢材性质的影响与碳、磷相似，会使钢材强度提高，塑性特别是韧性显著下降。

2.1.2　水泥的性能与应用

1. 水泥分类

水泥为无机水硬性胶凝材料，在建筑工程中有着广泛的应用。水泥品种非常多，按其主要水硬性物质名称可分为硅酸盐水泥、铝酸盐水泥、硫铝酸盐水泥、氟铝酸盐水泥、磷酸盐水泥等。建筑工程中常用的是通用硅酸盐水泥，它是以硅酸盐水泥熟料和适量的石膏及规定的混合材料制成的水硬性胶凝材料。按混合材料的品种和掺量，通用硅酸盐水泥可分为硅酸盐水泥、普通硅酸盐水泥、矿渣硅酸盐水泥、火山灰质硅酸盐水泥、粉煤灰硅酸盐水泥和复合硅酸盐水泥（表2.1-2）。

表2.1-2　通用硅酸盐水泥的代号和强度等级

水泥名称	简称	代号	强度等级
硅酸盐水泥	硅酸盐水泥	P·Ⅰ、P·Ⅱ	42.5、42.5R、52.5、52.5R、62.5、62.5R
普通硅酸盐水泥	普通水泥	P·O	
矿渣硅酸盐水泥	矿渣水泥	P·S·A、P·S·B	32.5、32.5R 42.5、42.5R 52.5、52.5R
火山灰质硅酸盐水泥	火山灰水泥	P·P	
粉煤灰硅酸盐水泥	粉煤灰水泥	P·F	
复合硅酸盐水泥	复合水泥	P·C	42.5、42.5R、52.5、52.5R

注：强度等级中，R表示早强型。

2. 常用水泥的技术要求

1）水泥的凝结时间

（1）水泥的凝结时间分初凝时间和终凝时间。初凝时间是从水泥加水拌合起至水泥浆开始失去可塑性所需的时间；终凝时间是从水泥加水拌合起至水泥浆完全失去可塑性并开始产生强度所需的时间。

（2）为了保证有足够的时间在初凝之前完成混凝土的搅拌、运输和浇捣及砂浆的粉刷、砌筑等施工工序，初凝时间不宜过短；为使混凝土、砂浆能尽快地硬化达到一定的强度，以利于下道工序及早进行，避免影响施工进程，终凝时间也不宜过长。

（3）国家标准规定，六大常用水泥的初凝时间均不应小于 45min，硅酸盐水泥的终凝时间不应大于 6.5h，其他五类常用水泥的终凝时间不应大于 10h。

2）水泥的安定性

水泥的体积安定性是指水泥在凝结硬化过程中，体积变化的均匀性。如果水泥硬化后产生不均匀的体积变化，即所谓体积安定性不良，就会使混凝土构件产生膨胀性裂缝，降低建筑工程质量，甚至引起严重事故。因此，施工中必须使用安定性合格的水泥。水泥安定性试验采用沸煮法和压蒸法。

3）水泥强度及强度等级

水泥强度分为抗压强度、抗折强度和抗拉强度三种。民用建筑工程中，在通常情况下，不涉及水泥制品或混凝土构件的抗拉性能，水泥强度的判定只包含抗压强度和抗折强度。

国家标准规定采用胶砂法来测定水泥的 3d 和 28d 的抗压强度和抗折强度。通用硅酸盐水泥不同龄期对应的强度要求见表 2.1-3。

表 2.1-3　通用硅酸盐水泥不同龄期的强度要求

强度等级	抗压强度 /MPa		抗折强度 /MPa	
	3d	28d	3d	28d
32.5	≥ 12.0	≥ 32.5	≥ 3.0	≥ 5.5
32.5R	≥ 17.0		≥ 4.0	
42.5	≥ 17.0	≥ 42.5	≥ 4.0	≥ 6.5
42.5R	≥ 22.0		≥ 4.5	
52.5	≥ 22.0	≥ 52.5	≥ 4.5	≥ 7.0
52.5R	≥ 27.0		≥ 5.0	
62.5	≥ 27.0	≥ 62.5	≥ 5.0	≥ 8.0
62.5R	≥ 32.0		≥ 5.5	

4）其他技术要求

其他技术要求包括水泥中水溶性铬（Ⅴ）、放射性核素限量、水泥细度、碱含量与化学要求等。水泥的细度、碱含量属于选择性指标，由买卖双方协商确定。化学要求包括不溶物、烧失量、三氧化硫、氧化镁和氯离子。

3. 常用水泥的特性及应用

常用水泥的主要特性见表 2.1-4。

表 2.1-4   常用水泥的主要特性

	硅酸盐水泥	普通水泥	矿渣水泥	火山灰水泥	粉煤灰水泥	复合水泥
主要特性	① 凝结硬化快、早期强度高 ② 水化热大 ③ 抗冻性好 ④ 耐热性差 ⑤ 耐蚀性差 ⑥ 干缩性较小	① 凝结硬化较快、早期强度较高 ② 水化热较大 ③ 抗冻性较好 ④ 耐热性较差 ⑤ 耐蚀性较差 ⑥ 干缩性较小	① 凝结硬化慢、早期强度低，后期强度增长较快 ② 水化热较小 ③ 抗冻性差 ④ 耐热性好 ⑤ 耐蚀性较好 ⑥ 干缩性较大 ⑦ 泌水性大、抗渗性差	① 凝结硬化慢、早期强度低，后期强度增长较快 ② 水化热较小 ③ 抗冻性差 ④ 耐热性较差 ⑤ 耐蚀性较好 ⑥ 干缩性较大 ⑦ 抗渗性较好	① 凝结硬化慢、早期强度低，后期强度增长较快 ② 水化热较小 ③ 抗冻性差 ④ 耐热性较差 ⑤ 耐蚀性较好 ⑥ 干缩性较小 ⑦ 抗裂性较高	① 凝结硬化慢、早期强度低，后期强度增长较快 ② 水化热较小 ③ 抗冻性差 ④ 耐蚀性较好 ⑤ 其他性能与所掺入的两种或两种以上混合材料的种类、掺量有关

在混凝土工程中，根据使用场合、条件的不同，可选择不同种类的水泥，具体可参考表 2.1-5。

表 2.1-5   常用水泥的选用

混凝土工程特点或所处环境条件		优先选用	可以使用	不宜使用
普通混凝土	1 在普通气候环境中的混凝土	普通水泥	矿渣水泥、火山灰水泥、粉煤灰水泥、复合水泥	
	2 在干燥环境中的混凝土	普通水泥	矿渣水泥	火山灰水泥、粉煤灰水泥
	3 在高湿度环境中或长期处于水中的混凝土	矿渣水泥、火山灰水泥、粉煤灰水泥、复合水泥	普通水泥	
	4 厚大体积的混凝土	矿渣水泥、火山灰水泥、粉煤灰水泥、复合水泥		硅酸盐水泥
有特殊要求的混凝土	1 要求快硬、早强的混凝土	硅酸盐水泥	普通水泥	矿渣水泥、火山灰水泥、粉煤灰水泥、复合水泥
	2 高强（大于 C50 级）混凝土	硅酸盐水泥	普通水泥、矿渣水泥	火山灰水泥、粉煤灰水泥
	3 有抗渗要求的混凝土	普通水泥、火山灰水泥		矿渣水泥
	4 有耐磨性要求的混凝土	硅酸盐水泥、普通水泥	矿渣水泥	火山灰水泥、粉煤灰水泥
	5 受侵蚀介质作用的混凝土	矿渣水泥、火山灰水泥、粉煤灰水泥、复合水泥		硅酸盐水泥

4. 常用水泥包装及标志

水泥可以散装或袋装，包装形式由买卖双方协商确定。水泥包装袋上应清楚标明：本文件编号、水泥品种、代号、强度等级、生产者名称、生产许可证标志（QS）及编号、出厂编号、包装日期、净含量。

2.1.3　混凝土及组成材料的性能与应用

1. 混凝土组成材料的技术要求

1）水泥

水泥强度等级的选择，应与混凝土的设计强度等级相适应。一般以水泥强度等级为混凝土强度等级的 1.5～2.0 倍为宜，对于高强度等级混凝土可取 0.9～1.5 倍。用低强度等级水泥配制高强度等级混凝土时，会使水泥用量过大、不经济，而且还会影响混凝土的其他技术性质。用高强度等级水泥配制低强度等级混凝土时，会使水泥用量偏少，影响和易性及密实度，导致该混凝土耐久性差，故必须这么做时应掺入一定数量的混合材料。

2）细骨料

公称粒径在 4.75mm 以下的骨料称为细骨料，在普通混凝土中指的是砂。砂可分为天然砂、机制砂和混合砂三类。天然砂包括河砂、湖砂、山砂和净化海砂。机制砂是卵石、岩石、矿山废石和尾矿经除土处理，由机械破碎、整形、筛分、粉控等工艺制成的、级配、粒型和石粉含量满足要求且粒径小于 4.75mm 的颗粒。混合砂指由天然砂和机制砂按一定比例混合而成的砂。因河砂资源日趋紧张，机制砂和河砂一样在配制混凝土时常用。混凝土用细骨料的技术要求有以下几方面：

（1）颗粒级配及粗细程度

在相同质量条件下，细砂的总表面积较大，而粗砂的总表面积较小。为达到节约水泥和提高强度的目的，应尽量减少砂的总表面积和砂粒间的空隙，即选用级配良好的粗砂或中砂比较好。

砂的颗粒级配和粗细程度，常用筛分析的方法进行测定。根据 0.63mm 筛孔的累计筛余量，将砂分成Ⅰ、Ⅱ、Ⅲ三个级配区。用所处的级配区来表示砂的颗粒级配状况，用细度模数表示砂的粗细程度。细度模数越大，表示砂越粗，按细度模数砂可分为粗砂、中砂、细砂、特细砂四级。

在选择混凝土用砂时，砂的颗粒级配和粗细程度应同时考虑。配制混凝土时宜优先选用Ⅱ区砂。当采用Ⅰ区砂时，应提高砂率，并保持足够的水泥用量，以满足混凝土的和易性要求；当采用Ⅲ区砂时，宜适当降低砂率，以保证混凝土的强度。对于泵送混凝土，宜选用中砂。

（2）有害杂质和碱活性

混凝土用砂要求洁净、有害杂质少。砂中所含有的泥块、石粉、有害杂质（云母、轻物质、有机物、硫化物及硫酸盐、氯化物、贝壳），都会对混凝土的性能产生不利的影响，需要控制其含量不超过有关规范的规定。重要工程混凝土所使用的砂，还应进行碱活性检验，以确定其适用性。

（3）坚固性

砂的坚固性是指砂在气候、环境变化或其他物理因素作用下抵抗破裂的能力。砂的坚固性用硫酸钠溶液检验，试样经 5 次循环后其质量损失应符合有关标准的规定。

3）粗骨料

公称粒径大于 4.75mm 的岩石颗粒称为粗骨料。普通混凝土常用的粗骨料分为碎石和卵石，类别分为Ⅰ类、Ⅱ类、Ⅲ类。由天然岩石、卵石或矿山废石经破碎、筛分等机械加工而成的粗骨料，称为碎石。岩石由于自然条件作用而形成的粗骨料，称为卵石。混凝土用粗骨料的技术要求有以下几方面：

（1）颗粒级配及最大粒径

普通混凝土用碎石或卵石的颗粒级配情况有连续粒级和单粒粒级两种。其中，单粒粒级的骨料一般用于组合成具有要求级配的连续粒级，它也可与连续粒级的碎石或卵石混合使用，以改善其级配。如资源受限必须使用单粒粒级骨料时，则应采取措施避免混凝土发生离析。

粗骨料中公称粒级的上限称为最大粒径。当骨料粒径增大时，其比表面积减小，混凝土的水泥用量也减少，故在满足技术要求的前提下，粗骨料的最大粒径应尽量选大一些。在钢筋混凝土结构工程中，粗骨料的最大粒径不得超过结构截面最小尺寸的 1/4，同时不得大于钢筋间最小净距的 3/4。对于混凝土实心板，可允许采用最大粒径达 1/3 板厚的骨料，但最大粒径不得超过 40mm。对于采用泵送的混凝土，碎石的最大粒径应不大于输送管径的 1/3，卵石的最大粒径应不大于输送管径的 1/2.5。

（2）强度和坚固性

碎石或卵石的强度可用岩石抗压强度和压碎指标两种方法表示。当混凝土强度等级为 C60 及以上时，应进行岩石抗压强度检验。用于制作粗骨料的岩石的抗压强度与混凝土强度等级之比不应小于 1.5。对经常性的生产质量控制则可用压碎指标值来检验。

有抗冻要求的混凝土所用粗骨料，要求测定其坚固性。

（3）有害杂质和针、片状颗粒

粗骨料中所含的泥块、淤泥、细屑、硫酸盐、硫化物和有机物等是有害物质，其含量应符合有关标准的规定。另外，粗骨料中严禁混入煅烧过的白云石或石灰石块。

重要工程混凝土所使用的碎石或卵石，还应进行碱活性检验，以确定其适用性。

粗骨料中针、片状颗粒过多，会使混凝土的和易性变差，强度降低，故粗骨料中的针、片状颗粒含量应符合有关标准的规定。

（4）水

混凝土拌合及养护用水的水质应符合《混凝土用水标准》JGJ 63—2006 的有关规定。对于设计使用年限为 100 年的结构混凝土，氯离子含量不得超过 500mg/L；对使用钢丝或经热处理钢筋的预应力混凝土，氯离子含量不得超过 350mg/L。

混凝土企业设备洗刷水不宜用于预应力混凝土、装饰混凝土、加气混凝土和暴露于腐蚀环境的混凝土，不得用于使用碱活性或潜在碱活性骨料的混凝土。未经处理的海水严禁用于钢筋混凝土和预应力混凝土。在无法获得水源的情况下，海水可用于素混凝土，但不宜用于装饰混凝土。

混凝土养护用水的水质检验项目包括 pH 值、Cl^-、SO_4^{2-}、碱含量（采用碱活性骨料时检验），可不检验不溶物和可溶物、水泥凝结时间和水泥胶砂强度。

（5）外加剂

外加剂掺量一般不大于水泥质量的 5%（特殊情况除外）。混凝土外加剂的技术要求包括受检混凝土性能指标和匀质性指标。受检混凝土性能指标具体包括减水率、泌水率比、含气量、凝结时间之差、1h 经时变化量等推荐性指标和抗压强度比、收缩率比、相对耐久性（200 次）等强制性指标。匀质性指标具体包括氯离子含量、总碱量、含固量、含水率、密度、细度、pH 值和硫酸钠含量。

混凝土膨胀剂的技术要求包括化学成分和物理性能。其中，化学成分包括氧化镁和碱含量两项指标，氧化镁含量应不大于 5%，碱含量属选择性指标；物理性能指标包括细度、凝结时间、限制膨胀率和抗压强度，限制膨胀率为强制性指标。

（6）矿物掺合料

混凝土掺合料分为活性矿物掺合料和非活性矿物掺合料。非活性矿物掺合料基本不与水泥组分起反应，如磨细石英砂、石灰石、硬矿渣等材料。活性矿物掺合料如粉煤灰、粒化高炉矿渣粉、硅灰、沸石粉等本身不硬化或硬化速度很慢，但能与水泥水化生成的 $Ca(OH)_2$ 起反应，生成具有胶凝能力的水化产物。

粉煤灰来源广泛，是当前用量最大、使用范围最广的矿物掺合料。拌制混凝土和砂浆用粉煤灰的技术要求包括细度、需水量比、烧失量、含水量、三氧化硫、游离氧化钙、安定性、放射性、碱含量和均匀性。按细度、需水量比和烧失量，拌制混凝土和砂浆用粉煤灰可分为Ⅰ、Ⅱ、Ⅲ三个等级，其中Ⅰ级品质最好。

2. 混凝土的技术性能

混凝土在未凝结硬化前，称为混凝土拌合物（或称新拌混凝土）。它必须具有良好的和易性，便于施工，以保证能获得良好的浇筑质量；混凝土拌合物凝结硬化后，应具有足够的强度，以保证建筑物能安全地承受设计荷载，并应具有必要的耐久性。

1）混凝土拌合物的和易性

（1）和易性是指混凝土拌合物易于施工操作（搅拌、运输、浇筑、捣实）并能获得质量均匀、成型密实的性能，又称工作性。和易性是一项综合的技术性质，包括流动性、黏聚性和保水性三方面的含义。

（2）施工现场常用坍落度试验来测定混凝土拌合物的坍落度或坍落扩展度，作为流动性指标，坍落度或坍落扩展度越大表示流动性越大。对坍落度值小于 10mm 的干硬性混凝土拌合物，则用维勃稠度作为流动性指标，稠度值越大表示流动性越小。混凝土拌合物的黏聚性和保水性主要通过目测结合经验进行评定。

（3）影响混凝土拌合物和易性的主要因素包括单位体积用水量、砂率、组成材料的性质、时间和温度等。单位体积用水量决定水泥浆的数量和稠度，它是影响混凝土和易性的最主要因素。砂率是指混凝土中砂的质量占砂、石总质量的百分率。组成材料的性质包括水泥的需水量和泌水性、骨料的特性、外加剂和掺合料的特性等几方面。

2）混凝土的强度

（1）混凝土立方体抗压强度

按国家标准制作边长为 150mm 的立方体试件，在标准条件（温度 20℃±2℃，相对湿度 95% 以上）下，养护到 28d 龄期，测得的抗压强度值为混凝土立方体试件抗压强度，以 f_{cu} 表示，单位为 N/mm^2 或 MPa。

（2）混凝土立方体抗压标准强度与强度等级

混凝土立方体抗压标准强度（或称立方体抗压强度标准值）是指按标准方法制作和

养护的边长为 150mm 的立方体试件，在 28d 龄期，用标准试验方法测得的抗压强度总体分布中具有不低于 95% 保证率的抗压强度值，以 $f_{cu,k}$ 表示。

混凝土强度等级是按混凝土立方体抗压标准强度来划分的，采用符号 C 与立方体抗压强度标准值（单位为 MPa）表示。普通混凝土划分为 C20、C25、C30、C35、C40、C45、C50、C55、C60、C65、C70、C75 和 C80 共 13 个等级，C30 即表示混凝土立方体抗压强度标准值 30MPa $\leqslant f_{cu,k} <$ 35MPa。混凝土强度等级是混凝土结构设计、施工质量控制和工程验收的重要依据。

（3）混凝土的轴心抗压强度

轴心抗压强度的测定采用 150mm×150mm×300mm 棱柱体作为标准试件。试验表明，在立方体抗压强度 f_{cu} = 10~55MPa 的范围内，轴心抗压强度 f_c =（0.70~0.80）f_{cu}。

（4）混凝土的抗拉强度

混凝土抗拉强度只有抗压强度的 1/20~1/10，且随着混凝土强度等级的提高，比值有所降低。在结构设计中抗拉强度是确定混凝土抗裂度的重要指标，有时也用它来间接衡量混凝土与钢筋的粘结强度等。我国采用立方体的劈裂抗拉试验来测定混凝土的劈裂抗拉强度 f_{ts}，并可换算得到混凝土的轴心抗拉强度 f_t。

（5）影响混凝土强度的因素

影响混凝土强度的因素主要有原材料及生产工艺方面的因素。原材料方面的因素包括水泥强度与水胶比，骨料的种类、质量和数量，外加剂和掺合料；生产工艺方面的因素包括搅拌与振捣，养护的温度和湿度，龄期。

3）混凝土的变形性能

混凝土的变形主要分为两大类：非荷载型变形和荷载型变形。非荷载型变形指物理化学因素引起的变形，包括化学收缩、碳化收缩、干湿变形、温度变形等。荷载型变形又可分为在短期荷载作用下的变形和长期荷载作用下的徐变。

4）混凝土的耐久性

混凝土的耐久性是指混凝土抵抗环境介质作用并长期保持其良好的使用性能和外观完整性的能力。它是一个综合性概念，包括抗渗、抗冻、抗侵蚀、碳化、碱骨料反应及混凝土中的钢筋锈蚀等性能，这些性能均决定着混凝土经久耐用的程度，故称为耐久性。

（1）抗渗性。混凝土的抗渗性直接影响到混凝土的抗冻性和抗侵蚀性。混凝土的抗渗性用抗渗等级表示，分 P4、P6、P8、P10、P12 和 > P12 共六个等级。混凝土的抗渗性主要与其密实度及内部孔隙的大小和构造有关。

（2）抗冻性。混凝土的抗冻性用抗冻等级表示，分 F50、F100、F150、F200、F250、F300、F350、F400 和 > F400 共九个等级。抗冻等级 F50 以上的混凝土简称抗冻混凝土。

（3）抗侵蚀性。当混凝土所处环境中含有侵蚀性介质时，要求混凝土具有抗侵蚀能力。侵蚀性介质包括软水、硫酸盐、镁盐、碳酸盐、一般酸、强碱、海水等。

（4）混凝土的碳化（中性化）。混凝土的碳化是环境中的二氧化碳与水泥石中的氢氧化钙作用，生成碳酸钙和水。碳化使混凝土的碱度降低，削弱混凝土对钢筋的保护作用，可能导致钢筋锈蚀；碳化显著增加混凝土的收缩，使混凝土抗压强度增大，但可能产生细微裂缝，而使混凝土抗拉、抗折强度降低。

（5）碱骨料反应。碱骨料反应是指水泥中的碱性氧化物含量较高时，会与骨料中所含的活性二氧化硅发生化学反应，并在骨料表面生成碱－硅酸凝胶，吸水后会产生较大的体积膨胀，导致混凝土胀裂的现象。

3. 混凝土外加剂的功能、种类与应用

1）外加剂的功能

混凝土外加剂的主要功能包括：（1）改善混凝土或砂浆拌合物施工时的和易性；（2）提高混凝土或砂浆的强度及其他物理力学性能；（3）节约水泥或代替特种水泥；（4）加速混凝土或砂浆的早期强度发展；（5）调节混凝土或砂浆的凝结硬化速度；（6）调节混凝土或砂浆的含气量；（7）降低水泥初期水化热或延缓水化放热；（8）改善拌合物的泌水性；（9）提高混凝土或砂浆耐各种侵蚀性盐类的耐腐蚀性；（10）减弱碱－骨料反应；（11）改善混凝土或砂浆的毛细孔结构；（12）改善混凝土的泵送性。

2）外加剂的分类

混凝土外加剂包括高性能减水剂（早强型、标准型、缓凝型）、高效减水剂（标准型、缓凝型）、普通减水剂（早强型、标准型、缓凝型）、引气减水剂、泵送剂、早强剂、缓凝剂、引气剂、防冻剂、膨胀剂、防水剂及速凝剂等多种，可谓种类繁多，功能多样。我们可按其主要使用功能分为以下四类：

（1）改善混凝土拌合物流动性的外加剂。包括各种减水剂、引气剂和泵送剂等。

（2）调节混凝土凝结时间、硬化性能的外加剂。包括缓凝剂、早强剂和速凝剂等。

（3）改善混凝土耐久性的外加剂。包括引气剂、防水剂和阻锈剂等。

（4）改善混凝土其他性能的外加剂。包括膨胀剂、防冻剂、着色剂等。

3）外加剂的适用范围

（1）混凝土中掺入减水剂，若不减少拌合用水量，能显著提高拌合物的流动性；当减水而不减少水泥时，可提高混凝土强度；若减水的同时适当减少水泥用量，则可节约水泥。同时，混凝土的耐久性也能得到显著改善。

（2）早强剂可加速混凝土硬化和早期强度发展，缩短养护周期，加快施工进度，提高模板周转率，多用于冬期施工或紧急抢修工程。

（3）缓凝剂主要用于高温季节混凝土、大体积混凝土、泵送与滑模方法施工以及远距离运输的商品混凝土等，不宜用于日最低气温5℃以下施工的混凝土，也不宜用于有早强要求的混凝土和蒸汽养护的混凝土。

（4）引气剂可改善混凝土拌合物的和易性，减少泌水离析，并能提高混凝土的抗渗性和抗冻性。同时，含气量的增加，混凝土弹性模量降低，对提高混凝土的抗裂性有利。由于大量微气泡的存在，混凝土的抗压强度会有所降低。引气剂适用于抗冻、防渗、抗硫酸盐、泌水严重的混凝土等。

（5）膨胀剂主要有硫铝酸钙类、氧化钙类、金属类等。膨胀剂适用于补偿收缩混凝土、填充用膨胀混凝土、灌浆用膨胀砂浆、自应力混凝土等。含硫铝酸钙类、硫铝酸钙－氧化钙类膨胀剂的混凝土（砂浆）不得用于长期环境温度为80℃以上的工程；含氧化钙类膨胀剂配制的混凝土（砂浆）不得用于海水或有侵蚀性水的工程。

（6）含亚硝酸盐、碳酸盐的防冻剂严禁用于预应力混凝土结构；含有六价铬盐、亚硝酸盐等有害成分的防冻剂，严禁用于饮水工程及与食品相接触的工程；含有硝铵、尿素等产生刺激性气味的防冻剂，严禁用于办公、居住等建筑工程。

4）应用外加剂的主要注意事项

（1）几种外加剂复合使用时，应注意不同品种外加剂之间的相容性及对混凝土性能的影响。使用前应进行试验，满足要求后，方可使用。

（2）严禁使用对人体产生危害，对环境产生污染的外加剂。

（3）对钢筋混凝土和有耐久性要求的混凝土，应按有关标准规定严格控制混凝土中氯离子含量和碱的数量。

（4）由于聚羧酸系高性能减水剂的掺加量对混凝土性能影响较大，用户应注意按照有关规定准确计量。

2.1.4 砌体材料的性能与应用

1. 块体的种类及强度等级

1）砖

砖分为烧结砖、蒸压砖和混凝土砖三类。

（1）烧结砖

烧结砖有烧结普通砖（实心砖）、烧结多孔砖和烧结空心砖等种类。

烧结普通砖又称标准砖，它是由煤矸石、页岩、粉煤灰或黏土为主要原料，经塑压成型制坯，干燥后经焙烧而成的实心砖。按主要原料分为黏土砖（N）、页岩砖（Y）、煤矸石砖（M）、粉煤灰砖（F）、建筑渣土砖（Z）、淤泥砖（U）、污泥砖（W）、固体废弃物砖（G）。砖的强度等级分为五级：MU30、MU25、MU20、MU15、MU10。统一外形规格尺寸为 240mm×115mm×53mm，其他规格尺寸由供需双方协商确定。

烧结多孔砖孔洞率大于或等于 28%，烧结多孔砌块孔洞率大于或等于 33%。孔的尺寸小而数量多，主要用于承重部位，砌筑时孔洞垂直于受压面。根据抗压强度分为 MU30、MU25、MU20、MU15、MU10 五个强度等级。

烧结空心砖就是孔洞率不小于 40%，孔的尺寸大而数量少的烧结砖。主要用于框架填充墙和自承重隔墙。按抗压强度分为 MU10.0、MU7.5、MU5.0、MU3.5 四个强度等级。

（2）蒸压砖

蒸压砖应用较多的是硅酸盐砖，材料压制成坯并经高压釜蒸汽养护而形成的砖，依主要材料不同又分为灰砂砖和粉煤灰砖，其尺寸规格与实心黏土砖相同。这种砖不能用于长期受热 200℃以上、受急冷急热或有酸性介质腐蚀的建筑部位。按抗压强度分为 MU30、MU25、MU20、MU15、MU10 五个强度等级。

（3）混凝土砖

混凝土砖可直接替代烧结普通砖、多孔砖用于各种承重的建筑墙体结构中。混凝土实心砖，按抗压强度分为 MU40、MU35、MU30、MU25、MU20、MU15 六个强度等级；混凝土多孔砖，按强度等级分为 MU10、MU15、MU20、MU25、MU30 五个强度等级。

2）砌块

砌块表观密度较小，可减轻结构自重，保温隔热性能好，施工速度快，能充分利用工业废料，价格便宜。已广泛用于房屋的墙体。

（1）普通混凝土小型空心砌块强度等级有 MU20、MU15、MU10、MU7.5 和 MU5；轻骨料混凝土小型空心砌块强度等级有 MU15、MU10、MU7.5、MU5 和 MU3.5。

（2）蒸压加气混凝土砌块可用作承重、自承重或保温隔热材料，其强度等级有 A1.5、A2.0、A2.5、A3.5、A5.0，A1.5、A2.0 级可用于建筑保温。

3）石材

砌体结构中，常用的天然石材为无明显风化的花岗石、砂石和石灰石等。石材的抗压强度高，耐久性好，多用于房屋基础、勒脚部位。在有开采加工能力的地区，也可用于房屋的墙体，但是石材传热性高，用于采暖房屋的墙壁时，厚度需要很大，经济性较差。

2. 砂浆的种类及强度等级

砌体强度直接与砂浆的强度、砂浆的流动性（可塑性）和砂浆的保水性密切相关，所以强度、流动性和保水性是衡量砂浆质量的三大指标。

1）砂浆的种类

砂浆按成分组成，通常分为水泥砂浆、混合砂浆和专用砂浆。

（1）水泥砂浆：水泥砂浆强度高、耐久性好，但流动性、保水性均稍差，一般用于房屋防潮层以下的砌体或对强度有较高要求的砌体。

（2）混合砂浆：依掺合料的不同，又有水泥石灰砂浆、水泥黏土砂浆等之分，但应用最广的混合砂浆还是水泥石灰砂浆。水泥石灰砂浆具有一定的强度和耐久性，且流动性、保水性均较好，易于砌筑，是一般墙体中常用的砂浆。

（3）砌块专用砂浆：专门用于砌筑混凝土砌块的砌筑砂浆，称为砌块专用砂浆。

（4）蒸压砖专用砂浆：专门用于砌筑蒸压灰砂砖砌体或蒸压粉煤灰砖砌体，且砌体抗剪强度不应低于烧结普通砖砌体取值的砂浆。

2）砂浆的强度等级

将砂浆做成 70.7mm×70.7mm×70.7mm 的立方体试块，标准养护28d（温度20℃±2℃，相对湿度90%以上）。每组取3个试块进行抗压强度试验，抗压强度试验结果确定原则：（1）应以三个试件测值的算术平均值作为该组试件的砂浆立方体试件抗压强度平均值（f_2），精确至 0.1MPa；（2）当三个测值的最大值或最小值中如有一个与中间值的差值超过中间值的15%时，则把最大值及最小值一并舍去，取中间值作为该组试件的抗压强度值；（3）当两个测值与中间值的差值均超过中间值的15%时，则该组试件的试验结果为无效。

砌筑砂浆宜选用预拌砂浆。当在现场拌制时，应按砌筑砂浆设计配合比配制。对非烧结类块材，宜采用配套的专用砂浆。不同种类的砌筑砂浆不得混合使用。砂浆的强度等级与适用砌体见表 2.1-6。

表 2.1-6　砂浆强度等级与适用砌体

砂浆	强度等级	适用砌体
普通砂浆	M15、M10、M7.5、M5、M2.5	烧结普通砖、烧结多孔砖、蒸压灰砂普通砖和蒸压粉煤灰普通砖砌体

砂浆	强度等级	适用砌体
砌块专用砂浆	Mb20、Mb15、Mb10、Mb7.5、Mb5	混凝土普通砖、混凝土多孔砖、单排孔混凝土砌块和煤矸石混凝土砌块砌体
轻骨料砌块专用砂浆	Mb10、Mb7.5、Mb5	双排孔或多排孔轻骨料混凝土砌块砌体
蒸压砖专用砂浆	Ms15、Ms10、Ms7.5、Ms5	蒸压灰砂普通砖和蒸压粉煤灰普通砖砌体
蒸压加气混凝土砌块专用砌筑砂浆	Ma7.5、Ma5.0、Ma2.5	蒸压加气混凝土砌块砌体

3. 砌体结构材料的应用

砌体结构的环境类别分为 5 类。对于设计工作年限为 50 年的砌体结构，从耐久性的角度出发，对材料提出了如下相应要求。

（1）地面以下或防潮层以下的砌体、潮湿房间的墙，所用材料的最低强度等级应符合表 2.1-7 的规定。

表 2.1-7　地面以下或防潮层以下的砌体、潮湿房间的墙所用材料的最低强度等级

潮湿程度	烧结普通砖	混凝土普通砖、蒸压普通砖	混凝土砌块	石材	水泥砂浆
稍湿的	MU15	MU20	MU7.5	MU30	M5
很潮湿的	MU20	MU20	MU10	MU30	M7.5
含水饱和的	MU20	MU25	MU15	MU40	M10

注：对安全等级为一级或设计工作年限大于 50 年的房屋，表中材料强度等级应至少提高一级。

（2）处于环境 3～5 类，有侵蚀性介质的砌体材料应符合下列规定：

① 不应采用蒸压灰砂普通砖、蒸压粉煤灰普通砖。

② 应采用实心砖（烧结砖、混凝土砖），砖的强度等级不应低于 MU20，水泥砂浆的强度等级不应低于 M10。

③ 混凝土砌块的强度等级不应低于 MU15，灌孔混凝土的强度等级不应低于 Cb30，砂浆的强度等级不应低于 Mb10。

④ 应根据环境条件对砌体材料的抗冻指标和耐酸、耐碱性能提出要求，或符合有关规范的规定。

2.2　装饰装修工程材料

2.2.1　饰面板材（砖）和建筑陶瓷的特性与应用

1. 饰面石材

1）天然花岗石

（1）花岗石的特性

花岗石构造致密、强度高、密度大、吸水率极低、质地坚硬、耐磨，属酸性硬石材。其耐酸、抗风化、耐久性好，使用年限长，但不耐火。

（2）分类、等级及技术要求

① 分类：天然花岗石板材按形状可分为毛光板（MG）、普型板（PX）、圆弧板（HM）和异型板（YX）四类。按其表面加工程度可分为细面板（YG）、镜面板（JM）、粗面板（CM）三类。

② 等级：天然花岗石板材根据《天然花岗石建筑板材》GB/T 18601—2009，毛光板按厚度偏差、平面度公差、外观质量等，普型板按规格尺寸偏差、平面度公差、角度公差及外观质量等，圆弧板按规格尺寸偏差、直线度公差、线轮廓度公差及外观质量等，分为优等品（A）、一等品（B）、合格品（C）三个等级。

③ 技术要求：天然花岗石板材的技术要求包括规格尺寸允许偏差、平面度允许公差、角度允许公差、外观质量和物理性能。

（3）天然石材的放射性

国家标准《建筑材料放射性核素限量》GB 6566—2010中规定，装修材料（花岗石、建筑陶瓷、石膏制品等）中以天然放射性核素（镭-226、钍-232、钾-40）的放射性比活度分为 A、B、C 三类：A 类产品的产销与使用范围不受限制；B 类产品不可用于 I 类民用建筑的内饰面，但可用于 II 类民用建筑、工业建筑内饰面及其他一切建筑物的外饰面；C 类产品只可用于建筑物的外饰面。装饰工程中应选用经放射性测试且发放了放射性产品合格证的产品。

（4）花岗石板材应用

花岗石板材主要应用于大型公共建筑或装饰等级要求较高的室内外装饰工程。花岗石因不易风化，外观色泽可保持百年以上，所以，粗面和细面板材常用于室外地面、墙面、柱面、勒脚、基座、台阶；镜面板材主要用于室内外地面、墙面、柱面、台面、台阶等。

2）天然大理石

（1）大理石的特性

大理石质地较密实、抗压强度较高、吸水率低、质地较软，属碱性中硬石材。天然大理石易加工、开光性好，常被制成抛光板材。大理石容易发生腐蚀，造成表面强度降低、变色掉粉、失去光泽，影响其装饰性能。所以除少数大理石，如汉白玉、艾叶青等质纯、杂质少、比较稳定、耐久的品种可用于室外，绝大多数大理石品种只宜用于室内。

（2）分类、等级及技术要求

① 分类：天然大理石板材按形状分为毛光板（MG）、普型板（PX）、圆弧板（HM）、异型板（YX）。国际和国内板材的通用厚度为 20mm，亦称为厚板。随着石材加工工艺的不断改进，厚度较小的板材也开始应用于装饰工程，常见的有 10mm、8mm、7mm、5mm 等，亦称为薄板。

② 等级：天然大理石板材按板材的加工质量和外观质量分为 A、B、C 三级。

③ 技术要求：天然大理石板材的技术要求包括加工质量、外观质量和物理性能。

（3）应用

天然大理石板材是装饰工程的常用饰面材料。一般用于宾馆、展览馆、剧院、商场、图书馆、机场、车站、办公楼、住宅等工程的室内墙面、柱面、服务台、栏板、电梯间门口等部位。

　　3）人造饰面石材

　　人造饰面石材分为水泥型人造石材、聚酯型人造石材、复合型人造石材、烧结型人造石材和微晶玻璃人造石材，具有重量轻、强度大、厚度薄、色泽鲜艳、花色繁多、装饰性好、耐腐蚀、耐污染、便于施工、价格较低的特点。

　　人造饰面石材适用于室内外墙面、地面、柱面、台面等。聚酯型人造石材和微晶玻璃型人造石材是目前应用较多的品种。

　　2. 建筑卫生陶瓷

　　建筑卫生陶瓷包括建筑陶瓷和卫生陶瓷两大类。

　　1）建筑陶瓷

　　建筑陶瓷包括陶瓷砖（各类室内、室外、墙面、地面用陶瓷砖，陶瓷板，陶瓷马赛克，防静电陶瓷砖，广场砖等）、建筑琉璃制品、微晶玻璃陶瓷复合砖、陶瓷烧结透水砖、建筑幕墙用陶瓷板等。

　　陶瓷砖按成型方法分类，可分为挤压砖（称为A类砖）、干压砖（称为B类砖）。按吸水率分类，可分为低吸水率砖（Ⅰ类）、中吸水率砖（Ⅱ类）和高吸水率砖（Ⅲ类）。其中低吸水率砖（Ⅰ类）包括：瓷质砖和炻瓷砖；中吸水率砖（Ⅱ类）包括：细炻砖和炻质砖；高吸水率砖（Ⅲ类）为陶质砖。

　　2）卫生陶瓷

　　卫生陶瓷按吸水率分为瓷质卫生陶瓷和炻陶质卫生陶瓷。卫生陶瓷产品具有质地洁白、色泽柔和、釉面光亮、细腻、造型美观、性能良好等特点。

　　（1）瓷质卫生陶瓷产品有：坐便器（单冲式和双冲式）、蹲便器、洗面器、洗手盆、小便器、净身器、洗涤槽、水箱、小件卫生陶瓷。

　　（2）炻瓷质卫生陶瓷产品有：洗面器、洗手盆、不带存水弯小便器、水箱、净身器、洗涤槽、淋浴盘、小件卫生陶瓷。

　　（3）通用技术要求：包括外观质量（釉面、外观缺陷最大允许范围、色差）、最大允许变形、尺寸（尺寸允许偏差、厚度）、吸水率、抗裂性、轻量化产品单件质量、耐荷重性。

2.2.2　木材和木制品的特性与应用

　　1. 木材的特性与应用

　　1）树木的分类

　　（1）一般来说，可将树木分为针叶树和阔叶树两大类。

　　（2）针叶树树干通直，易得大材，强度较高，体积密度小，胀缩变形小，其木质较软，易于加工，常称为软木材，包括松树、杉树和柏树等，为建筑工程中主要应用的木材品种。

　　（3）阔叶树大多为落叶树，树干通直部分较短，不易得大材，其体积密度较大，胀缩变形大，易翘曲开裂，其木质较硬，加工较困难，常称为硬木材，包括榆树、桦树、水曲柳、檀树等众多树种。由于阔叶树大部分具有美丽的天然纹理，故特别适于室内装修或制造家具及胶合板、拼花地板等装饰材料。

2）木材的湿胀干缩变形

（1）影响木材物理力学性质和应用的最主要的含水率指标是纤维饱和点和平衡含水率。

（2）木材含水量大于纤维饱和点时，表示木材的含水率除吸附水达到饱和外，还有一定数量的自由水。此时，木材如受到干燥或受潮，只是自由水改变，故不会引起湿胀干缩。只有当含水率小于纤维饱和点时，表明水分都吸附在细胞壁的纤维上，它的增加或减少才能引起木材的湿胀干缩。即只有吸附水的改变才影响木材的变形，而纤维饱和点正是这一改变的转折点。

（3）由于木材构造的不均匀性，木材的变形在各个方向上也不同；顺纹方向最小，径向较大，弦向最大。

（4）湿胀干缩将影响木材的使用。干缩会使木材翘曲、开裂、接榫松动、拼缝不严。湿胀可造成表面鼓凸，所以木材在加工或使用前应预先进行干燥处理，使其接近于与环境湿度相适应的平衡含水率。平衡含水率是木材和木制品使用时避免变形或开裂而应控制的含水率指标。

3）木材的强度

木材按受力状态分为抗拉、抗压、抗弯和抗剪四种强度，而抗拉、抗压和抗剪强度又有顺纹和横纹之分。所谓顺纹是指作用力方向与纤维方向平行；横纹是指作用力方向与纤维方向垂直。木材的顺纹和横纹强度有很大差别。

2. 木制品的特性与应用

1）实木地板

（1）分类：按表面形态分为平面实木地板、非平面实木地板。按表面有无涂饰分为涂饰实木地板、未涂饰实木地板。按表面涂饰类型分为漆饰实木地板、油饰实木地板。按加工工艺分为普通实木地板、仿古实木地板。

（2）特性：实木地板具有质感强、弹性好、脚感舒适、美观大方等特点。板材材质可以是松、杉等软木材，也可选用柞、榆等硬木材。实木地板长度一般不小于 250mm，宽度一般不小于 40mm，厚度不小于 8mm，接口可做成平接、榫接，榫舌宽度不小于 3mm。

（3）技术要求：包括等级、规格尺寸及偏差、外观质量、理化性能。其中物理力学性能指标有：含水率、漆板表面耐磨性、漆膜附着力、漆膜硬度和漆膜表面耐污染性、重金属含量（限色漆）等。

（4）应用：实木地板适用于体育馆、练功房、舞台、住宅等地面装饰。

2）人造木地板

（1）实木复合地板

以实木拼板或单板为面板，以实木拼板、单板或胶合板为芯层或底层，经不同组合层压加工而成的地板。

① 特性：结构组成特点使其既有普通实木地板的优点，又有效地调整了木材之间的内应力，不易翘曲开裂；既适合普通地面铺设，又适合地热采暖地板铺设。面层木纹自然美观，可避免天然木材的疵病，安装简便。

② 分类：实木复合地板可分为两层实木复合地板、三层实木复合地板、多层实木

复合地板。按质量等级分为优等品、一等品、合格品。

③用途：适用于家庭居室、客厅、办公室、宾馆等中高档地面铺设。

（2）浸渍纸层压木质地板

浸渍纸层压木质地板商品名称为强化木地板。

①特性：规格尺寸大、花色品种较多、铺设整体效果好、色泽均匀、视觉效果好；表面耐磨性高，有较高的阻燃性能，耐污染腐蚀能力强，抗压、抗冲击性能好；便于清洁、护理，尺寸稳定性好、不易起拱；铺设方便，可直接铺装在防潮衬垫上；价格较便宜，但密度较大、脚感较生硬、可修复性差。

②分类：按地板基材分为高密度纤维板基材、刨花板基材的浸渍纸层压木质地板。

③应用：适用于办公室、写字楼、商场、健身房、车间等的地面铺设。

（3）软木地板

①特性：绝热、隔振、防滑、防潮、阻燃、耐水、不霉变、不易翘曲和开裂、脚感舒适有弹性。栓皮栎橡树的树皮可再生，属于绿色建材。

②分类：按表面涂饰方式分为未涂饰软木地板、涂饰软木地板、油饰软木地板。按使用场所分为商用软木地板、家用软木地板。

③应用：家用软木地板适用于家庭居室，商用软木地板适用于商店、走廊、图书馆等人流大的地面铺设。

3）人造板

人造板主要包括胶合板、纤维板、刨花板、细木工板等。

（1）胶合板

①特性：胶合板变形小、收缩率小，没有木结、裂纹等缺陷，而且表面平整，有美丽花纹，极富装饰性。

②分类：按使用环境分为干燥条件下使用胶合板、潮湿条件下使用胶合板、室外条件下使用胶合板。按表面加工状况分为未砂光板、砂光板。

③应用：胶合板常用作隔墙、顶棚、门面板、墙裙等。

（2）纤维板

①纤维板根据生产工艺不同，一般分为湿法纤维板和干法纤维板两大类。湿法纤维板根据产品密度一般分为硬质纤维板、中密度纤维板和软质纤维板。干法纤维板根据产品密度分为高密度纤维板、中密度纤维板、低密度纤维板和超低密度纤维板。

②中密度纤维板是在装饰工程中广泛应用的纤维板品种，分为普通型、家具型和承重型。

（3）刨花板

刨花板密度小，材质均匀，但易吸湿，强度不高，可用于保温、吸声或室内装饰等。

（4）细木工板

①细木工板构造均匀、尺寸稳定、幅面较大、厚度较大。除可用作表面装饰外，也可直接兼作构造材料。

②细木工板按板芯拼接状况分为胶拼细木工板、不胶拼细木工板。按表面加工状

况分为单面砂光细木工板、双面砂光细木工板、不砂光细木工板。按层数分为三层细木工板、五层细木工板、多层细木工板。

2.2.3 建筑玻璃的特性与应用

1. 平板玻璃

（1）平板玻璃按颜色属性分为无色透明平板玻璃和本体着色平板玻璃。按生产方法不同，可分为普通平板玻璃和浮法玻璃两类。平板玻璃按其公称厚度可分为 12 种规格。

（2）特性

① 良好的透视、透光性能。对太阳光中近红外热射线的透过率较高。无色透明平板玻璃对太阳光中紫外线的透过率较低。

② 隔声、有一定的保温性能。抗拉强度远小于抗压强度，是典型的脆性材料。

③ 有较高的化学稳定性，通常情况下，对酸、碱、盐及化学试剂及气体有较强的抵抗能力，但长期遭受侵蚀性介质的作用也能导致变质和破坏，如玻璃的风化和发霉都会导致外观的破坏和透光能力的降低。

④ 热稳定性较差，急冷急热，易发生炸裂。

（3）应用：3～5mm 的平板玻璃一般直接用于有框门窗的采光，8～12mm 的平板玻璃可用于隔断、橱窗、无框门。平板玻璃的另外一个重要用途是作为钢化、夹层、镀膜、中空等深加工玻璃的原片。

2. 装饰玻璃

装饰玻璃包括彩色平板玻璃、釉面玻璃、压花玻璃、喷花玻璃、乳花玻璃、刻花玻璃、冰花玻璃。

1）彩色平板玻璃

（1）彩色平板玻璃又称有色玻璃或饰面玻璃。彩色玻璃分为透明和不透明的两种。彩色玻璃可以拼成各种图案，并有耐腐蚀、抗冲刷、易清洗等特点。

（2）彩色平板玻璃的颜色有茶色、黄色、桃红色、宝石蓝色、绿色等。

（3）彩色玻璃主要用于建筑物的内外墙、门窗装饰及对光线有特殊要求的部位。

2）釉面玻璃

釉面玻璃的特点是：图案精美，不褪色，不掉色，易于清洗，可按用户的要求或艺术设计图案制作。

釉面玻璃具有良好的化学稳定性和装饰性，广泛用于室内饰面层、一般建筑物门厅和楼梯间的饰面层及建筑物外饰面层。

3）冰花玻璃

冰花玻璃对通过的光线有漫射作用。它具有花纹自然、质感柔和、透光不透明、视感舒适的特点。

冰花玻璃装饰效果优于压花玻璃，给人以典雅清新之感，是一种新型的室内装饰玻璃。可用于宾馆、酒楼、饭店、酒吧间等场所的门窗、隔断、屏风和家庭装饰。

3. 安全玻璃

安全玻璃主要包括钢化玻璃、均质钢化玻璃、防火玻璃和夹层玻璃。

1）钢化玻璃

（1）特性：机械强度高，弹性好，热稳定性好，碎后不易伤人，可发生自爆。

（2）应用：玻璃内部存在的硫化镍（NiS）结石是造成钢化玻璃自爆的主要原因。通过对钢化玻璃进行均质（第二次热处理工艺）处理，可以大大降低钢化玻璃的自爆率。这种经过特定工艺条件处理过的钢化玻璃就是均质钢化玻璃（简称 HST）。

2）防火玻璃

（1）特性：防火玻璃是经特殊工艺加工和处理、在规定的耐火试验中能保持其完整性和隔热性的特种玻璃。防火玻璃原片可选用浮法平板玻璃、钢化玻璃，复合防火玻璃原片还可选用单片防火玻璃制造。

（2）分类

① 防火玻璃按结构可分为：复合防火玻璃（以 FFB 表示）、单片防火玻璃（以 DFB 表示）。

② 按耐火性能可分为：隔热型防火玻璃（A 类）、非隔热型防火玻璃（C 类）。

③ 按耐火极限可分为五个等级：0.50h、1.00h、1.50h、2.00h、3.00h。

（3）应用：防火玻璃主要用于有防火隔热要求的建筑幕墙、隔断等构造和部位。

3）夹层玻璃

用于生产夹层玻璃的原片可以是浮法玻璃、钢化玻璃、着色玻璃、镀膜玻璃等。

（1）特性：

① 透明度好。

② 抗冲击性能要比一般平板玻璃高好几倍，用多层普通玻璃或钢化玻璃复合起来，可制成抗冲击性极高的安全玻璃。

③ 由于粘结用中间层（PVB 胶片等材料）的粘合作用，玻璃即使破碎时，碎片也不会散落伤人。

④ 通过采用不同的原片玻璃，夹层玻璃还可具有耐久、耐热、耐湿、耐寒等性能。

（2）应用：夹层玻璃有着较高的安全性，一般在建筑上用于高层建筑的门窗、天窗、楼梯栏板和有抗冲击作用要求的商店、银行、橱窗、隔断及水下工程等安全性能高的场所或部位等。夹层玻璃不能切割，需要选用定型产品或按尺寸定制。

4. 节能装饰型玻璃

节能装饰型玻璃主要包括着色玻璃、镀膜玻璃和中空玻璃（真空玻璃）等。

1）着色玻璃

（1）着色玻璃是一种既能显著吸收阳光中热作用较强的近红外线，又能保持良好透明度的节能装饰性玻璃。

（2）特性：吸收太阳辐射热、吸收可见光、吸收太阳紫外线、具有一定的透明度、色泽鲜丽。

（3）应用：在建筑装修工程中应用比较广泛，既需采光又需隔热之处均可采用。一般多用作建筑物的门窗或玻璃幕墙。

2）镀膜玻璃

（1）镀膜玻璃分为阳光控制镀膜玻璃和低辐射镀膜玻璃。

（2）阳光控制镀膜玻璃

① 具有良好的隔热性能，并具有单向透视性，又称为单反玻璃。

② 可用作建筑门窗玻璃、幕墙玻璃，还可用于制作高性能中空玻璃。

③ 单面镀膜玻璃在安装时，应将膜层面向室内，以提高膜层的使用寿命和取得节能的最大效果。

（3）低辐射镀膜玻璃（Low-E 玻璃）

① 低辐射镀膜玻璃对于太阳可见光和近红外光有较高的透过率，有利于自然采光，可节省照明费用。

② 玻璃的镀膜对阳光中和室内物体所辐射的热射线均可有效阻挡，因而可使夏季室内凉爽而冬季则有良好的保温效果，总体节能效果明显。

③ 低辐射膜玻璃还具有较强的阻止紫外线透射的功能，可以有效地防止室内陈设物品、家具等受紫外线照射产生老化、褪色等现象。

④ 低辐射膜玻璃一般不单独使用，玻璃幕墙规范规定：幕墙采用单片低辐射镀膜玻璃时，应使用在线热喷涂低辐射镀膜玻璃；离线镀膜的低辐射镀膜玻璃宜加工成中空玻璃使用，且镀膜面应朝向中空气体层。

3）中空玻璃

（1）分类

中空玻璃按玻璃层数，有双层和多层之分，一般是双层结构。可采用平板玻璃、镀膜玻璃、夹层玻璃、钢化玻璃、防火玻璃、半钢化玻璃和压花玻璃等。

中空玻璃按形状可分为平面中空玻璃和曲面中空玻璃；按中空腔内气体分类可分为普通中空玻璃，即中空腔内为空气的中空玻璃和充气中空玻璃，即中空腔内充入氩气、氪气等气体的中空玻璃。

（2）特性

① 光学性能良好：中空玻璃其可见光透过率、太阳能反射率、吸收率及色彩可在很大范围内变化，从而满足建筑设计和装饰工程的不同要求。

② 保温隔热、降低能耗：中空玻璃玻璃层间干燥气体导热系数极小，故起着良好的隔热作用，有效保温隔热、降低能耗。

③ 防结露：中空玻璃内层玻璃接触室内高湿度空气的时候，由于玻璃表面温度与室内接近，不会结露。而外层玻璃虽然温度低，但接触的空气湿度也低，所以也不会结露。

④ 良好的隔声性能：中空玻璃具有良好的隔声性能，一般可使噪声下降 30~40dB。

（3）主要性能：尺寸偏差、外观质量、露点、耐紫外线辐照性能、水汽密封耐久性能、气体密封耐久性能、传热系数。中空玻璃的使用寿命一般不少于 15 年。

（4）应用：主要用于保温隔热、隔声等功能要求较高的建筑物，如宾馆、住宅、医院、商场、写字楼等。

2.2.4　涂饰与裱糊材料的特性与应用

1. 建筑腻子

建筑腻子主要作用是填补墙体基层的缺陷、对基层进行找平，达到增加基层平整程度的目的，还有抗裂、防水以及各种装饰造型等特殊功能。

1）建筑腻子的分类

按包装形式，可分为单组份腻子和双组份腻子。按功能，可分为一般找平腻子、拉毛腻子、弹性腻子、防水腻子等。按使用部位，可分为外墙用腻子和室内用腻子。

2）外墙用腻子

（1）单道施工厚度小于等于1.5mm的为薄涂腻子，大于1.5mm的为厚涂腻子。按腻子膜的柔韧性或动态抗开裂性指标分为普通型、柔性、弹性三种类别。

（2）主要技术性能指标包括：容器中状态、施工性、干燥时间（表干）、初期干燥抗裂性（6h）、打磨性、吸水量、耐碱性、耐水性、粘结强度、腻子膜柔韧性、动态抗开裂性等。

（3）应用

① 普通型：适用于普通外墙涂饰工程（除外墙外保温涂饰外）。

② 柔性：适用于普通外墙、外墙外保温等有抗裂要求的建筑外墙涂饰工程。

③ 弹性：适用于抗裂要求较高的建筑外墙涂饰工程。

3）室内用腻子

（1）单道施工厚度小于2mm的为薄型室内用腻子，大于或等于2mm的为厚型室内用腻子。按适用特点分为一般型、柔韧型、耐水型三类。

（2）主要技术性能指标包括：容器中状态、低温贮存稳定性、施工性、干燥时间、初期干燥抗裂性（3h）、打磨性、耐水性、粘结强度、柔韧性、pH实测值等。

（3）应用

① 一般型：适用于一般室内装饰工程。

② 柔韧型：适用于有一定抗裂要求的室内装饰工程。

③ 耐水型：适用于要求耐水、高粘结强度场所的室内装饰工程。

2. 建筑涂料

1）涂料的分类

（1）建筑涂料分为：

① 喷面涂料：合成树脂乳液内墙涂料、合成树脂乳液外墙涂料、溶剂型外墙涂料、其他墙面涂料。

② 防水涂料：溶剂型树脂防水涂料、聚合物乳液防水涂料、其他防水涂料。

③ 地坪涂料：水泥基等非本质地面用涂料。

④ 功能性建筑涂料：防火涂料、防霉（藻）涂料、保温隔热涂料、其他功能性建筑涂料。

（2）按涂料成膜物质的性质，建筑涂料分为：

① 有机涂料：溶剂型涂料、水性涂料（水溶性涂料、乳液型涂料）。

② 无机涂料：水溶性硅酸盐系（碱金属硅酸盐）、硅溶胶系、有机硅及无机聚合物系等。

③ 复合涂料：两类涂料在品种上的复合、两类涂料涂层的复合。

2）水溶性内墙涂料

（1）业界使用最为普遍的品类是水溶性内墙涂料，例如聚醋酸乙烯乳液、苯丙乳液、乙丙乳液、纯丙乳液和氯偏乳液等。

（2）产品技术性能要求通常有：容器中状态、细度、遮盖力、白度（仅白色涂料）、涂膜外观、附着力、耐水性、耐干擦性、耐洗刷性等。

（3）应用：Ⅰ类，用于涂刷浴室、厨房内墙；Ⅱ类，用于涂刷建筑物室内的一般墙面。

3）有装饰效果的复层涂料

（1）建筑复层涂料由底漆、中层漆和面漆组成。可应用于建筑物内、外墙面。

（2）常用的品种有：单色型复层建筑涂料、多彩型复层建筑涂料、厚浆型复层建筑涂料、岩片型复层建筑涂料、砂粒型复层建筑涂料、复合型复层建筑涂料等。

（3）分类：根据使用部位分为内墙、外墙；根据功能性分为普通型、弹性；根据面漆组成分为水性、溶剂型；根据施工厚度和产品类型分为：Ⅰ型，单色型、多彩型；Ⅱ型，厚浆型、岩片型、砂粒型等；Ⅲ型，复合型。

3. 裱糊用壁纸

1）壁纸的分类

（1）按壁纸材质分为：纯纸壁纸、纯无纺纸壁纸、纸基壁纸、无纺纸基壁纸和布基壁纸等类型。

（2）按产品功能分为：普通壁纸、防霉壁纸等类型。

2）壁纸性能指标

指标有：褪色性、湿摩擦色牢度、遮蔽性、防霉性能、伸缩性、湿抗张强度。

3）壁纸原、辅料要求

（1）壁纸产品不应使用有毒有害原料，不应使用回收原料。

（2）纯无纺纸壁纸原纸中合成纤维含量占总纤维含量的比例应≥15%，无纺纸基壁纸原纸中合成纤维含量占总纤维含量的比例应≥5%。

2.2.5　建筑金属材料的特性与应用

1. 装饰装修用钢材

1）普通热轧型钢

根据型钢截面形式的不同，可分为热轧工字钢、热轧槽钢、热轧等边角钢、热轧不等边角钢。表面不应有裂缝、折叠、结疤、分层和夹杂。型钢表面允许有局部凹坑、麻点、划痕和氧化铁皮压入等缺陷存在，但不应超出型钢尺寸的允许偏差。

2）冷弯型钢

冷弯型钢按产品截面形状分为：冷弯圆形空心型钢，简称为圆管；冷弯方形空心型钢，简称为方管；冷弯矩形空心型钢，简称为矩形管；冷弯异形空心型钢，简称为异形管。

冷弯型钢是制作轻型钢结构的材料，其用途广泛，常用于装饰工程的舞台或室内顶部的灯具架等具有装饰性兼有承重功能的钢构架。冷弯型钢用普通碳素钢或普通低合金钢带、钢板，以冷弯、拼焊等方法制成；与普通热轧型钢相比，具有经济、受力合理和应用灵活的特点。

3）不锈钢制品

装饰装修用不锈钢制品主要有板材和管材，其中板材应用最为广泛。

（1）板材

① 分类：按反光率分为镜面板、亚光板和浮雕板三种类型。

② 规格：常用装饰不锈钢板的厚度为0.35～2mm（薄板），幅面宽度为500～1000mm，长度为1000～2000mm。市场上常见的幅面规格为1200mm×2440mm。

（2）管材

不锈钢装饰管材按截面可分为等径圆管和变径花形管。按壁厚可分为薄壁管（小于2mm）或厚壁管（大于4mm）。按其表面光泽度可分为抛光管、亚光管和浮雕管。

（3）应用

装饰不锈钢以其特有的光泽、质感和现代化的气息，应用于室内外墙、柱饰面、幕墙及室内外楼梯扶手、护栏、电梯间护壁、门口包镶等工程部位。

4）彩色涂层钢板

（1）分类

① 按用途分：建筑外用、建筑内用、家电、其他。

② 按基板类型分：热镀锌基板、热镀锌铁合金基板、热镀锌铝合金基板、热镀铝硅合金基板、热镀锌铝镁合金基板、电镀锌基板。

③ 按涂层表面状态分：普通涂层板、压花板、印花板、网纹板、绒面板、珠光板、磨砂板。

④ 按面漆功能分：普通、自洁、抗静电、抗菌、隔热。

（2）特点

发挥金属材料与有机材料各自的特性。有较高的强度、刚性、良好的可加工性，多变的色泽和丰富的表面质感，且涂层耐腐蚀、耐湿热、耐低温。

（3）应用

各类建筑物的外墙板、屋面板、室内的护壁板、吊顶板，还可作为排气管道、通风管道和其他类似的有耐腐蚀要求的构件及设备，也常用作家用电器的外壳。

5）彩色压型钢板

（1）分类

建筑用压型钢板分为屋面用板、墙面用板与楼盖用板三类，其型号由压型代号、用途代号与板型特征代号三部分组成。

（2）特性

经轧制或冷弯成异形（V形、U形、梯形或波形）后，板材的抗弯刚度大大提高，受力合理、自重减轻；同时，具有抗震、耐久、色彩鲜艳、加工简单、安装方便的特点。

（3）应用

广泛用于外墙、屋面、吊顶及夹芯保温板材的面板等。

6）轻钢龙骨

（1）分类

龙骨按使用场合分为墙体龙骨和吊顶龙骨两种类别，按断面形状分为U、C、CH、T、H、V和L形七种形式。

（2）应用

　　轻钢龙骨是木龙骨的换代产品，用作吊顶或墙体龙骨，与各种饰面板相配合，构成的轻型吊顶或隔墙，以其优异的热学、声学、力学、工艺性能及多变的装饰风格在装饰工程中得到广泛的应用。

2. 装饰装修用铝合金

1）花纹板

　　（1）花纹板是采用防锈铝、纯铝或硬铝，用表面具有特制花纹的轧辊轧制而成，花纹美观大方，纹高适中，不易磨损，防滑性能好，防腐能力强，易于清洗。通过表面着色，可获得不同的美丽色彩。广泛用于车辆、船舶、飞机等内部装饰和楼梯、踏板等防滑部位。

　　（2）铝质浅花纹板是我国特有的一种优良的金属装饰板材，抗划伤、抗擦伤能力强，且抗污染、易清洗。具有良好的金属光泽和热反射性能。浅花纹板耐氨、硫和各种酸的侵蚀，抗大气腐蚀的能力强。浅花纹板可用于室内和车厢、飞机、电梯等内饰面。

2）铝质波纹板和压型板

　　（1）特性

　　特性包括刚度大、重量轻、外形美观、色彩丰富、耐腐蚀、利于排水、安装容易、施工进度快。具有银白色表面的波纹板或压型板对于阳光有很强的反射能力，利于室内隔热保温。这两种板材十分耐用，在大气中可使用 20 年以上。

　　（2）应用

　　广泛应用于厂房、车间等建筑物的屋面和墙体饰面。

3）铝及铝合金穿孔吸声板

　　（1）特性

　　特性包括吸声、降噪、质量轻、强度高、防火、防潮、耐腐蚀、化学稳定性好、造型美观、色泽幽雅、立体感强、组装简便、维修容易。

　　（2）应用

　　广泛应用于宾馆、饭店、观演建筑、播音室和中高级民用建筑及各类厂房、机房、人防地下室的吊顶、墙面，作为降噪、改善音质的措施。

4）蜂窝芯铝合金复合板

　　（1）特性

　　特性包括：尺寸精度高；外观平整度好，经久不变，可有效地消除凹陷；强度高、重量轻；隔声、防震、保温隔热；色泽鲜艳、持久不变；易于成形，用途广泛；安装施工完全为装配式干作业。

　　（2）应用

　　蜂窝芯铝合金复合板作为高级饰面材料，可用于各种建筑的幕墙系统，也可用于室内墙面、屋顶、顶棚、包柱等工程部位。

5）铝合金龙骨

　　（1）特性

　　特性包括自重轻、防火、抗震、外观光亮、色调美观、加工和安装方便。

　　（2）应用

适用于医院、学校、写字楼、厂房、商场等吊顶工程。

6）铝合金门窗

铝合金门窗系采用铝合金实腹或空腹型材、高分子涂料喷涂和隔热条封隔技术制作框、扇杆件结构的门、窗总称，其大大提高了传统门窗的装饰性和隔热保温等技术性能，已成为广泛应用的新型门窗材料。

2.3 建筑功能材料

2.3.1 建筑防水材料的特性与应用

建筑防水分为构造防水和材料防水。材料防水依据不同的材料，又分为刚性防水和柔性防水。刚性防水主要采用的是砂浆、混凝土等刚性防水材料；柔性防水采用的是柔性防水材料，主要包括各种防水卷材、防水涂料、密封材料和堵漏灌浆材料等。柔性防水材料是建筑防水材料的主要产品，在建筑防水工程应用中占主导地位。

1. 防水卷材

1）防水卷材的分类

（1）防水卷材主要包括改性沥青防水卷材和高分子防水卷材两大系列。

（2）改性沥青防水卷材主要有弹性体（SBS）改性沥青防水卷材、塑性体（APP）改性沥青防水卷材、沥青复合胎柔性防水卷材、自粘橡胶改性沥青防水卷材、改性沥青聚乙烯胎防水卷材以及道桥用改性沥青防水卷材等。

（3）高分子防水卷材品种较多，一般基于原料组成及性能分为：橡胶类、树脂类和橡塑共混。

2）改性沥青防水卷材

改性沥青防水卷材具有良好的耐高低温性能，提高了憎水性、粘结性、延伸性、韧性、耐老化性能和耐腐蚀性，具有优异的防水功能。

SBS卷材适用于工业与民用建筑的屋面及地下防水工程，尤其适用于较低气温环境的建筑防水。APP卷材适用于工业与民用建筑的屋面及地下防水工程，以及道路、桥梁等工程的防水，尤其适用于较高气温环境的建筑防水。

3）高分子防水卷材

常见的三元乙丙、聚氯乙烯、氯化聚乙烯、氯化聚乙烯 – 橡胶共混及三元丁橡胶防水卷材都属于高分子防水卷材。

4）防水卷材的主要性能

（1）防水性：常用不透水性、抗渗透性等指标表示。

（2）机械力学性能：常用拉力、拉伸强度和断裂伸长率等指标表示。

（3）温度稳定性：常用耐热度、耐热性、脆性温度等指标表示。

（4）大气稳定性：常用耐老化性、老化后性能保持率等指标表示。

（5）柔韧性：常用柔度、低温弯折性、柔性等指标表示。

2. 防水涂料

防水涂料按照使用部位可分为：屋面防水涂料、地下防水涂料和道桥防水涂料；也可按照成型类别分为：挥发型、反应型和反应挥发型。一般按照主要成膜物质种类进行分类。防水涂料分为：丙烯酸类、聚氨酯类、有机硅类、改性沥青类和其他防水涂料。

防水涂料特别适合于各种复杂、不规则部位的防水，能形成无接缝的完整防水膜。涂布的防水涂料既是防水层的主体，又是胶粘剂，因而施工质量容易保证，维修也较简单。防水涂料广泛适用于屋面防水工程、地下室防水工程和地面防潮、防渗等。

3. 建筑密封与堵漏灌浆材料

1）建筑密封材料

（1）建筑密封材料分为定型和非定型密封材料两大类型。定型密封材料是具有一定形状和尺寸的密封材料，包括各种止水带、止水条、密封条等；非定型密封材料是指密封膏、密封胶、密封剂等黏稠状的密封材料。

（2）建筑密封材料按照应用部位可分为：玻璃幕墙密封胶、结构密封胶、中空玻璃密封胶、窗用密封胶、石材接缝密封胶。

（3）一般按照主要成分进行分类，建筑密封材料分为：丙烯酸类、硅酮类、改性硅酮类、聚硫类、聚氨酯类、改性沥青类、丁基类等。

2）堵漏灌浆材料

（1）堵漏灌浆材料主要分为颗粒性灌浆材料（水泥）和无颗粒化学灌浆材料。

（2）堵漏灌浆材料按主要成分不同可分为：丙烯酸胺类、甲基丙烯酸酯类、环氧树脂类和聚氨酯类等。

2.3.2　建筑防火材料的特性与应用

1. 钢结构防火涂料

1）钢结构防火涂料分类

（1）按火灾防护对象分类

① 普通钢结构防火涂料：用于普通工业与民用建（构）筑物钢结构表面的防火涂料。

② 特种钢结构防火涂料：用于特殊建（构）筑物（如石油化工设施、变配电站等）钢结构表面的防火涂料。

（2）按使用场所分类

① 室内钢结构防火涂料：用于建筑物室内或隐蔽工程的钢结构表面的防火涂料。

② 室外钢结构防火涂料：用于建筑物室外或露天工程的钢结构表面的防火涂料。

（3）按分散介质分类

① 水基性钢结构防火涂料：以水作为分散介质的钢结构防火涂料。

② 溶剂性钢结构防火涂料：以有机溶剂作为分散介质的钢结构防火涂料。

（4）按防火机理分类

① 膨胀型钢结构防火涂料：涂层在高温时膨胀发泡，形成耐火隔热保护层的钢结构防火涂料。

② 非膨胀型钢结构防火涂料：涂层在高温时不膨胀发泡，其自身成为耐火隔热保护层的钢结构防火涂料。

（5）耐火性能分级：钢结构防火涂料的耐火极限分为 0.50h、1.00h、1.50h、2.00h、2.50h 和 3.00h。

2）技术要求

（1）钢结构防火涂料应能采用规定的分散介质进行调和、稀释。

（2）钢结构防火涂料应能采用喷涂、抹涂、刷涂、辊涂、刮涂等方法中的一种或多种方法施工，并能在正常的自然环境条件下干燥固化，涂层实干后不应有刺激性气味。

（3）复层涂料应相互配套，底层涂料应能同防锈漆配合使用，或者底层涂料自身具有防锈性能。

（4）膨胀型钢结构防火涂料的涂层厚度不应小于1.5mm，非膨胀型钢结构防火涂料的涂层厚度不应小于15mm。

2. 防火堵料

（1）根据防火封堵材料的组成、形状与性能特点划分主要有三类：以有机高分子材料为胶粘剂的有机防火堵料；以快干水泥为胶凝材料的无机防火堵料；将阻燃材料用织物包裹形成的防火包。

（2）有机防火堵料又称可塑性防火堵料，它是以合成树脂为胶粘剂，并配以防火助剂、填料制成的。此类堵料在使用过程长期不硬化，可塑性好，容易封堵各种不规则形状的孔洞，能够重复使用。遇火时发泡膨胀，因此具有优异的防火、水密、气密性能。施工操作和更换较为方便，因此尤其适合需经常更换或增减电缆、管道的场合。

（3）无机防火堵料又称速固型防火堵料，是以快干水泥为基料，添加防火剂、耐火材料等经研磨、混合而成的防火堵料，使用时加水拌合即可。无机防火堵料具有无毒无味、固化快速，耐火极限与力学强度较高，能承受一定重量，又有一定可拆性的特点。有较好的防火和水密、气密性能。主要用于封堵后基本不变的场合。

（4）防火包又称耐火包或阻火包，使用时通过垒砌、填塞等方法封堵孔洞。适合于较大孔洞的防火封堵或电缆桥架防火分隔。

3. 防火玻璃

（1）建筑用防火玻璃分为两大类，即非隔热型防火玻璃和隔热型防火玻璃。

（2）非隔热型防火玻璃又称为耐火玻璃。这类防火玻璃均为单片结构，其中又可分为夹丝玻璃、耐热玻璃和微晶玻璃三类。

（3）隔热型防火玻璃为夹层或多层结构，因此也称为复合型防火玻璃。这类防火玻璃也有两种产品形式，即多层粘合型和灌浆型。

（4）防火玻璃按耐火极限可分为五个等级：0.50h、1.00h、1.50h、2.00h、3.00h。

4. 防火板材

防火板材品种很多，主要有纤维增强硅酸钙板、耐火纸面石膏板、纤维增强水泥平板（TK板）、GRC板、泰柏板、GY板、滞燃型胶合板、难燃铝塑建筑装饰板、矿物棉防火吸声板、膨胀珍珠岩装饰吸声板等。防火板材广泛用于建筑物的顶棚、墙面、地面等多种部位。

2.3.3　建筑保温、隔热材料的特性与应用

一般情况下，导热系数小于0.23W/（m·K）的材料称为绝热材料，导热系数小于0.14W/（m·K）的材料称为保温材料；通常导热系数不大于0.05W/（m·K）的材料称为高效保温材料。用于建筑物保温的材料一般要求密度小、导热系数小、吸水率低、

尺寸稳定性好、保温性能可靠、施工方便、环境友好、造价合理。

1. 保温隔热材料分类

（1）按材质可分为无机保温材料、有机保温材料和复合保温材料三大类。

（2）按形态分为纤维状、多孔（微孔、气泡）状、层状等。

目前应用较为广泛的有纤维状保温材料，如岩棉、矿渣棉、玻璃棉、硅酸铝棉等制品；多孔状保温材料，如泡沫玻璃、玻化微珠、膨胀蛭石以及加气混凝土，泡沫塑料类如聚苯乙烯泡沫塑料、聚氨酯泡沫塑料、酚醛泡沫塑料、脲醛泡沫塑料等；层状保温材料，如铝箔、金属或非金属镀膜玻璃以及织物为基材制成的镀膜制品。

2. 影响保温隔热材料导热系数的因素

（1）材料的性质。导热系数以金属最大，非金属次之，液体较小，气体更小。

（2）表观密度与孔隙特征。表观密度小的材料，导热系数小。孔隙率相同时，孔隙尺寸越大，导热系数越大。

（3）湿度。材料吸湿受潮后，导热系数就会增大。水的导热系数比空气的导热系数大 20 倍。冰的导热系数更大。

（4）温度。材料的导热系数随温度的升高而增大，但温度在 0～50℃时并不显著，只有对处于高温和负温下的材料，才要考虑温度的影响。

（5）热流方向。当热流平行于纤维方向时，保温性能减弱；而热流垂直纤维方向时，保温材料的阻热性能发挥最好。

3. 常用保温隔热材料

1）聚氨酯泡沫塑料

（1）聚氨酯泡沫塑料按所用材料的不同分为聚醚型和聚酯型两种，又有软质和硬质之分。按照成型方法又分为喷涂型硬泡聚氨酯和硬泡聚氨酯板材。

（2）主要性能特点有：保温性能好、防水性能优异、防火阻燃性能好、使用温度范围广、耐化学腐蚀性好、使用方便。

（3）喷涂型硬泡聚氨酯按其用途分为Ⅰ型、Ⅱ型、Ⅲ型三个类型，分别适用于屋面和外墙保温层、屋面复合保温防水层、屋面保温防水层。

（4）硬泡聚氨酯板材广泛应用于屋面和墙体保温，可代替传统的防水层和保温层，具有一材多用的功效。

2）改性酚醛泡沫塑料

（1）用于生产酚醛泡沫的树脂有两种：热塑性树脂和热固性树脂，并大多采用热固性树脂。

（2）酚醛泡沫的特点有：绝热性、耐化学溶剂腐蚀性、吸声性能、吸湿性、抗老化性、阻燃性、抗火焰穿透性。

（3）酚醛泡沫塑料广泛应用于对防火保温要求较高的工业建筑和民用建筑中。

3）聚苯乙烯泡沫塑料

（1）按照生产工艺的不同，可以分为模塑聚苯乙烯泡沫塑料（EPS）和挤塑聚苯乙烯泡沫塑料（XPS）。

（2）聚苯乙烯泡沫塑料具有重量轻、隔热性能好、隔声性能优、耐低温性能强的特点，还具有一定弹性、低吸水性和易加工等优点。广泛应用于建筑外墙外保温和屋面的隔热保温系统。

4）岩棉、矿渣棉制品

（1）矿渣棉和岩棉（统称矿岩棉）制品是一种原料易得，可就地取材，生产能耗少，成本低，可称为耐高温、廉价、长效保温、隔热、吸声材料，其制品形式有棉、板、带、毡、缝毡、贴面毡和管壳等。大部分矿岩棉制品的密度为 $80\sim200\text{kg/m}^3$，燃烧性能为不燃材料。

（2）岩棉、矿渣棉制品的性能特点有：优良的绝热性、使用温度高、防火不燃、较好的耐低温性、长期使用稳定性、吸声、隔声、对金属无腐蚀性等。

5）玻璃棉制品

（1）玻璃棉制品品种较多，主要有玻璃棉毡、玻璃棉板、玻璃棉带、玻璃棉毯和玻璃棉保温管等。玻璃棉特性是体积密度小（表观密度仅为矿岩棉的一半左右）、热导率低、吸声性好、不燃、耐热、抗冻、耐腐蚀、不怕虫蛀、化学性能稳定，是一种良好的绝热吸声过滤材料。玻璃棉燃烧性能为不燃材料。

（2）玻璃棉毡、卷毡、板主要用于建筑物的隔热、隔声等；玻璃棉管套主要用于通风、供热供水、动力等设备管道的保温。

6）中空玻璃微珠保温隔热材料

中空玻璃微珠保温隔热材料指由底涂、中空玻璃微珠中间层和面涂组成，具有保温隔热性能的系统材料，其具有耐沾污性、耐气候老化性和反射隔热等性能。

第 3 章　建筑工程施工技术

3.1　施工测量

3.1.1　常用工程测量仪器的性能与应用

1. 水准仪

水准仪主要由望远镜、水准器和基座三个主要部分组成，是为水准测量提供水平视线和对水准标尺进行读数的一种仪器。

水准仪有高精密、精密、普通等几种不同精度的仪器。高精密水准仪主要用于国家一等水准测量及地震水准测量。精密水准仪用于国家二等水准测量及其他精密水准测量；普通水准仪用于国家三、四等水准测量及一般工程水准测量。

水准仪的主要功能是测量两点间的高差 h，它不能直接测量待定点的高程 H，但可由控制点的已知高程来推算测点的高程；另外，利用视距测量原理，它还可以测量两点间的水平距离 D，但精度不高。

激光水准仪是在水准仪的望远镜上加装一只气体激光器而成。在平坦地区做长距离高差测量时，测站数较少，提高了测量的效率。在大面积的楼、地面抄平工作中，架设一次仪器可以测量很大一块面积的高差，极为方便。

2. 经纬仪

经纬仪由照准部、水平度盘和基座三部分组成，是对水平角和竖直角进行测量的一种仪器。

经纬仪有 DJ07、DJ1、DJ2、DJ6 等几种不同精度的仪器，通常在书写时省略字母"D"。J07、J1 和 J2 型经纬仪属于精密经纬仪，J6 型经纬仪属于普通经纬仪。在建筑工程中，常用的还是 J2 和 J6 型光学经纬仪。

经纬仪的主要功能是测量两个方向之间的水平夹角 β；其次，它还可以测量竖直角 α；借助水准尺，利用视距测量原理，它还可以测量两点间的水平距离 D 和高差 h。经纬仪使用时应对中、整平、水平度盘归零。

激光经纬仪是在光学经纬仪的望远镜上加装一只激光器而成。它与一般工程经纬仪相比，有如下特点：

（1）望远镜在垂直（或水平）平面上旋转，发射的激光可扫描形成垂直（或水平）的激光平面，在这两个平面上被观测的目标，任何人都可以清晰地看到。

（2）一般经纬仪在场地狭小，安置的仪器逼近测量目标时，如仰角大于 50°，就无法观测。而激光经纬仪主要依靠发射激光束来扫描定点，可不受场地狭小的影响。

（3）激光经纬仪可向天顶发射一条垂直的激光束，用它代替传统的吊坠吊线法测定垂直度，不受风力的影响，施测方便、准确、可靠、安全。

（4）能在夜间或黑暗的场地进行测量工作，不受照度的影响。

由于激光经纬仪具有上述的特点，特别适合作以下的施工测量工作：

① 高层建筑及烟囱、塔架等高耸构筑物施工中的垂度观测和准直定位。

② 结构构件及机具安装的精密测量和垂直度控制测量。

③管道铺设及隧道、井巷等地下工程施工中的轴线测设及导向测量工作。

3. 全站仪

全站仪由电子经纬仪、光电测距仪和数据记录装置组成。

全站仪在测站上一经观测，必要的观测数据如斜距、天顶距（竖直角）、水平角等均能自动显示，而且几乎是在同一瞬间内得到平距、高差、点的坐标和高程。如果通过传输接口把全站仪野外采集的数据终端与计算机、绘图机连接起来，配以数据处理软件和绘图软件，即可实现测图的自动化。

全站仪一般用于大型工程的场地坐标测设及复杂工程的定位和细部测设。

3.1.2　施工测量的方法和要求

1. 施工测量的基本工作

施工测量现场主要工作有长度的测设、角度的测设、建筑物细部点的平面位置的测设、建筑物细部点高程位置的测设及倾斜线的测设等。测角、测距和测高差是测量的基本工作。

平面控制测量必须遵循"由整体到局部"的组织实施原则，以避免放样误差的积累。大中型的施工项目，应先建立场区控制网，再分别建立建筑物施工控制网，以建筑物平面控制网的控制点为基础，测设建筑物的主轴线，根据主轴线再进行建筑物的细部放样；规模小或精度高的独立项目或单位工程，可通过市政水准测控控制点直接布设建筑物施工控制网。

高程控制测量宜采用水准测量。

2. 施工测量的内容

1）施工控制网的建立

（1）场区控制网，应充分利用勘察阶段的已有平面和高程控制网。原有平面控制网的边长，应投影到测区的相应施工高程面上，并进行复测检查。精度满足施工要求时，可作为场区控制网使用。否则，应重新建立场区控制网。新建场区控制网，可利用原控制网中的点组（由三个或三个以上的点组成）进行定位。小规模场区控制网，也可选用原控制网中一个点的坐标和一个边的方位进行定位。

（2）建筑物施工控制网，应根据场区控制网进行定位、定向和起算；控制网的坐标轴，应与工程设计所采用的主副轴线一致；建筑物的±0.000高程面，应根据场区水准点测设。

（3）建筑方格网点的布设，应与建（构）筑物的设计轴线平行，并构成正方形或矩形格网。方格网的测设方法，可采用布网法或轴线法。当采用布网法时，宜增测方格网的对角线；当采用轴线法时，长轴线的定位点不得少于3个。

2）建筑物定位、基础放线及细部测设

在拟建的建筑物或构筑物外围，应建立线板或控制桩。线板应注记中心线编号，并测设标高。线板和控制桩应做好保护，该控制桩将作为未来施工轴线校核的依据。

依据控制桩和已经建立的建筑物施工控制网及图纸给定的细部尺寸进行轴线控制和细部测设。

3）竣工图的绘制

竣工总图的实测，应在已有的施工控制点（桩）上进行。当控制点被破坏时，应进行恢复。恢复后的控制点点位，应保证所施测细部点的精度。

依据施工控制点将有变化的细部点位在竣工图上重新设定，竣工图应符合相关规定的要求。

3. 施工测量的方法

1）已知长度的测设

测设某一已经确定的长度，就是从一点开始，按给定的方向和长度进行丈量，求得线段的另一端点。方法如下：

（1）将经纬仪安置在直线的起点上并标定直线的方向；

（2）陆续在地面上打入尺段桩和终点桩，并在桩面上刻画十字标志；

（3）精密丈量距离，同时测定量距时的温度及各尺段高差，经尺长、温度及倾斜改正后，求出丈量的结果；

（4）根据丈量结果与已知长度的差值，在终点桩上修正初步标定的刻线；若差值较大，点位落在桩外时，则须换桩。

当用短程光电测距仪进行已知长度测设时，一般只需移动反光镜的位置，就可确定终点桩上的标志位置。

2）已知角度的测设

测设已知角度时，只给出一个方向，按已知角值，在地面上测定另一方向。

3）建筑物细部点平面位置的测设

确定一点的平面位置的方法很多，要根据控制网的形式及分布、放线精度要求及施工现场条件来选择测设方法。

（1）直角坐标法

当建筑场地的施工控制网为方格网或轴线形式时，采用直角坐标法放线最为方便。用直角坐标法测定一已知点的位置时，只需要按其坐标差数量取距离和测设直角，用加减法计算即可，工作方便，并便于检查，测量精度亦较高。

（2）极坐标法

极坐标法适用于测设点靠近控制点，便于量距的地方。用极坐标法测定一点的平面位置时，系在一个控制点上进行，但该点必须与另一控制点通视。根据测定点与控制点的坐标，计算出它们之间的夹角（极角 β）与距离（极距 S），按 β 与 S 之值即可将给定的点位定出。

（3）角度前方交会法

角度前方交会法，适用于不便量距或测设点远离控制点的地方。对于一般小型建筑物或管线的定位，亦可采用此法。

（4）距离交会法

从控制点到测设点的距离，若不超过测距尺的长度时，可用距离交会法来测定。用距离交会法来测定点位，不需要使用仪器，但精度较低。

（5）方向线交会法

这种方法的特点是：测定点由相对应的两个已知点或两个定向点的方向线交会而

得。方向线的设立可以用经纬仪，也可以用细线绳。

施工层的轴线投测，宜使用 2″ 级激光经纬仪或激光铅直仪进行。控制轴线投测至施工层后，应在结构平面上按闭合图形对投测轴线进行校核。合格后，才能进行本施工层上的其他测设工作；否则，应重新进行投测。

4）建筑物细部点高程位置的测设

（1）地面上点的高程测设

测定地面上点的高程，如图 3.1-1 所示，设 B 为待测点，其设计高程为 H_B，A 为水准点，已知其高程为 H_A。先测出 a，按下式计算 b：

$$b = H_A + a - H_B$$

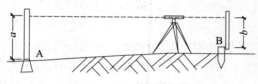

图 3.1-1　高程测设示意图

当前视尺读数等于 b 时，沿尺底在桩侧或墙上画线（标记），即为 B 点高程。

（2）高程传递

① 用水准测量法传递高程

当开挖较深的基槽时，可用水准测量传递高程。图 3.1-2 是向低处传递高程的情形。坑内临时水准点 B 之高程 H_B 按下式计算：

$$H_B = H_A + a - (b-c) - d$$

式中，$(b-c)$ 为通过钢尺传递的高差，如高程传递的精度要求较高时，对 $(b-c)$ 之值应进行尺长改正及温度改正。上例是由地面向低处引测高程点的情况。当需要由地面向高处传递高程时，也可以采用同样方法进行。

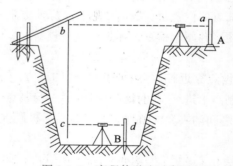

图 3.1-2　高程传递法示意图

② 用钢尺直接丈量垂直高度传递高程

施工层标高的传递，宜采用悬挂钢尺代替水准尺的水准测量方法进行，并应对钢尺读数进行温度、尺长和拉力改正，层数较多时，过程中应进行误差修正。

4. 建筑施工期间的变形测量

（1）在施工期间应对以下对象进行变形监测：

① 安全设计等级为一级、二级的基坑。

② 地基基础设计等级为甲级，或软弱地基上的地基基础设计等级为乙级的建筑。

③ 长大跨度或体形狭长的工程结构。

④ 重要基础设施工程。

⑤ 工程设计或施工要求监测的其他对象。

（2）施工期间变形监测内容应符合下列规定：

① 对（1）中各对象应进行沉降观测。

② 对基坑工程，应进行基坑及其支护结构变形监测和周边环境变形监测。

③ 对高层和超高层建筑、体形狭长的工程结构、重要基础设施工程，应进行水平位移监测、垂直度及倾斜观测。

④ 对高层和超高层建筑、长大跨度或体形狭长的工程结构，应进行挠度监测、日照变形监测、风振变形监测。

⑤ 对隧道、涵洞等拱形设施，应进行收敛变形监测。

（3）建筑变形测量可采用独立的平面坐标系统及高程基准。对大型或有特殊要求的项目，宜采用 2000 国家大地坐标系统及 1985 国家高程基准或项目所在城市使用的平面坐标系统及高程基准。建筑变形测量采用公历纪元、北京时间作为统一时间基准。

（4）建筑变形测量精度等级分为特等、一等、二等、三等、四等共五级。变形测量应以中误差作为衡量精度的指标，并以二倍中误差作为极限误差。

（5）变形监测点的布设应根据建筑结构、形状和场地工程地质条件等确定，点位应便于观察、易于保护，标志应稳固。

（6）各期变形测量应在短时间内完成。对不同期测量，应采用相同的观测网形、观测线路和观测方法，并宜使用相同的测量仪器设备。对于特等和一等变形观测，尚宜固定观测人员、选择最佳观测时段，并在相近的环境条件下观测。

（7）变形测量的基准点分为沉降基准点和位移基准点，需要时可设置工作基点。设置要求有：

① 沉降观测基准点，在特等、一等沉降观测时，不应少于 4 个；其他等级沉降观测时不应少于 3 个；基准之间应形成闭合环。

② 位移观测基准点，对水平位移观测、基坑监测和边坡监测，在特等、一等观测时，不应少于 4 个；其他等级观测时不应少于 3 个。

（8）在基础施工期间，相邻地基的沉降观测，在基坑降水时和基坑开挖过程中应每天观测 1 次。混凝土底板浇筑完成 10d 以后，可 2～3d 观测 1 次，直至地下室顶板完成和水位恢复。

（9）基坑变形观测分为基坑支护结构变形观测和基坑回弹观测。监测点布置要求有：

① 基坑围护墙或基坑边坡顶部变形监测点沿基坑周边布置，周边中部、阳角处、邻近被保护对象的部位应设点；监测点水平间距不宜大于 20m，且每边监测点不宜少于 3 个；水平和垂直监测点宜共用同一点。

② 基坑围护墙或土体深层水平位移监测点宜布置在围护墙的中间部位、阳角处及有代表性的部位，监测点水平间距 20～60m，每侧边不应少于 1 个。

（10）民用建筑基础及上部结构沉降监测点布设位置有：

① 建筑的四角、核心筒四角、大转角处及沿外墙每 10～20m 处或每隔 2～3 根柱

基上；

② 高低层建筑、新旧建筑和纵横墙等交接处的两侧；

③ 对于宽度大于或等于 15m 的建筑，应在承重内隔墙中部设内墙点，并在室内地面中心及四周设地面点；

④ 框架结构及钢结构建筑的每个或部分柱基上或沿纵横轴线上；

⑤ 筏形基础、箱形基础底板或接近基础的结构部分之四角处及其中部位置；

⑥ 超高层建筑和大型网架结构的每个大型结构柱监测点不宜少于 2 个，且对称布置。

（11）沉降观测的周期和时间要求有：在基础完工后或地下室砌完后开始观测；民用高层建筑宜以每加高 2～3 层观测 1 次；工业建筑宜按回填基坑、安装柱子和屋架、砌筑墙体、设备安装等不同阶段进行观测。如建筑施工均匀增高，应至少在增加荷载的 25%、50%、75%、100% 时各测 1 次。施工中若暂时停工，停工时及重新开时要各测 1 次，停工期间每隔 2～3 个月测 1 次。竣工后运营阶段的观测次数：在第一年观测 3～4 次；第二年观测 2～3 次；第三年开始每年 1 次，到沉降达到稳定状态和满足观测要求为止。

（12）建筑沉降达到稳定状态，可由沉降量与时间关系曲线判定。当最后 100d 的最大沉降速率小于 0.01～0.04mm/d 时，可认为已达到稳定状态。

（13）水平位移观测的周期，在施工期间可在建筑每加高 2～3 层观测 1 次，主体结构封顶后每 1～2 个月观测 1 次。

（14）倾斜观测的周期宜根据倾斜速率每 1～2 个月观测 1 次。

（15）当建筑变形观测过程中发生下列情况之一时，必须立即实施安全预案，同时应提高观测频率或增加观测内容：

① 变形量或变形速率出现异常变化；

② 变形量或变形速率达到或超出预警值；

③ 周边或开挖面出现塌陷、滑坡情况；

④ 建筑本身、周边建筑及地表出现异常；

⑤ 由于地震、暴雨、冻融等自然灾害引起的其他异常变形情况。

3.2　土石方工程施工

3.2.1　岩土的分类和工程性能

岩土的工程分类及工程性质是地基设计与施工的基础，是勘察工作及勘察报告的重要内容。

1. 岩土的工程分类

（1）土按其不同粒组的相对含量可划分为巨粒类土、粗粒类土、细粒类土，是土的基本分类。根据地质成因，土可划分为残积土、坡积土、洪积土、冲击土、淤积土、冰积土和风积土等。根据粒径和塑性指数，土可划分为碎石土、砂土、粉土、黏性土。

（2）岩石按坚硬程度分为：坚硬岩、较硬岩、较软岩、软岩、极软岩。

（3）作为建筑地基的岩土，可分为岩石、碎石土、砂土、粉土、黏性土和人工填土。

（4）根据土方开挖的难易程度不同，可将土石分为八类，以便选择施工方法和确定劳动量，为计算劳动力、机具及工程费用提供依据。

① 一类土：松软土

主要包括砂土、粉土、冲积砂土层、疏松的种植土、淤泥（泥炭）等，坚实系数为 0.5～0.6，采用锹、锄头挖掘，少许用脚蹬。

② 二类土：普通土

主要包括粉质黏土，潮湿的黄土，夹有碎石、卵石的砂，粉土混卵（碎）石，种植土、填土等，坚实系数为 0.6～0.8，用锹、锄头挖掘，少许用镐翻松。

③ 三类土：坚土

主要包括软及中等密实黏土，重粉质黏土、砾石土，干黄土、含有碎石卵石的黄土、粉质黏土，压实的填土等，坚实系数为 0.8～1.0，主要用镐，少许用锹、锄头挖掘，部分用撬棍。

④ 四类土：砂砾坚土

主要包括坚硬密实的黏性土或黄土，含碎石卵石的中等密实的黏性土或黄土，粗卵石，天然级配砂石，软泥灰岩等，坚实系数为 1.0～1.5，整个先用镐、撬棍，后用锹挖掘，部分使用楔子及大锤。

⑤ 五类土：软石

主要包括硬质黏土，中密的页岩、泥灰岩、白垩土，胶结不紧的砾岩，软石灰及贝壳石灰石等，坚实系数为 1.5～4.0，用镐或撬棍、大锤挖掘，部分使用爆破方法。

⑥ 六类土：次坚石

主要包括泥岩、砂岩、砾岩，坚实的页岩、泥灰岩，密实的石灰岩，风化花岗岩、片麻岩及正长岩等，坚实系数为 4.0～10.0，用爆破方法开挖，部分用风镐。

⑦ 七类土：坚石

主要包括大理石，辉绿岩，玢岩，粗、中粒花岗岩，坚实的白云石、砂岩、砾岩、片麻岩、石灰岩，微风化安山岩，玄武岩等，坚实系数为 10.0～18.0，用爆破方法开挖。

⑧ 八类土：特坚石

主要包括安山岩，玄武岩，花岗片麻岩，坚实的细粒花岗岩、闪长岩、石英岩、辉长岩、辉绿岩、玢岩、角闪岩等，坚实系数为 18.0～25.0 以上，用爆破方法开挖。

2. 岩土的工程性能

岩土的工程性能主要是强度、弹性模量、变形模量、压缩模量、黏聚力、内摩擦角等物理力学性能，各种性能应按标准试验方法经过试验确定。

（1）内摩擦角：土体中颗粒间相互移动和胶合作用形成的摩擦特性。其数值为强度包线与水平线的夹角。

内摩擦角，是土的抗剪强度指标，土力学上很重要的一个概念，是工程设计的重要参数。土的内摩擦角反映了土的摩擦特性。

内摩擦角在力学上可以理解为块体在斜面上的临界自稳角，在这个角度内，块体是稳定的；大于这个角度，块体就会产生滑动。利用这个原理，可以分析边坡的稳定性。

（2）土抗剪强度：是指土体抵抗剪切破坏的极限强度，参数包括内摩擦角和黏聚力。抗剪强度可通过剪切试验测定。

（3）黏聚力：黏聚力能使物质聚集成液体或固体。特别是在与固体接触的液体附着层中，由于黏聚力与附着力相对大小的不同，致使液体浸润固体或不浸润固体。

（4）土的天然含水量：土中所含水的质量与土的固体颗粒质量之比的百分率，称为土的天然含水量。土的天然含水量对挖土的难易、土方边坡的稳定、填土的压实等均有影响。

（5）土的天然密度：土在天然状态下单位体积的质量，称为土的天然密度。土的天然密度随着土的颗粒组成、孔隙的多少和水分含量而变化，不同的土密度不同。

（6）土的干密度：单位体积内土的固体颗粒质量与总体积的比值，称为土的干密度。干密度越大，表明土越坚实。在土方填筑时，常以土的干密度控制土的夯实标准。

（7）土的密实度：是指土被固体颗粒所充实的程度，反映了土的紧密程度。

（8）土的可松性：天然土经开挖后，其体积因松散而增加，虽经振动夯实，仍不能完全恢复到原来的体积，这种性质称为土的可松性。它是挖填土方时，计算土方机械生产率、回填土方量、运输机具数量、进行场地平整规划竖向设计、土方平衡调配的重要参数。

3.2.2 基坑支护工程施工

建筑基坑及边坡、地基、基础工程施工前应具备的资料有：岩土工程勘察报告、施工所需的设计文件、施工影响范围内的建（构）筑物、地下管网和障碍物资料、施工组织设计、专项施工方案和施工监测方案。

基坑工程施工前，应编制基坑工程专项施工方案，其内容应包括：支护结构、地下水控制、土方开挖和回填等施工技术参数，基坑工程施工工艺流程，基坑工程施工方法，基坑工程施工安全技术措施，应急预案，工程监测要求等。

1. 浅基坑支护

（1）斜柱支撑：水平挡土板钉在柱桩内侧，柱桩外侧用斜撑支顶，斜撑底端支在木桩上，在挡土板内侧回填土。适于开挖较大型、深度不大的基坑或使用机械挖土时使用。

（2）锚拉支撑：水平挡土板支在柱桩的内侧，柱桩一端打入土中，另一端用拉杆与锚桩拉紧，在挡土板内侧回填土。适于开挖较大型、深度较深的基坑或使用机械挖土，不能安设横撑时使用。

（3）型钢桩横挡板支撑：沿挡土位置预先打入钢轨、工字钢或H型钢桩，间距1.0～1.5m，然后边挖方，边将3～6cm厚的挡土板塞进钢桩之间挡土，并在横向挡板与型钢桩之间打上楔子，使横板与土体紧密接触。适于地下水位较低、深度不很大的一般黏性土层或砂土层中使用。

（4）短桩横隔板支撑：打入小短木桩或钢桩，部分打入土中，部分露出地面，钉上水平挡土板，在背面填土、夯实。适于开挖宽度大的基坑，当部分地段下部放坡不够时使用。

（5）临时挡土墙支撑：沿坡脚用砖、石叠砌或用装水泥的聚丙烯扁丝编织袋、草袋装土、砂堆砌，使坡脚保持稳定。适于开挖宽度大的基坑，当部分地段下部放坡不够时使用。

（6）挡土灌注桩支护：在开挖基坑的周围，用钻机或洛阳铲成孔，桩径400～500mm，现场灌注钢筋混凝土桩，桩间距为1.0～1.5m，将桩间土方挖成外拱形，使之起土拱作用。适于开挖较大、较浅（小于5m）基坑，邻近有建筑物，不允许背面地基有下沉、位移时采用。

（7）叠袋式挡墙支护：采用编织袋或草袋装碎石（砂砾石或土）堆砌成重力式挡墙作为基坑的支护，在墙下部砌500mm厚块石基础，墙底宽1500～2000mm，顶宽适当放坡卸土1.0～1.5m，表面抹砂浆保护。适于一般黏性土、面积大、开挖深度应在5m以内的浅基坑支护。

2. 深基坑支护

基坑支护结构的类型有灌注桩排桩围护墙、板桩围护墙、咬合桩围护墙、型钢水泥土搅拌墙、地下连续墙、水泥土重力式围护墙、土钉墙等；支护结构围护墙的支撑形式有内支撑、锚杆（索）、与主体结构相结合（两墙合一）的基坑支护等。

1）灌注桩排桩支护

通常由支护桩、支撑（或土层锚杆）及防渗帷幕等组成。排桩根据支撑情况可分为悬臂式支护结构、锚拉式支护结构、内撑式支护结构和内撑-锚拉混合式支护结构。当以上支护方式都不适合时，可以考虑采用双排桩形式。

适用条件：基坑侧壁安全等级为一级、二级、三级；适用于可采取降水或止水帷幕的基坑。除悬臂式支护适用于浅基坑外，其他几种支护方式都适用于深基坑。

施工要求有：

（1）灌注桩排桩应采取间隔成桩的施工顺序，已完成浇筑混凝土的桩与邻桩间距应大于4倍桩径，或间隔施工时间应大于36h。

（2）灌注桩顶应充分泛浆，高度不应小于500mm；水下灌注混凝土时混凝土强度应比设计桩身强度提高一个强度等级进行配制。

（3）灌注桩外截水帷幕宜采用单轴、双轴或三轴水泥土搅拌桩；截水帷幕与灌注桩排桩间的净距宜小于200mm；采用高压旋喷桩时，应先施工灌注桩，再施工高压旋喷截水帷幕。

2）地下连续墙支护

地下连续墙可与内支撑、与主体结构相结合（两墙合一）等支撑形式采用顺作法、逆作法、半逆作法结合使用，施工振动小、噪声低，墙体刚度大，防渗性能好，对周围地基扰动小，可以组成具有很大承载力的连续墙。地下连续墙宜同时用作主体地下结构外墙即"两墙合一"。

适用条件：基坑侧壁安全等级为一级、二级、三级；适用于周边环境条件很复杂的深基坑。

地下连续墙施工要求有：

（1）应设置现浇钢筋混凝土导墙。混凝土强度等级不应低于C20，厚度不应小于200mm；导墙顶面应高于地面100mm，高于地下水位0.5m以上；导墙底部应进入原状土200mm以上；导墙高度不应小于1.2m；导墙内净距应比地下连续墙设计厚度加宽40mm。

（2）地下连续墙单元槽段长度宜为 4～6m。槽内泥浆面不应低于导墙面 0.3m，同时应高于地下水位 0.5m 以上。

（3）水下混凝土应采用导管法连续浇筑。导管水平布置距离不应大于 3m，距槽段端部不应大于 1.5m，导管下端距槽底宜为 300～500mm；钢筋笼吊放就位后应及时浇筑混凝土，间隔不宜大于 4h；现场混凝土坍落度宜为（200±20）mm，强度等级应比设计强度提高一级进行配制；混凝土浇筑面宜高出设计标高 300～500mm。

（4）混凝土达到设计强度后方可进行墙底注浆。注浆管应采用钢管；单元槽段内不少于 2 根，槽段长度大于 6m 时宜增加注浆管；注浆管下端应伸到槽底 200～500mm；注浆压力应控制在 2MPa 以内，注浆总量达到设计要求或注浆量达到 80% 以上，压力达到 2MPa 可终止注浆。

3）土钉墙

土钉墙可分为单一土钉墙、预应力锚杆复合土钉墙、水泥土桩复合土钉墙、微型桩复合土钉墙等类型。土钉墙应按照规定对基坑开挖的各工况进行整体滑动稳定性验算；土钉墙与截水帷幕结合时，还应按照规定进行地下水渗透稳定性验算；对土钉进行承载力计算。土钉墙或复合土钉墙支护的土钉不应超出建筑用地红线范围，同时不应伸入邻近建（构）筑物基础及基础下方。

（1）适用条件：基坑侧壁安全等级为二级、三级。单一土钉墙适用于地下水位以上或降水的非软土基坑，且深度不宜大于 12m；预应力锚杆复合土钉墙适用于地下水位以上或降水的非软土基坑，且深度不宜大于 15m；水泥土桩复合土钉墙用于非软土基坑时，基坑深度不宜大于 12m，用于淤泥质土基坑时，基坑深度不宜大于 6m，不宜在高水位的碎石土、砂土层中使用；微型桩复合土钉墙适用于地下水位以上或降水的基坑，用于非软土基坑时，基坑深度不宜大于 12m，用于淤泥质土基坑时，基坑深度不宜大于 6m。当基坑潜在滑动面内有建筑物、重要地下管线时，不宜采用土钉墙。

（2）土钉墙的构造要求

① 土钉墙、预应力锚杆复合土钉墙的坡比（墙面垂直高度与水平宽度的比值）不宜大于 1∶0.2。

② 土钉墙宜采用洛阳铲成孔的钢筋土钉。对易塌孔的松散或稍密砂土、稍密的粉土、填土或易缩径的软土宜采用打入式钢管土钉。打入困难的土层，宜采用机械成孔的钢筋土钉。

③ 土钉水平间距和竖向间距宜为 1～2m；土钉倾角宜为 5°～20°。

④ 成孔注浆型钢筋土钉成孔直径宜为 70～120mm；土钉钢筋宜选用 HRB400、HRB500 钢筋，直径 16～32mm；土钉孔注浆材料可选用水泥浆或水泥砂浆（1∶2～1∶3），强度不宜低于 20MPa。

⑤ 钢管土钉用钢管外径不宜小于 48mm，壁厚不宜小于 3mm。

⑥ 土钉墙高度不大于 12m 时，喷射混凝土面层要求有：厚度 80～100mm，设计强度等级不低于 C20；应配置钢筋网和通长的加强钢筋，宜采用 HPB300 级钢筋，钢筋网用直径 6～10mm、间距 150～250mm，加强钢筋用直径 14～20mm。土钉与加强钢筋宜采用焊接连接。

⑦ 预应力锚杆复合土钉墙宜采用钢绞线锚杆；锚杆应设置自由端，长度应超过土

钉墙坡体的潜在滑动面；应采用槽钢或混凝土设置腰梁。

⑧ 采用微型桩垂直复合土钉墙时，根据微型桩施工工艺选用微型钢管桩、型钢桩和灌注桩等桩型。桩伸入坑底的长度宜大于 5 倍的桩径，并大于 1m。

⑨ 采用水泥土桩复合土钉墙时，桩伸入坑底的长度宜大于 2 倍的桩径，并大于 1m；桩身 28d 无侧限抗压强度不宜小于 1MPa。

（3）土钉墙的施工要求

① 基坑挖土分层厚度应与土钉竖向间距协调同步，逐层开挖并施工土钉，禁止超挖。土钉墙施工必须遵循"超前支护，分层分段，逐层施作，限时封闭，严禁超挖"的原则要求。

② 每层土钉施工后，应按要求抽查土钉的抗拔力。

③ 开挖后应及时封闭临空面，应在 24h 内完成土钉安放和喷射混凝土面层。在淤泥质土层开挖时，应在 12h 内完成土钉安放和喷射混凝土面层。

④ 上一层土钉完成注浆 48h 后，才可开挖下层土方。

⑤ 成孔注浆型钢筋土钉应采用两次注浆工艺施工。第一次注浆宜为水泥砂浆，注浆量不应小于钻孔体积的 1.2 倍，第一次注浆初凝后，方可进行二次注浆；第二次压注纯水泥浆，注浆量为第一次注浆量的 30%~40%。注浆压力宜为 0.4~0.6MPa。

⑥ 击入式钢管土钉从钢管空腔内向土层压注水泥浆，注浆压力不应小于 0.6MPa；注浆顺序宜从管底向外分段进行，最后封孔。

⑦ 钢筋网宜在喷射一层混凝土后铺设，采用双层钢筋网时，第二层钢筋网应在第一层钢筋网被混凝土覆盖后铺设。

⑧ 喷射混凝土的骨料最大粒径不应大于 15mm。作业应分段分片依次进行，同一分段内应自下而上，一次喷射厚度不宜大于 120mm。

⑨ 土钉筋体保护层厚度不应小于 25mm。

4）咬合桩围护墙

咬合桩施工要求有：

（1）咬合桩分 I、II 两序跳孔施工，II 序桩施工时利用成孔机械切割 I 序桩桩身，形成连续的咬合桩墙。

（2）咬合切割分为软切割和硬切割。软切割应采用全套管钻孔咬合桩机、旋挖桩机施工，硬切割应采用全回转全套管钻机施工。

（3）采用软切割工艺的桩，I 序桩终凝前应完成 II 序桩的施工，I 序桩应采用超缓凝混凝土，缓凝时间不应小于 60h；混凝土 3d 强度不宜大于 3MPa；软切割 II 序桩及硬切割的 I 序、II 序桩应采用普通混凝土。

（4）分段施工时，应在施工段的端头设置一个用砂灌注的 II 序桩，用于围护桩的闭合处理。

适用条件：基坑侧壁安全等级为一级、二级、三级。适用于较深的基坑，可同时用于截水。

5）型钢水泥土搅拌墙

施工要求有：

（1）型钢水泥土搅拌墙宜采用三轴搅拌桩机施工。可采用跳打方式、单侧挤压方式、先行钻孔套打方式等施工顺序。桩与桩的搭接时间间隔不宜大于 24h。

（2）拟拔出回收的型钢，插入前应先在干燥条件下除锈，再在其表面涂刷减摩擦材料。型钢拔出后留下的空隙应及时注浆填充。

（3）基坑开挖前应检验水泥土搅拌桩的桩身强度，宜采用浆液试块强度试验的方法确定，也可以采用钻取桩芯强度试验的方法确定。

适用条件：基坑侧壁安全等级为一级、二级、三级。适用于黏性土、粉土、砂土、砂砾土等较深的基坑，深度不宜大于 12m。

6）板桩围护墙

板桩包括混凝土板桩和钢板桩，结合内支撑（以钢支撑为主）使用，具有截水的作用。板桩施工要求有：

（1）宜采用振动锤施打。采用锤击式时，应设置桩帽；邻近建（构）筑物、地下管线时，应采用静力压桩法施工。

（2）钢板桩身接头在同一标高处不应大于 50%。

（3）混凝土板桩吊运时，混凝土强度应达到 70%，施打时应达到 100%。

（4）板桩回收应在基坑回填土完成后进行。拔除后的桩孔应及时注浆填实。

适用条件：基坑侧壁安全等级为一级、二级、三级。适用于黏性土、粉土、砂土等较深的基坑，深度不宜大于 12m。

7）水泥土重力式围护墙

水泥土重力式围护墙施工要求有：

（1）可采用单轴、双轴或三轴搅拌机施工；围护墙体应采取连续搭接的施工方法。

（2）围护墙顶部应设置钢筋混凝土压顶板，并与水泥土加固体用钢筋连接。

（3）钢管、钢筋和毛竹插入时，应采取可靠的定位措施，并应在成桩后 16h 内完成。

（4）基坑开挖前宜采用钻取桩芯的方法检验桩长和桩身强度，深度大于 5m 的基坑应采用制作水泥土试块的方法检测桩身强度。

适用条件：基坑侧壁安全等级为二级、三级。适用于淤泥质土、淤泥基坑，深度不宜大于 7m。

8）内支撑

内支撑包括钢筋混凝土支撑和钢支撑，施工要求有：

（1）支撑系统的施工与拆除顺序应与支撑结构的设计工况一致，严格执行先撑后挖的原则。立柱穿过主体结构底板以及支撑穿越地下室外墙的部位应有止水构造措施。

（2）钢筋混凝土支撑拆除，可采用机械拆除、爆破拆除，爆破孔宜采取预留方式。爆破前应先切割支撑与围檩或主体结构连接的部位。

（3）支撑结构爆破拆除前，应对永久结构及周边环境采取隔离防护措施。

9）锚杆（索）

锚杆（索）施工要求有：

（1）施工前应通过试成锚验证设计指标和施工工艺。

（2）锚固段强度大于 15MPa 并达到设计强度的 75% 后方可进行张拉。

（3）锚杆正式张拉前，对锚杆预张拉 1~2 次。正式张拉时，锚杆张拉到（1.05~1.10）倍拉力设计值时，岩层、砂土层应保持 10min，黏性土层应保持 15min，然后卸载至设计锁定值。

10）与主体结构相结合（两墙合一）的基坑支护

两墙合一围护结构宜采用地下连续墙。采用逆作法施工时的要求有：

（1）应按柱距和层高合理选择土石方作业机械。

（2）宜采用专用的自动提土机垂直运输土石方，运输轨道宜设置在永久结构上，并经设计同意。

（3）梁板混凝土强度达到设计强度的 90% 并经设计同意后方能进行下层土方的开挖。需要时，也可采取措施提高早期强度。

（4）应采取地下水控制措施，实行全过程的降水运行信息化管理。

3. 基坑监测

（1）应实施监测的基坑工程

① 基坑设计安全等级为一、二级的基坑。

② 开挖深度大于或等于 5m 的下列基坑：

a. 土质基坑；

b. 极软岩基坑、破碎的软岩基坑、极破碎的岩体基坑；

c. 上部为土体，下部为极软岩、破碎的软岩、极破碎的岩体构成的土岩组合基坑。

③ 开挖深度小于 5m 但现场地质情况和周围环境较复杂的基坑工程。

（2）基坑工程施工前，应由建设方委托具备相应资质的第三方对基坑工程实施现场监测。

（3）基坑工程监测，应符合下列规定：

① 基坑工程施工前，应编制基坑工程监测方案。

② 应根据基坑工程安全等级、周边环境条件、支护类型及施工场地等确定基坑工程监测项目、监测点布置、监测方法、监测频率和监测预警。

③ 应至少进行围护墙顶部水平位移、沉降以及周边建筑、道路等沉降监测，并应根据项目技术设计条件对围护墙或土体深层水平位移、支护结构内力、土压力、孔隙水压力等进行监测。

④ 监测点应沿基坑围护墙顶部周边布设，周边中部、阳角处应布点。

⑤ 基坑降水应对水位降深进行监测，地下水回灌施工应对回灌量和水质进行监测。

⑥ 逆作法施工应全过程进行监测。

（4）下列基坑工程的监测方案应进行专项论证：

① 工程地质、水文地质条件复杂的基坑工程；

② 邻近重要建筑、设施、管线等破坏后果很严重的基坑工程；

③ 已发生严重事故，重新组织实施的基坑工程；

④ 采用新技术、新工艺、新材料、新设备的一、二级基坑工程；

⑤ 其他需要论证的基坑工程。

（5）基坑工程的现场监测应采用仪器监测与现场巡视检查相结合的方法。

（6）基坑工程整个施工期内，每天均应有专人进行巡视检查。巡视检查应包括主要内容：支护结构、施工状况、周边环境、监测设施及其他巡视检查内容。

（7）巡视检查的方法以目测为主，可辅以锤、钎、量尺、放大镜等工器具以及摄像、摄影等设备进行。

（8）基坑工程监测工作应贯穿于基坑工程和地下工程施工全过程。监测工作应从基坑工程施工前开始，直至地下工程完成为止。对有特殊要求的周边环境的监测应根据需要延续至变形趋于稳定后才能结束。

（9）当出现下列情况之一时，必须立即进行危险报警，并应通知有关各方对基坑支护结构和周边环境保护对象采取应急措施。

① 基坑支护结构的位移值突然明显增大或基坑出现流沙、管涌、隆起或陷落等；

② 基坑支护结构的支撑或锚杆体系出现过大变形、压曲、断裂、松弛或拔出的迹象；

③ 基坑周边建筑的结构部分出现危害结构的变形裂缝；

④ 基坑周边地面出现较严重的突发裂缝或地下裂缝、地面下陷；

⑤ 基坑周边管线变形突然明显增长或出现裂缝、泄漏等；

⑥ 冻土基坑经受冻融循环时，基坑周边土体温度显著上升，发生明显的冻融变形；

⑦ 出现其他危险需要报警的情况。

3.2.3　人工降排水施工

建筑基坑及边坡、地基、基础工程施工过程中，应控制地下水、地表水和潮汛的影响。在地下水位以下含水丰富的土层中开挖基坑时，一般应采用人工降低地下水位的方法施工。

1. 地下水控制技术方案选择

（1）应根据工程地质、水文地质、周边环境条件、基坑支护设计和降水设计等文件，结合类似工程经验，编制降水施工方案。依据场地的水文地质、基础规模、开挖深度、土层渗透性能等条件，选择包括集水明排、截水、降水及地下水回灌等地下水控制的方法。施工中地下水位应保持在基坑底面以下 0.5～1.5m。

（2）在软土地区开挖深度浅时，可边开挖边用排水沟和集水井进行集水明排；当基坑开挖深度超过 3m，一般就要用井点降水。当因降水而危及基坑及周边环境安全时，宜采用截水或回灌方法。

（3）当基坑底为隔水层且层底作用有承压水时，应进行坑底突涌验算。必要时可采取水平封底隔渗或钻孔减压措施，保证坑底土层稳定，避免突涌的发生。

2. 降水施工技术

降水常用的有轻型井点、多级轻型井点、喷射井点、电渗井点、真空降水管井、降水管井等方法。它们大多都适用于填土、黏性土、粉土和砂土，只有降水管井不宜用于填土，但又适合于碎石土和黄土。

1）轻型井点

轻型井点具有机具简单、使用灵活、装拆方便、降水效果好、可防止流沙现象发生、提高边坡稳定、费用较低等优点，适用于渗透系数为 $1\times10^{-7}\sim2\times10^{-4}$cm/s 的含上层滞水或潜水土层，降水深度（地面以下）6m 以内。多级轻型井点由 2～3 层轻型井点组成，向下接力降水，降水深度（地面以下）6～10m。

轻型井点管直径宜为 38～55mm，长度 6～9m，水平间距宜为 0.8～1.6m；井点管排距不宜大于 20m。

2）喷射井点

喷射井点降水设备较简单，排水深度大，比多级轻型井点降水设备少、土方开挖量少，施工快，费用低，适用于渗透系数为 $1\times10^{-7}\sim2\times10^{-4}$cm/s 的含上层滞水或潜水土层，降水深度（地面以下）8～20m。

喷射井点管直径宜为 75～100mm，水平间距宜为 2～4m；井点管排距不宜大于 40m；每套机组的井点数不宜大于 30 根，总管直径不宜小于 150mm，长度不宜大于 60m。

3）真空降水管井

真空降水管井设备较为简单，排水量大，降水较深，较轻型井点具有更大的降水效果，水泵设在地面，易于维护，适用于渗透系数大于 1×10^{-6}cm/s 的含上层滞水或潜水土层，降水深度（地面以下）大于 6m。非真空的降水管井适用于渗透系数大于 1×10^{-5}cm/s 的含水丰富的潜水、承压水和裂隙水土层，降水深度（地面以下）大于 6m。

管井井点管直径不宜小于 200mm，且应大于抽水泵体最大外径 50mm 以上，水平间距不宜大于 25m。

4）截水

截水即利用截水帷幕切断基坑外的地下水流入基坑内部。截水帷幕的厚度应满足基坑防渗要求，截水帷幕的渗透系数宜小于 1.0×10^{-6}cm/s。截水帷幕常用高压喷射注浆、地下连续墙、小齿口钢板桩、深层水泥土搅拌桩等。

落底式竖向截水帷幕，应插入不透水层。当地下含水层渗透性较强、厚度较大时，可采用悬挂式竖向截水与坑内井点降水相结合或采用悬挂式竖向截水与水平封底相结合的方案。

5）井点回灌技术

井点回灌是将抽出的地下水（或工业用水），通过回灌井点持续地再灌入地基土层内，使地下降水的影响半径不超过回灌井点的范围。这样，回灌井点就似一道隔水帷幕，阻止回灌井点外侧的建筑物下的地下水流失，使地下水位基本保持不变，土层压力仍处于原始平衡状态，从而可有效地防止降水对周围建（构）筑物、地下管线等的影响。

3.2.4　土石方工程与回填施工

土石方施工前应考虑土方量、土方运距、土方施工顺序、地质条件等因素，进行土方平衡和调配，确定土方施工方案。

1. 土方开挖

土方开挖的顺序、方法必须与设计要求相一致，并遵循"开槽支撑，先撑后挖，分层开挖，严禁超挖"的原则。严禁在基坑（槽）及建（构）筑物周边影响范围内堆放土方。基坑边界周围地面应设排水沟，对坡顶、坡面、坡脚采取降排水措施。

1）浅基坑的开挖

（1）浅基坑开挖，应先进行测量放线，根据开挖方案，按分块（段）分层挖土，保证施工操作安全。

（2）挖土时，土壁要求平直，挖好一层，支一层支撑。开挖宽度较大的基坑，当在局部地段无法放坡时，应在下部坡脚采取短桩与横隔板支撑或砌砖、毛石或用编织袋、草袋装土堆砌临时矮挡土墙等加固措施，保护坡脚。

（3）相邻基坑开挖时，应遵循先深后浅或同时进行的施工程序。挖土应自上而下、水平分段分层进行，边挖边检查坑底宽度及坡度，不够时及时修整，至设计标高，再统一进行一次修坡清底，检查坑底宽度和标高。

（4）基坑开挖应尽量防止对地基土的扰动。当用人工挖土，基坑挖好后不能立即进行下道工序时，应预留150～300mm一层土不挖，待下道工序开始再挖至设计标高。采用机械开挖基坑时，为避免破坏基底土，应在基底标高以上预留200～300mm厚土层人工挖除。

（5）在地下水位以下挖土，应在基坑四周挖好临时排水沟和集水井，或采用井点降水，将水位降低至坑底以下500mm以上，以利挖方进行。降水工作应持续到基础（包括地下水位下回填土）施工完成。

（6）雨期施工时，基坑应分段开挖，挖好一段浇筑一段垫层，并应在坑顶、坑底采取有效的截排水措施；同时，应经常检查边坡和支撑情况，以防止坑壁受水浸泡，造成塌方。

（7）基坑开挖时，应对平面控制桩、水准点、平面位置、水平标高、边坡坡度、排水、降水系统等经常复测检查。

（8）基坑挖完后应进行验槽，做好记录；如发现地基土质与地质勘察报告、设计要求不符时，应与有关人员研究及时处理。

2）深基坑的土方开挖

在深基坑土方开挖前，要制订土方工程专项施工方案并通过专家论证，要对支护结构、地下水位及周围环境进行必要的监测和保护。

（1）深基坑工程的挖土方案，主要有放坡挖土、中心岛式（也称墩式）挖土、盆式挖土和逆作法挖土。前者无支护结构，后三种皆有支护结构。

（2）分层厚度宜控制在3m以内。

（3）多级放坡开挖时，坡间平台宽度不小于3m。

（4）边坡防护可采用水泥砂浆、挂网砂浆、混凝土、钢筋混凝土等方法。

（5）防止桩位移和倾斜。打桩完毕后基坑开挖，应制订合理的施工顺序和技术措施，防止桩的位移和倾斜。

（6）采用土钉墙支护的基坑开挖应分层分段进行，每层分段长度不宜大于30m。

（7）采用逆作法的基坑开挖面积较大时，宜采用盆式开挖，先形成中部结构，再分块、对称、限时开挖周边土方和施工主体结构。

2. 岩石基坑开挖

（1）岩石基坑可根据工程地质与水文地质条件、周边环境保护要求、支护形式等情况，选择合理的开挖顺序和开挖方式。

（2）岩石基坑应采取分层分段的开挖方法，遇不良地质、不稳定或欠稳定的基坑，应采取分层分段间隔开挖的方法，并限时完成支护。

（3）岩石的开挖宜采用爆破法，强风化的硬质岩石和中风化的软质岩石，在现场试验满足的条件下，也可采用机械开挖方式。

（4）爆破开挖宜先在基坑中间开槽爆破，再向基坑周边进行台阶式爆破开挖。接近支护结构或坡脚附近的爆破开挖，应采取减小对基坑边坡岩体和支护结构影响的措施。爆破后的岩石坡面或基底，应采用机械修整。

（5）周边环境保护要求较高的基坑，基坑爆破开挖应采取静力爆破等控制振动、冲击波、飞石的爆破方式。

（6）爆破施工应符合规范的规定。

3. 土方回填

1）土料要求

填方土料应符合设计要求，保证填方的强度和稳定性。一般不能选用淤泥、淤泥质土、有机质大于 5% 的土、含水量不符合压实要求的黏性土。填方土应尽量采用同类土。

2）基底处理

（1）清除基底上的垃圾、草皮、树根、杂物，排除坑穴中积水、淤泥和种植土，将基底充分夯实和碾压密实。

（2）应采取措施防止地表滞水流入填方区，浸泡地基，造成基土下陷。

（3）当填土场地地面陡于 1/5 时，应先将斜坡挖成阶梯形，阶高 0.2～0.3m，阶宽大于 1m，然后分层填土，以利接合和防止滑动。

3）土方填筑与压实

（1）填方的边坡坡度应根据填方高度、土的种类和其重要性确定。对使用时间较长的临时性填方边坡坡度，当填方高度小于 10m 时，可采用 1∶1.5；超过 10m，可做成折线形，上部采用 1∶1.5，下部采用 1∶1.75。

（2）填土应从场地最低处开始，由下而上整个宽度分层铺填。每层虚铺厚度应根据夯实机械确定，一般情况下每层虚铺厚度见表 3.2-1。

表 3.2-1　填土施工分层厚度及压实遍数

压实机具	分层厚度（mm）	每层压实遍数（次）
平碾	250～300	6～8
振动压实机	250～350	3～4
柴油打夯机	200～250	3～4
人工打夯	＜200	3～4

（3）填方应在相对两侧或周围同时进行回填和夯实。

（4）填土应尽量采用同类土填筑，填方的密实度要求和质量指标通常以压实系数 λ_c 表示。压实系数为土的控制（实际）干密度与最大干密度的比值。最大干密度是当最优含水量时，通过标准的击实方法确定的。填土应控制土的压实系数 λ_c 满足设计要求。

3.2.5　基坑验槽要求

建（构）筑物基坑（槽）均应进行施工验槽。基坑（槽）挖至基底设计标高并清理后，施工单位必须会同勘察、设计、建设、监理等单位共同进行验槽，合格后方能进行基础工程施工。

1. 验槽具备的资料和条件

（1）勘察、设计、建设、监理、施工等相关单位技术人员到场；

（2）地基基础设计文件；

（3）岩土工程勘察报告；

（4）轻型动力触探记录（可不进行时除外）；

（5）地基处理或深基础施工质量检测报告；

（6）基底应为无扰动的原状土，留置有保护层时其厚度不应超过100mm。

2. 天然地基验槽

（1）天然地基验槽内容

① 根据勘察、设计文件核对基坑的位置、平面尺寸、坑底标高；

② 根据勘察报告核对坑底、坑边岩土体及地下水情况；

③ 检查空穴、古井、古墓、暗沟、地下埋设物及防空掩体等情况，并应查明其位置、深度和性状；

④ 检查基坑底土质的扰动情况及扰动的范围和程度；

⑤ 检查基坑底土质受到冰冻、干裂、受水冲刷或浸泡等扰动情况，并查明影响范围和深度。

（2）天然地基验槽前应在基坑（槽）底普遍进行轻型动力触探检验，检验数据作为验槽依据。遇到下列情况之一时，可不进行轻型动力触探：

① 承压水头可能高于基坑底面标高，触探可造成冒水涌砂时；

② 基坑持力层为砾石层或卵石层，且基底以下砾石层和卵石层厚度大于1m时；

③ 基础持力层为均匀、密实砂层，且基底以下厚度大于1.5m时。

3. 地基处理工程验槽

（1）对于换填地基、强夯地基，应现场检查处理后的地基均匀性、密实度等检测报告和承载力检测资料。

（2）对于增强体复合地基，应现场检查桩头、桩位、桩间土情况和复合地基施工质量检测报告。

（3）对于特殊土地基，应现场检查处理后地基的湿陷性、地震液化、冻土保温、膨胀土隔水等方面的处理效果检测资料。

4. 桩基工程验槽

（1）设计计算中考虑桩筏基础、低桩承台等桩间土共同作用时，应在开挖清理至设计标高后对桩间土进行检验。

（2）对人工挖孔桩，应在桩孔清理完毕后，对桩端持力层进行检验。对大直径挖孔桩，应逐孔检验孔底的岩土情况。

5. 验槽方法

验槽方法通常主要采用观察法，而对于基底以下的土层不可见部位，要先辅以钎探法配合共同完成。

1）观察法

（1）观察槽壁、槽底的土质情况，验证基槽开挖深度，初步验证基槽底部土质是否与勘察报告相符，观察槽底土质结构是否被人为破坏。

（2）基槽边坡是否稳定，是否有影响边坡稳定的因素存在，如地下渗水、坑边堆载或近距离扰动等。对难于鉴别的土质，应采用洛阳铲等手段挖至一定深度仔细鉴别。

（3）基槽内有无旧的房基、洞穴、古井、掩埋的管道和人防设施等。如存在上述问题，应沿其走向进行追踪，查明其在基槽内的范围、延伸方向、长度、深度及宽度。

（4）在进行直接观察时，可用袖珍式贯入仪或其他手段作为验槽辅助。

2）轻型动力触探

轻型动力触探进行基槽检验时，应检查下列内容：

（1）地基持力层的强度和均匀性；

（2）浅埋软弱下卧层或浅埋突出硬层；

（3）浅埋的会影响地基承载力或地基稳定性的古井、墓穴和空洞等。

轻型动力触探宜采用机械自动化实施，检验深度及间距应满足表 3.2-2 要求。检验完毕后，触探孔应灌砂填实。

表 3.2-2　轻型动力触探检验深度及间距（m）

排列方式	基坑（槽）宽度	检验深度	检验间距
中心一排	< 0.8	1.2	一般 1.0~1.5m，出现明显异常时，需加密至足够掌握异常边界
两排错开	0.8~2.0	1.5	
梅花型	> 2.0	2.1	

3.3　地基与基础工程施工

3.3.1　常用地基处理方法与施工

地基处理就是为提高地基强度，改善其变形性质或渗透性质而采取的技术措施。处理后的地基应满足建筑物地基承载力、变形和稳定性的要求。常见的地基处理方式有换填地基、压实和夯实地基、复合地基、注浆加固、预压地基、微型桩加固等。

1. 换填地基

换填地基适用于浅层软弱土层或不均匀土层的地基处理。按其回填的材料不同可分为素土、灰土地基，砂和砂石地基，粉煤灰地基等。换填厚度由设计确定，一般宜为 0.5~3m。施工要求有：

（1）素土、灰土地基：土料可采用黏土或粉质黏土，石灰采用新鲜的消石灰。灰土体积配合比宜为 2：8 或 3：7。素土、灰土分层（200~300mm）回填夯实或压实。

（2）砂和砂石地基：宜选用碎石、卵石、角砾、圆砾、砾砂、粗砂、中砂或石屑，应级配良好，不含植物残体、垃圾等杂质。当使用粉细砂或石粉时，应掺入不少于总重 30% 的碎石或卵石。砂和砂石地基采用砂或砂砾石（碎石）混合物，经分层夯（压）实。

（3）粉煤灰地基：应选用Ⅲ级以上的粉煤灰级，满足相关标准对腐蚀性和放射性的要求。粉煤灰地基最上层宜覆盖土 300～500mm。

（4）换填地基压实标准要求：换填材料为灰土、粉煤灰时，压实系数为 ≥ 0.95；其他材料时，压实系数为 ≥ 0.97。

（5）换填地基施工时，不得在柱基、墙角及承重窗间墙下接缝；上下两层的缝距不得小于 500mm，接缝处应夯压密实；灰土应拌合均匀并应当日铺填夯压，灰土夯压密实后 3d 内不得受水浸泡；粉煤灰垫层铺填后宜当天压实，每层验收后应及时铺填上层或封层，防止干燥后松散起尘污染，同时禁止车辆碾压通行。

2. 夯实地基

夯实地基可分为强夯和强夯置换处理地基。强夯处理地基适用于碎石土、砂土、低饱和度的粉土与黏性土、湿陷性黄土、素填土和杂填土等地基；强夯置换处理地基适用于高饱和度的粉土与软塑～流塑的黏性土等地基上对变形要求不严格的工程。一般有效加固深度 3～10m。施工要求有：

（1）强夯置换处理地基必须通过现场试验确定其适用性和处理效果。强夯和强夯置换施工前，应在施工现场有代表性的场地上选取一个或几个试验区，进行试夯或试验性施工。每个试验区面积不宜小于 20m×20m。

（2）强夯处理地基夯锤质量宜为 10～60t，其底面形式宜为圆形，锤底面积宜按土的性质确定，锤底静接地压力值宜为 25～80kPa，单击夯击能高时取高值，单击夯击能低时取低值，对于细颗粒土宜取较低值。锤的底面宜对称设置若干个上下贯通的排气孔，孔径宜为 300～400mm。

（3）强夯置换夯锤底面形式宜采用圆形，夯锤底静接地压力值宜大于 80kPa。

（4）当场地表土软弱或地下水位较高时，宜采用人工降水或铺填一定厚度的砂石材料，使地下水位低于坑底面以下 2m。

（5）施工前应查明影响范围内地下构筑物和地下管线的位置，并采取必要措施予以保护。

（6）夯实地基施工结束后，应根据地基土的性质和采用的施工工艺，待土层休止期结束后，方可进行基础施工。

3. 复合地基

复合地基是部分土体被增强或被置换，形成的由地基土和增强体共同承担荷载的人工地基。按照增强体的不同可分为振冲碎石桩和沉管砂石桩复合地基、水泥土搅拌桩复合地基、旋喷桩复合地基、水泥粉煤灰碎石桩复合地基、夯实水泥土桩复合地基、灰土（土）挤密桩复合地基、桩锤扩充桩复合地基和多桩型复合地基等。复合地基处理要求有：

1）水泥粉煤灰碎石桩复合地基

水泥粉煤灰碎石桩，简称 CFG 桩，是在碎石桩的基础上掺入适量石屑、粉煤灰和少量水泥，加水拌合后制成具有一定强度的桩体。适用于处理黏性土、粉土、砂土和自重固结完成的素填土地基。根据现场条件可选用下列施工工艺：

（1）长螺旋钻孔灌注成桩：适用于地下水位以上的黏性土、粉土、素填土、中等密实以上的砂土地基；

（2）长螺旋钻中心压灌成桩：适用于黏性土、粉土、砂土和素填土地基；

（3）振动沉管灌注成桩：适用于粉土、黏性土及素填土地基；

（4）泥浆护壁成孔灌注成桩：适用地下水位以下的黏性土、粉土、砂土、填土、碎石土及风化岩等地基。

2）灰土挤密桩复合地基

灰土挤密桩复合地基适用于处理地下水位以上的粉土、黏性土、素填土、杂填土和湿陷性黄土等地基，可处理地基的厚度宜为 3~15m。当以消除土层的湿陷性为目的时，可选用土挤密桩；以提高地基承载力或增强水稳性为目的时，宜选用灰土挤密桩。当地基土的含水量大于 24%、饱和度大于 65% 时，应通过现场试验确定其适用性。

3）振冲碎石桩和沉管砂石桩复合地基

振冲碎石桩和沉管砂石桩复合地基，适用于挤密松散砂土、粉土、粉质黏土、素填土和杂填土等地基，以及用于可液化地基。饱和黏性土地基，如对变形控制不严格，可采用砂石桩作置换处理。

振冲桩桩体材料可采用含泥量不大于 5% 的碎石、卵石、矿渣和其他性能稳定的硬质材料，不宜采用风化易碎的石料。沉管桩桩体材料可用含泥量不大于 5% 的碎石、卵石、角砾、圆砾、砾砂、粗砂、中砂或石屑等硬质材料。

4）夯实水泥土桩复合地基

夯实水泥土桩复合地基适用于处理地下水位以上的粉土、黏性土、素填土和杂填土等地基。土料有机质含量不应大于 5%，不得含有冻土和膨胀土。宜选用机械成孔，处理地基深度不宜大于 15m，当采用洛阳铲人工成孔时，深度不宜大于 6m。

5）水泥土搅拌桩复合地基

（1）水泥土搅拌桩复合地基适用于处理正常固结的淤泥、淤泥质土、素填土、黏性土（软塑、可塑）、粉土（稍密、中密）、粉细砂（松散、中密）、中粗砂（松散、稍密）、饱和黄土等土层。不适用于含大孤石或障碍物较多且不易清除的杂填土、欠固结的淤泥、淤泥质土、硬塑及坚硬的黏性土、密实的砂类土，以及地下水渗流影响成桩质量的土层。

（2）水泥土搅拌桩的施工工艺分为浆液搅拌法和粉体搅拌法。可采用单轴、双轴、多轴搅拌或连续成槽搅拌形成柱状、壁状、格栅状或块状水泥土加固体。

6）旋喷桩复合地基

（1）旋喷桩复合地基适用于处理淤泥、淤泥质土、黏性土（流塑、软塑和可塑）、粉土、砂土、黄土、素填土和碎石土等地基。高压旋喷桩施工根据工程需要和土质条件，可选用单管法、双管法和三管法；旋喷桩加固体形状分为柱状、壁状、条状和块状。

（2）旋喷注浆宜采用普通硅酸盐水泥，根据需要可加入适量的外加剂及掺合料。外加剂和掺合料的用量，应通过试验确定。水泥浆液的水灰比宜为 0.8~1.5。

4. 注浆加固

（1）注浆加固适用于地基的局部加固处理，适用于砂土、粉土、黏性土和人工填土等地基加固。加固材料选用水泥浆液、硅化浆液和碱液等固化剂。

（2）对软弱土处理，可选用以水泥为主剂的浆液，也可选用水泥和水玻璃的双液型混合浆液，在有地下水流动的情况下，不应采用单液水泥浆液；砂土和黏性土宜采用压力双液硅化注浆。

（3）当既有建筑地基进行注浆加固时，应对既有建筑及其邻近建筑、地下管线和地面的沉降、倾斜、位移、裂缝进行监测，并应采用多孔间隔注浆和缩短浆液凝固时间等措施，减少既有建筑基础因注浆而产生的附加沉降。

3.3.2　桩基础施工

桩基础按照施工工艺分为：钢筋混凝土预制桩、泥浆护壁成孔灌注桩、长螺旋钻孔压灌桩、沉管灌注桩、干作业成孔灌注桩、钢桩等。

1. 钢筋混凝土预制桩

根据打（沉）桩方法的不同，钢筋混凝土预制桩施工方法分为锤击沉桩法和静力压桩法。

1）锤击沉桩法

（1）施工程序：确定桩位和沉桩顺序→桩机就位→吊桩喂桩→校正→锤击沉桩→接桩→再锤击沉桩→送桩→收锤→切割桩头。

（2）施工要求有：

① 预制桩的混凝土强度达到 70% 后方可起吊，达到 100% 后方可运输和打桩。

② 单节桩采用两支点起吊时，吊点距桩端宜为 0.2L（桩段长）。吊运过程中严禁采用拖拉取桩方法。

③ 接桩接头宜高出地面 0.5～1m。接桩方法分为焊接、螺纹接头和机械啮合接头等。

④ 桩锤的选用应根据地质条件、桩型、桩的密集程度、单桩竖向承载力以及施工条件等因素确定。

⑤ 沉桩顺序应按先深后浅、先大后小、先长后短、先密后疏的次序进行。对于密集桩群应控制沉桩速率，宜从中间向四周或两边对称施打；当一侧毗邻建筑物时，由毗邻建筑物处向另一方向施打。

⑥ 锤击桩终止沉桩标准有：

a. 终止沉桩应以桩端标高控制为主，贯入度控制为辅，当桩终端达到坚硬，硬塑黏性土，中密以上粉土、砂土、碎石土及风化岩时，可以贯入度控制为主，桩端标高控制为辅；

b. 贯入度达到设计要求而桩端标高未达到时，应继续锤击 3 阵，按每阵 10 击的贯入度不大于设计规定的数值予以确认。

2）静力压桩法

（1）施工程序：测量定位→压桩机就位→吊桩、插桩→桩身对中调直→静压沉桩→接桩→再静压沉桩→送桩→终止压桩→检查验收→转移桩机。

（2）施工要求：

① 施工前进行试压桩，数量不少于 3 根。

② 压桩设备应根据最大压桩阻力、桩的截面尺寸、单桩竖向极限承载力、桩端持力层土层情况、穿越土层情况等条件选择。压桩机提供的最大压桩力应大于考虑群桩挤密效应的最大压桩阻力，并应小于机架重量和配重之和的 0.9 倍。

③ 采用静压桩的基坑，不应边压桩边开挖基坑。

④ 桩接头可采用焊接法，或螺纹式、啮合式、卡扣式、抱箍式等机械快速连接方法。

⑤ 送桩深度不宜大于 10～12m。送桩深度大于 8m，送桩器应专门设计。

⑥ 沉桩施工应按"先深后浅、先长后短、先大后小、避免密集"的原则进行。施工场地开阔时，从中间向四周进行；场地狭长时，从中间向两端对称进行；沿建筑物长度线方向进行。

⑦ 同一承台桩数大于 5 根时，不宜连续压桩。密集群桩区的静压桩不宜 24h 连续作业，日停歇时间不宜少于 8h。

⑧ 静压桩终止沉桩标准有：

a. 静压桩应以标高为主，压力为辅。摩擦桩应按桩顶标高控制；端承摩擦桩，应以桩顶标高控制为主，终压力控制为辅；端承桩应以终压力控制为主，桩顶标高控制为辅。

b. 终压连续复压时，对于入土深度大于或等于 8m 的桩，复压次数可为 2～3 次，入土深度小于 8m 的桩，复压次数可为 3～5 次。

c. 稳压压桩力不应小于终压力，稳压时间宜为 5～10s。

2. 钢筋混凝土灌注桩

钢筋混凝土灌注桩按其施工方法不同，可分为泥浆护壁灌注桩、沉管灌注桩、长螺旋钻孔压灌桩和干作业（机械、人工）成孔灌注桩等。

1）泥浆护壁灌注桩

泥浆护壁灌注桩按照成孔工艺不同，分为正（反）循环钻机、冲击钻机、旋挖钻机、多支盘灌注桩机、扩底机械钻具等桩机设备。

（1）泥浆护壁钻孔灌注桩施工工艺流程

场地平整→桩位放线→开挖浆池、浆沟→护筒埋设→钻机就位、孔位校正→成孔、泥浆循环、清除废浆、泥渣→清孔换浆→终孔验收→下钢筋笼和钢导管→二次清孔→清孔质量检验→浇筑水下混凝土→成桩。

（2）施工要求

① 应进行工艺性试成孔，数量不少于 2 根。

② 护壁泥浆可采用原土造浆，不适用的土层应制备泥浆。施工时，钻孔内泥浆液面高出地下水位 0.5m。

③ 正、反循环成孔机具应根据桩型、地质条件及成孔工艺选择，砂土层成孔宜选用反循环钻机。

④ 冲击钻成孔遇岩石表面不平或遇孤石时，应向孔内投入黏土、块石，将孔底表面填平后低锤快击，形成挤密平台，再进行正常冲击。

⑤ 多支盘灌注桩成孔可采用泥浆护壁成孔、干作业成孔、水泥注浆护壁成孔、重锤捣扩成孔等方法。

⑥ 清孔可采用正循环清孔、泵吸反循环清孔、气举反循环清孔等方法。清孔后孔底沉渣厚度要求：端承型桩应不大于 50mm，摩擦型桩应不大于 100mm，抗拔、抗水平荷载桩应不大于 200mm。

⑦ 钢筋笼宜分段制作，接头宜采用焊接或机械连接，接头应相互错开。

⑧ 水下混凝土强度应按比设计强度提高等级配置，坍落度宜为180～220mm；水下混凝土灌注应采用导管法连续灌注；水下混凝土超灌高度应高于设计桩顶标高1m以上，充盈系数不应小于1。

⑨ 桩底注浆导管应采用钢管，单根桩上数量不少于两根。注浆终止条件应控制注浆量与注浆压力两个因素，以前者为主。满足下列条件之一即可终止注浆：

a. 注浆总量达到设计要求；

b. 注浆量不低于80%，且压力大于设计值。

2）沉管灌注桩

沉管灌注桩施工可选用单打法、复打法或反插法。单打法适用于含水量较小土层，复打法或反插法适用于饱和土层。

（1）沉管灌注桩成桩过程为：桩机就位→锤击（振动）沉管→上料→边锤击（振动）边拔管，并继续浇筑混凝土→下钢筋笼，继续浇筑混凝土及拔管→成桩。

（2）施工要求

① 桩管沉到设计标高并停止振动后应立即浇筑混凝土。管内灌满混凝土后应先振动，再拔管。拔管过程中，应分段添加混凝土，保持管内混凝土面不低于地表面或高于地下水位1～1.5m。

② 桩身配钢筋笼时，第一次混凝土应先浇至笼底标高，然后放置钢筋笼，再浇混凝土到桩顶标高。

③ 沉管灌注桩全长复打桩施工时，第一次灌注混凝土应达到自然地面，复打施工应在第一次浇筑的混凝土初凝之前完成。初打与复打的桩中心线应重合。

3）人工挖孔灌注桩

人工挖孔灌注桩护壁方法可以采用现浇混凝土护壁、喷射混凝土护壁、砖砌体护壁、沉井护壁、钢套管护壁、型钢或木板桩工具式护壁等多种，应用较广的是现浇混凝土分段护壁。桩净距小于2.5m时，应采用间隔开挖和间隔浇筑，且相邻排桩最小施工间距不应小于5m。孔内挖土次序宜先中间后周边，扩底部分应先挖桩身圆柱体，再按扩底尺寸从上而下进行。

3. 桩基检测技术

（1）可分为施工前，为设计提供依据的试验桩检测，主要确定单桩极限承载力；桩基施工后，为验收提供依据的工程桩检测，主要进行单桩承载力和桩身完整性检测。

（2）桩基检测的方法和目的

① 单桩竖向抗压静载试验。目的是确定单桩竖向抗压极限承载力；判定竖向抗压承载力是否满足设计要求；通过桩身应变、位移测试，测定桩侧、桩端阻力，验证高应变法的单桩竖向抗压承载力检测结果。

② 单桩竖向抗拔静载试验。目的是确定单桩竖向抗拔极限承载力；判断竖向抗拔承载力是否满足设计要求；通过桩身应变、位移测试，测定桩的抗拔侧阻力。

③ 单桩水平静载试验。目的是确定单桩水平临界荷载和极限承载力，推定土抗力参数；判定水平承载力或水平位移是否满足设计要求；通过桩身应变、位移测试，测定桩身弯矩。

④ 钻芯法。目的是检测灌注桩桩长、桩身混凝土强度、桩底沉渣厚度、判定或鉴别桩端持力层岩土性状，判定桩身完整性类别。

⑤ 低应变法。目的是检测桩身缺陷及其位置，判定桩身完整性类别。

⑥ 高应变法。目的是判定单桩竖向抗压承载力是否满足设计要求；检测桩身缺陷及其位置，判定桩身完整性类别；分析桩侧和桩端土阻力；进行打桩过程监控。

⑦ 声波透射法。目的是检测灌注桩桩身缺陷及其位置，判定桩身完整性类别。

（3）桩基检测开始时间应满足的条件

① 采用低应变法和声波透射法检测，受检桩混凝土强度不应低于设计强度 70% 且不应低于 15MPa。

② 采用钻芯法检测，受检桩混凝土龄期应达到 28d，或者同条件养护试块强度达到设计强度要求。

③ 一般承载力检测前的休止时间：砂土地基不少于 7d，粉土地基不少于 10d，非饱和黏性土不少于 15d，饱和黏性土不少于 25d。泥浆护壁灌注桩，宜延长休止时间。

（4）验收检测的受检桩选择条件

① 施工质量有疑问的桩；

② 局部地基条件出现异常的桩；

③ 承载力验收时选择部分 Ⅲ 类桩；

④ 设计方认为重要的桩；

⑤ 施工工艺不同的桩；

⑥ 宜按规定均匀和随机选择。

（5）验收检测时，宜先进行桩身完整性检测，后进行承载力检测。桩身完整性检测应在基坑开挖后进行。

（6）桩身完整性分为 Ⅰ 类桩、Ⅱ 类桩、Ⅲ 类桩、Ⅳ 类桩共 4 类。Ⅰ 类桩桩身完整；Ⅱ 类桩桩身有轻微缺陷，不会影响桩身结构承载力的正常发挥；Ⅲ 类桩桩身有明显缺陷，对桩身结构承载力有影响；Ⅳ 类桩桩身存在严重缺陷。

（7）单桩竖向抗压承载力特征值应按单桩竖向抗压极限承载力的 50% 取值；单桩竖向抗拔承载力特征值应按单桩竖向抗拔极限承载力的 50% 取值。

（8）选用钻芯法时，每根受检桩的钻孔数量及位置要求：桩径小于 1.2m 的桩可为 1~2 个孔；桩径为 1.2~1.6m 的桩宜为 2 个孔；桩径大于 1.6m 的桩宜为 3 个孔；钻孔位置宜在距桩中心（0.15~0.25）D 范围内均匀对称布置。

3.3.3　混凝土基础施工

混凝土基础的主要形式有条形基础、独立基础、筏形基础和箱形基础等。混凝土基础工程主要有钢筋、模板、混凝土、后浇带混凝土及混凝土结构缝处理等施工工序。高层建筑筏形基础和箱形基础长度超过 40m 时，宜设置贯通的后浇施工缝（后浇带），后浇带宽不宜小于 800mm，在后浇施工缝处，钢筋必须贯通。

基础施工前应进行地基验槽。混凝土结构基础施工应符合现行《混凝土结构工程施工规范》GB 50666 的相关规定。

1.钢筋工程施工技术要求

（1）绑扎钢筋时，底部钢筋应绑扎牢固，采用HPB300钢筋时，端部弯钩应朝上，柱的锚固钢筋下端应用90°弯钩与基础钢筋绑扎牢固，按轴线位置校核后上端应固定牢靠。

（2）基础底板采用双层钢筋网时，在上层钢筋网下面应设置钢筋撑脚，以保证钢筋位置正确。

（3）基础底板钢筋的弯钩应朝上，不要倒向一边；但双层钢筋网的上层钢筋弯钩应朝下。

（4）独立柱基础为双向钢筋时，其底面短边的钢筋应放在长边钢筋的上面。

（5）现浇柱与基础连接用的锚固钢筋，一定要固定牢靠，位置准确，以免造成柱轴线偏移。

（6）基础中纵向受力钢筋的混凝土保护层厚度应符合设计要求；设计使用年限达到100年的地下结构和构件，其迎水面的钢筋保护层厚度不应小于50mm；当无垫层时，不应小于70mm。

2.模板工程施工技术要求

混凝土基础模板通常采用组合式钢模板、胶合板模板、钢框木（竹）胶合板模板等。

（1）杯形基础的支模宜采用封底式杯口模板，施工时应将杯口模板压紧，在杯底应预留观测孔或振捣孔。

（2）锥形基础模板应随混凝土浇捣分段支设并固定牢靠，严禁斜面部分不支模，应用铁锹拍实。

（3）高杯口基础可采用安装杯口模板的方法施工，当混凝土浇捣接近杯口底时，再安装固定杯口模板。

（4）后浇带和施工缝侧面宜采用快易收口网、钢板网、铁丝网或小木板作为侧模，在后浇带混凝土浇筑前应予拆除，将混凝土界面凿毛并清理干净。

（5）箱形基础后浇带模板应有固定牢靠的支撑措施，并独立支设。在后浇带混凝土合拢前，不应因支架拆除或损坏、结构超载等而改变构件的设计受力状态。

3.混凝土工程施工技术要求

1）混凝土输送和布料设备

混凝土水平运输设备主要有混凝土搅拌输送车、机动翻斗车、手推车等，垂直运输设备主要有混凝土汽车泵（移动泵）、固定泵、塔式起重机、汽车吊、施工电梯、井架等。混凝土布料设备主要有混凝土汽车泵、布料机、布料杆、塔式起重机、手推车等。

2）基础混凝土施工

浇筑混凝土前，对地基应事先按设计标高和轴线进行校正，并应清除淤泥和杂物；同时，注意基坑降排水，以防冲刷新浇筑的混凝土。垫层混凝土应在基础验槽后立即浇筑，混凝土强度达到70%后方可进行后续施工。

（1）独立基础施工

① 混凝土宜按台阶分层连续浇筑完成，对于阶梯形基础，每一台阶作为一个浇捣

层，每浇筑完一台阶宜稍停 0.5～1.0h，待其初步获得沉实后，再浇筑上层，基础上有插筋埋件时，应固定其位置。

② 混凝土浇筑应对称均匀下料，杯底、基础边角处混凝土振捣应密实。

③ 杯形基础宜先将杯口底混凝土振实并稍停沉实，再浇筑振捣杯口模四周的混凝土，并两侧对称浇筑。在混凝土初凝后终凝前将芯模拔出，杯壁凿毛。

④ 锥式基础在振捣器振捣完毕后，用人工将斜坡表面拍平。

（2）条形基础施工

① 浇筑前，应根据混凝土基础顶面的标高在两侧木模上弹出标高线；如采用原槽土模时，应在基槽两侧的土壁上交错打入长 100mm 左右的标杆，并露出 20～30mm，标杆面与基础顶面标高平，标杆之间的距离约 3m。

② 根据基础深度宜分段分层（300～500mm）连续浇筑混凝土，一般不留施工缝。各段层间应相互衔接，每段间浇筑长度控制在 2～3m，做到逐段逐层呈阶梯形向前推进。

（3）筏形与箱形基础施工

① 混凝土浇筑方向宜平行于次梁长度方向，对于平板式筏形基础宜平行于基础长边方向；

② 根据结构形状尺寸、混凝土供应能力、混凝土浇筑设备、场内外条件等划分泵送混凝土浇筑区域及浇筑顺序，采用硬管输送混凝土时，宜由远而近浇筑，多根输送管同时浇筑时，其浇筑速度宜保持一致；

③ 混凝土浇筑的布料点宜接近浇筑位置，应采取减缓混凝土下料冲击的措施，混凝土自高处倾落的自由高度应根据混凝土的粗骨料粒径确定，粗骨料粒径大于 25mm 时不应大于 3m，粗骨料粒径不大于 25mm 时不应大于 6m；

④ 基础混凝土应采取减少表面收缩裂缝的二次抹面技术措施。

4. 大体积混凝土施工

大体积混凝土工程施工应符合《大体积混凝土施工标准》GB 50496—2018 的规定。

1）大体积混凝土施工组织

（1）大体积混凝土施工应编制施工组织设计或施工技术方案，并应有环境保护和安全施工的技术措施。

（2）大体积混凝土施工应符合下列规定：

① 大体积混凝土的设计强度等级宜为 C25～C50，并可采用混凝土 60d 或 90d 的强度作为混凝土配合比设计、混凝土强度评定及工程验收的依据；

② 大体积混凝土的结构配筋除应满足结构承载力和构造要求外，还应结合大体积混凝土的施工方法配置控制温度和收缩的构造钢筋；

③ 大体积混凝土置于岩石类地基上时，宜在混凝土垫层上设置滑动层；

④ 设计中应采取减少大体积混凝土外部约束的技术措施；

⑤ 设计中应根据工程情况提出温度场和应变的相关测试要求。

（3）大体积混凝土应选用水化热低的通用硅酸盐水泥，大体积混凝土配合比设计应满足要求：

① 混凝土拌合物的坍落度不宜大于 180mm；

② 拌合水用量不宜大于 170kg/m³;

③ 粉煤灰掺量不宜大于胶凝材料用量的 50%，矿渣粉掺量不宜大于胶凝材料用量的 40%；粉煤灰和矿渣粉掺量总和不宜大于胶凝材料用量的 50%;

④ 水胶比不宜大于 0.45;

⑤ 砂率宜为 38%～45%。

（4）大体积混凝土拌合物运输应采用混凝土搅拌运输车，运输车应根据施工现场实际情况具有防晒、防雨和保温措施。

（5）大体积混凝土供应能力应满足混凝土连续施工需要，不宜低于单位时间所需量的 1.2 倍。

2）大体积混凝土施工要求

（1）大体积混凝土施工宜采用整体分层或推移式连续浇筑施工。

（2）当大体积混凝土施工设置水平施工缝时，位置及间歇时间应根据设计规定、温度裂缝控制规定、混凝土供应能力、钢筋工程施工、预埋管件安装等因素确定。

（3）当采用跳仓法时，跳仓的最大分块单向尺寸不宜大于 40m，跳仓间隔施工的时间不宜小于 7d，跳仓接缝处应按施工缝的要求设置和处理。

（4）混凝土入模温度宜控制在 5～30℃。

（5）大体积混凝土浇筑应符合下列规定：

① 混凝土浇筑层厚度应根据所用振捣器作用深度及混凝土的和易性确定，整体连续浇筑时宜为 300～500mm。

② 整体分层连续浇筑或推移式连续浇筑，应缩短间歇时间，并应在前层混凝土初凝之前将次层混凝土浇筑完毕。

③ 混凝土宜采用泵送方式连续、有序浇筑。

④ 混凝土宜采用二次振捣工艺，并及时对浇筑面进行多次抹压处理。

（6）大体积混凝土应采取保温保湿养护。保温保湿养护应符合下列规定：

① 应专人负责保温养护工作，并应进行测试记录；

② 保湿养护持续时间不宜少于 14d，应经常检查塑料薄膜或养护剂涂层的完整情况，并应保持混凝土表面湿润；

③ 保温覆盖层拆除应分层逐步进行，当混凝土表面温度与环境最大温差小于 20℃时，可全部拆除。

（7）大体积混凝土浇筑过程中突遇大雨或大雪天气时，应及时在结构合理部位留置施工缝，并应中止混凝土浇筑；对已浇筑还未硬化的混凝土应立即覆盖，严禁雨水直接冲刷新浇筑的混凝土。

3）大体积混凝土温度监测与控制

（1）大体积混凝土施工前，应对混凝土浇筑体的温度、温度应力及收缩应力进行试算，确定混凝土浇筑体的温升峰值、里表温差及降温速率的控制指标，制订相应的温控技术措施。

（2）大体积混凝土施工温控指标应符合下列规定：

① 混凝土浇筑体在入模温度基础上的温升值不宜大于 50℃;

② 混凝土浇筑体里表温差（不含混凝土收缩当量温度）不宜大于 25℃;

③ 混凝土浇筑体降温速率不宜大于 2.0℃/d；

④ 拆除保温覆盖时混凝土浇筑体表面与大气温差不应大于 20℃。

（3）大体积混凝土浇筑体内监测点布置，应反映混凝土浇筑体内最高温升、里表温差、降温速率及环境温度，可采用下列布置方式：

① 测试区可选混凝土浇筑体平面对称轴线的半条轴线，测试区内监测点应按平面分层布置；

② 测试区内，监测点的位置与数量可根据混凝土浇筑体内温度场的分布情况及温控的规定确定；

③ 在每条测试轴线上，监测点位不宜少于 4 处，应根据结构的平面尺寸布置；

④ 沿混凝土浇筑体厚度方向，应至少布置表层、底层和中心温度测点，测点间距不宜大于 500mm；

⑤ 保温养护效果及环境温度监测点数量应根据具体需要确定；

⑥ 混凝土浇筑体表层温度，宜为混凝土浇筑体表面以内 50mm 处的温度；

⑦ 混凝土浇筑体底层温度，宜为混凝土浇筑体底面以上 50mm 处的温度。

（4）大体积混凝土浇筑体里表温差、降温速率及环境温度的测试，在混凝土浇筑后，每昼夜不应少于 4 次；入模温度测量，每台班不应少于 2 次。

3.4　主体结构工程施工

3.4.1　混凝土结构工程施工

1. 模板工程

1）常见模板及其特性

（1）胶合板模板：所用胶合板为高耐气候、耐水性的 I 类木胶合板或竹胶合板。优点是自重轻、板幅大、板面平整、施工安装方便简单等。

（2）组合钢模板：主要由钢模板、连接体和支撑体三部分组成，优点是轻便灵活、拆装方便、通用性强、周转率高等；缺点是接缝多且严密性差，导致混凝土成型后外观质量差。

（3）钢框木（竹）胶合板模板：它是以热轧异形钢为钢框架，以覆面胶合板作板面，并加焊若干钢肋承托面板的一种组合式模板。与组合钢模板比，其特点为自重轻、用钢量少、面积大、模板拼缝少、维修方便等。

（4）大模板：它由板面结构、支撑系统、操作平台和附件等组成，是现浇墙、壁结构施工的一种工具式模板。其特点是以建筑物的开间、进深和层高为大模板尺寸，由于面板为钢板组成，其优点是模板整体性好、抗震性强、无拼缝等；缺点是模板重量大，移动安装需起重机械吊运。

（5）组合铝合金模板：由铝合金带肋面板、端板、主次肋焊接而成，用于现浇混凝土结构施工的一种组合模板。其重量轻、拼缝好、周转快、成型误差小、利于早拆体系应用。但成本较高、强度比钢模板小，目前应用日趋广泛。

（6）早拆模板体系：在模板支架立柱的顶端，采用柱头的特殊构造装置来保证国家现行标准所规定的拆模原则前提下，达到尽早拆除部分模板的体系。优点是部分模板可早拆，加快周转，节约成本。

（7）其他还有滑升模板、爬升模板、飞模、模壳模板、胎模及永久性压型钢板模板和各种配筋的混凝土薄板模板等。

2）模板工程设计

（1）模板设计三原则是实用性、安全性、经济性。

（2）设计与构造要求

① 应对模板支撑脚手架的工程结构和脚手架所附着的工程结构进行强度和变形验算，当验算不能满足安全承载要求时，应根据验算结果采取相应的加固措施。

② 应根据实际情况确定模板支撑脚手架上的施工荷载标准值，且一般工况下不应低于 $2.5kN/m^2$，有水平泵管设置时不应低于 $4.0kN/m^2$。

③ 模板支撑脚手架应根据施工工况对连续支撑进行设计计算，并应按最不利的工况计算确定支撑层数。

④ 模板支撑脚手架独立架体高宽比不应大于 3.0。

⑤ 模板支撑脚手架应设置竖向和水平剪刀撑，并应符合下列规定：

a. 剪刀撑的设置应均匀、对称；

b. 每道竖向剪刀撑的宽度应为 6～9m，剪刀撑斜杆的倾角应在 45°～60° 之间。

⑥ 模板支撑脚手架的水平杆应按步距沿纵向和横向通长连续设置，且应与相邻立杆连接稳固。

⑦ 模板支撑脚手架可调底座和可调托撑调节螺杆插入脚手架立杆内的长度不应小于 150mm，且调节螺杆伸出长度应经计算确定，并应符合下列规定：

a. 当插入的立杆钢管直径为 42mm 时，伸出长度不应大于 200mm；

b. 当插入的立杆钢管直径为 48.3mm 及以上时，伸出长度不应大于 500mm。

⑧ 可调底座和可调托撑螺杆插入脚手架立杆钢管内的间隙不应大于 2.5mm。

3）模板工程安装要点

（1）模板及其支架的安装必须严格按照施工技术方案进行，其支架必须有足够的支承面积，底座必须有足够的承载力。模板的木杆、钢管、门架等支架立柱不得混用。

（2）模板的接缝不应漏浆；在浇筑混凝土前，木模板应浇水润湿，但模板内不应有积水。

（3）模板与混凝土的接触面应清理干净并涂刷隔离剂，但不得采用影响结构性能或妨碍装饰工程的隔离剂。

（4）浇筑混凝土前，模板内的杂物应清理干净。

（5）对清水混凝土工程及装饰混凝土工程，应使用能达到设计效果的模板。

（6）用作模板的地坪、胎模等应平整、光洁，不得产生影响构件质量的下沉、裂缝、起砂或起鼓。

（7）对跨度不小于 4m 的现浇钢筋混凝土梁、板，其模板应按设计要求起拱；当设计无具体要求时，起拱高度应为跨度的 1/1000～3/1000。

（8）模板安装应与钢筋安装配合进行，梁柱节点的模板宜在钢筋安装后安装。

（9）后浇带的模板及支架应独立设置。

（10）模板支撑脚手架在浇筑混凝土、工程结构件安装等施加荷载的过程中，架体下严禁有人。

4）模板拆除要点

现浇混凝土结构模板及支架拆除时的混凝土强度，应符合设计要求。当无设计要求时，应符合下列要求：

（1）底模及支架拆除时的混凝土强度应符合表 3.4-1 的规定。

表 3.4-1　底模及支架拆除时的混凝土强度要求

构件类型	构件跨度（m）	达到设计的混凝土立方体抗压强度标准值的百分率（%）
板	≤ 2	≥ 50
	> 2，≤ 8	≥ 75
	> 8	≥ 100
梁、拱、壳	≤ 8	≥ 75
	> 8	≥ 100
悬臂构件		≥ 100

（2）不承重的侧模板，包括梁、柱、墙的侧模板，只要混凝土强度保证其表面、棱角不因拆模而受损坏，即可拆除。一般墙体大模板在常温条件下，混凝土强度达到 $1N/mm^2$，即可拆除。

（3）模板的拆除顺序：一般按后支先拆、先支后拆，先拆除非承重部分后拆除承重部分的拆模顺序进行。

（4）快拆支架体系的支架立杆间距不应大于 2m。拆模时应保留立杆并顶托支承楼板，拆模时的混凝土强度可取构件跨度为 2m，按表 3.4-1 确定。

2. 钢筋工程

1）钢筋配料

（1）钢筋配料是根据构件配筋图，先绘出各种形状和规格的单根钢筋简图并加以编号，然后分别计算钢筋下料长度、根数及重量，填写钢筋配料单，作为申请、备料、加工的依据。为使钢筋满足设计要求的形状和尺寸，需要对钢筋进行弯折，而弯折后钢筋各段的长度总和并不等于其在直线状态下的长度，所以，要对钢筋剪切下料长度加以计算。各种钢筋下料长度计算如下：

① 直钢筋下料长度＝构件长度－保护层厚度＋弯钩增加长度

② 弯起钢筋下料长度＝直段长度＋斜段长度－弯曲调整值＋弯钩增加长度

③ 箍筋下料长度＝箍筋周长＋箍筋调整值

④ 上述钢筋如需要搭接，还要增加钢筋搭接长度。

（2）构件中的钢筋可采用并筋的配置方式。直径 28mm 及以下的钢筋并筋数量不应超过 3 根；直径 32mm 钢筋并筋数量宜为 2 根；直径 36mm 及以上的钢筋不应采用并筋。

2）钢筋代换

（1）代换原则：等强度代换或等面积代换。当构件配筋受强度控制时，按钢筋代换前后强度相等的原则进行代换；当构件按最小配筋率配筋时，或同钢号钢筋之间的代换，按钢筋代换前后截面积相等的原则进行代换。当构件受裂缝宽度或挠度控制时，代换前后应进行裂缝宽度和挠度验算。

（2）钢筋代换时，应征得设计单位的同意，并办理相应手续。钢筋代换除应满足设计要求的构件承载力、最大力总延伸率、裂缝宽度验算以及抗震规定外，还应满足最小配筋率、钢筋间距、保护层厚度、钢筋锚固长度、接头面积百分率及搭接长度等构造要求。

3）钢筋连接

（1）钢筋的连接方法有：焊接、机械连接和绑扎连接三种。

（2）钢筋常用的焊接方法有：闪光对焊、电弧焊（包括帮条焊、搭接焊、熔槽焊、剖口焊、预埋件角焊和塞孔焊等）、电渣压力焊、气压焊、埋弧压力焊和电阻点焊等。直接承受动力荷载的结构构件中，纵向钢筋不宜采用焊接接头。

（3）钢筋机械连接：有钢筋套筒挤压连接、钢筋直螺纹套筒连接（包括钢筋镦粗直螺纹套筒连接、钢筋剥肋滚压直螺纹套筒连接）等方法。目前最常见、采用最多的方式是钢筋剥肋滚压直螺纹套筒连接。

（4）钢筋绑扎连接（或搭接）：钢筋搭接长度应符合规范要求。当受拉钢筋直径大于 25mm、受压钢筋直径大于 28mm 时，不宜采用绑扎搭接接头。轴心受拉及小偏心受拉杆件（如桁架和拱架的拉杆等）的纵向受力钢筋和直接承受动力荷载结构中的纵向受力钢筋均不得采用绑扎搭接接头。

（5）钢筋接头位置宜设置在受力较小处。同一纵向受力钢筋不宜设置两个或两个以上接头。接头末端至钢筋弯起点的距离不应小于钢筋直径的 10 倍。

4）钢筋加工

（1）钢筋加工包括调直、除锈、下料切断、接长、弯曲成型等。

（2）钢筋宜采用无延伸功能的机械设备进行调直，也可采用冷拉调直。当采用冷拉调直时，HPB300 级光圆钢筋的冷拉率不宜大于 4%；HRB400、HRB500 级带肋钢筋的冷拉率不宜大于 1%。

（3）钢筋除锈：一是在钢筋冷拉或调直过程中除锈；二是可采用机械除锈机除锈、喷砂除锈、酸洗除锈和手工除锈等。

（4）钢筋下料切断可采用钢筋切断机或手动液压切断器进行。钢筋的切断口不得有马蹄形或起弯等现象。

（5）钢筋加工宜在常温状态下进行，加工过程中不应加热钢筋。钢筋弯曲成型可采用钢筋弯曲机、四头弯筋机及手工弯曲工具等进行。钢筋弯折应一次完成，不得反复弯折。

5）钢筋安装

（1）柱钢筋绑扎

① 柱钢筋的绑扎应在柱模板安装前进行。

② 每层柱第一个钢筋接头位置距楼地面高度不宜小于 500mm、柱净高的 1/6 及柱截面长边（或直径）中的较大值。

③ 框架梁、牛腿及柱帽等钢筋，应放在柱子纵向钢筋内侧。

④ 柱中的竖向钢筋搭接时，角部钢筋的弯钩应与模板成 45°（多边形柱为模板内

角的平分角，圆形柱应与模板切线垂直），中间钢筋的弯钩应与模板成 90°。

⑤ 箍筋的接头（弯钩叠合处）应交错布置在四角纵向钢筋上；箍筋转角与纵向钢筋交叉点均应扎牢（箍筋平直部分与纵向钢筋交叉点可间隔扎牢），绑扎箍筋时绑扣相互间应成八字形。

⑥ 如设计无特殊要求，当柱中纵向受力钢筋直径大于 25mm 时，应在搭接接头两个端面外 100mm 范围内各设置两个箍筋，其间距宜为 50mm。

（2）墙钢筋绑扎

① 墙钢筋的绑扎，也应在模板安装前进行。

② 墙（包括水塔壁、烟囱筒身、池壁等）的垂直钢筋每段长度不宜超过 4m（钢筋直径不大于 12mm）或 6m（直径大于 12mm）或层高加搭接长度，水平钢筋每段长度不宜超过 8m，以利绑扎。钢筋的弯钩应朝向混凝土内。

③ 采用双层钢筋网时，在两层钢筋间应设置撑铁或绑扎架，以固定钢筋间距。

（3）梁、板钢筋绑扎

① 框架梁的上部钢筋接头位置宜设置在跨中 1/3 跨度范围内，下部钢筋接头位置宜设置在梁端 1/3 跨度范围内。板的上部钢筋接头位置宜设置在跨中 1/2 跨度范围内，下部钢筋接头位置宜设置在梁端 1/4 跨度范围内。

② 当梁的高度较小时，梁的钢筋架空在梁模板顶上绑扎，然后再落位；当梁的高度较大（大于等于 1.0m）时，梁的钢筋宜在梁底模上绑扎，其两侧模板或一侧模板后装。板的钢筋在模板安装后绑扎。

③ 梁纵向受力钢筋采用双层排列时，两排钢筋之间应垫以直径不小于 25mm 的短钢筋，以保持其设计距离。箍筋的接头（弯钩叠合处）应交错布置在两根架立钢筋上，其余同柱。

④ 板的钢筋网绑扎，四周两行钢筋交叉点应每点扎牢，中间部分交叉点可相隔交错扎牢，但必须保证受力钢筋不位移。双向主筋的钢筋网，则须将全部钢筋相交点扎牢。采用双层钢筋网时，在上层钢筋网下面应设置钢筋撑脚，以保证钢筋位置正确。绑扎时应注意相邻绑扎点的钢丝扣要成八字形，以免网片歪斜变形。

⑤ 应注意板上部的负筋，要防止被踩下；特别是雨篷、挑檐、阳台等悬臂板，要严格控制负筋位置，以免拆模后断裂。

⑥ 板、次梁与主梁交叉处，板的钢筋在上，次梁的钢筋居中，主梁的钢筋在下；当有圈梁或垫梁时，主梁的钢筋在上。

3. 混凝土工程

1）普通混凝土配合比

（1）混凝土配合比设计应满足混凝土配制强度及其他力学性能、拌合物性能、长期性能和耐久性能的设计要求。

（2）水泥选用规定：

① 泵送混凝土宜选用硅酸盐水泥、普通硅酸盐水泥、矿渣硅酸盐水泥和粉煤灰硅酸盐水泥；

② 大体积混凝土宜选用中、低热硅酸盐水泥或低热矿渣硅酸盐水泥；

③ 高强混凝土、抗冻混凝土应选用硅酸盐水泥或普通硅酸盐水泥；

④ 抗渗混凝土应选用普通硅酸盐水泥。

（3）普通混凝土的最小胶凝材料用量应符合表 3.4-2 的规定。

表 3.4-2 普通混凝土的最小胶凝材料用量

最大水胶比	最小胶凝材料用量（kg/m³）		
	素混凝土	钢筋混凝土	预应力混凝土
0.60	250	280	300
0.55	280	300	300
0.50	320		
≤ 0.45	330		

（4）控制最大水胶比是抗渗混凝土配合比设计的重要法则。抗渗混凝土配合比应符合下列规定：

① 最大水胶比应符合相应规范规定；

② 每立方米混凝土中的胶凝材料用量不宜小于 320kg；

③ 砂率宜为 35%～45%。

（5）混凝土配合比由具有资质的试验室进行计算，并经试配调整后确定。混凝土配合比应为重量比。

2）混凝土的搅拌与运输

（1）混凝土搅拌一般宜由场外商品混凝土搅拌站或现场搅拌站搅拌，应严格掌握混凝土配合比，确保各种原材料合格，计量偏差符合标准规定要求，投料顺序、搅拌时间合理、准确，最终确保混凝土搅拌质量满足设计、施工要求。

（2）混凝土在运输中不宜发生分层、离析现象；否则，应在浇筑前二次搅拌。

（3）要尽量减少混凝土的运输时间和转运次数，确保混凝土在初凝前运至现场并浇筑完毕。

（4）混凝土泵或泵车设置处，应场地平整、坚实，具有通车行走条件。混凝土泵或泵车应尽可能靠近浇筑地点，浇筑时由远至近进行。

（5）混凝土输送当采用泵送方式时，混凝土粗骨料最大粒径不大于 25mm 时，可采用内径不小于 125mm 的输送泵管；混凝土粗骨料最大粒径不大于 40mm 时，可采用内径不小于 150mm 的输送泵管。

3）混凝土浇筑

（1）混凝土浇筑前应根据施工方案认真交底，并做好浇筑前的各项准备工作，尤其应对模板、支撑、钢筋、预埋件等认真细致检查，合格并做好相关隐蔽验收后，才可浇筑混凝土。

（2）浇筑混凝土前，应清除模板内或垫层上的杂物。表面干燥的地基、垫层、模板上还应洒水湿润；现场环境温度高于 35℃时宜对金属模板进行洒水降温；洒水后不得留有积水。

（3）在浇筑竖向结构混凝土前，应先在底部填以不大于 30mm 厚与混凝土内砂浆成分相同的水泥砂浆；浇筑过程中混凝土不得发生离析现象。混凝土自由倾落高度应符合如下规定：

　　① 粗骨料粒径大于 25mm 时，不宜超过 3m。

　　② 粗骨料粒径小于等于 25mm 时，不宜超过 6m。

　　③ 当不能满足时，应加设串筒、溜管、溜槽等装置。

　　（4）浇筑混凝土应连续进行。当必须间歇时，其间歇时间宜尽量缩短，并应在前层混凝土初凝之前，将次层混凝土浇筑完毕；否则，应留置施工缝。

　　（5）混凝土宜分层浇筑，分层振捣。

　　（6）混凝土浇筑过程中，应经常观察模板、支架、钢筋、预埋件和预留孔洞的情况；当发现有变形、移位时，应及时采取措施进行处理。

　　（7）在浇筑与柱和墙连成整体的梁和板时，应在柱和墙浇筑完毕后停歇 1～1.5h，再继续浇筑。

　　（8）梁和板宜同时浇筑混凝土，有主次梁的楼板宜顺着次梁方向浇筑，单向板宜沿着板的长边方向浇筑；拱和高度大于 1m 时的梁等结构，可单独浇筑混凝土。

　　（9）混凝土运输、输送、浇筑过程中严禁加水。

　　（10）混凝土运输、输送、浇筑过程中散落的混凝土严禁直接用于结构浇筑。

　　4）施工缝和后浇带

　　（1）施工缝和后浇带的留设位置应在混凝土浇筑前确定。施工缝和后浇带宜留设在结构受剪力较小且便于施工的位置。受力复杂的结构构件或有防水抗渗要求的结构构件，施工缝留设位置应经设计单位确认。

　　（2）施工缝的留设位置应符合下列规定：

　　① 水平施工缝的留设位置应符合下列规定：

　　a. 柱、墙施工缝可留设在基础、楼层结构顶面，柱施工缝与结构上表面的距离宜为 0～100mm，墙施工缝与结构上表面的距离宜为 0～300mm；

　　b. 柱、墙施工缝也可留设在楼层结构底面，施工缝与结构下表面的距离宜为 0～50mm；当板下有梁托时，可留设在梁托下 0～20mm；

　　c. 高度较大的柱、墙、梁以及厚度较大的基础，可根据施工需要在其中部留设水平施工缝；当因施工缝留设改变受力状态而需要调整构件配筋时，应经设计单位确认；

　　d. 特殊结构部位留设水平施工缝应经设计单位确认。

　　② 竖向施工缝和后浇带的留设位置应符合下列规定：

　　a. 有主次梁的楼板施工缝应留设在次梁跨度中间 1/3 范围内；

　　b. 单向板施工缝应留设在与跨度方向平行的任何位置；

　　c. 楼梯梯段施工缝宜设置在梯段板跨度端部 1/3 范围内；

　　d. 墙的施工缝宜设置在洞口连梁跨中 1/3 范围内，也可留设在纵横墙交接处；

　　e. 后浇带留设位置应符合设计要求；

　　f. 特殊结构部位留设竖向施工缝应经设计单位确认。

　　（3）在施工缝和后浇带处继续浇筑混凝土时，应符合下列规定：

　　① 已浇筑的混凝土，其抗压强度不应小于 1.2N/mm²；

　　② 已硬化的混凝土表面应进行凿毛处理，清除水泥薄膜和松动石子以及软弱混凝土层，加以充分湿润和冲洗干净，且不得积水；

③ 在水平施工缝处浇筑混凝土时，宜先铺一层 30mm 厚与混凝土成分相同的水泥砂浆；

④ 填充后浇带，可采用微膨胀混凝土、强度等级比原结构强度提高一级，并保持至少 14d 的湿润养护。后浇带接缝处按施工缝的要求处理。

5）混凝土养护

（1）混凝土浇筑后应及时进行保湿养护，保湿养护可采用洒水、覆盖、喷涂养护剂等方式。养护方式应根据现场条件、环境温度湿度、构件特点、技术要求、施工操作等因素确定。

（2）混凝土的养护时间应符合下列规定：

① 采用硅酸盐水泥、普通硅酸盐水泥或矿渣硅酸盐水泥配制的混凝土，不应少于 7d；采用其他品种水泥时，养护时间应根据水泥性能确定；

② 采用缓凝型外加剂、矿物掺合料配制的混凝土，不应少于 14d；

③ 抗渗混凝土、强度等级 C60 及以上的混凝土，不应少于 14d；

④ 后浇带混凝土的养护时间不应少于 14d；

⑤ 地下室底层墙、柱和上部结构首层墙、柱，宜适当增加养护时间；

⑥ 大体积混凝土养护时间应根据施工方案确定。

4. 预应力工程

1）预应力分类与特点

按预加应力的方式可分为先张法预应力和后张法预应力。在后张法中，按预应力筋粘结状态又可分为：有粘结预应力混凝土和无粘结预应力混凝土。

先张法的特点是：先张拉预应力筋后，再浇筑混凝土；预应力是靠预应力筋与混凝土之间的粘结力传递给混凝土，并使其产生预压应力。后张法的特点是：先浇筑混凝土，达到一定强度后，再在其上张拉预应力筋；预应力是靠锚具传递给混凝土，并使其产生预压应力。

2）预应力筋、锚、夹具与张拉设备

预应力筋可分为：钢丝、钢绞线、螺纹钢筋、非金属预应力筋等。金属类预应力筋下料时应采用砂轮锯或切断机切断，不得采用电弧切割。预应力锚具、夹具按锚固方式分为夹片式（单孔与多孔夹片锚具）、支撑式（墩头锚具、螺母锚具等）、组合式（钢质锥形锚具等）和握裹式（挤压锚具、压花锚具等）四类。预应力张拉用液压千斤顶分为：拉杆式、穿心式、锥锚式和台座式等类型。

3）先张法预应力施工

（1）台座在先张法生产中，承受预应力筋的全部张拉力。因此，台座应有足够的强度、刚度和稳定性。台座按构造形式，可分为墩式和槽式两类。

（2）在先张法中，施加预应力宜采用一端张拉工艺，张拉控制应力和程序按图纸设计要求进行。当设计无具体要求时，一般采用 $0 \rightarrow 1.03\sigma_{con}$。张拉时，根据构件情况可采用单根、多根或整体一次进行张拉。当采用单根张拉时，其张拉顺序宜由下向上，由中到边（对称）进行。

（3）预应力筋放张时，混凝土强度应符合设计要求；当设计无要求时，不应低于设计的混凝土立方体抗压强度标准值的 75%；采用消除应力钢丝或钢绞线作为预应力

筋的先张法构件，尚不应低于 30MPa。

（4）先张法预应力筋的放张顺序，应符合下列规定：

① 宜采取缓慢放张工艺进行逐根或整体放张；

② 对轴心受压构件，所有预应力筋宜同时放张；

③ 对受弯或偏心受压的构件，应先同时放张预压应力较小区域的预应力筋，再同时放张预压应力较大区域的预应力筋；

④ 放张后，预应力筋的切断顺序，宜从张拉端开始依次切向另一端。

4）后张法预应力施工

（1）后张法预应力成孔材料主要采用塑料波纹管以及金属波纹管，竖向孔道常采用钢管。孔道的留设可采用预埋金属螺旋管留孔、预埋塑料波纹管留孔、抽拔钢管留孔和胶管充气抽芯留孔等方法。在留设预应力筋孔道的同时，尚应按要求合理留设灌浆孔、排气孔和泌水管。

（2）施加预应力时，混凝土强度应符合设计要求，且同条件养护的混凝土立方体抗压强度，应符合下列规定：

① 不应低于设计混凝土强度等级值的 75%；

② 不应低于锚具供应商提供的产品技术手册要求的混凝土最低强度要求；

③ 后张法预应力梁和板，现浇结构混凝土的龄期分别不宜小于 7d 和 5d。

（3）预应力筋的张拉顺序应符合设计要求，并应符合下列规定：

① 应根据结构受力特点、施工方便及操作安全等因素确定张拉顺序；

② 预应力筋宜按均匀、对称的原则张拉；

③ 现浇预应力混凝土楼盖，宜先张拉楼板、次梁的预应力筋，后张拉主梁的预应力筋；

④ 对预制屋架等平卧叠浇构件，应从上而下逐榀张拉。

（4）预应力张拉要符合设计要求；通常预应力筋张拉方式有一端张拉和两端张拉；有粘结预应力筋长度不大于 20m 时，可一端张拉，大于 20m 时，宜两端张拉；预应力筋为直线时，一端张拉长度可延长至 35m。无粘结预应力筋长度不大于 40m 时，可一端张拉，大于 40m 时，宜两端张拉。

（5）预应力筋张拉中应避免预应力筋断裂或滑脱。当发生断裂或滑脱时，应符合下列规定：

① 对后张法预应力结构构件，断裂或滑脱的数量严禁超过同一截面预应力筋总根数的 3%，且每束钢丝或每根钢绞线中不得超过一丝；对多跨双向连续板，其同一截面应按每跨计算；

② 对先张法预应力构件，在浇筑混凝土前发生断裂或滑脱的预应力筋必须更换。

（6）预应力筋张拉完毕后应及时进行孔道灌浆。灌浆用水泥浆宜用硅酸盐水泥或普通硅酸盐水泥调制的水泥浆，水灰比不应大于 0.45，强度不应小于 $30N/mm^2$。

3.4.2 砌体结构工程施工

1. 技术要求

（1）砌筑砂浆

① 砌筑砂浆应进行配合比设计，根据现场的实际情况进行计算和试配确定，并同时满足稠度、保水率和抗压强度的要求。

② 砌筑砂浆的稠度（流动性）宜按表 3.4-3 选用。

表 3.4-3　砌筑砂浆的稠度（流动性）

序号	砌体种类	砂浆稠度（mm）
1	烧结普通砖砌体	70～90
2	混凝土实心砖、混凝土多孔砖砌体，普通混凝土小型空心砌块砌体，蒸压灰砂砖砌体，蒸压粉煤灰砖砌体	50～70
3	烧结多孔砖、空心砖砌体，轻骨料混凝土小型空心砌块砌体，蒸压加气混凝土砌块砌体	60～80
4	石砌体	30～50

（2）砌体的砌筑顺序应符合下列规定：

① 基底标高不同时，应从低处砌起，并应由高处向低处搭接。当设计无要求时，搭接长度 L 不应小于基础底的高差 H，搭接长度范围内下层基础应扩大砌筑；

② 砌体的转角处和交接处应同时砌筑；当不能同时砌筑时，应按规定留槎、接槎；

③ 出檐砌体应按层砌筑，同一砌筑层应先砌墙身后砌出檐；

④ 当房屋相邻结构单元高差较大时，宜先砌筑高度较大部分，后砌筑高度较小部分。

（3）基础墙的防潮层，当设计无具体要求时，宜采用 1∶2.5 的水泥砂浆加防水剂铺设，其厚度可为 20mm。抗震设防地区建筑物，不应采用卷材作基础墙的水平防潮层。

（4）砌体结构施工中，在墙的转角处及交接处应设置皮数杆，皮数杆的间距不宜大于 15m。

（5）砌体的垂直度、表面平整度、灰缝厚度及砂浆饱满度，均应随时检查并在砂浆终凝前进行校正。砌筑完基础或每一楼层后，应校核砌体的轴线和标高。

（6）当墙体上留置临时施工洞口时，应符合下列规定：

① 墙上留置临时施工洞口净宽度不应大于 1m，其侧边距交接处墙面不应小于 500mm；

② 临时施工洞口顶部宜设置过梁，也可在洞口上部采取逐层挑砖的方法封口，并应预埋水平拉结筋；

③ 对抗震设防烈度为 9 度及以上地震区建筑物的临时施工洞口位置，应会同设计单位确定；

④ 墙梁构件的墙体部分不宜留置临时施工洞口；当需留置时，应会同设计单位确定。

（7）施工脚手眼不得设置在下列墙体或部位：

① 120mm 厚墙、清水墙、料石墙、独立柱和附墙柱；

② 过梁上部与过梁成 60° 角的三角形范围及过梁净跨度 1/2 的高度范围内；

③ 宽度小于 1m 的窗间墙；

④ 门窗洞口两侧石砌体 300mm，其他砌体 200mm 范围内；转角处石砌体 600mm，其他砌体 450mm 范围内；

⑤ 梁或梁垫下及其左右 500mm 范围内；

⑥ 轻质墙体；

⑦ 夹心复合墙外叶墙；

⑧ 设计不允许设置脚手眼的部位。

2.砖砌体工程

1）烧结砖砌体

（1）混凝土砖、蒸压砖的生产龄期应达到 28d 后，方可用于砌体的施工。

（2）砌筑烧结普通砖、烧结多孔砖、蒸压灰砂砖、蒸压粉煤灰砖砌体时，砖应提前 1～2d 适度湿润，不得采用干砖或处于吸水饱和状态的砖砌筑，块体湿润程度宜符合下列规定：

① 烧结类块体的相对含水率 60%～70%。

② 混凝土多孔砖及混凝土实心砖不宜浇水湿润，但在气候干燥炎热的情况下，宜在砌筑前对其浇水湿润。

③ 其他非烧结类块体的相对含水率 40%～50%。

（3）砌筑方法有"三一"砌筑法、挤浆法（铺浆法）、刮浆法和满口灰法四种。通常宜采用"三一"砌筑法，即一铲灰、一块砖、一揉压的砌筑方法。

（4）砖墙砌筑形式有全顺、两平一侧、全丁、一顺一丁、梅花丁或三顺一丁等。通常采用一顺一丁、梅花丁、三顺一丁方式。

（5）240mm 厚承重墙的每层墙的最上一皮砖，楼板、梁、柱及屋架的支承处，砖砌体的阶台水平面上及挑出层等，均应整砖丁砌。

（6）砖墙灰缝宽度宜为 10mm，且不应小于 8mm，也不应大于 12mm。

（7）砖砌体的转角处和交接处应同时砌筑。在抗震设防烈度 8 度及以上地区，对不能同时砌筑的临时间断处应砌成斜槎，其中普通砖砌体的斜槎水平投影长度不应小于高度的 2/3，多孔砖砌体的斜槎长高比不应小于 1/2。斜槎高度不得超过一步脚手架高度。

（8）砖砌体的转角处和交接处对非抗震设防及在抗震设防烈度为 6 度、7 度地区的临时间断处，当不能留斜槎时，除转角处外，可留直槎，但应做成凸槎。留直槎处应加设拉结钢筋，其拉结筋应符合下列规定：

① 每 120mm 墙厚应设置 1ϕ6 拉结钢筋；当墙厚为 120mm 时，应设置 2ϕ6 拉结钢筋；

② 间距沿墙高不应超过 500mm，且竖向间距偏差不应超过 100mm；

③ 埋入长度从留槎处算起每边均不应小于 500mm；对抗震设防烈度 6 度、7 度的地区，不应小于 1000mm；

④ 末端应设 90° 弯钩。

（9）设有钢筋混凝土构造柱的砌体，应先绑扎钢筋，而后砌砖墙，最后浇筑混凝土。与构造柱相邻部位砌体应砌成马牙槎，马牙槎应先退后进，每个马牙槎沿高度方向的尺寸不宜超过 300mm，凹凸尺寸宜为 60mm。砌筑时，砌体与构造柱间应沿墙高每 500mm 设拉结钢筋，钢筋数量及伸入墙内长度应满足设计要求。

（10）正常施工条件下，砖砌体每日砌筑高度宜控制在 1.5m 或一步脚手架高度内。

2）砖柱和带壁柱墙砌筑的规定

（1）砖柱不得采用包心砌法；

（2）带壁柱墙的壁柱应与墙身同时咬槎砌筑；

（3）异形柱、垛用砖，应根据排砖方案事先加工。

3）多孔砖墙

（1）多孔砖的孔洞应垂直于受压面砌筑；

（2）水池、水箱和有冻胀环境的地面以下工程部位不得使用多孔砖。

3. 混凝土小型空心砌块砌体工程

（1）砌筑墙体时，小砌块产品龄期不应小于 28d。

（2）小砌块应将生产时的底面朝上反砌于墙上。

（3）小砌块墙内不得混砌黏土砖或其他墙体材料。当需局部嵌砌时，应采用强度等级不低于 C20 的适宜尺寸的配套预制混凝土砌块。

（4）小砌块砌体应对孔错缝搭砌。搭砌应符合下列规定：

① 单排孔小砌块的搭接长度应为块体长度的 1/2，多排孔小砌块的搭接长度不宜小于砌块长度的 1/3；

② 当个别部位不能满足搭砌要求时，应在此部位的水平灰缝中设 $\phi4$ 钢筋网片，且网片两端与该位置的竖缝距离不得小于 400mm，或采用配块；

③ 墙体竖向通缝不得超过 2 皮小砌块，独立柱不得有竖向通缝。

（5）墙体转角处和纵横交接处应同时砌筑。临时间断处应砌成斜槎，斜槎水平投影长度不应小于斜槎高度。临时施工洞口可预留直槎，但在补砌洞口时，应在直槎上下搭砌的小砌块孔洞内用强度等级不低于 Cb20 或 C20 的混凝土灌实。

（6）砌筑小砌块时，宜使用专用铺灰器铺放砂浆，且应随铺随砌。当未采用专用铺灰器时，砌筑时的一次铺灰长度不宜大于 2 块主规格块体的长度。

（7）小砌块砌体的水平灰缝厚度和竖向灰缝宽度宜为 10mm，但不应小于 8mm，也不应大于 12mm，且灰缝应横平竖直。

（8）需移动砌体中的小砌块或砌筑完成的砌体被撞动时，应重新铺砌。

（9）正常施工条件下，小砌块砌体每日砌筑高度宜控制在 1.4m 或一步脚手架高度内。

4. 填充墙砌体工程

1）一般规定

（1）采用普通砂浆砌筑填充墙时，烧结空心砖、轻骨料混凝土小型空心砌块应提前 1～2d 浇水湿润；蒸压加气混凝土砌块采用专用砂浆或普通砂浆砌筑时，应在砌筑当天对砌块砌筑面浇水湿润。

（2）在没有采取有效措施的情况下，不应在下列部位或环境中使用轻骨料混凝土小型空心砌块或蒸压加气混凝土砌块砌体：

① 建筑物防潮层以下墙体；

② 长期浸水或化学侵蚀环境；

③ 砌体表面温度高于 80℃ 的部位；

　　④ 长期处于有振动源环境的墙体。

　　（3）在厨房、卫生间、浴室等处采用轻骨料混凝土小型空心砌块、蒸压加气混凝土砌块砌筑墙体时，墙体底部宜现浇混凝土坎台，其高度宜为150mm。

　　（4）填充墙的拉结筋采用化学植筋的方式设置时，应按规范要求对拉结筋进行实体检测。

　　（5）填充墙砌体与主体结构间的连接构造应符合设计要求，未经设计同意，不得随意改变连接构造方法。

　　（6）在填充墙上钻孔、镂槽或切锯时，应使用专用工具，不得任意剔凿。

　　（7）各种预留洞、预埋件、预埋管，应按设计要求设置，不得砌筑后剔凿。

　2）烧结空心砖砌体

　　（1）烧结空心砖墙应侧立砌筑，孔洞应呈水平方向。空心砖墙底部宜砌筑3皮普通砖，且门窗洞口两侧一砖范围内应采用烧结普通砖砌筑。

　　（2）砌筑空心砖墙的水平灰缝厚度和竖向灰缝宽度宜为10mm，且不应小于8mm，也不应大于12mm。竖缝应采用刮浆法，先抹砂浆后再砌筑。

　　（3）烧结空心砖砌体组砌时，应上下错缝，交接处应咬槎搭砌，掉角严重的空心砖不宜使用。转角及交接处应同时砌筑，不得留直槎，留斜槎时，斜槎高度不宜大于1.2m。

　　（4）外墙采用空心砖砌筑时，应采取防雨水渗漏的措施。

　3）轻骨料混凝土小型空心砌块砌体

　　（1）当小砌块墙体孔洞中需填充隔热或隔声材料时，应砌一皮填充一皮，且应填满，不得捣实。

　　（2）轻骨料混凝土小型空心砌块填充墙砌体，在纵横墙交接处及转角处应同时砌筑；当不能同时砌筑时，应留成斜槎，斜槎水平投影长度不应小于高度的2/3。

　4）蒸压加气混凝土砌块砌体

　　（1）填充墙砌筑时应上下错缝，搭接长度不宜小于砌块长度的1/3，且不应小于150mm。当不能满足时，应设置钢筋加强。

　　（2）蒸压加气混凝土砌块采用薄层砂浆砌筑法砌筑时，应符合下列规定：

　　① 砌筑砂浆应采用专用粘结砂浆；

　　② 砌块不得用水浇湿，其灰缝厚度宜为2～4mm；

　　③ 砌块与拉结筋的连接，应预先在相应位置的砌块上表面开设凹槽；砌筑时，钢筋应居中放置在凹槽砂浆内；

　　④ 砌块砌筑过程中，当在水平面和垂直面上有超过2mm的错边量时，应采用钢齿磨板和磨砂板磨平，方可进行下道工序施工。

　　（3）采用非专用粘结砂浆砌筑时，水平灰缝厚度和竖向灰缝宽度不应超过15mm。

3.4.3　钢结构工程施工

1. 钢结构构件的连接

钢结构构件的连接方法有焊接、普通螺栓连接、高强度螺栓连接和铆接。

1）焊接连接

（1）焊接接头包括全熔透和部分熔透焊接、角焊缝接头、塞焊与槽焊、电渣焊和栓钉焊。

（2）焊接时，作业区环境温度、相对湿度和风速等应符合下列规定，当超出本条规定且必须进行焊接时，应编制专项方案：

① 作业环境温度不应低于−10℃；

② 焊接作业区的相对湿度不应大于90%；

③ 当手工电弧焊和自保护药芯焊丝电弧焊时，焊接作业区最大风速不应超过8m/s；当气体保护电弧焊时，焊接作业区最大风速不应超过2m/s。

（3）当焊接作业环境温度低于0℃且不低于−10℃时，应采取加热或防护措施。

（4）采用的焊接工艺和焊接顺序应使构件的变形和收缩最小，可采用下列控制变形的焊接顺序：

① 对接接头、T形接头和十字接头，在构件放置条件允许或易于翻转的情况下，宜双面对称焊接；有对称截面的构件，宜对称于构件中性轴焊接；有对称连接杆件的节点，宜对称于节点轴线同时对称焊接。

② 非对称双面坡口焊缝，宜先焊深坡口侧部分焊缝，然后焊满浅坡口侧，最后完成深坡口侧焊缝。特厚板宜增加轮流对称焊接的循环次数。

③ 长焊缝宜采用分段退焊法、跳焊法或多人对称焊接法。

（5）设计文件对焊后消除应力有要求时，宜采用电加热器局部退火和加热炉整体退火等方法进行消除应力处理；仅为稳定结构尺寸时，可采用振动法消除应力。

2）紧固件连接

（1）紧固件连接件包括普通螺栓、扭剪型高强度螺栓、高强度大六角头螺栓、钢网架螺栓球节点用高强度螺栓及拉铆钉、自攻钉、射钉等。

（2）经表面处理后的高强度螺栓连接摩擦面，应符合下列规定：

① 连接摩擦面应保持干燥、清洁，不应有飞边、毛刺、焊接飞溅物、焊疤、氧化铁皮、污垢等；

② 经处理后的摩擦面应采取保护措施，不得在摩擦面上作标记；

③ 摩擦面采用生锈处理方法时，安装前应以细钢丝刷垂直于构件受力方向除去摩擦面上的浮锈。

（3）普通螺栓作为永久性连接螺栓时，紧固连接应符合下列规定：

① 螺栓头和螺母侧应分别放置平垫圈，螺栓头侧放置的垫圈不应多于2个，螺母侧放置的垫圈不应多于1个；

② 承受动力荷载或重要部位的螺栓连接，设计有防松动要求时，应采取有防松动装置的螺母或弹簧垫圈，弹簧垫圈应放置在螺母侧；

③ 对工字钢、槽钢等有斜面的螺栓连接，宜采用斜垫圈；

④ 同一个连接接头螺栓数量不应少于2个；

⑤ 螺栓紧固后外露丝扣不应少于2扣，紧固质量检验可采用锤敲检验。

（4）连接薄钢板采用的拉铆钉、自攻钉、射钉等，连接应紧固密贴，外观应排列整齐。拉铆钉和自攻钉的钉头部分应靠在较薄的板件一侧。

（5）高强度螺栓安装时应先使用安装螺栓和冲钉。在每个节点上穿入的安装螺栓和冲钉数量，应根据安装过程所承受的荷载计算确定，并应符合下列规定：

① 不应少于安装孔总数的 1/3；

② 安装螺栓不应少于 2 个；

③ 冲钉穿入数量不宜多于安装螺栓数量的 30%；

④ 不得用高强度螺栓兼作安装螺栓。

（6）高强度螺栓应在构件安装精度调整后进行拧紧。高强度螺栓安装应符合下列规定：

① 扭剪型高强度螺栓安装时，螺母带圆台面的一侧应朝向垫圈有倒角的一侧；

② 大六角头高强度螺栓安装时，螺栓头下垫圈有倒角的一侧应朝向螺栓头，螺母带圆台面的一侧应朝向垫圈有倒角的一侧。

（7）高强度螺栓现场安装时应能自由穿入螺栓孔，不得强行穿入。螺栓不能自由穿入时，可采用铰刀或锉刀修整螺栓孔，不得采用气割扩孔，扩孔数量应征得设计单位同意，修整后或扩孔后的孔径不应超过螺栓直径的 1.2 倍。

（8）高强度大六角头螺栓连接副施拧可采用扭矩法或转角法。

（9）扭剪型高强度螺栓连接副应采用专用电动扳手施拧。

（10）高强度螺栓连接节点螺栓群初拧、复拧和终拧，应采用合理的施拧顺序。原则上应按接头刚度较大的部位向约束较小的方向、螺栓群中央向四周的顺序。

（11）高强度螺栓和焊接并用的连接节点，当设计文件无规定时，宜按先螺栓紧固后焊接的施工顺序。

（12）高强度螺栓连接副的初拧、复拧、终拧应在 24h 内完成。

2. 钢结构构件加工

1）准备工作

钢结构构件加工前，应先进行施工详图设计、审查图纸、提料、备料、工艺试验和工艺规程的编制、技术交底等工作。施工详图和节点设计文件应经原设计单位确认。

2）钢结构构件生产的工艺流程

（1）放样：以 1∶1 大样放出节点，核对各部分的尺寸，制作样板和样杆作为加工的依据。

（2）号料：包括检查核对材料，在材料上画出切割、铣、刨、制孔等加工位置，打冲孔，标出零件编号等。

（3）切割下料：包括氧割（气割）、等离子切割等高温热源的方法和使用机切、冲模落料和锯切等机械力的方法。

（4）平直矫正：用型钢矫正机的机械矫正和火焰矫正等。

（5）边缘及端部加工：方法有铲边、刨边、铣边、碳弧气刨、半自动和自动气割机、坡口机加工等。

（6）滚圆：可选用对称三轴滚圆机、不对称三轴滚圆机和四轴滚圆机等机械进行加工。

（7）撖弯：根据不同规格材料可选用型钢滚圆机、弯管机、折弯压力机等机械进行加工。

（8）制孔：可采用钻孔、冲孔、铣孔、铰孔、镗孔和锪孔等方法，钻孔用钻床、电钻、风钻和磁座钻等加工。

（9）钢结构组装：可采用仿形复制装配法、专用设备装配法、胎模装配法等。

（10）焊接：一般分为手工焊接、半自动焊接和自动化焊接三种。

（11）摩擦面的处理：可采用喷砂、喷丸、酸洗、打磨等方法。

3. 钢结构预拼装

（1）为了检验钢结构构件制作的整体性和准确性，保证现场安装定位，在出厂前进行工厂内预拼装，或在施工现场进行预拼装。预拼装分构件单体预拼装（如多节柱、分段梁或桁架、分段管结构等）、构件平面整体预拼装及构件立体预拼装。

（2）构件除可采用实体预拼装外，还可采用计算机辅助模拟预拼装方法，模拟构件或单元的外形尺寸应与实物几何尺寸相同。

4. 钢结构安装

（1）钢结构安装现场应设置专门的构件堆场，其基本条件有：满足运输车辆通行要求；场地平整；有电源、水源，排水通畅；堆场的面积满足工程进度需要，若现场不能满足要求时可设置中转场地，并应采取防止构件变形及表面污染的保护措施。

（2）起重设备应根据起重设备性能、结构特点、现场环境、作业效率等因素综合确定，宜采用塔式起重机、履带式起重机、汽车式起重机等定型产品。选用卷扬机、液压油缸千斤顶、吊装扒杆、龙门吊机等非定型产品作为起重设备时，应编制专项方案，并应经评审后再组织实施。

（3）钢结构安装前应对建筑物的定位轴线、基础轴线和标高、地脚螺栓位置等进行检查，并应办理交接验收。当基础工程分批进行交接时，每次交接验收不应少于一个安装单元的柱基基础，并应符合下列规定：

① 基础混凝土强度应达到设计要求；

② 基础周围回填夯实应完毕；

③ 基础的轴线标志和标高基准点应准确、齐全。

（4）钢柱安装应符合下列规定：

① 柱脚安装时，锚栓宜使用导入器或护套；

② 首节钢柱安装后应及时进行垂直度、标高和轴线位置校正，钢柱的垂直度可采用经纬仪或线锤测量；校正合格后钢柱应可靠固定，并应进行柱底二次灌浆，灌浆前应清除柱底板与基础面间杂物；

③ 首节以上的钢柱定位轴线应从地面控制轴线直接引上，不得从下层柱的轴线引上；钢柱校正垂直度时，应确定钢梁接头焊接的收缩量，并应预留焊缝收缩变形值；

④ 倾斜钢柱可采用三维坐标测量法进行测校，也可采用柱顶投影点结合标高进行测校，校正合格后宜采用刚性支撑固定。

（5）钢梁安装应符合下列规定：

① 钢梁宜采用两点起吊；当单根钢梁长度大于21m，采用两点吊装不能满足构件强度和变形要求时，宜设置3～4个吊装点吊装或采用平衡梁吊装，吊点位置应通过计算确定；

② 钢梁可采用一机一吊或一机串吊的方式吊装，就位后应立即临时固定连接；

③ 钢梁面的标高及两端高差可采用水准仪与标尺进行测量，校正完成后应进行永久性连接。

（6）支撑安装应符合下列规定：

① 交叉支撑宜按从下到上的顺序组合吊装；

② 无特殊规定时，支撑构件的校正宜在相邻结构校正固定后进行；

③ 屈曲约束支撑应按设计文件和产品说明书的要求进行安装。

（7）钢桁架（屋架）安装应在钢柱校正合格后进行，并应符合下列规定：

① 钢桁架（屋架）可采用整榀或分段安装；

② 钢桁架（屋架）应在起吊和吊装过程中防止产生变形；

③ 单榀钢桁架（屋架）安装时应采用缆绳或刚性支撑增加侧向临时约束。

（8）单层钢结构：

① 单跨结构宜从跨端一侧向另一侧、中间向两端或两端向中间的顺序进行吊装。多跨结构，宜先吊主跨、后吊副跨；当有多台起重设备共同作业时，也可多跨同时吊装。

② 单层钢结构在安装过程中，应及时安装临时柱间支撑或稳定缆绳，应在形成空间结构稳定体系后再扩展安装。单层钢结构安装过程中形成的临时空间结构稳定体系应能承受结构自重、风荷载、雪荷载、施工荷载以及吊装过程中冲击荷载的作用。

（9）多层及高层钢结构：

① 宜划分多个流水作业段进行安装，流水段宜以每节框架为单位。流水段划分应符合下列规定：

a. 流水段内的最重构件应在起重设备的起重能力范围内；

b. 起重设备的爬升高度应满足下节流水段内构件的起吊高度；

c. 每节流水段内的柱长度应根据工厂加工、运输堆放、现场吊装等因素确定，长度宜取 2～3 个楼层高度，分节位置宜在梁顶标高以上 1.0～1.3m 处；

d. 流水段的划分应与混凝土结构施工相适应；

e. 每节流水段可根据结构特点和现场条件在平面上划分流水区进行施工。

② 流水作业段内的构件吊装宜符合下列规定：

a. 吊装可采用整个流水段内先柱后梁或局部先柱后梁的顺序；单柱不得长时间处于悬臂状态；

b. 钢楼板及压型金属板安装应与构件吊装进度同步；

c. 特殊流水作业段内的吊装顺序应按安装工艺确定，并应符合设计文件的要求。

（10）大跨度空间钢结构：

① 可根据结构特点和现场施工条件，采用高空散装法、分条分块吊装法、滑移法、单元或整体提升（顶升）法、整体吊装法、折叠展开式整体提升法、高空悬拼安装法等安装方法。

② 高空散装法适用于全支架拼装的各种空间网格结构，也可根据结构特点选用少支架的悬挑拼装施工方法。

③ 分条或分块安装法适用于分割后结构的刚度和受力状况改变较小的空间网格结构。

④ 滑移法适用于能设置平行滑轨的各种空间网格结构，尤其适用于跨越施工或场地狭窄、起重运输不便等情况。

⑤ 整体提升法适用于平板空间网格结构。

⑥ 整体顶升法适用于支点较少的空间网格结构。

⑦ 整体吊装法适用于中小型空间网格结构。

⑧ 折叠展开式整体提升法适用于柱面网壳结构。

⑨ 高空悬拼安装法适用于大悬挑空间钢结构。

5. 压型金属板安装

（1）压型金属板安装前，应绘制各楼层压型金属板铺设的排板图；图中应包含压型金属板的规格、尺寸和数量，与主体结构的支承构造和连接详图，以及封边挡板等内容。

（2）压型金属板应采用专用吊具装卸和转运，严禁直接采用钢丝绳绑扎吊装。

（3）压型金属板与主体结构（钢梁）的锚固支承长度应符合设计要求，且不应小于50mm；端部锚固可采用点焊、贴角焊或射钉连接，设置位置应符合设计要求。

（4）转运至楼面的压型金属板应当天安装和连接完毕，当有剩余时应固定在钢梁上或转移到地面堆场。

（5）压型金属板需预留设备孔洞时，应在混凝土浇筑完毕后使用等离子切割或空心钻开孔，不得采用火焰切割。

（6）设计文件要求在施工阶段设置临时支承时，应在混凝土浇筑前设置临时支承，待浇筑的混凝土强度达到规定强度后方可拆除。混凝土浇筑时应避免在压型金属板上集中堆载。

6. 钢结构涂装

（1）构件表面除锈采用机械除锈和手工除锈方法进行处理。

（2）涂装时，经处理的钢材表面不应有焊渣、焊疤、灰尘、油污、水和毛刺等；对于镀锌构件，酸洗除锈后，钢材表面应露出金属色泽，并应无污渍、锈迹和残留酸液。

（3）油漆防腐涂装可采用涂刷法、手工滚涂法、空气喷涂法和高压无气喷涂法。

（4）钢结构涂装时的环境温度和相对湿度，除应符合涂料产品说明书的要求外，还应符合下列规定：

① 当产品说明书未作规定时，环境温度宜为5～38℃，相对湿度不应大于85%，钢材表面温度应高于露点温度3℃，且钢材表面温度不应超过40℃；

② 被施工物体表面不得有凝露；

③ 遇雨、雾、雪、强风天气时应停止露天涂装，应避免在强烈阳光照射下施工；

④ 涂装后4h内应采取保护措施，避免淋雨和沙尘侵袭；

⑤ 风力超过5级时，室外不宜喷涂作业。

3.4.4　装配式混凝土结构工程施工

1. 施工准备

（1）装配式混凝土建筑应结合设计、生产、装配一体化的原则整体策划，协同建筑、结构、机电、装饰装修等专业要求，制订施工组织设计。

（2）装配式混凝土结构施工应制订专项方案，内容宜包括工程概况、编制依据、进度计划、施工场地布置、预制构件运输与存放、安装与连接施工、绿色施工、安全管理、质量管理、信息化管理、应急预案等。

（3）装配式混凝土建筑施工宜采用工具化、标准化的工装系统；采用建筑信息模型技术对施工过程及关键工艺进行信息化模拟。

（4）安装准备工作应做到：

① 合理规划构件运输通道、临时堆放场地和成品保护措施；

② 核对已完成结构的混凝土强度、外观质量、尺寸偏差等是否符合标准要求；

③ 核对预制构件的混凝土强度，构配件的型号、规格、数量等是否符合设计要求；

④ 进行测量放线、设置构件安装定位标识；

⑤ 复核构件装配位置、节点连接构造及临时支撑方案；

⑥ 检查吊装设备及吊具是否处于安全状态；

⑦ 核实现场环境、天气、道路状况等是否满足要求。

2. 预制构件生产、吊运与存放

1）生产要求

（1）生产单位应具备保证产品质量要求的生产工艺设施、试验检测条件，建立完善的质量管理体系和制度，并宜建立质量可追溯的信息化管理系统。

（2）预制构件生产前应编制生产方案，并宜包括生产计划及生产工艺、模具方案及计划、技术质量控制措施、成品存放、运输和保护方案等。

（3）预制构件生产宜建立首件验收制度。

（4）预制构件和部品经检查合格后，宜设置表面标识，出厂时，应出具质量证明文件。

2）吊装、运输要求

（1）吊装要求

① 根据预制构件的形状、尺寸、重量和作业半径等要求选择吊具和起重设备；

② 吊点数量、位置应经计算确定，应采取保证起重设备的主钩位置、吊具及构件重心在竖直方向上重合的措施；

③ 吊索水平夹角不宜小于 60°，不应小于 45°；

④ 起吊应采用慢起、稳升、缓放的操作方式，严禁吊装构件长时间悬停在空中；

⑤ 吊装大型构件、薄壁构件和形状复杂的构件时，应使用分配梁或分配桁类吊具，并应采取避免构件变形和损伤的临时加固措施。

（2）运输要求

① 运输中做好安全与成品保护措施；

② 对于超高、超宽、形状特殊的大型预制构件的运输和存放应制订专门的质量安全保证措施；

③ 根据构件特点采用不同的运输方式，托架、靠放架、插放架应进行专门设计，并进行强度、稳定性和刚度验算：

a. 外墙板宜采用立式运输，外饰面层应朝外，梁、板、楼梯、阳台宜采用水平运输；

b. 采用靠放架立式运输时，构件与地面倾斜角应大于 80°，构件应对称靠放，每侧不大于 2 层；

c. 采用插放架直立运输时，应采取防止构件倾斜措施，构件之间应设置隔离垫块；

d. 水平运输时，预制梁、柱构件叠放不宜超过 3 层，板类构件叠放不宜超过 6 层。

3）存放要求

（1）存放场地应平整坚实，并有排水措施；

（2）存放库区已实行分区管理和信息化台账管理；

（3）应按产品品种、规格型号、检验状态分类存放，产品标识应明确耐久，预埋吊件朝上，标示向外；

（4）合理设置支点位置，并宜与起吊点位置一致；

（5）与清水混凝土面接触的垫块采取防污染措施；

（6）预制构件多层叠放时，每层构件间的垫块应上下对齐；预制楼板、叠合板、阳台板和空调板等构件宜平放，叠放层数不宜超过 6 层；

（7）预制柱、梁等细长构件应平放，且用两条垫木支撑；

（8）预制内外墙板、挂板宜采用专用支架直立存放，构件薄弱部位和门窗洞口应采取防止变形开裂的临时加固措施。

3. 预制构件安装

1）一般要求

（1）混凝土预制构件吊装就位后，应及时校准并采取临时固定措施，并满足下列要求：

① 预制墙板、柱等竖向构件安装后，应对安装位置、安装标高、垂直度校核和调整；

② 叠合构件、预制梁等水平构件安装后，应对安装位置、安装标高进行校核与调整；

③ 水平构件安装后，应对相邻预制构件平整度、高低差、拼缝尺寸进行校核与调整；

④ 装饰类构件应对装饰面的完整性进行校核与调整；

⑤ 临时固定措施、临时支撑系统应具有足够的强度、刚度和整体稳固性。

（2）预制构件与吊具的分离应在校准定位及临时支撑安装完成后进行。

（3）竖向预制构件安装采取临时支撑时，应符合下列规定：

① 预制构件的临时支撑不宜少于两道；

② 对预制柱、墙板构件的上部斜支撑，其支撑点距离板底的距离不宜小于构件高度的 2/3，且不应小于构件高度的 1/2。

（4）水平预制构件安装采用临时支撑时，应符合下列规定：

① 首层支撑架体的地基应平整坚实，宜采取硬化措施；

② 竖向连续支撑层数不宜少于 2 层且上下层支撑宜对准；

③ 叠合板预制底板下部支撑宜选用定型独立钢支柱。

2）预制柱安装要求

（1）宜按照角柱、边柱、中柱顺序进行安装，与现浇部分连接的柱宜先行安装。

（2）预制柱的就位以轴线和外轮廓线为控制线，对于边柱和角柱应以外轮廓线控制为准。

（3）就位前，应设置柱底调平装置，控制柱安装标高。

（4）预制柱安装就位后应在两个方向设置可调节临时固定支撑，并应进行垂直度、扭转调整。

3）预制剪力墙板安装要求

（1）与现浇部分连接的墙板宜先行吊装。其他宜按照外墙先行吊装的原则进行吊装。

（2）就位前，应在墙板底部设置调平装置。

（3）当采用灌浆套筒连接、浆锚搭接连接时，夹芯保温外墙板应在保温材料部位采用弹性密封材料进行封堵；墙板需要分仓灌浆的，采用封浆料进行分仓；多层剪力墙采用坐浆材料时，应均匀铺设，厚度不宜大于 20mm。

（4）墙板以轴线和轮廓线为控制线，外墙应以轴线和轮廓线双控制。

4）预制梁和叠合梁、板安装要求

（1）安装顺序应遵循先主梁、后次梁，先低后高的原则。

（2）安装前，应复核柱钢筋与梁钢筋位置、尺寸，对梁钢筋与柱钢筋位置有冲突的，按设计单位确认的技术方案调整。

（3）安装就位后应对水平度、安装位置、标高进行检查。

（4）叠合板吊装完成后，对板底接缝高差及宽度进行校核。当叠合板底部接缝高差不满足要求时，应将构件重新起吊，通过可调支托进行调节。

（5）临时支撑应在后浇混凝土强度达到设计要求后方可拆除。

4. 预制构件连接

（1）预制构件钢筋可以采用钢筋套筒灌浆连接、钢筋浆锚搭接连接、焊接或螺栓连接、钢筋机械连接等连接方式。

（2）采用钢筋套筒灌浆连接、钢筋浆锚搭接连接的预制构件就位前，应检查下列内容：套筒、预留孔的规格位置、数量和深度；被连接钢筋的规格、数量、位置和长度。

（3）钢筋套筒灌浆施工要求

① 灌浆施工方式应符合设计及专项施工方案要求，并应符合下列规定：

a. 应根据施工条件、操作经验选择连通腔灌浆施工或坐浆法施工；高层建筑装配混凝土剪力墙宜采用连通腔灌浆施工，当有可靠经验时也可采用坐浆法施工。

b. 竖向构件采用连通腔灌浆施工时，应合理划分连通灌浆区域；每个区域除预留灌浆孔、出浆孔与排气孔外，应形成密闭空腔，不应漏浆；连通灌浆区域内任意两个灌浆套筒间距离不宜超过 1.5m，连通腔内预制构件底部与下方已完成结构上表面的最小间隙不得小于 10mm。

c. 钢筋水平连接时，灌浆套筒应各自独立灌浆，并应采用封口装置使灌浆套筒端部密闭。

② 测温及常温型灌浆料、低温型灌浆料使用应符合下列规定：

a. 当日平均气温高于 25℃时，应测量施工环境温度、灌浆料拌合物温度；当日最高气温低于 10℃时，应测量施工环境温度、灌浆部位温度及灌浆料拌合物温度。

b. 常温型灌浆料的使用应符合下列规定：

任何情况下灌浆料拌合物温度不应低于 5℃，不宜高于 30℃；当灌浆施工开始前的气温、施工环境温度低于5℃时，应采取加热及封闭保温措施，宜确保从灌浆施工开始24h内施工环境温度、灌浆部位温度不低于5℃，之后宜继续封闭保温2d；当灌浆施工过程的气温低于0℃时，不得采用常温型灌浆料施工。

c. 低温型灌浆料、低温型封浆料的使用应符合下列规定：

当连续3d的施工环境温度、灌浆部位温度的最高值均低于10℃时，可采用低温型灌浆料及低温型封浆料；灌浆施工过程中的施工环境温度、灌浆部位温度不应高于10℃；应采取封闭保温措施确保灌浆施工过程中施工环境温度不低于0℃，确保从灌浆施工开始24h内灌浆部位温度不低于−5℃，必要时应采取加热措施；当连续3d平均气温大于5℃时，可换回常温型灌浆料及常温型封浆料。

③ 灌浆施工应符合下列规定：

a. 宜采用压力、流量可调节的专用灌浆设备。

b. 施工中应检查灌浆压力、灌浆速度。灌浆施工过程应合理控制灌浆速度，宜先快后慢。

c. 对竖向钢筋套筒灌浆连接，灌浆作业应采用压浆法从灌浆套筒下灌浆孔注入，当灌浆料拌合物从构件其他灌浆孔、出浆孔平稳流出后应及时封堵。

d. 竖向钢筋套筒灌浆连接采用连通腔灌浆时，应采用一点灌浆的方式；当一点灌浆遇到问题而需要改变灌浆点时，各灌浆套筒已封堵的下部灌浆孔、上部出浆孔宜重新打开，待灌浆料拌合物再次平稳流出后进行封堵。

e. 灌浆料宜在加水后30min内用完。

f. 散落的灌浆料拌合物不得二次使用；剩余的拌合物不得再次添加灌浆料、水后混合使用。

④ 当采用连通腔灌浆施工时，构件安装就位后宜及时灌浆，不宜两层及以上集中灌浆；当两层及以上集中灌浆时，应经设计确认，专项施工方案应进行技术论证。

（4）焊接或螺栓连接的施工应符合现行规范要求，同时应采取措施，以防止因连续施焊引起的连接部位混凝土开裂。

（5）后浇混凝土的施工要求：

① 预制构件结合面疏松部分的混凝土应剔除并清理干净；

② 模板安装尺寸及位置应正确，并应防止漏浆；

③ 在浇筑混凝土前应洒水湿润，结合面混凝土应振捣密实；

④ 构件连接部位后浇混凝土与灌浆料的强度达到设计要求后，方可撤除临时固定措施。

（6）受弯叠合构件的装配施工要求：

① 临时支撑与施工荷载应满足设计和施工方案要求；

② 混凝土浇筑前，应检查结合面的粗糙度及预制构件的外露钢筋，并符合设计要求；

③ 叠合构件应在后浇混凝土强度达到设计要求后方可撤除临时支撑。

（7）外墙板接缝防水施工要求：

① 防水施工前，应将板缝空腔清理干净；

② 应按设计要求填塞背衬材料；

③ 密封材料嵌填应饱满、密实、均匀、顺直、表面平滑，其厚度应符合设计要求。

3.4.5　钢－混凝土组合结构工程施工

1. 钢-混凝土组合结构设计

（1）组合结构及构件的安全等级不应低于二级。

（2）组合结构在建造、使用、拆除过程中应保障工程安全和人身健康，做到节约能源资源及保护环境，并应符合下列规定：

① 钢－混凝土组合构件设计时，应分别按照混凝土浇筑前、浇筑后的组合作用未形成前的工况，对钢构件进行强度、刚度和稳定验算。

② 组合结构施工应采用绿色施工技术，减少施工垃圾。在不同类型结构、不同类型构件之间交叉施工工序中应采取成品保护措施。

③ 暴露在公共场景的组合结构连接节点应设置防止螺栓、连接件、附属件等坠落的措施。

（3）应优先选用构造简单、施工方便、符合工业化建造需求的结构、构件与节点形式。

（4）钢－混凝土组合楼板总厚度不应小于 90mm。

（5）钢管约束混凝土柱的钢管应在柱上下两端断开。

（6）钢管混凝土柱应在每个楼层设置排气孔，当楼层高度超过 6m 时，应在两个楼层中间增设排气孔。

（7）型钢混凝土框架柱端和梁端应设置箍筋加密区，抗震等级为一级时加密区长度不应小于 $2h$，其他情况加密区长度不应小于 $1.5h$（ h 为柱截面高度或梁高）。

（8）型钢、内嵌钢板和内埋钢支撑混凝土组合剪力墙的施工过程中应采取避免墙体混凝土出现裂缝的技术措施。

2. 钢-混凝土组合结构施工

（1）钢－混凝土组合结构施工应分析不同材料施工方法和施工顺序对结构的影响。

（2）钢－混凝土的结合部不应出现影响结构安全的混凝土脱空、不密实。

（3）钢构件和混凝土连接处应采取防水、排水构造措施。对钢构件及组合构件防腐、防火涂装应采取成品保护措施。

（4）钢筋安装铺设过程中，严禁损伤钢构件、连接件和栓钉。

（5）钢管混凝土拱肋在钢管上开孔和焊接临时结构时，应经过设计许可，且应采取结构补强措施。当割除施工用临时构件时，严禁损伤钢管拱肋。

（6）钢－混凝土组合结构中钢筋与钢构件直接焊接时，应进行不同钢种的焊接工艺评定。

（7）施工阶段钢－混凝土组合楼板的挠度应按施工荷载计算，其计算值和实测值不应大于板跨度的 1/180，且不应大于 20mm。

（8）钢－混凝土组合结构验收应同时覆盖钢构件、钢筋和混凝土等各部分，针对隐蔽工序应采用分段验收的方式。隐蔽工序验收应符合下列规定：

① 钢筋、模板安装前，应检验钢构件施工质量。

② 混凝土浇筑前，应检验连接件、栓钉和钢筋的施工质量。

③ 混凝土浇筑后，应检验组合构件的施工质量。

（9）钢管混凝土应进行浇灌混凝土的施工工艺评定，主体结构管内混凝土的浇灌质量应全数检测。

（10）钢–混凝土组合构件中钢筋与钢构件的连接质量验收应符合下列规定：

① 采用绕开法连接时，应检验钢筋锚固长度。

② 采用开孔法连接时，应检验钢构件上孔洞质量和钢筋锚固长度。

③ 采用套筒或连接件时，应检验钢筋与套筒或连接件的连接质量。

④ 钢筋与钢构件直接焊接时，应检验焊接质量。

3.4.6   常用施工脚手架

1. 常用施工脚手架分类

（1）脚手架包括作业脚手架和支撑脚手架。作业脚手架包括落地作业脚手架、悬挑脚手架、附着式升降脚手架等，简称作业架。支撑和作业平台的脚手架包括结构安装支撑脚手架、混凝土施工用模板支撑脚手架等，简称支撑架。

（2）脚手架根据脚手架种类、搭设高度和荷载采用不同的安全等级。脚手架安全等级的划分见表 3.4–4。

表 3.4–4   脚手架的安全等级

落地作业脚手架		悬挑脚手架		满堂支撑脚手架（作业）		支撑脚手架		安全等级
搭设高度（m）	荷载标准值（kN）	搭设高度（m）	荷载标准值（kN）	搭设高度（m）	荷载标准值（kN）	搭设高度（m）	荷载标准值	
≤ 40	—	≤ 20	—	≤ 16	—	≤ 8	≤ 15kN/m^2 或 ≤ 20kN/m 或 ≤ 7kN/ 点	Ⅱ
> 40	—	> 20	—	> 16	—	> 8	> 15kN/m^2 或 > 20kN/m 或 > 7kN/ 点	Ⅰ

注：1. 支撑脚手架的搭设高度、荷载中任一项不满足安全等级为Ⅱ级的条件时，其安全等级应划为Ⅰ级；

2. 附着式升降脚手架安全等级均为Ⅰ级；

3. 竹、木脚手架搭设高度在其现行行业规范限值内，其安全等级均为Ⅱ级。

2. 施工脚手架设计

（1）脚手架应根据使用功能和环境进行设计。脚手架性能应符合下列规定：

① 应满足承载力设计要求；

② 不应发生影响正常使用的变形；

③ 应满足使用要求，并应具有安全防护功能；

④ 附着或支承在工程结构上的脚手架，不应使所附着或支承的工程结构受到损害。

（2）脚手架的永久荷载应包括：

① 脚手架结构件自重；

② 脚手板、安全网、栏杆等附件的自重；

③ 支撑脚手架所支撑的物体自重；

④ 其他永久荷载。

（3）脚手架的可变荷载应包括：

① 施工荷载；

② 风荷载；

③ 其他可变荷载。

（4）脚手架应根据实际情况计算确定作业脚手架和支撑脚手架上的施工荷载标准值，并不应低于相关规范要求的规定取值。

（5）脚手架结构设计计算应依据施工工况选择具有代表性的最不利杆件及构配件，以其最不利截面和最不利工况作为计算条件，其结果应满足对脚手架强度、刚度、稳定性的要求。计算单元的选取应符合下列规定：

① 应选取受力最大的杆件、构配件；

② 应选取跨距、间距变化和几何形状、承力特性改变部位的杆件、构配件；

③ 应选取架体构造变化处或薄弱处的杆件、构配件；

④ 当脚手架上有集中荷载作用时，尚应选取集中荷载作用范围内受力最大的杆件、构配件。

3. 施工脚手架构造要求

（1）脚手架构造措施应合理、齐全、完整，并应保证架体传力清晰、受力均匀。

（2）脚手架底部立杆应设置纵向和横向扫地杆，扫地杆应与相邻立杆连接稳固。

（3）作业脚手架应按设计计算和构造要求设置连墙件，并应符合下列要求：

① 连墙件应采用能承受压力和拉力的刚性构件，并应与工程结构和架体连接牢固；

② 连墙点的水平间距不得超过 3 跨，竖向间距不得超过 3 步，连墙点之上架体的悬臂高度不应超过 2 步；

③ 在架体的转角处、开口型作业脚手架端部应增设连墙件，连墙件竖向间距不应大于建筑物层高，且不应大于 4m。

（4）作业脚手架的纵向外侧立面上应设置竖向剪刀撑，并应符合下列规定：

① 每道剪刀撑的宽度应为 4～6 跨，且不应小于 6m，也不应大于 9m；剪刀撑斜杆与水平面的倾角应在 45°～60° 之间；

② 当搭设高度在 24m 以下时，应在架体两端、转角及中间每隔不超过 15m 处各设置一道剪刀撑，并应由底至顶连续设置；当搭设高度在 24m 及以上时，应在全外侧立面上由底至顶连续设置；

③ 悬挑脚手架、附着式升降脚手架应在全外侧立面上由底至顶连续设置。

（5）附着式升降脚手架应符合下列规定：

① 竖向主框架、水平支承桁架应采用桁架或刚架结构，杆件应采用焊接或螺栓连接；

② 应设有防倾、防坠、停层、荷载、同步升降控制装置，各类装置应灵敏可靠；

③ 在竖向主框架所覆盖的每个楼层均应设置一道附墙支座；每道附墙支座应能承担竖向主框架的全部荷载；

④ 当采用电动升降设备时，电动升降设备连续升降距离应大于一个楼层高度，并应有制动和定位功能。

（6）脚手架可调底座和可调托撑调节螺杆插入脚手架立杆内的长度不应小于150mm，且调节螺杆伸出长度应经计算确定，并应符合下列规定：

① 当插入的立杆钢管直径为 42mm 时，伸出长度不应大于 200mm；

② 当插入的立杆钢管直径为 48.3mm 及以上时，伸出长度不应大于 500mm。

（7）可调底座和可调托撑螺杆插入脚手架立杆钢管内的间隙不应大于 2.5mm。

3.5 屋面与防水工程施工

3.5.1 屋面工程构造和施工

1. 屋面防水等级和防水做法

屋面防水工程应根据建筑物的类别、重要程度、使用功能要求确定防水等级，并应按相应等级进行防水设防；对防水有特殊要求的建筑屋面，应进行专项防水设计。平屋面（排水坡度小于或等于 18% 的屋面）工程的防水做法应符合表 3.5-1 的规定。

表 3.5-1 平屋面工程的防水做法

防水等级	防水做法	防水层	
		防水卷材	防水涂料
一级	不应少于 3 道	卷材防水层不应少于 1 道	
二级	不应少于 2 道	卷材防水层不应少于 1 道	
三级	不应少于 1 道	任选	

2. 防水材料选择的基本原则

（1）外露使用的防水层，应选用耐紫外线、耐老化、耐候性好的防水材料；

（2）上人屋面，应选用耐霉变、拉伸强度高的防水材料；

（3）长期处于潮湿环境的屋面，应选用耐腐蚀、耐霉变、耐穿刺、耐长期水浸等性能的防水材料；

（4）薄壳、装配式结构、钢结构及大跨度建筑屋面，应选用耐候性好、适应变形能力强的防水材料；

（5）倒置式屋面应选用适应变形能力强、接缝密封保证率高的防水材料；

（6）坡屋面应选用与基层粘结力强、感温性小的防水材料；

（7）屋面接缝密封防水，应选用与基材粘结力强和耐候性好、适应位移能力强的密封材料。

3. 屋面防水基本要求

（1）屋面防水应以防为主，以排为辅。屋面工程防水设计工作年限不应低于 20 年。防水构造设计应符合下列规定：

① 当设备放置在防水层上时，应设附加层。

② 天沟、檐沟、天窗、雨水管和伸出屋面的管井管道等部位泛水处的防水层应设附加层或进行多重防水处理。

③ 屋面雨水天沟、檐沟不应跨越变形缝，屋面变形缝泛水处的防水层应设附加层，防水层应铺贴或涂刷至变形缝挡墙顶面。高低跨变形缝在立墙泛水处，应采用有足够变形能力的材料和构造做密封处理。

（2）卷材、涂膜屋面的基本构造层次宜符合表3.5-2的要求，可根据建筑物的性质、使用功能、气候条件等因素进行组合。

表 3.5-2　卷材、涂膜屋面的基本构造层次

屋面类型	基本构造层次（自上而下）
卷材、涂膜屋面	保护层、隔离层、防水层、找平层、保温层、找平层、找坡层、结构层
	保护层、保温层、防水层、找平层、找坡层、结构层
	种植隔热层、保护层、耐根穿刺防水层、防水层、找平层、保温层、找平层、找坡层、结构层
	架空隔热层、防水层、找平层、保温层、找平层、找坡层、结构层
	蓄水隔热层、隔离层、防水层、找平层、保温层、找平层、找坡层、结构层

（3）混凝土结构层宜采用结构找坡，坡度不应小于 3%；当采用材料找坡时，宜采用质量轻、吸水率低和有一定强度的材料，坡度宜为 2%。檐沟、天沟纵向找坡不应小于 1%。找坡应按屋面排水方向和设计坡度要求进行，找坡层最薄处厚度不宜小于20mm。

（4）保温层上的找平层应在水泥初凝前压实抹平，并应留设分格缝，缝宽宜为 5～20mm，纵横缝的间距不宜大于 6m。找平层设置的分格缝可兼作排汽道，排汽道的宽度宜为 40mm。

（5）严寒和寒冷地区屋面热桥部位，应按设计要求采取节能保温等隔断热桥措施。

（6）涂膜防水层的胎体增强材料宜采用无纺布或化纤无纺布。

4. 屋面卷材防水层施工

（1）卷材防水层铺贴顺序和方向应符合下列规定：

① 卷材防水层施工时，应先进行细部构造处理，然后由屋面最低标高向上铺贴；

② 檐沟、天沟卷材施工时，宜顺檐沟、天沟方向铺贴，搭接缝应顺流水方向；

③ 卷材宜平行屋脊铺贴，上下层卷材不得相互垂直铺贴。

（2）立面或大坡面铺贴卷材时，应采用满粘法，并宜减少卷材短边搭接。

（3）卷材搭接缝应符合下列规定：

① 平行屋脊的搭接缝应顺流水方向；

② 同一层相邻两幅卷材短边搭接缝错开不应小于 500mm；

③ 上下层卷材长边搭接缝应错开，且不应小于幅宽的 1/3；

④ 叠层铺贴的各层卷材，在天沟与屋面的交接处，应采用叉接法搭接，搭接缝应错开；搭接缝宜留在屋面与天沟侧面，不宜留在沟底。

（4）冷粘法铺贴卷材应符合下列规定：

① 铺贴卷材时应排除卷材下面的空气，并应辊压粘贴牢固；

② 合成高分子卷材搭接部位的粘结应采用与卷材配套的接缝专用胶粘剂；当采用胶粘带粘结，且施工温度低时，宜采用热风机加热；

③ 搭接缝口应用材性相容的密封材料封严。

（5）热粘法铺贴卷材应符合下列规定：

① 熔化热熔型改性沥青胶结料时，宜采用专用导热油炉加热，加热温度不应高于200℃，使用温度不宜低于180℃；

② 粘贴卷材的热熔型改性沥青胶结料厚度宜为1.0～1.5mm；

③ 采用热熔型改性沥青胶结料铺贴卷材时，应随刮随滚铺，并应展平压实。

（6）厚度小于3mm的改性沥青防水卷材，严禁采用热熔法施工。

（7）机械固定法铺贴卷材应符合下列规定：

① 固定件应与结构层连接牢固；

② 固定件间距应根据抗风揭试验和使用环境与条件确定，并不宜大于600mm；

③ 卷材防水层周边800mm范围内应满粘，卷材收头应采用金属压条钉压固定和密封处理。

5. 屋面涂膜防水层施工

（1）涂膜防水层的基层应坚实、平整、干净，应无孔隙、起砂和裂缝。当采用溶剂型、热熔型和反应固化型防水涂料时，基层应干燥。水乳型或水泥基类防水涂料对基层的干燥度没有严格要求，但干燥的基层比潮湿基层有利。

（2）涂膜防水层施工应符合下列规定：

① 防水涂料应多遍均匀涂布，涂膜总厚度应符合设计要求；

② 涂膜间夹铺胎体增强材料时，宜边涂布边铺胎体，最上面的涂膜厚度不应小于1.0mm；

③ 涂膜施工应先做好细部处理，再进行大面积涂布；

④ 屋面转角及立面的涂膜应薄涂多遍，不得流淌和堆积。

（3）涂膜防水层施工工艺应符合下列规定：

① 水乳型及溶剂型防水涂料宜选用滚涂或喷涂施工；

② 反应固化型防水涂料宜选用刮涂或喷涂施工；

③ 热熔型防水涂料宜选用刮涂施工；

④ 聚合物水泥防水涂料宜选用刮涂法施工；

⑤ 所有防水涂料用于细部构造时，宜选用刷涂或喷涂施工。

6. 保护层和隔离层施工

（1）施工完的防水层应进行雨后观察、淋水或蓄水试验，并应在合格后再进行保护层和隔离层的施工。

（2）块体材料保护层铺设应符合下列规定：

① 在砂结合层上铺设块体时，砂结合层应平整，块体间应预留10mm的缝隙，缝内应填砂，并应用1：2水泥砂浆勾缝；

② 在水泥砂浆结合层上铺设块体时，应先在防水层上做隔离层，块体间应预留10mm的缝隙，缝内应用1：2水泥砂浆勾缝；

③ 块体表面应洁净、色泽一致，应无裂纹、掉角和缺棱等缺陷。

（3）水泥砂浆及细石混凝土保护层铺设应符合下列规定：

① 水泥砂浆及细石混凝土保护层铺设前，应在防水层上做隔离层；

② 细石混凝土铺设不宜留施工缝；

③ 水泥砂浆及细石混凝土表面应抹平压光，不得有裂纹、脱皮、麻面、起砂等缺陷。

（4）隔离层的施工环境温度应符合下列规定：

① 干铺塑料膜、土工布、卷材可在负温下施工；

② 铺抹低强度等级砂浆宜为 5～35℃。

7. 檐口、檐沟、天沟、水落口等细部的施工

（1）卷材防水屋面檐口 800mm 范围内的卷材应满粘，卷材收头应采用金属压条钉压，并应用密封材料封严。檐口下端应做鹰嘴和滴水槽。

（2）檐沟和天沟的防水层下应增设附加层，附加层伸入屋面的宽度不应小于250mm；女儿墙泛水处的防水层下应增设附加层，附加层在平面和立面的宽度均不应小于 250mm。

（3）水落口杯应牢固地固定在承重结构上，防水层下应增设涂膜附加层。

（4）虹吸式排水的水落口防水构造应进行专项设计。

3.5.2　保温隔热工程施工

1. 屋面保温隔热工程

1）保温层的分类

（1）板状材料保温层：聚苯乙烯泡沫塑料、硬质聚氨酯泡沫塑料、膨胀珍珠岩制品、泡沫玻璃制品、加气混凝土砌块、泡沫混凝土砌块；

（2）纤维材料保温层：玻璃棉制品、岩棉与矿渣棉制品；

（3）整体材料保温层：喷涂硬泡聚氨酯，现浇泡沫混凝土。

2）保温层设计的规定

（1）保温层宜选用吸水率低、密度和导热系数小，并有一定强度的保温材料；

（2）保温层厚度应根据所在地区现行建筑节能设计标准，经计算确定；

（3）保温层的含水率，应相当于该材料在当地自然风干状态下的平衡含水率；

（4）屋面为停车场等高荷载情况时，应根据计算确定保温材料的强度；

（5）纤维材料做保温层时，应采取防止压缩的措施；

（6）屋面坡度较大时，保温层应采取防滑措施；

（7）封闭式保温层或保温层干燥有困难的卷材屋面，宜采取排汽构造措施。

3）当严寒及寒冷地区屋面需要设置隔汽层时，隔汽层设计的规定

（1）隔汽层应设置在结构层上、保温层下；

（2）隔汽层应选用气密性、水密性好的材料；

（3）隔汽层应沿周边墙面向上连续铺设，高出保温层上表面不得小于 150mm。

4）隔热措施

屋面隔热层设计应根据地域、气候、屋面形式、建筑环境、使用功能等条件，经技术经济比较确定。通常采取种植、架空和蓄水等隔热措施。由于绿色环保及美化环境的要求，采用种植隔热优于架空隔热和蓄水隔热。

5）保温层施工

（1）进场的保温材料应检验下列项目：板状保温材料检查表观密度或干密度、压缩强度或抗压强度、导热系数、燃烧性能；纤维保温材料应检验表观密度、导热系数、燃烧性能。

（2）块状材料保温层施工时，相邻板块应错缝拼接，分层铺设的板块上下层接缝应相互错开，板间缝隙应采用同类材料嵌填密实。铺贴方法有干铺法、粘贴法和机械固定法。

（3）纤维材料保温层施工时，应避免重压，并应采取防潮措施；屋面坡度较大时，宜采用机械固定法施工。

（4）喷涂硬泡聚氨酯保温层施工时，喷嘴与施工基面的间距应由试验确定。一个作业面应分遍喷涂完成，每遍喷涂厚度不宜大于15mm，硬泡聚氨酯喷涂后20min内严禁上人。作业时，应采取防止污染的遮挡措施。

（5）现浇泡沫混凝土保温层施工时，浇注出口离基层的高度不宜超过1m，泵送时应采取低压泵送；泡沫混凝土应分层浇筑，一次浇筑厚度不宜超过200mm，保湿养护时间不得少于7天。

（6）保温层施工环境温度要求：干铺的保温材料可在负温度下施工；用水泥砂浆粘贴的块状保温材料不宜低于5℃；喷涂硬泡聚氨酯宜为15~35℃，空气相对湿度宜小于85%，风速不宜大于三级；现浇泡沫混凝土宜为5~35℃；雨天、雪天、五级风以上的天气停止施工。

（7）倒置式屋面保温层要求

① 倒置式屋面基本构造自下而上宜由结构层、找坡层、找平层、防水层、保温层及保护层组成。

② 倒置式屋面坡度不宜大于3%。当大于3%时，应在结构层采取防止防水层、保温层及保护层下滑的措施。坡度大于10%时，应在结构层上沿垂直于坡度方向设置防滑条。

③ 当采用二道防水设防时，宜选用防水涂料作为其中一道防水层；硬泡聚氨酯防水保温复合板可作为次防水层。

④ 倒置式屋面保温层的厚度应根据现行国家标准《民用建筑热工设计规范》GB 50176进行计算；其设计厚度应按照计算厚度增加25%取值，且最小厚度不得小于25mm。

⑤ 低女儿墙和山墙的保温层应铺到压顶下；高女儿墙和山墙内侧的保温层应铺到顶部；保温层应覆盖变形缝挡墙的两侧；屋面设施基座与结构层相连时，保温层应包裹基座的上部。

⑥ 保温层板材施工，坡度不大于3%的不上人屋面可采用干铺法，上人屋面宜采用粘结法；坡度大于3%的屋面应采用粘结法，并应采取固定防滑措施。

（8）种植屋面保温层要求

① 种植屋面不宜设计为倒置式屋面。屋面坡度大于50%时，不宜做种植屋面。

② 种植屋面和地下建（构）筑物种植顶板工程防水等级应为一级，并应至少设置一道具有耐根穿刺性能的防水层，其上应设置保护层。

③ 当屋面坡度大于20%时，绝热层、防水层、排（蓄）水层、种植土层均应采取防滑措施。

④ 种植屋面绝热材料可采用喷涂硬泡聚氨酯、硬泡聚氨酯板、挤塑聚苯乙烯泡沫塑料保温板、硬质聚异氰脲酸酯泡沫保温板、酚醛硬泡保温板等轻质绝热材料，不得采

用散状绝热材料。

⑤ 耐根穿刺防水材料的厚度要求：改性沥青防水卷材的厚度不应小于 4mm；聚氯乙烯防水卷材、热塑性聚烯烃防水卷材、高密度聚乙烯土工膜、三元乙丙橡胶防水卷材等厚度均不应小于 1.2mm；喷涂聚脲防水涂料的厚度不应小于 2mm。

⑥ 种植平屋面的基本构造层次包括（从下而上）：基层、绝热层、找（坡）平层、普通防水层、耐根穿刺防水层、保护层、排（蓄）水层、过滤层、种植土层和植被层等。可根据各地区气候特点、屋面形式、植物种类等情况，增减构造层次。

⑦ 种植平屋面排水坡度不宜小于 2%；天沟、檐沟的排水坡度不宜小于 1%。

⑧ 种植坡屋面的绝热层应采用粘结法或机械固定法施工。

2. 墙体保温隔热工程

1）墙体保温节能系统

外墙保温节能系统可分为以下类型：

（1）外墙外保温工程

外墙外保温系统是由保温层、防护层和固定材料构成，并固定在外墙外表面的非承重保温构造的总称，简称外保温系统。在正常使用和正常维护的条件下，外保温工程的使用年限不应少于 25 年。外墙外保温系统有：

① 粘贴保温板薄抹灰外保温系统

粘贴保温板薄抹灰外保温系统由粘结层、保温层、抹面层和饰面层构成。粘结层材料为胶粘剂；保温层材料可为 EPS 板、XPS 板、PUR 板或 PIR 板；抹面层材料为抹面胶浆，抹面胶浆中满铺玻纤网；饰面层为涂料或饰面砂浆。

② 胶粉聚苯颗粒保温浆料外保温系统

胶粉聚苯颗粒保温浆料外保温系统由界面层、保温层、抹面层和饰面层构成。界面层材料为界面砂浆；保温层材料为胶粉聚苯颗粒保温浆料；抹面层材料应为抹面胶浆，抹面胶浆中满铺玻纤网；饰面层为涂料或饰面砂浆。

③ EPS 板现浇混凝土外保温系统

EPS 板现浇混凝土外保温系统以现浇混凝土外墙作为基层墙体，EPS 板为保温层，EPS 板内表面（与现浇混凝土接触的表面）开有凹槽，内外表面均应满涂界面砂浆。施工时应将 EPS 板置于外模板内侧，并安装辅助固定件。EPS 板表面应做抹面胶浆抹面层，抹面层中满铺玻纤网；饰面层可为涂料或饰面砂浆。

④ EPS 钢丝网架板现浇混凝土外保温系统

EPS 钢丝网架板现浇混凝土外保温系统以现浇混凝土外墙作为基层墙体，EPS 钢丝网架板为保温层，钢丝网架板中的 EPS 板外侧开有凹槽。施工时应将钢丝网架板置于外墙外模板内侧，并在 EPS 板上安装辅助固定件。钢丝网架板表面应涂抹掺外加剂的水泥砂浆抹面层，外表可做饰面层。

⑤ 胶粉聚苯颗粒浆料贴砌 EPS 板外保温系统

胶粉聚苯颗粒浆料贴砌 EPS 板外保温系统由界面砂浆层、胶粉聚苯颗粒贴砌浆料层、EPS 板保温层、抹面层和饰面层构成。抹面层中应满铺玻纤网，饰面层可为涂料或饰面砂浆。

⑥ 现场喷涂硬泡聚氨酯外保温系统

现场喷涂硬泡聚氨酯外保温系统由界面层、现场喷涂硬泡聚氨酯保温层、界面砂浆层、找平层、抹面层和饰面层组成。抹面层中应满铺玻纤网，饰面层可为涂料或饰面砂浆。

（2）外墙内保温工程

外墙内保温系统主要由保温层和防护层组成，是用于外墙内表面起保温作用的系统。外墙内保温技术又因其所用保温材料不同，分为：

① 复合板内保温系统

保温层品种有 EPS 板、XPS 板、PU 板、纸蜂窝填充憎水型膨胀珍珠岩保温板等；面板品种有纸面石膏板、无石棉纤维水泥平板、无石棉硅酸钙板。保温层与面板按照设计要求组合的品种和规格，在工厂预制，现场安装铺贴粘结。

② 有机保温板内保温系统

粘结层采用胶粘剂或粘结石膏，保温层可以采用 EPS 板、XPS 板、PU 板。

③ 无机保温板内保温系统

粘结层采用胶粘剂，保温层采用无机保温板，厚度不宜大于 50mm。

④ 保温砂浆外墙内保温系统

界面层指界面砂浆，保温层采用保温砂浆，防护层包含抹面层和饰面层。应分层施工，每层厚度不应大于 20mm，后一层保温砂浆施工，应在前一层保温砂浆终凝后进行（一般为 24h）。保温砂浆外墙内保温系统采用涂料饰面时，宜采用弹性腻子和弹性涂料。

⑤ 喷涂硬泡聚氨酯内保温系统

喷涂硬泡聚氨酯内保温系统应由界面层、保温层、界面层、找平层、防护层组成。第一层界面层指水泥砂浆聚氨酯防潮底漆，保温层是喷涂硬泡聚氨酯，第二层界面层指专用界面砂浆或专用界面剂，找平层指保温砂浆或聚合物水泥砂浆。

（3）预置保温板现浇混凝土墙体（简称夹芯层墙体）

① EPS 板现浇混凝土外墙外保温系统（简称无网现浇系统）

施工时将 EPS 板置于外模板内侧并安装锚栓作为辅助固定件。浇灌混凝土后，墙体与 EPS 板结合为一体。拆模后，EPS 板表面薄抹抗裂砂浆面层，薄抹面层中应满铺玻纤网。

② EPS 钢丝网架板现浇混凝土外墙外保温系统（简称有网现浇系统）

施工时将 EPS 单面钢丝网架板置于外墙外模板内侧，EPS 单面钢丝网架板表面抹水泥砂浆板，形成厚抹灰层，外表面做饰面层。

（4）自保温混凝土复合砌块墙体

自保温砌块的复合形式，分为三种类型：

Ⅰ型：在骨料中复合轻质骨料制成的自保温砌块；

Ⅱ型：在孔洞中填插保温材料制成的自保温砌块；

Ⅲ型：在骨料中复合轻质骨料且在孔洞中填插保温材料制成的自保温砌块。

2）墙体保温工程施工要点

（1）墙体节能工程的保温材料在运输、储存和施工过程中应采取防潮、防水等保护措施。

（2）墙体内设置的隔汽层，其位置、材料及构造做法应符合设计要求。隔汽层应完整、严密，穿透隔汽层处应采取密封措施。

（3）外门窗框或附框与洞口之间的间隙应采用弹性闭孔材料填充饱满，并进行防水密封，夏热冬暖地区、温和地区当采用防水砂浆填充间隙时，窗框与砂浆间应用密封胶密封。外门窗框与附框之间的缝隙应使用密封胶密封。

（4）建筑伸缩缝、沉降缝、抗震缝处的幕墙保温或密封做法应符合设计要求。严寒、寒冷地区当采用非闭孔保温材料时，应有完整的隔汽层。

（5）防火隔离带施工要点如下：

① 防火隔离带的保温材料，其燃烧性能应为 A 级（宜用岩棉带）。岩棉带应进行表面处理，可采用界面剂或界面砂浆进行涂覆处理，也可采用玻璃纤维网布聚合物砂浆进行包覆处理。

② 防火隔离带应与基层墙体可靠连接，不产生渗透、裂缝和空鼓；应能承受自重、风荷载和气候的反复作用而不产生破坏。

③ 防火隔离带宽度不应小于 300mm，防火棉的密度不应小于 $100kg/m^3$。

（6）保温板材与基层的连接方式、拉伸粘结强度和粘结面积比应符合设计要求。保温板材与基层之间的拉伸粘结强度应进行现场拉拔试验，且不得在界面破坏。粘结面积比应进行剥离检验。

（7）各种内、外保温系统都有特定的构造形式和组成（配套）材料，选用时不得随意更改。

（8）外墙外保温施工要求

① 外保温工程的施工应编制专项施工方案并进行技术交底，施工人员应经过培训合格。

② 保温层施工前，应进行基层墙体检查或处理。基层墙体表面应洁净、坚实、平整，无油污和脱模剂等妨碍粘结的附着物，凸起、空鼓和疏松部位应剔除。

③ 当基层墙面需要进行界面处理时，宜使用水泥基界面砂浆。

④ 采用粘贴固定的外保温系统，施工前应按标准规定做基层墙体与胶粘剂的拉伸粘结强度检验，拉伸粘结强度不应低于 0.3MPa，且粘结界面脱开面积不应大于 50%。

⑤ 工程施工时应做到：

a. 在外保温专项施工方案中，对施工现场消防措施作出明确规定。

b. 可燃、难燃保温材料的施工应分区段进行，各区段应保持足够的防火间距。

c. 粘贴保温板薄抹灰外保温系统中的保温材料施工上墙后应及时做抹面层。

d. 防火隔离带的施工应与保温材料的施工同步进行。

e. 外保温工程施工期间现场不应有高温或明火作业。

⑥ 外保温工程施工期间的环境空气温度不应低于 5℃。5 级以上大风天气和雨天不得施工。

3.5.3　地下室防水工程施工

1. 地下工程防水等级与做法

（1）地下工程应进行防水设计，做到定级准确、方案可靠、施工简便、耐久适用、经济合理。地下工程防水设计工作年限不应低于工程结构设计工作年限。

（2）明挖法地下工程现浇混凝土主体结构防水做法见表3.5-3规定。

表3.5-3 明挖法地下工程现浇混凝土主体结构防水做法

防水等级	防水做法	防水混凝土	外设防水层			现浇混凝土结构最低抗渗等级
			防水卷材	防水涂料	水泥基防水材料	
一级	不应少于3道	为1道，应选	不少于2道；防水卷材或防水涂料不应少于1道			P8
二级	不应少于2道	为1道，应选	不少于1道；任选			P8
三级	不应少于1道	为1道，应选	—			P6

注：水泥基防水材料指防水砂浆、外涂型水泥基渗透结晶防水材料。

（3）明挖法地下工程结构接缝的防水设防措施见表3.5-4规定。

表3.5-4 明挖法地下工程结构接缝防水设防措施

施工缝					变形缝					后浇带					诱导缝		
混凝土界面处理剂或外涂型	水泥基渗透结晶型防水材料	预埋注浆管	遇水膨胀止水条或止水胶	中埋式止水带	外贴式止水带	中埋式中孔型橡胶止水带	外贴式中孔型止水带	可卸式止水带	密封嵌缝材料	外贴防水卷材或外涂防水涂料	补偿收缩混凝土	预埋注浆管	中埋式止水带	遇水膨胀止水条或止水胶	外贴式止水带	中埋式中孔型橡胶止水带	密封嵌缝材料	外贴式止水带	外贴防水卷材或外涂防水涂料
不应少于2种					应选	不应少于2种				应选	不应少于1种				应选	不应少于1种	

2. 防水混凝土施工要求

1）混凝土制备

（1）防水混凝土可通过调整配合比，或掺加外加剂、掺合料等措施配制而成，其抗渗等级不得小于P6。其试配混凝土的抗渗等级应比设计要求提高0.2MPa。

（2）用于防水混凝土的水泥品种宜采用硅酸盐水泥、普通硅酸盐水泥，采用其他品种水泥时应经试验确定。宜选用坚固耐久、粒形良好的洁净石子，其最大粒径不宜大于40mm。砂宜选用坚硬、抗风化性强、洁净的中粗砂，含泥量不应大于3%，泥块含量不宜大于1%。不宜使用海砂。

（3）防水混凝土胶凝材料总用量不宜小于$320kg/m^3$，水泥用量不宜小于$260kg/m^3$；水胶比不得大于0.50，有侵蚀性介质时水胶比不宜大于0.45；防水混凝土宜采用预拌商品混凝土，其入泵坍落度宜控制在120～160mm。

（4）防水混凝土拌合物应采用机械搅拌，搅拌时间不宜小于2min。

2）混凝土浇筑与养护

（1）防水混凝土应分层连续浇筑，分层厚度不得大于500mm，并应采用机械振捣，避免漏振、欠振和超振。

（2）防水混凝土留设施工缝规定

① 墙体水平施工缝不应留在剪力最大处或底板与侧墙的交接处，应留在高出底板表面不小于 300mm 的墙体上。墙体有预留孔洞时，施工缝距孔洞边缘不应小于 300mm。

② 垂直施工缝应避开地下水和裂隙水较多的地段，并宜与变形缝相结合。

（3）施工缝应按设计及规范要求做好施工缝防水构造。施工缝的施工应符合如下规定：

① 水平施工缝浇筑混凝土前，应将其表面浮浆和杂物清除，然后铺设净浆或涂刷混凝土界面处理剂、水泥基渗透结晶型防水涂料等材料，再铺 30～50mm 厚的 1∶1 水泥砂浆，并应及时浇筑混凝土。

② 垂直施工缝浇筑混凝土前，应将其表面清理干净，再涂刷混凝土界面处理剂或水泥基渗透结晶型防水涂料，并应及时浇筑混凝土。

③ 遇水膨胀止水条（胶）应与接缝表面密贴；选用的遇水膨胀止水条（胶）应具有缓胀性能，7d 的净膨胀率不宜大于最终膨胀率的 60%，最终膨胀率宜大于 220%。

④ 采用中埋式止水带或预埋式注浆管时，应定位准确、固定牢靠。

（4）大体积防水混凝土宜选用水化热低和凝结时间长的水泥，宜掺入减水剂、缓凝剂等外加剂和粉煤灰、磨细矿渣粉等掺合料。在设计许可的情况下，掺粉煤灰混凝土设计强度等级的龄期宜为 60d 或 90d。高温期施工时，入模温度不应大于 30℃。

（5）防水混凝土保温保湿养护时间不得少于 14d，后浇带不得少于 28d。

（6）地下室外墙穿墙管必须采取止水措施，单独埋设的管道可采用套管式穿墙防水。当管道集中多管时，可采用穿墙群管的防水方法。

3. 水泥砂浆防水层施工

（1）水泥砂浆防水层可用于地下工程主体结构的迎水面或背水面，不应用于受持续振动或温度高于 80℃ 的地下工程防水。

（2）地下工程使用聚合物水泥防水砂浆防水层的厚度不应小于 6mm，掺外加剂、防水剂的砂浆防水层的厚度不应小于 18mm。

（3）水泥砂浆应使用硅酸盐水泥、普通硅酸盐水泥或特种水泥。砂宜采用中砂，含泥量不应大于 1%。

（4）水泥砂浆防水层施工的基层表面应平整、坚实、清洁，并应充分湿润、无明水。基层表面的孔洞、缝隙，应采用与防水层相同的防水砂浆堵塞并抹平。

（5）防水砂浆宜采用多层抹压法施工。应分层铺抹或喷射，铺抹时应压实、抹平，最后一层表面应提浆压光。

（6）水泥砂浆防水层各层应紧密粘合，每层宜连续施工；必须留设施工缝时，应采用阶梯坡形槎，但离阴阳角处的距离不得小于 200mm。

（7）水泥砂浆防水层不得在雨天、五级及以上大风中施工。冬期施工时，气温不应低于 5℃。夏季不宜在 30℃ 以上或烈日照射下施工。

（8）水泥砂浆防水层终凝后，应及时进行养护，养护温度不宜低于 5℃，并应保持砂浆表面湿润，养护时间不得少于 14d。

4.卷材防水层施工

（1）防水卷材及其胶粘剂应具有良好的耐水性、耐久性、耐刺穿性、耐腐蚀性和耐菌性。其品种规格和层数，应根据地下工程防水等级、地下水位高低及水压力作用状况、结构构造形式和施工工艺等因素确定。

（2）铺贴卷材严禁在雨天、雪天、五级及以上大风中施工；冷粘法、自粘法施工的环境气温不宜低于5℃，热熔法、焊接法施工的环境气温不宜低于-10℃。施工过程中下雨或下雪时，应做好已铺卷材的防护工作。

（3）卷材防水层应铺设在混凝土结构的迎水面上。

（4）卷材防水层的基面应坚实、平整、清洁、干燥，阴阳角处应做成圆弧或45°坡角，其尺寸应根据卷材品种确定，并应涂刷基层处理剂。在阴阳角等特殊部位，应铺设卷材加强层，如设计无要求时，加强层宽度宜为300～500mm。

（5）防水卷材施工应符合下列规定：

① 主体结构侧墙和顶板上的防水卷材应满粘，侧墙防水卷材不应竖向倒槎搭接。

② 支护结构铺贴防水卷材施工，应采取防止卷材下滑、脱落的措施；防水卷材大面不应采用钉固定；卷材搭接应密实。

③ 当预铺反粘类防水卷材时，自粘胶层应朝向待浇筑混凝土；防粘隔离膜应在混凝土浇筑前撕除。

④ 结构底板垫层混凝土部位的卷材可采用空铺法或点粘法施工；铺贴立面卷材防水层时，应采取防止卷材下滑的措施。

⑤ 铺贴双层卷材时，上下两层和相邻两幅卷材的接缝应错开1/3～1/2幅宽，且两层卷材不得相互垂直铺贴。

（6）采用外防外贴法铺贴卷材防水层时，应符合下列规定：

① 先铺平面，后铺立面，交接处应交叉搭接。

② 临时性保护墙宜采用石灰砂浆砌筑，内表面宜做找平层。

③ 从底面折向立面的卷材与永久性保护墙的接触部位，应采用空铺法施工；卷材与临时性保护墙或围护结构模板的接触部位，应将卷材临时贴附在该墙上或模板上，并应将顶端临时固定。

④ 卷材接槎的搭接长度，改性沥青类卷材应为150mm，合成高分子类卷材应为100mm。

（7）采用外防内贴法铺贴卷材防水层时，应符合下列规定：

① 混凝土结构的保护墙内表面应抹厚度为20mm的1∶3水泥砂浆找平层，然后铺贴卷材。

② 卷材宜先铺立面，后铺平面；铺贴立面时，应先铺转角，后铺大面。

（8）卷材防水层经检查合格后，应及时做保护层。顶板卷材防水层上的细石混凝土保护层采用人工回填土时厚度不宜小于50mm，采用机械碾压回填土时厚度不宜小于70mm，防水层与保护层之间宜设隔离层。底板卷材防水层上细石混凝土保护层厚度不应小于50mm。侧墙卷材防水层宜采用软质保护材料或铺抹20mm厚1∶2.5水泥砂浆层。

5. 涂料防水层施工

（1）桩头应涂刷外涂型水泥基渗透结晶型防水材料，涂刷层与大面防水层的搭接宽度不应小于 300mm。防水层应在桩头根部进行密封处理。

（2）防水涂料施工应符合下列规定：

① 涂布应均匀，厚度应符合设计要求，且不应起鼓；

② 接槎宽度不应小于 100mm；

③ 当遇有降雨时，未完全固化的涂膜应覆盖保护；

④ 设置胎体时，胎体应铺贴平整，涂料应浸透胎体，且胎体不应外露。

（3）无机防水涂料宜用于结构主体的背水面，有机防水涂料宜用于地下工程主体结构的迎水面。

（4）涂料防水层严禁在雨天、雾天、五级及以上大风时施工，不得在施工环境温度低于 −5℃ 及高于 35℃ 时施工。

（5）有机防水涂料基层表面应基本干燥，不应有气孔、凹凸不平、蜂窝麻布等缺陷。无机防水涂料基层表面应干净、平整、无浮浆和明显积水。

（6）防水涂料应分层刷涂或喷涂，涂层应均匀，不得漏刷漏涂。涂刷应待前遍涂层干燥成膜后进行，每遍涂刷时应交替改变涂层的涂刷方向。

（7）采用有机防水涂料时，基层阴阳角处应做成圆弧；在转角处、变形缝、施工缝、穿墙管等部位应增加胎体增强材料和增涂防水涂料。

（8）涂料防水层完工并经验收合格后应及时做保护层。底板、顶板应采用 20mm 厚 1∶2.5 水泥砂浆层和 40～50mm 厚的细石混凝土保护层，防水层与保护层之间宜设置隔离层。侧墙背水面保护应采用 20mm 厚 1∶2.5 水泥砂浆。侧墙迎水面保护层宜选用软质保护材料或 20mm 厚 1∶2.5 水泥砂浆。

3.5.4　室内与外墙防水工程施工

1. 室内防水工程施工

1）室内防水设计

（1）住宅室内防水包括楼、地面防水、排水，室内墙体防水和独立水容器防水、防渗。

（2）室内工程防水设计工作年限不应低于 25 年。室内楼地面防水做法见表 3.5-5 规定。室内墙面防水层不应少于 1 道。

表 3.5-5　室内楼地面防水做法

防水等级	防水做法	防水层		
		防水卷材	防水涂料	水泥基防水材料
一级	不应少于 2 道	防水涂料或防水卷材不应少于 1 道		
二级	不应少于 1 道	任选		

（3）用水房间与非用水房间楼地面之间应设置阻水措施。淋浴区墙面防水层翻起高度不应小于 2000mm，且不低于淋浴喷淋口高度。盥洗池、盆等用水处墙面防水层翻

起高度不应小于1200mm。墙面其他部位泛水翻起高度不应小于250mm。

（4）室内工程的防水构造设计规定：

① 地漏的管道根部应采取密封防水措施；

② 穿过楼板或墙体的管道套管与管道间应采用防水密封材料嵌填压实；

③ 穿过楼板的防水套管应高出装饰层完成面，且高度不应小于20mm。

（5）采用整体装配式卫浴间的结构楼地面应采取防、排水措施。

2）室内防水层施工

（1）基层表面应坚实平整，无浮浆，无起砂、裂缝现象。基层的阴、阳角部位宜做成圆弧形。

（2）管根、地漏与基层的交接部位，预留宽10mm、深10mm的环形凹槽，槽内嵌填密封材料。

（3）穿越楼板、防水墙面的管道和预埋件等，在防水施工前安装。

（4）住宅室内防水工程的施工环境温度宜为5～35℃。

（5）防水涂料在大面积施工前，先在阴阳角、管根、地漏、排水口、设备基础根部等部位施做附加层，并夹铺胎体增强材料。最后一遍施工时，可在涂层表面撒砂。

（6）防水卷材应在阴阳角、管根、地漏等部位先铺设附加层，附加层材料可采用与防水层同品种的卷材或与卷材相容的涂料。

（7）聚乙烯丙纶复合防水卷材施工时，基层应湿润，但不得有明水。

（8）自粘聚合物改性沥青防水卷材在低温施工时，搭接部位宜采用热风加热。

（9）聚合物防水砂浆，应按产品使用要求进行养护。

（10）密封材料施工宜采用胶枪挤注施工，也可用腻子刀等嵌填压实。

2. 外墙防水工程施工

1）外墙防水设计

（1）建筑外墙整体防水设计包括：外墙防水工程的构造，防水层材料的选择，节点的密封防水构造。建筑外墙的防水层应设置在迎水面。

（2）无外保温外墙的整体防水层设计要求：

① 采用涂料饰面时，防水层应设在找平层和涂料饰面层之间，防水层宜采用聚合物水泥防水砂浆或普通防水砂浆；

② 采用块材饰面时，防水层应设在找平层和块材粘结层之间，防水层宜采用聚合物水泥防水砂浆或普通防水砂浆；

③ 采用幕墙饰面时，防水层应设在找平层和幕墙饰面之间，防水层宜采用聚合物水泥防水砂浆、普通防水砂浆、聚合物水泥防水涂料、聚合物乳液防水涂料或聚氨酯防水涂料。

（3）外保温外墙的整体防水层设计要求：

① 采用涂料或块材饰面时，防水层宜设在保温层和墙体基层之间，防水层可采用聚合物水泥防水砂浆或普通防水砂浆；

② 采用幕墙饰面时，设在找平层上的防水层宜采用聚合物水泥防水砂浆、普通防水砂浆、聚合物水泥防水涂料、聚合物乳液防水涂料或聚氨酯防水涂料；当外墙保温层选用矿物棉保温材料时，防水层宜采用防水透气膜。

（4）建筑外墙节点构造防水设计应包括门窗洞口、雨篷、阳台、变形缝、伸出外墙管道、女儿墙压顶、外墙预埋件、预制构件等交接部位。

2）外墙防水层施工

（1）外墙防水层的基层找平层应平整、坚实、牢固、干净，不得酥松、起砂、起皮。

（2）外墙防水工程严禁在雨天、雪天和五级风及其以上时施工；施工的环境气温宜为 5～35℃。施工时应采取安全防护措施。

（3）外墙门、窗框、伸出外墙管道、设备或预埋件等部件安装完毕，再进行防水施工。外墙防水层施工前，宜先做好节点处理，再进行大面积施工。

3.6　装饰装修工程施工

3.6.1　轻质隔墙工程施工

1. 轻质隔墙分类

（1）轻质隔墙主要有：板材隔墙、骨架隔墙、玻璃隔墙和活动隔墙。

（2）板材隔墙包括复合轻质墙板、石膏空心板、增强水泥板和混凝土轻质板等隔墙。

（3）骨架隔墙包括以轻钢龙骨、木龙骨等为骨架，以纸面石膏板、人造木板、水泥纤维板等为墙面板的隔墙。

（4）玻璃隔墙包括玻璃板、玻璃砖隔墙。

（5）活动隔墙包括推拉式活动隔墙、可拆装的活动隔墙等。

2. 施工环境要求

（1）主体结构完成及交接验收，并清理现场。

（2）当设计要求隔墙有地枕带时，应待地枕带施工完毕，并满足设计要求后，方可进行隔墙安装。

（3）木龙骨必须进行防火处理。直接接触结构的木龙骨应预先刷防腐漆。

（4）轻钢骨架隔断工程施工前，应先安排外装。

（5）安装各种系统的管、线盒弹线及其他准备工作已到位。

3. 材料的技术要求

（1）人造板的甲醛含量（释放量）应进行复验合格。

（2）饰面板表面应平整，边缘应整齐，不得有污垢、裂纹、缺角、翘曲、起皮、色差和图案不完整等缺陷，胶合板不得有脱胶、变色和腐朽。

4. 施工要点

1）轻钢龙骨罩面板施工

（1）施工流程：放线→安装龙骨→机电管线安装→安装横撑龙骨（需要时）→门窗等洞口制作→安装罩面板（一侧）→安装填充材料（岩棉）→安装罩面板（另一侧）。

（2）施工工艺

① 放线：在地面上弹出水平线并将线引向侧墙和顶面，并确定门洞位置，结合罩面板的长、宽分档。

② 安装龙骨：

a.天地龙骨与建筑顶、地连接及竖龙骨与墙、柱连接可采用射钉或膨胀螺栓固定。轻钢龙骨与建筑基体表面接触处粘贴橡胶密封条，或根据设计要求采用密封胶或防火封堵材料。

b.由隔断墙的一端开始排列竖龙骨，有门窗时要从门窗洞口开始分别向两侧排列。

c.当采用有通贯龙骨的隔墙体系时，通贯横撑龙骨的设置：低于 3m 的隔断墙安装 1 道；3~5m 高度的隔断墙安装 2~3 道。

③ 机电管线安装：

a.隔墙中设置有电源开关插座、配电箱等小型或轻型设备末端时，应预装水平龙骨及加固固定构件。

b.消火栓、挂墙卫生洁具必须由机电安装单位另行安装独立钢支架，严禁消火栓、挂墙卫生洁具等重量大的末端设备直接安装在轻钢龙骨隔墙上。

④ 安装横撑龙骨，隔墙骨架高度超过 3m 时，或罩面板的水平方向板端（接缝）未落在沿顶沿地龙骨上时，应设横向龙骨。

⑤ 门窗等洞口制作，一般轻型门扇（35kg 以下）的门框可采取竖龙骨对扣中间加木方的方法制作；重型门根据门重量的不同，采取架设钢支架加强的方法，注意避免龙骨、罩面板与钢支架刚性连接。

⑥ 安装一侧罩面板

a.罩面板安装，宜竖向铺设，其长边（包封边）接缝应落在竖龙骨上。曲面墙体罩面时，罩面板宜横向铺设。

b.罩面板可单层铺设，也可双层铺设，由设计确定。

c.罩面板就位后，用自攻螺钉将板材与轻钢龙骨紧密连接。

d.自攻螺钉的间距为：沿板周边应不大于 200mm；板材中间部分应不大于 300mm；双层石膏板内层板钉距板边 400mm，板中 600mm。

e.自攻螺钉帽涂刷防锈涂料，有自防锈的自攻钉帽可不涂刷。

⑦ 安装填充材料（岩棉）

a.当设计有保温或隔声材料时，应按设计要求的材料铺设。铺放墙体内的玻璃棉、矿棉板、岩棉板等填充材料，应固定并避免受潮。安装时尽量与另一侧纸面石膏板同时进行，填充材料应铺满铺平。

b.对于有填充要求的隔断墙体，待穿线部分安装完毕，即先用胶粘剂按 500mm 的中距将岩棉钉固定粘固在石膏板上，牢固后，将岩棉等保温材料填入龙骨空腔内，用岩棉固定钉固定，并利用其压圈压紧，每块岩棉板不少于四个岩棉钉固定。

⑧ 安装另一侧罩面板

a.第 2 层板的安装方法同第 1 层，但必须与第 1 层板的板缝错开，接缝不得布在同一根龙骨上。内、外层板应采用不同的钉距，错开铺钉。

b.隔墙两面有多层罩面板时，应交替封板，不可一侧封完再封另一侧，避免单侧受力过大造成龙骨变形。

2）板材隔墙施工

（1）工艺流程：放线→配板→支设临时方木→配置胶粘剂→安装 U 形卡或 L 形卡

（有要求时）→安装隔墙板→安装门窗框→设备、电气管线安装→板缝处理。

（2）施工工艺

① 放线：根据图纸在结构地面、墙面及顶面，用墨斗弹好隔墙定位边线及门窗洞口线，并按板幅宽弹分档线。

② 安装 U 形卡件或 L 形卡件：U 形或 L 形钢板卡用射钉固定在结构梁和板上。如主体为钢结构，与钢梁的连接可采用短周期螺柱焊的方式将钢板卡固定其上，随安板随固定 U 形或 L 形钢板卡。

③ 安装隔墙板

a. 将板的上端与上部结构底面用水泥砂浆或胶粘剂粘结，下部用木楔顶紧后空隙间填入 1∶3 水泥砂浆或细石混凝土。条板与条板拼缝、条板顶端与主体结构粘结采用胶粘剂。

b. 隔墙板安装顺序应从门洞口处向两端依次进行，门洞两侧宜用整块板；无门洞的墙体，应从一端向另一端顺序安装。

c. 加气混凝土隔墙胶粘剂一般采用建筑胶聚合物砂浆，GRC 空心混凝土隔墙胶粘剂一般采用建筑胶粘剂，增强水泥条板、轻质混凝土条板、预制混凝土板等则采用丙烯酸类聚合物液状胶粘剂。胶粘剂要随配随用，并应在 30min 内用完。

④ 安装门窗框，在墙板安装的同时，应按定位线顺序立好门框。隔墙板安装门窗时，应在角部增加角钢补强，安装节点符合设计要求。

⑤ 设备、电器管线安装

a. 设备安装：根据工程设计在条板上定位钻单面孔（不能开对穿孔），空心板孔洞四周用聚苯块填塞，然后用水泥型胶粘剂（配件用胶粘剂）预埋吊挂配件，达到粘结强度后固定设备。

b. 电器安装：利用条板孔内敷软管穿线和定位钻设单面孔，对非空心板，则可利用拉大板缝或开槽敷管穿线，管径不宜超过 25mm。板缝或线槽用膨胀水泥砂浆填实抹平。用水泥胶粘剂固定开关、插座。

（3）板缝处理

① 隔墙板、门窗框及管线安装 7d 后，检查所有缝隙是否粘结良好，有无裂缝，如出现裂缝，应查明原因后进行修补。

② 加气混凝土隔板之间板缝在填缝前应用毛刷蘸水湿润，填缝时应由两人在板的两侧同时把缝填实。填缝材料采用石膏或膨胀水泥。

③ 预制钢筋混凝土隔墙板高度以按房间高度净空尺寸预留 25mm 空隙为宜，与结构墙体间每边预留 10mm 空隙为宜。勾缝砂浆用 1∶2 水泥砂浆，按用水量的 20% 掺入胶粘剂。

④ GRC 空心混凝土墙板之间贴玻璃纤维网格条，第一层采用 60mm 宽的玻璃纤维网格条贴缝，贴缝胶粘剂应与板之间拼装的胶粘剂相同，待胶粘剂稍干后，再贴第二层玻璃纤维网格条，第二层玻璃纤维网格条宽度为 150mm，贴完后将胶粘剂刮平，刮干净。

⑤ 轻质陶粒混凝土隔墙板缝、阴阳转角和门窗框边缝用水泥胶粘剂粘贴玻纤布条（板缝、门窗框边缝粘贴 50～60mm 宽玻纤布条，阴阳转角处粘贴 200mm 宽玻纤布条）。

光面板隔墙基面全部用 3mm 厚石膏腻子分两遍刮平，麻面板隔墙基面用 10mm 厚 1：3 水泥砂浆找平压光。

⑥ 增强水泥条板隔墙板缝、墙面阴阳转角和门窗框边缝处用水泥胶粘剂粘贴玻纤布条。门窗框边缝、板缝用 50～60mm 宽的玻纤布条，阴阳转角用 200mm 宽布条，然后用石膏腻子分两遍刮平，总厚度控制在 3mm。

3.6.2 吊顶工程施工

1. 吊顶工程的分类

按照吊顶的分项工程分为：

（1）整体面层吊顶：包括以轻钢龙骨、铝合金龙骨和木龙骨等为骨架，以石膏板、水泥纤维板和木板等为整体面层的吊顶。

（2）板块面层吊顶：包括以轻钢龙骨、铝合金龙骨和木龙骨等为骨架，以石膏板、金属板、矿棉板、木板、塑料板、玻璃板和复合板等为板块面层的吊顶。

（3）格栅吊顶：包括以轻钢龙骨、铝合金龙骨和木龙骨等为骨架，以金属、木材、塑料和复合材料等为格栅面层的吊顶。

2. 施工准备

（1）施工前应按设计要求对房间的净高、洞口标高和吊顶内的管道、设备及其支架等标高进行交接检验。

（2）对吊顶内的管道、设备的安装及水管试压进行验收。

（3）按设计要求选用龙骨、配件及罩面板，材料品种、规格、质量应符合设计和标准要求。罩面板表面应平整，边缘整齐，颜色一致；穿孔板的孔距应排列整齐；胶合板、木质纤维板、细木工板不应脱胶、变色。

3. 施工要求

1）施工流程

放线→弹龙骨分档线→安装水电管线→安装主龙骨→安装副龙骨→安装罩面板→安装压条。

2）施工工艺

（1）放线：在每个墙（柱）角上抄出水平点，弹出水准线。在顶板弹出主龙骨的位置线。

（2）固定吊挂杆件：

① 当吊杆长度大于 1500mm 时，应设置反支撑，当吊杆长度大于 2500mm 时，应设置钢结构转换层。

② 当吊杆遇到梁、风管等机电设备时，需进行跨越施工：在梁或风管设备两侧用吊杆固定角铁或者槽钢等刚性材料作为横担，再将龙骨吊杆用螺栓固定在横担上。吊杆不得直接吊挂在设备或设备支架上。

③ 预埋的杆件需要接长时，必须搭接焊牢。

④ 吊顶灯具、风口及检修口等应设附加龙骨及吊杆。

（3）安装主龙骨：

① 主龙骨间距不大于 1200mm。主龙骨分为不上人小龙骨、上人大龙骨两种。主龙

骨宜平行房间长向安装。主龙骨的悬臂段不应大于 300mm，主龙骨的接长应采取对接，相邻龙骨的对接接头要相互错开。

② 跨度大于 15m 的吊顶，应在主龙骨上，每隔 15m 加一道大龙骨，并垂直主龙骨焊接牢固。

③ 如有大的造型顶棚，造型部分应用角钢或扁钢焊接成框架，并应与结构连接牢固。

④ 吊顶如设检修走道，应另设附加吊挂系统。

（4）安装次龙骨：次龙骨间距不大于 600mm。次龙骨不得搭接。在通风、水电等洞口周围应设附加龙骨。

（5）罩面板安装：

① 纸面石膏板安装：

a. 纸面石膏板应在中间向四周自由状态下固定，不得多点同时作业，防止出现弯棱、凸鼓的现象。

b. 纸面石膏板的长边（即包封边）应沿纵向次龙骨铺设。

c. 自攻螺钉间距以 150～170mm 为宜，螺钉钉头宜略埋入板面，但不得损坏纸面，钉眼应作防锈处理并用石膏腻子抹平。

d. 安装双层石膏板时，面层板与基层板的接缝应错开，不得在一根龙骨上。

② 纤维水泥加压板（埃特板）安装：

a. 龙骨间距、螺钉与板边的距离及螺钉间距等应满足设计要求和有关产品的要求。

b. 纤维水泥加压板与龙骨固定后，钉帽应作防锈处理，并用腻子嵌平。

c. 用腻子嵌涂板缝并刮平，硬化后用砂纸磨光。

（6）饰面板上的灯具、烟感器、喷淋头、风口箅子等设备的位置应合理、美观，与饰面的交接应吻合、严密，并做好检修口的预留，使用材料宜与母体相同，安装时应保证整体性、功能性及美观性。

3.6.3　地面工程施工

1. 建筑地面工程分类

建筑地面工程子分部工程、分项工程划分为：

（1）整体面层：水泥混凝土面层、水泥砂浆面层、水磨石面层、硬化耐磨面层、防油渗面层、不发火（防爆）面层、自流平面层、涂料面层、塑胶面层、地面辐射供暖的整体面层等。

（2）板块面层：砖面层（陶瓷锦砖、缸砖、陶瓷地砖和水泥花砖面层）、大理石面层和花岗石面层、预制板块面层（水泥混凝土板块、水磨石板块、人造石板块面层）、料石面层（条石、块石面层）、塑料板面层、活动地板面层、金属板面层、地毯面层、地面辐射供暖的板块面层等。

（3）木、竹面层：实木地板、实木集成地板、竹地板面层（条材、块材面层）、实木复合地板面层（条材、块材面层）、软木类地板面层（条材、块材面层）、地面辐射供暖的木板面层。

2. 材料技术要求

进场材料应有质量合格证明文件、规格、型号及性能检测报告，对重要材料应有复验报告：

（1）花岗石、瓷砖的放射性。

（2）大理石、花岗石面层铺设前，板块的背面和侧面应进行防碱处理。

（3）人造板、地毯及地毯衬垫中的游离甲醛（释放量或含量）。

（4）木竹地板面层下的木搁栅、垫木和垫层地板等采用的木材应对其断面尺寸、含水率等主要技术指标进行抽检，抽检数量应符合国家现行有关标准。

（5）铺设塑料面层使用的胶粘剂应进行基层和面层的使用相容性试验。

3. 施工环境要求

（1）作业天气、温度、湿度等环境状况应满足施工要求。

（2）竖向穿楼板的立管及水平管已安装完，并装有套管。卫生间、淋浴间等潮湿空间，基层和构造层已找坡，并完成防水及保护层施工。

（3）门框安装到位，并通过验收。

（4）基层缺陷已处理完成，并清理干净。

4. 施工要点

1）石材饰面施工

（1）施工流程：基层处理→放线→试拼石材→铺设结合层砂浆→铺设石材→养护→勾缝。

（2）施工工艺

① 放线：在四周墙、柱上弹出面层的标高控制线。

② 试拼石材：依照石材排版，预排石材，并在地面弹出十字控制线和分格线。

③ 铺设结合层砂浆：铺设前应将基底湿润，在基底上刷一道素水泥浆或界面剂，随刷随铺搅拌均匀的干硬性水泥砂浆。

④ 铺设石材：

a. 结合层与板材应分段同时铺设；大理石、花岗石板材铺设前应浸湿、晾干，在石材背面涂厚度约 5mm 厚加胶的素水泥膏或石材专用粘结剂。

b. 浅色石材铺设时应选用白水泥作为水泥膏使用。

⑤ 养护：石材铺贴完应进行养护，养护时间不得小于 7d。养护期间石材表面不得铺设塑料薄膜和洒水，不得进行勾缝施工。

⑥ 勾缝：铺装完成 28d 或胶粘剂固化干燥后，进行勾缝，缝要求清晰、顺直、平整、光滑、深浅一致，缝色与石材颜色基本一致。

2）瓷砖面层施工

（1）工艺流程：基底处理→放线→浸砖→铺设结合层砂浆→铺砖→养护→勾缝。

（2）施工工艺

① 浸砖：铺贴前清理干净瓷砖背面的脱模剂，在水中充分浸泡（需要时），浸水后的瓷砖应阴干备用。

② 其他施工工艺同石材饰面工艺。

3）竹、木面层施工

（1）施工流程：基层处理→安装木搁栅→铺毛地板→铺设竹、木地板→成品保护。

（2）施工工艺：

① 安装木搁栅：先在楼板上弹出各木搁栅的安装位置线及标高，将搁栅用膨胀螺栓和角码（角钢上钻孔）固定在基层上。

② 铺毛地板：将毛地板牢固钉在木搁栅上，毛地板可采用条板，也可采用整张的细木工板或中密度板等。采用整张板时，应在板上开槽，槽的深度为板厚的 1/3，方向与搁栅垂直，间距 200mm 左右。

③ 铺竹、木地板：从墙的一边开始铺钉地板，靠墙的一块板应离开墙面 10mm 左右，以后逐块排紧。竹地板面层的接头应按设计要求留置。铺竹、木地板时应由房间内向外铺设。

4）地毯面层施工

地毯面层采用地毯块材或卷材，以空铺法或实铺法铺设。

（1）施工流程：基底处理→放线→地毯剪裁→钉倒刺板条→铺衬垫→铺设地毯→细部收口。

（2）施工工艺：

① 基层处理：基层清扫干净。需要时用自流平水泥找平为佳。

② 放线：在地面弹出地毯铺设的基准线和分格定位线。

③ 地毯剪裁：裁剪长度应比施工面长度大 20mm。

④ 钉倒刺板条：沿空间地面四周踢脚边缘固定倒刺板条，倒刺板条距踢脚 8～10mm。

⑤ 铺衬垫：采用点粘法将衬垫粘在地面基层上，衬垫离开倒刺板约 10mm。

⑥ 铺设地毯：先将地毯的一条长边固定在倒刺板上，毛边掩到踢脚板下，用地毯撑子拉伸地毯，直到拉平为止；再进行另一个方向的拉伸，直到四个边都固定在倒刺板上。地毯需要接长时，应采用缝合或烫带粘结（无衬垫时）的方式。

3.6.4 墙体饰面工程施工

1. 涂饰工程

1）涂饰工程分类

（1）建筑涂料按主要成膜物质的化学成分不同，分为水性涂料、溶剂型涂料、美术涂料。水性涂料包括乳液型涂料、无机涂料、水溶性涂料等，溶剂型涂料包括丙烯酸酯涂料、聚氨酯丙烯酸涂料、有机硅丙烯酸涂料等。美术涂饰工程包括室内外套色涂饰、滚花涂饰、仿花纹涂饰等涂饰工程。

（2）建筑装饰常用的涂料有：乳胶漆、美术漆、氟碳漆等。

2）施工环境要求

（1）水性涂料施工的环境温度应在 5～35℃，并注意通风换气和防尘。

（2）涂饰工程应在抹灰、吊顶、细部、地面湿作业及电气工程等已完成并验收合格后进行。

（3）基层应干燥，混凝土及抹灰面层的含水率应在 10%（涂刷溶剂型涂料时 8%）

以下。

（4）门窗、灯具、电器插座及地面等应进行防护，以免施工时被污染。

（5）冬期施工室内温度不宜低于 5℃，相对湿度在 85% 以下，并在供暖条件下进行。

3）材料技术要求

民用建筑工程室内装修所用的水性涂料必须有同批次产品的挥发性有机化合物（VOC）和游离甲醛含量检测报告，溶剂型涂料必须有同批次产品的挥发性有机化合物（VOC）、苯、甲苯、二甲苯、游离甲苯二异氰酸酯（TDI）含量检测报告，并应符合设计及规范要求。

4）施工要点

（1）乳胶漆施工

① 施工流程：基层处理→刮腻子→刷底漆→刷面漆。

② 施工工艺

a. 基层处理：将墙面起皮及松动处清除干净，用水泥砂浆将墙面磕碰、坑洼、缝隙等处补抹找平，干燥后用砂纸将凸出处磨平，将残留灰渣铲干净，然后将墙面扫净。

b. 刮腻子：刮腻子遍数可由墙面平整程度决定，通常为三遍，每一遍腻子干燥后均用砂纸打磨平整。

c. 刷底漆：涂刷顺序是先刷顶棚后刷墙面，墙面是先上后下。

d. 刷面漆（1～3 遍）：操作要求同底漆，使用前充分搅拌均匀。刷第二遍、第三遍面漆时，需待前一遍漆膜干燥后，用细砂纸打磨光滑并清扫干净后再刷。

（2）美术漆施工

① 施工流程：基层处理→刮腻子→打磨砂纸→刷封闭底漆→涂装质感涂料。

② 涂装质感涂料：待封闭底漆干燥后，即可涂装质感涂料。刮涂（抹涂）施工是用铁抹子将涂料均匀刮涂到墙上，并根据设计图纸要求，刮出各种造型，或用特殊的施工工具制作出不同的艺术效果。喷涂施工是用喷枪将涂料按设计要求喷涂于基层上，喷涂施工时应注意控制涂料的黏度、喷枪的气压、喷口的大小、喷射距离以及喷射角度等。

（3）氟碳漆施工

① 施工流程：基层处理→铺挂玻纤网（需要时）→分格缝切割（需要时）→粗找平腻子施工→分格缝填充→细找平腻子施工→满批抛光腻子→喷涂底涂→喷涂中涂→喷涂面涂→罩光油→分格缝描涂。

② 施工工艺

a. 铺挂玻纤网（需要时）：满批粗找平腻子一道，厚度 1mm 左右，然后平铺玻纤网，铁抹子压实，使玻纤网和基层紧密连接，再满批粗找平腻子一道。

b. 粗找平腻子施工：批刮。涂完第一遍满批腻子稍待干燥后，进行砂磨，除去刮痕印。涂第二遍满批腻子，用 80 号砂纸或砂轮片打磨。涂第三遍满批腻子，稍待干燥后，用 120 号以上砂纸仔细砂磨，除去批刀印和接痕。

c. 细找平腻子施工：批涂。满批收平后，稍待干燥后，用 280 号以上砂纸仔细砂磨，做好养护。

d. 喷涂底涂：腻子层表面形成可见涂膜，无漏喷现象。施工完成，至少晴天干燥24h，方可进入下道工序。

e. 喷涂中涂：喷涂两遍。第一遍喷涂（薄涂）。充分干燥后进行第二遍喷涂（厚涂）。干燥 12h 以后，用 600 号以上的砂纸砂磨，砂磨必须认真彻底，但不可磨穿中涂。

f. 喷涂面涂：两遍喷涂（薄涂）。第一遍充分干燥后进行第二遍。

2. 裱糊及软包工程

1）壁纸及软包的分类

（1）按壁纸材料的面层材质不同分为：纸面壁纸、胶面壁纸、布面壁纸、木面壁纸、金属壁纸、植物类壁纸、硅藻土壁纸等。

（2）按壁纸材料的性能不同分为：防霉抗菌壁纸、防火阻燃壁纸、吸声壁纸、抗静电壁纸、荧光壁纸等。

（3）按软包面层材料的不同可以分为：平绒织物软包、锦缎织物软包、毡类织物软包、皮革及人造革软包、毛面软包、麻面软包、丝类挂毯软包等。

（4）按装饰功能的不同可以分为：装饰软包、吸声软包、防撞软包等。

2）施工环境要求

（1）新建筑物的混凝土或抹灰基层墙面在刮腻子前应涂刷抗碱封闭底漆。

（2）旧墙面在裱糊前应清除疏松的旧装修层，并刷涂界面剂。

（3）软包周边装饰边框及装饰线安装完毕。

3）施工要点

（1）裱糊施工

① 施工流程：基层处理→刷基膜→放线→裁纸→刷胶→裱贴。

② 施工工艺

a. 木基层要求接缝不显接槎，接缝、钉眼应用腻子补平。

b. 不同基层材料的相接处，应用棉纸带或穿孔纸带粘贴封口，防止裱糊后的壁纸面层被拉裂撕开。

c. 刷基膜：为了防止壁纸受潮脱胶，一般对要裱糊塑料壁纸、壁布、纸基塑料壁纸、金属壁纸的墙面，涂刷防潮基膜。

d. 刷胶：纸面、胶面、布面等壁纸，在施工前对壁纸进行刷胶，使壁纸湿润、软化，壁纸背面和墙面都应涂刷胶粘剂，刷胶应厚薄均匀，要控制好刷胶上墙的时间。

e. 裱贴：裱贴壁纸时，首先要垂直，对花纹拼缝，最后再用刮板用力抹压平整，应按壁纸背面箭头方向进行裱贴，原则是先垂直面后水平面，先细部后大面。贴垂直面时先上后下，贴水平面时先高后低。

（2）软包饰面施工

① 施工流程：基层处理→放线→裁割衬板→试铺衬板→裁填充料和面料→粘贴填充料→包面料→安装。

② 施工工艺

a. 试铺衬板：按图纸所示尺寸、位置试铺衬板，调整好位置后按顺序拆下衬板，并在背面标号，以待粘贴填充料及面料。

b. 裁填充料和面料：根据设计图纸的要求，进行用料计算和套裁填充材料及面料工作，同一房间、同一图案与面料必须用同一批材料套裁。

　　c.粘贴填充料：将套裁好的填充料按设计要求固定于衬板上。如衬板周边有造型边框，则安装于边框中间。

　　d.包面料：按设计要求将裁切好的面料按照定位标志，找好横竖坐标上下摆正，粘贴于填充材料上部，并将面料包至衬板背面，然后用压条及码钉固定。

　　e.安装：将粘贴完面料的软包按编号挂贴或粘贴于墙面基层板上，并调整平直。

　　3.饰面板工程

　　1）饰面板工程分类

　　饰面板工程按面层材料不同，分为石材饰面板工程、瓷板饰面工程、金属饰面板工程、木质饰面板工程、玻璃饰面板工程、塑料饰面板工程等。

　　2）施工准备

　　（1）后置埋件的现场拉拔力合格。

　　（2）采用湿作业法施工的石板安装工程，石板应进行防碱封闭处理。

　　（3）外墙金属板的防雷装置应与主体结构防雷装置可靠接通。

　　3）材料技术要求

　　饰面板工程应对下列材料及其性能指标进行复验：

　　（1）室内用花岗石板的放射性、室内用人造木板的甲醛释放量；

　　（2）水泥基粘结料的粘结强度；

　　（3）外墙陶瓷板的吸水率；

　　（4）严寒和寒冷地区外墙陶瓷板的抗冻性。

　　4）墙、柱面石材施工

　　（1）墙、柱面石材安装施工方法包括干挂法、干粘法和湿贴法，干挂法主要有短槽式、背槽式和背栓式。

　　（2）石材上的挂件安装槽或孔应在工厂加工，并与挂件或背栓尺寸相匹配。

　　（3）高度大于8m的墙、柱面以及弧形墙、柱面不宜采用干粘法。高度大于6m的墙、柱面不宜采用湿贴法。

　　（4）干粘法每个粘结点的面积不应小于$40mm \times 40mm$，在钢骨架粘结点中心钻$\phi 6mm$孔，安装时使胶从粘结点上的$\phi 6mm$孔中挤出一些。

　　4.饰面砖工程

　　1）饰面砖工程分类

　　饰面砖工程是指内墙饰面砖粘贴和高度不大于100m、抗震设防烈度不大于8度、采用满粘法施工的外墙饰面砖粘贴等工程。

　　2）施工准备

　　（1）外墙饰面砖工程施工前，应在待施工基层上做样板，并对样板的饰面砖粘结强度进行检验。

　　（2）防震缝、伸缩缝、沉降缝等部位处理完成。

　　3）材料技术要求

　　饰面砖工程应对下列材料及其性能指标进行复验：

　　（1）室内用瓷质饰面砖的放射性；

（2）水泥基粘结材料与所用外墙饰面砖的拉伸粘结强度；

（3）外墙陶瓷饰面砖的吸水率；

（4）严寒及寒冷地区外墙陶瓷饰面砖的抗冻性。

4）饰面砖粘贴

（1）排砖、分格、弹线：粘贴前应按设计进行排砖、分格，排砖宜使用整砖，非整砖应排放在次要部位或阴角处，非整砖宽度不宜小于整砖的1/3。弹出控制线，做出标志。

（2）饰面砖粘贴：饰面砖宜采用专用粘结剂施工，粘结剂厚度宜为3～8mm。在粘结层允许调整时间内，可调整饰面砖的位置和接缝宽度并敲实；在超出允许调整时间后，严禁振动或移动饰面砖。

（3）填缝：填缝材料和接缝深度应符合设计要求，填缝应连续、平直、光滑、无裂纹、无空鼓。填缝宜按先水平后垂直的顺序进行。

3.6.5 建筑幕墙工程施工

1. 建筑幕墙分类

（1）按建筑幕墙的面板材料可分为：

① 玻璃幕墙：按照构造方式分为框支承玻璃幕墙（包括明框玻璃幕墙、隐框玻璃幕墙、半隐框玻璃幕墙）、全玻幕墙、点支承玻璃幕墙。

② 金属板幕墙：包括铝板幕墙、不锈钢板幕墙、搪瓷钢板幕墙、锌合金板幕墙、钛合金板幕墙等。

③ 金属复合板幕墙：包括铝塑复合板幕墙、铝蜂窝复合板幕墙、钛锌复合板幕墙等。

④ 石材幕墙：包括花岗石幕墙、大理石幕墙、石灰石幕墙、砂岩幕墙。

⑤ 人造板材幕墙：包括瓷板幕墙、陶板幕墙、微晶玻璃板幕墙、石材蜂窝板幕墙、木纤维板幕墙、纤维增强水泥板幕墙和预制混凝土板幕墙等。

（2）按幕墙面板支承形式分类

① 框支承幕墙：分为构件式幕墙、单元式幕墙和半单元式幕墙。

② 肋支承幕墙：分为玻璃肋支承玻璃幕墙（全玻璃幕墙）、金属肋支承幕墙和木肋支承幕墙。

③ 点支承幕墙：分为穿孔式点支承幕墙、夹板式点支承幕墙、背栓式点支承幕墙和短挂件点支承幕墙。

（3）按幕墙施工方法，可分为构件式幕墙、单元式幕墙。

2. 施工准备

（1）施工测量

根据土建施工单位给出的标高基准点和轴线位置，对已施工的主体结构与幕墙有关的部位进行全面复测。复测的内容包括：

① 轴线位置、各层标高、垂直度、混凝土结构构件（梁、柱、墙、板等）局部偏差和凹凸程度；

② 预埋件的位置偏差及漏埋情况等。

（2）后置埋件符合设计要求。锚板和锚栓的材质、锚栓埋置深度及拉拔力等合格。

3. 幕墙安装要点

1）构件式玻璃幕墙

（1）幕墙立柱安装

① 铝合金立柱通常是一层楼高为一整根，接头处应有一定空隙，上、下立柱之间通过活动接头连接。当每层设两个支点时，一般宜设计成受拉构件，不设计成受压构件。上支点宜设圆孔，在上端悬挂，采用长圆孔或椭圆孔与下端连接，形成吊挂受力状态。

② 铝合金立柱与钢镀锌连接件（支座）接触面之间应加防腐隔离柔性垫片。

③ 每个连接部位的受力螺栓，至少需要布置2个。

④ 立柱应先与连接件（角码）连接，然后连接件再与主体结构预埋件连接。

（2）幕墙横梁安装

① 横梁一般分段与立柱连接，连接处应设置柔性垫片或预留1~2mm的间隙，间隙内填胶，以避免型材刚性接触。

② 横梁与立柱间的连接紧固件应按设计要求采用不锈钢螺栓、螺钉等连接。

③ 明框幕墙横梁及组件上的导气孔和排水孔位置应符合设计要求，保证导气孔和排水孔通畅。

（3）玻璃面板

① 固定半隐框、隐框玻璃幕墙玻璃板块的压块或勾块，其规格和间距应符合设计要求。固定幕墙玻璃板块，不得采用自攻螺钉。

② 隐框玻璃幕墙采用挂钩式固定玻璃板块时，挂钩接触面宜设置柔性垫片，以防止产生摩擦噪声。

③ 明框玻璃幕墙的玻璃不得与框构件直接接触，玻璃四周与构件凹槽底部保持一定的空隙，每块玻璃下面应至少放置两块宽度与槽口宽相同的弹性定位垫块。

④ 幕墙开启窗的开启角度不宜大于30°，开启距离不宜大于300mm。

（4）密封胶

① 密封胶的施工厚度应大于3.5mm，一般控制在4.5mm以内。

② 密封胶在接缝内应两对面粘结，不应三面粘结。

③ 硅酮结构密封胶与硅酮耐候密封胶的性能不同，二者不能互换使用。

2）单元式玻璃幕墙

（1）单元式玻璃幕墙主要特点有：工厂化程度高、工期短、造型丰富、施工技术要求较高等。同时存在单方材料消耗量大、造价高，幕墙的接缝、封口和防渗漏技术要求高，施工有一定的难度等缺点。

（2）单元式玻璃幕墙起吊和就位应符合下列要求：

① 吊点和挂点应符合设计要求，吊点不应少于2个。必要时可增设吊点加固措施并试吊；

② 起吊单元板块时，应使各吊点均匀受力，起吊过程应保持单元板块平稳；

③ 吊装升降和平移应使单元板块不摆动、不撞击其他物体；

④ 吊装过程应采取措施保证装饰面不受磨损和挤压；

⑤ 单元板块就位时，应先将其挂到主体结构的挂点上，板块未固定前，吊具不得拆除。

3）全玻幕墙

（1）全玻幕墙面板玻璃厚度不宜小于 10mm；夹层玻璃单片厚度不应小于 8mm。

（2）采用钢桁架或钢梁作为受力构件时，其中心线必须与幕墙中心线相一致，椭圆螺孔中心线应与幕墙吊杆锚栓位置一致。吊挂式全玻幕墙的吊夹与主体结构之间应设置刚性水平传力结构。

（3）吊挂玻璃下端与下槽底应留空隙，并采用弹性垫块支承或填塞。槽壁与玻璃之间应采用硅酮建筑密封胶密封。

（4）吊挂玻璃的夹具不得与玻璃直接接触，夹具衬垫材料应与玻璃平整结合、紧密牢固。

4）点支承玻璃幕墙

（1）点支承玻璃幕墙面板玻璃应采用钢化玻璃及其制品。以玻璃肋作为支承结构时，应采用钢化夹层玻璃。

（2）点支承玻璃幕墙的安装要点：

① 钢拉杆和钢拉索安装时，施加预拉力应以张拉力为控制量；拉杆、拉索的预拉力应分次、分批对称张拉；在张拉过程中，应对拉杆、拉索的预拉力随时调整。

② 幕墙爪件安装前，应精确定出其安装位置，通过爪件三维调整，使玻璃面板位置准确，爪件表面与玻璃面平行；玻璃面板之间的空隙宽度不应小于 10mm，且应采用硅酮建筑密封胶嵌缝。

5）石材幕墙

（1）石材幕墙用主要材料

① 石材：天然石板厚度不应小于 25mm，火烧石板的厚度应比抛光石板厚 3mm。

② 骨架材料：石材幕墙的骨架最常用的是钢管或型钢，较少采用铝合金型材。

③ 密封胶：同一石材幕墙工程应采用同一品牌的硅酮密封胶，不得混用；石材与金属挂件之间的粘结应用环氧胶粘剂，不得采用"云石胶"。

（2）石材面板与骨架的连接方式

石材面板与骨架连接，通常有通槽式、短槽式和背栓式三种。其中通槽式较为少用，短槽式使用最多。短槽式又分为 T 形、L 形和 SE 形等，后两种应用较普遍。背栓式连接方式的使用面正在不断扩大。

6）金属幕墙

（1）常用的金属幕墙板材主要有铝板、不锈钢板、锌合金板、钛合金板等。

（2）施工要点：

① 金属幕墙工艺流程：放线→连接件安装→固定骨架→安装幕墙金属板→节点处理→密封→清理。

② 安装连接件与主体结构预埋件宜采用焊接固定。

③ 金属板之间缝隙用橡胶条压紧或注入硅酮密封胶等弹性防水材料。

7）人造板材幕墙

（1）人造板材幕墙工程适用于非地震区和抗震设防烈度不大于 8 度地震区的民用

建筑；应用高度不宜大于100m。

（2）人造板材幕墙面板接缝设计应根据建筑效果和面板材料特性确定，并应符合下列规定：

① 瓷板、微晶玻璃幕墙可采用封闭式或开放式板缝；

② 石材蜂窝板幕墙宜采用封闭式板缝，也可采用开放式板缝；

③ 陶板、纤维水泥板幕墙宜采用开放式板缝，也可采用封闭式板缝；

④ 木纤维板幕墙应采用开放式板缝。

4. 建筑幕墙防火、防雷和成品保护技术要求

1）建筑幕墙防火构造要求

（1）设置幕墙的建筑，其上下层外墙上开口之间应设置高度不小于1.2m的实体墙或挑出宽度不小于1.0m、长度不小于开口宽度的防火挑檐。

（2）幕墙与建筑窗槛墙之间的空腔应在建筑缝隙上、下沿处分别采用矿物棉等背衬材料填塞且填塞高度均不应小于200mm；背衬材料承托板应采用钢质承托板，且承托板的厚度不应小于1.5mm。

（3）同一幕墙玻璃单元不应跨越两个防火分区。

2）建筑幕墙的防雷构造要求

（1）幕墙的金属框架应与主体结构的防雷体系可靠连接。

（2）幕墙的铝合金立柱，在不大于10m范围内宜有一根立柱采用柔性导线，把上柱与下柱的连接处连通。

（3）主体结构有水平均压环的楼层，对应导电通路的立柱预埋件或固定件应用圆钢或扁钢与均压环焊接连通，形成防雷通路。

3）建筑幕墙的成品保护与清洗

（1）玻璃面板安装后，在易撞、易碎部位，都应有醒目的警示标识或安全装置。

（2）有保护膜的铝合金型材和面板，在不妨碍下道工序施工的前提下，不应提前撕除。

（3）幕墙工程安装完成后，应制订清洗方案。清洗作业时，不得在同一垂直方向的上下面同时作业。

3.7 智能建造新技术

3.7.1 绿色施工技术

1. 施工现场水收集综合利用技术

（1）施工现场水收集综合利用技术包括基坑施工降水回收利用技术、雨水回收利用技术、现场生产和生活废水回收利用技术。

（2）基坑施工降水回收利用技术包含两种技术：一是降水回灌技术；二是将降水所抽水体集中存放施工时再利用。

（3）雨水回收利用技术：在施工现场中将雨水收集后，经过雨水渗蓄、沉淀等处理，集中存放再利用。回收水可直接用于冲刷厕所、施工现场洗车及现场洒水控制扬尘。

（4）现场生产和生活废水利用技术：将施工生产和生活废水经过过滤、沉淀或净化等处理达标后再利用。

（5）经过处理或水质达到要求的水体可用于绿化、结构养护用水以及混凝土试块养护用水等。

2. 建筑垃圾减量化与资源化利用技术

（1）可回收的建筑垃圾主要有散落的砂浆和混凝土、剔凿产生的砖石和混凝土碎块、打桩截下的钢筋混凝土桩头、砌块碎块，废旧木材、钢筋余料、塑料等。

（2）建筑垃圾减量化是指在施工过程中采用绿色施工新技术、精细化施工和标准化施工等措施，减少建筑垃圾排放。

（3）建筑垃圾资源化利用是指建筑垃圾就近处置、回收直接利用或加工处理后再利用。

（4）建筑垃圾减量化与资源化利用主要措施：实施建筑垃圾分类收集、分类堆放；碎石类、粉类的建筑垃圾进行级配后用作基坑肥槽、路基的回填材料；采用移动式快速加工机械，将废旧砖瓦、废旧混凝土就地分拣、粉碎、分级，变为可再生骨料。

3. 施工现场太阳能、空气能利用技术

1）施工现场太阳能光伏发电照明技术

施工现场太阳能光伏发电照明技术：利用太阳能电池组件将太阳光能直接转化为电能储存并用于施工现场照明系统的技术。适用于施工现场临时照明，如路灯、加工棚照明、办公区廊灯、食堂照明、卫生间照明等。

2）太阳能热水应用技术

太阳能热水应用技术：利用太阳光将水温加热的装置。太阳能热水器分为真空管式太阳能热水器和平板式太阳能热水器。适用于太阳能丰富的地区施工现场办公、生活区临时热水供应。

3）空气能热水技术

空气能热水技术：运用热泵工作原理，吸收空气中的低能热量，经过中间介质的热交换，并压缩成高温气体，通过管道循环系统对水加热的技术。适用于施工现场办公、生活区临时热水供应。

4. 施工扬尘控制技术

施工扬尘控制技术包括施工现场道路、塔式起重机、脚手架等部位自动喷淋降尘和雾炮降尘技术、施工现场车辆自动冲洗技术。适用于工业与民用建筑的施工工地。

5. 施工噪声控制技术

通过选用低噪声设备、先进施工工艺或采用隔声屏、隔声罩等措施有效降低施工现场及施工过程噪声的控制技术。隔声屏是通过遮挡和吸声减少噪声的排放。隔声罩是把噪声较大的机械设备（搅拌机、混凝土输送泵、电锯等）封闭起来，有效地阻隔噪声的外传。应设置封闭的木工用房，以有效降低电锯加工时噪声对施工现场的影响。施工现场应优先选用低噪声机械设备，优先选用能够减少或避免噪声的先进施工工艺。

6. 工具式定型化临时设施技术

（1）工具式定型化临时设施包括标准化箱式房、定型化临边洞口防护、加工棚，构件化PVC绿色围墙、预制装配式马道、可重复使用临时道路板等。

（2）标准化箱式施工现场用房包括生活、办公室用房；标准化箱式附属用房包括门卫房、设备房、试验用房等。

（3）定型化临边洞口防护、加工棚包括定型化、可周转的基坑、楼层临边防护、水平洞口防护，可选用网片式、格栅式或组装式。

（4）楼梯扶手栏杆采用工具式短钢管接头，立杆采用膨胀螺栓与结构固定，内插钢管栏杆，使用结束后可拆卸周转重复使用。

（5）构件化PVC绿色围墙：支架采用轻型薄壁钢型材，墙体采用PVC扣板，采用装配式施工。

（6）装配式临时道路采用预制混凝土道路板、装配式钢板、新型材料等，施工操作简单，占用场地少，便于拆装、移位，可重复利用。

7. 垃圾管道垂直运输技术

垃圾运输管道主要由楼层垃圾入口、主管道、减速门、垃圾出口、专用垃圾箱、管道与结构连接件等主要构件组成，将该管道直接固定到施工建筑的梁、柱、墙体等主要构件上，安装灵活，可多次周转使用。适用于多层、高层、超高层民用建筑的建筑垃圾竖向运输。

3.7.2　建筑信息模型（BIM）技术

1. 建筑信息模型（BIM）软件

（1）在建设工程及设施全生命期内，对其物理和功能特性进行数字化表达，并依此设计、施工、运营的过程和结果的总称，简称模型。

（2）对建筑信息模型进行创建、使用、管理的软件，简称BIM软件。

（3）BIM软件具备的基本功能有：模型输入、输出；模型浏览或漫游；模型信息处理；相应的专业应用；应用成果处理和输出；支持开放的数据交换标准。并宜具有与物联网、移动通信、地理信息系统等技术集成或融合的能力。

（4）模型元素信息包括的内容有：

① 几何信息：尺寸、定位、空间拓扑关系等；

② 非几何信息：名称、规格型号、材料和材质、生产厂商、功能与性能技术参数，以及系统类型、施工段、施工方式、工程逻辑关系等。

（5）BIM软件的专业功能应符合下列规定：

① 满足专业或任务要求；

② 符合相关工程建设标准及其强制性条文；

③ 支持专业功能定制开发。

（6）施工BIM模型包括深化设计模型、施工过程模型和竣工验收模型。

（7）施工模型宜在施工图设计模型基础上创建，也可根据施工图等已有工程项目文件进行创建。

2. 模型创建与使用

1）模型的创建

（1）模型创建前，应根据建设工程不同阶段、专业、任务的需要，对模型及子模型的种类和数量进行总体规划。

（2）模型可采用集成方式创建，也可采用分散方式按专业或任务创建。

（3）各相关方应根据任务需求建立统一的模型创建流程、坐标系及度量单位、信息分类和命名等模型创建和管理规则。

（4）不同类型或内容的模型创建宜采用数据格式相同或兼容的软件。当采用数据格式不兼容的软件时，应能通过数据转换标准或工具实现数据互用。

2）模型的使用

（1）模型的创建和使用宜与完成相关专业工作或任务同步进行。

（2）模型使用过程中，模型数据交换和更新可采用下列方式：

① 按单个或多个任务的需求，建立相应的工作流程；

② 完成一项任务的过程中，模型数据交换一次或多次完成；

③ 从已形成的模型中提取满足任务需求的相关数据形成子模型，并根据需要进行补充完善；

④ 利用子模型完成任务，必要时使用完成任务生成的数据更新模型。

（3）模型创建和使用过程中，应确定相关方各参与人员的管理权限，并应针对更新进行版本控制。

3.7.3　智慧工地信息技术

1. 现场施工管理信息技术

现场施工管理信息技术利用 BIM、移动互联网等信息技术实现施工现场可视化、虚拟化协同管理。依托标准化项目管理流程，结合移动应用技术，通过基于施工 BIM 模型的深化设计，以及现场布置、施工组织、进度、材料、设备、质量、安全、竣工验收等管理应用，实现施工现场信息高效传递和实时共享，提高施工管理水平。

2. 项目成本分析与控制信息技术

通过建立大数据分析模型，充分利用项目成本管理信息系统积累的海量业务数据，按业务板块、地区、重大工程等维度进行分类、汇总，对"工、料、机"等核心成本要素进行分析，挖掘出关键成本管控指标并利用其进行成本控制，从而实现工程项目成本管理的过程管控和风险预警。

3. 电子商务采购技术

通过云计算技术与电子商务模式的结合，搭建基于云服务的电子商务采购平台。平台功能主要包括：采购计划管理、互联网采购寻源、材料电子商城、订单送货管理、供应商管理、采购数据中心等。

4. 项目多方协同管理技术

以云计算、大数据、移动互联网和 BIM 等技术为支撑，构建多方参与的协同工作信息化管理平台。通过工作任务协同管理、质量和安全协同管理、图档协同管理、项目成果物的在线移交和验收管理、在线沟通服务等，实现项目各参与方之间信息共享、实时沟通，提高项目多方协同管理水平。

5. 项目物资全过程监管技术

利用信息化手段建立从工厂到现场的"仓到仓"全链条一体化物资、物流、物管体系。通过手持终端设备和物联网技术，实现集装卸、运输、仓储等整个物流供应链信息的一体化管控和项目物资、物流、物管的全过程监管。

6. 劳务工人信息管理技术

利用物联网技术，集成各类智能终端设备建立现场劳务工人信息化系统，实现实名制管理、考勤管理、安全教育管理、视频监控管理、工资监管、后勤管理以及基于业务的各类统计分析等，提高项目现场劳务用工管理水平。

7. 建筑垃圾监管技术

高度集成射频识别（RFID）、车牌识别（VLPR）、卫星定位系统、地理信息系统（GIS）、移动通信等技术，建立施工现场建筑垃圾综合监管信息平台，对施工现场建筑垃圾的申报、识别、计量、运输、处置、结算、统计分析等环节进行信息化管理，推动建筑垃圾管理的规范化、系统化、智能化。

3.8   季节性施工技术

3.8.1   冬期施工技术

冬期施工期限划分原则是：根据当地多年气象资料统计，当室外日平均气温连续 5d 稳定低于 5℃即进入冬期施工，当室外日平均气温连续 5d 高于 5℃即解除冬期施工。

1. 建筑地基基础工程

（1）土方回填时，每层铺土厚度应比常温施工时减少 20%～25%，预留沉陷量应比常温施工时增加。对于大面积回填土和有路面的路基及其人行道范围内的平整场地填方，可采用含有冻土块的土回填，但冻土块的粒径不得大于 150mm，其含量不得超过 30%。铺填时冻土块应分散开，并应逐层夯实。室外的基槽（坑）或管沟可采用含有冻土块的土回填，冻土块粒径不得大于 150mm，含量不得超过 15%，且应均匀分布。

（2）填方上层部位应采用未冻的或透水性好的土方回填。填方边坡的表层 1m 以内，不得采用含有冻土块的土填筑。管沟底以上 500mm 范围内不得用含有冻土块的土回填。

（3）室内的基槽（坑）或管沟不得采用含有冻土块的土回填，室内地面垫层下回填的土方，填料中不得含有冻土块，至地面施工前，应采取防冻措施。

（4）桩基施工时。当冻土层厚度超过 500mm，冻土层宜采用钻孔机引孔，引孔直径不宜大于桩径 20mm。振动沉管成孔施工有间歇时，宜将桩管埋入桩孔中进行保温。

（5）预制桩沉桩应连续进行，施工完成后应采用保温材料覆盖桩头上进行保温。

（6）桩基静荷载试验前，应将试桩周围的冻土融化或挖除。试验期间，应对试桩周围地表土和锚桩横梁支座进行保温。

2. 砌体工程

（1）冬期施工所用材料应符合下列规定：

① 砖、砌块在砌筑前，应清除表面污物、冰雪等，不得使用遭水浸和受冻后表面结冰、污染的砖或砌块；

② 砌筑砂浆宜采用普通硅酸盐水泥配制，不得使用无水泥拌制的砂浆；

③ 现场拌制砂浆所用砂中不得含有直径大于 10mm 的冻结块或冰块；

④ 石灰膏、电石渣膏等材料应有保温措施，遭冻结时应经融化后方可使用；

⑤ 砂浆拌合水温不宜超过 80℃，砂加热温度不宜超过 40℃，且水泥不得与 80℃以上热水直接接触；砂浆稠度宜较常温适当增大。

（2）施工日记中应记录大气温度、暖棚内温度、砌筑时砂浆温度、外加剂掺量等有关资料。

（3）砌筑施工时，砂浆温度不应低于 5℃。当设计无要求，且最低气温等于或低于 -15℃ 时，砌体砂浆强度等级应较常温施工提高一级。

（4）下列情况不得采用掺氯盐的砂浆砌筑砌体：

① 对装饰工程有特殊要求的建筑物；

② 配筋、钢埋件无可靠防腐处理措施的砌体；

③ 接近高压电线的建筑物（如变电所、发电站等）；

④ 经常处于地下水位变化范围内，以及在地下未设防水层的结构。

（5）冬期施工的砖砌体应采用"三一"砌筑法施工。每日砌筑高度不宜超过 1.2m。

（6）砌筑时砖与砂浆的温度差值宜控制在 20℃ 以内，且不应超过 30℃。

3. 钢筋工程

（1）钢筋调直冷拉温度不宜低于 -20℃。预应力钢筋张拉温度不宜低于 -15℃。当环境温度低于 -20℃ 时，不宜进行施焊。当环境温度低于 -20℃ 时，不得对 HRB400 及以上级钢筋进行冷弯加工。

（2）雪天或施焊现场风速超过三级风焊接时，应采取遮蔽措施，焊接后未冷却的接头应避免碰到冰雪。

（3）钢筋负温闪光对焊工艺应控制热影响区长度；钢筋负温电弧焊宜采取分层控温施焊；帮条接头或搭接接头的焊缝厚度不应小于钢筋直径的 30%，焊缝宽度不应小于钢筋直径的 70%。

（4）电渣压力焊焊接前，应进行现场负温条件下的焊接工艺试验，经检验满足要求后方可正式作业。

4. 混凝土工程

（1）冬期施工配制混凝土宜选用硅酸盐水泥或普通硅酸盐水泥。采用蒸汽养护时，宜选用矿渣硅酸盐水泥。

（2）冬期施工混凝土配合比应根据施工期间环境气温、原材料、养护方法、混凝土性能要求等经试验确定，并宜选择较小的水胶比和坍落度。

（3）冬期施工混凝土搅拌前，原材料的预热应符合下列规定：

① 宜加热拌合水。当仅加热拌合水不能满足热工计算要求时，可加热骨料。可提高水温至 100℃，但水泥不能与 80℃ 以上的水直接接触。

② 水泥、外加剂、矿物掺合料不得直接加热，应事先贮于暖棚内预热。

（4）混凝土拌合物的出机温度不宜低于 10℃，入模温度不应低于 5℃；对预拌混凝土或需远距离输送的混凝土，混凝土拌合物的出机温度可根据运输和输送距离经热工计算确定，但不宜低于 15℃。大体积混凝土的入模温度可根据实际情况适当降低。

（5）混凝土浇筑后，对裸露表面应采取防风、保湿、保温措施，对边、棱角及易受冻部位应加强保温。在混凝土养护和越冬期间，不得直接对负温混凝土表面浇水养护。

（6）混凝土养护期间的温度测量应符合下列规定：

① 采用蓄热法或综合蓄热法时，在达到受冻临界强度之前应每隔4～6h测量一次；

② 采用负温养护法时，在达到受冻临界强度之前应每隔2h测量一次；

③ 采用加热法时，升温和降温阶段应每隔1h测量一次，恒温阶段每隔2h测量一次；

④ 混凝土在达到受冻临界强度后，可停止测温。

（7）拆模时混凝土表面与环境温差大于20℃时，混凝土表面应及时覆盖，缓慢冷却。

（8）冬期施工混凝土强度试件的留置应增设与结构同条件养护试件，养护试件不应少于2组。同条件养护试件应在解冻后进行试验。

（9）冬施浇筑的混凝土，其临界强度应符合下列规定：

① 采用蓄热、暖棚法、加热法等施工的普通混凝土，采用硅酸盐水泥、普通硅酸盐水泥配制时，其受冻临界强度不应小于设计混凝土强度等级的30%；采用矿渣硅酸盐水泥、粉煤灰硅酸盐水泥、火山灰质硅酸盐水泥、复合硅酸盐水泥时，不应小于设计混凝土强度等级的40%。

② 当室外最低气温不低于−15℃时，采用综合蓄热法、负温养护法施工的混凝土受冻临界强度不应小于4.0MPa；当室外最低气温不低于−30℃时，采用负温养护法施工的混凝土受冻临界强度不应小于5.0MPa。

③ 对强度等级等于或高于C50的混凝土，不宜小于设计混凝土强度等级值的30%。

④ 对有抗渗要求的混凝土，不宜小于设计混凝土强度等级值的50%。

⑤ 当施工需要提高混凝土的强度等级时，应按提高后的强度等级确定受冻临界强度。

5. 钢结构工程

（1）冬期施工宜采用Q355钢、Q390钢、Q420钢，负温下施工用钢材，应进行负温冲击韧性试验，合格后方可使用。

（2）钢结构在负温下放样时，切割、铣刨的尺寸，应考虑负温对钢材收缩的影响。

（3）普通碳素结构钢工作地点温度低于−20℃、低合金钢工作地点温度低于−15℃时不得剪切、冲孔，普通碳素结构钢工作地点温度低于−16℃、低合金结构钢工作地点温度低于−12℃时不得进行冷矫正和冷弯曲。当工作地点温度低于−30℃时，不宜进行现场火焰切割作业。

（4）焊接作业区环境温度低于0℃时，应将构件焊接区各方向大于或等于2倍钢板厚度且不小于100mm范围内的母材，加热到20℃以上时方可施焊，且在焊接过程中均不得低于20℃。

（5）当焊接场地环境温度低于−15℃时，应适当提高焊机的电流强度。每降低3℃，焊接电流应提高2%。

（6）栓钉施焊环境温度低于0℃时，打弯试验的数量应增加1%。

6. 防水工程

（1）防水混凝土的冬期施工，应符合下列规定：

① 混凝土入模温度不应低于 5℃；

② 混凝土养护宜采用蓄热法、综合蓄热法、暖棚法、掺化学外加剂等方法。

（2）水泥砂浆防水层施工气温不应低于 5℃，养护温度不宜低于 5℃，并应保持砂浆表面湿润，养护时间不得少于 14d。

（3）防水工程应依据材料性能确定施工气温界限，最低施工环境气温宜符合表 3.8-1 的规定。

表 3.8-1　防水工程冬期施工环境气温要求

防水材料	施工环境气温
改性沥青防水卷材	热熔法不低于 -10℃
合成高分子防水卷材	冷粘法不低于 5℃；焊接法不低于 -10℃
改性沥青防水涂料	溶剂型不低于 5℃；热熔型不低于 -10℃
合成高分子防水涂料	溶剂型不低于 -5℃
改性石油沥青密封材料	不低于 0℃
合成高分子密封材料	溶剂型不低于 0℃

（4）屋面隔汽层可采用气密性好的单层卷材或防水涂料。冬期施工采用卷材时，可采用花铺法施工，卷材搭接宽度不应小于 80mm；采用防水涂料时，宜选用溶剂型涂料。隔汽层施工的温度不应低于 -5℃。

（5）屋面防水工程冬期施工应选择晴朗天气进行，不得在雨、雪天和五级风及其以上或基层潮湿、结冰、霜冻条件下进行。

3.8.2　雨期施工技术

1. 雨期施工准备

（1）施工现场及生产、生活基地的排水设施畅通，雨水可从排水口顺利排出。

（2）在相邻建筑物、构筑物防雷装置保护范围外的高大脚手架、井架等，安装防雷装置。

（3）施工现场的木工、钢筋、混凝土、卷扬机械、空气压缩机等有防砸、防雨的操作棚和相应保护措施。

（4）地下室人防出入口、管沟口等加以封闭并设防水门槛。

（5）雨期所需材料要提前准备，对降水偏高、可能出现大洪、大汛趋势的时期，储备数量要酌情增加。

2. 地基基础工程

（1）基坑坡顶做 1.5m 宽散水、挡水墙，四周做混凝土路面。基坑内，沿四周挖砌排水沟、设集水井，用排水泵抽至市政排水系统。

（2）土方开挖施工中，基坑内临时道路上铺渣土或级配砂石，保证雨后通行不陷。

自然坡面防止雨水直接冲刷，遇大雨时覆盖塑料布。

（3）土方回填应避免在雨天进行。

（4）CFG桩施工，槽底预留的保护土层厚度不小于0.5m。

3. 砌体工程

（1）雨天不应在露天砌筑墙体，对下雨当日砌筑的墙体应进行遮盖。继续施工时，应复核墙体的垂直度，如果垂直度超过允许偏差，应拆除重新砌筑。

（2）砌体结构工程使用的湿拌砂浆，除直接使用外必须储存在不吸水的专用容器内，并根据气候条件采取遮阳、保温、防雨等措施，砂浆在使用过程中严禁随意加水。

（3）对砖堆加以保护，确保块体湿润度不超过规定，淋雨过湿的砖不得使用，雨天及小砌块表面有浮水时，不得施工。

（4）每天砌筑高度不得超过1.2m。

4. 钢筋工程

（1）雨天施焊应采取遮蔽措施，焊接后未冷却的接头应避免遇雨急速降温。

（2）雨后要检查基础底板后浇带，对于后浇带内的积水必须及时清理干净，避免钢筋锈蚀。楼层后浇带可以用硬质材料封盖临时保护。

（3）钢筋机械必须设置在平整、坚实的场地上，设置机棚和排水沟，焊机必须接地，焊工必须穿戴防护衣具，以保证操作人员安全。

5. 混凝土工程

（1）雨期施工期间，对水泥和掺合料应采取防水和防潮措施，并应对粗、细骨料含水率实时监测，及时调整混凝土配合比。

（2）应选用具有防雨水冲刷性能的模板脱模剂。

（3）对混凝土搅拌、运输设备和浇筑作业面应采取防雨措施。

（4）除采用防护措施外，小雨、中雨天气不宜进行混凝土露天浇筑，且不应开始大面积作业面的混凝土露天浇筑；大雨、暴雨天气不应进行混凝土露天浇筑。

（5）应采取防止基槽或模板内积水的措施。基槽或模板内和混凝土浇筑分层面出现积水时，应在排水后再浇筑混凝土。

（6）混凝土浇筑过程中，对因雨水冲刷致使水泥浆流失严重的部位，应采取补救措施后再继续施工。

（7）浇筑板、墙、柱混凝土时，可适当减小坍落度。梁板同时浇筑时应沿次梁方向浇筑，此时如遇雨而停止施工，可将施工缝留在弯矩剪力较小处的次梁和板上，从而保证主梁的整体性。

6. 钢结构工程

（1）雨期由于空气比较潮湿，焊条储存应防潮并进行烘烤，同一焊条重复烘烤次数不宜超过两次。

（2）焊接作业区的相对湿度不大于90%；如焊缝部位比较潮湿，必须用干布擦净并在焊接前用氧炔焰烤干，保持接缝干燥，没有残留水分。

（3）雨天构件不能进行涂刷工作，涂装后4h内不得雨淋；风力超过5级时，室外不宜喷涂作业。

（4）吊装时，构件上如有积水，安装前应清除干净，但不得损伤涂层，高强度螺栓接头安装时，构件摩擦面应干净，不能有水珠，更不能雨淋和接触泥土及油污等脏物。

（5）如遇上大风天气，柱、主梁、支撑等大构件应立即进行校正，位置校正正确后，立即进行永久固定，以防止发生单侧失稳。当天安装的构件，应形成空间稳定体系。

7. 防水工程

（1）防水工程严禁在雨天施工，五级风及其以上时不得施工防水层。

（2）防水材料进场后应存放在干燥通风处，严防雨水浸入受潮，露天保存时应用防水布覆盖。

（3）雨期进行防水混凝土和其他防水层施工时，应采取防雨措施。

3.8.3　高温天气施工技术

1. 砌体工程

（1）现场拌制的砂浆应随拌随用，当施工期间最高气温超过 30℃时，应在 2h 内使用完毕。预拌砂浆及蒸压加气混凝土砌块专用砂浆的使用时间应按照厂方提供的说明书确定。

（2）采用铺浆法砌筑砌体，施工期间气温超过 30℃时，铺浆长度不得超过 500mm。

（3）砌筑普通混凝土小型空心砌块砌体，遇天气干燥炎热，宜在砌筑前对其喷水湿润。

2. 混凝土工程

（1）当日平均气温达到 30℃及以上时，应按高温施工要求采取措施。

（2）高温施工时，对露天堆放的粗、细骨料应采取遮阳防晒等措施。必要时，可对粗骨料进行喷雾降温。

（3）高温施工混凝土配合比设计除应符合规范规定外，尚应符合下列规定：

① 根据环境温度、湿度、风力和采取温控措施的实际情况，对混凝土配合比进行调整。

② 宜在近似现场运输条件、时间和预计混凝土浇筑作业最高气温的天气条件下，通过混凝土试拌合与试运输的工况试验后，调整并确定适合高温天气条件下施工的混凝土配合比。

③ 宜采用低水泥用量的原则，并可采用粉煤灰取代部分水泥。宜选用水化热较低的水泥。

④ 混凝土坍落度不宜小于 70mm。

（4）混凝土的搅拌应符合下列规定：

① 应对搅拌站料斗、储水器、皮带运输机、搅拌楼采取遮阳防晒措施。

② 对原材料进行直接降温时，宜采用对水、粗骨料进行降温的方法。当对水直接降温时，可采用冷却装置冷却拌合用水并应对水管及水箱加设遮阳和隔热设施，也可在水中加碎冰作为拌合用水的一部分。

③ 原材料入机温度不宜超过表 3.8-2 的规定。

表 3.8-2　原材料最高入机温度（℃）

原材料	入机温度	原材料	入机温度
水泥	60	水	25
骨料	30	粉煤灰等掺合料	60

④ 混凝土拌合物出机温度不宜大于30℃。必要时，可采取掺加干冰等附加控温措施。

（5）混凝土宜采用白色涂装的混凝土搅拌运输车运输；对混凝土输送管应进行遮阳覆盖，并应洒水降温。

（6）混凝土浇筑入模温度不应高于35℃。

（7）混凝土浇筑宜在早间或晚间进行，且宜连续浇筑。需要时，应在施工作业面采取挡风、遮阳、喷雾等措施。

（8）混凝土浇筑前，施工作业面宜采取遮阳措施，并应对模板、钢筋和施工机具采用洒水等降温措施，但浇筑时模板内不得有积水。

3. 钢结构工程

（1）钢构件预拼装宜按照钢结构安装状态进行定位，并应考虑预拼装与安装时的温差变形。

（2）钢结构安装校正时应考虑温度、日照等因素对结构变形的影响。施工单位和监理单位宜在大致相同的天气条件和时间段进行测量验收。

（3）大跨度空间钢结构施工应考虑环境温度变化对结构的影响。

（4）涂装环境温度和相对湿度应符合涂料产品说明书的要求，产品说明书无要求时，环境温度不宜高于38℃，相对湿度不应大于85%。

4. 防水工程

（1）防水工程不宜在高于防水材料的最高施工环境气温下施工，并应避免在烈日暴晒下施工。防水材料施工环境最高气温不宜超过35℃。

（2）夏季施工，屋面如有露水潮湿，应待其干燥后方可进行防水施工。

（3）防水材料应随用随配，配制好的混合料宜在2h内用完。

第2篇　建筑工程相关法规与标准

第4章　相关法规

4.1　建筑工程建设相关规定

第4章
看本章精讲课
做本章自测题

4.1.1　城市道路、地下水与建筑工程施工管理规定

1. 城市道路管理与建筑工程施工的相关规定

《城市道路管理条例》（国务院令第 198 号）中规定：

1）城市道路行驶方面的相关规定

（1）履带车、铁轮车或者超重、超高、超长车辆需要在城市道路上行驶的，事先须征得市政工程行政主管部门同意，并按照公安交通管理部门指定的时间、路线行驶。

（2）机动车不得在桥梁或者非指定的城市道路上试刹车。

2）城市道路占用、挖掘的相关规定

（1）未经市政工程行政主管部门和公安交通管理部门批准，任何单位或者个人不得占用或者挖掘城市道路。

（2）因特殊情况需要临时占用城市道路的，须经市政工程行政主管部门和公安交通管理部门批准，方可按照规定占用。

（3）因工程建设需要挖掘城市道路的，应当提交城市规划部门批准签发的文件和有关设计文件，经市政工程行政主管部门和公安交通管理部门批准，方可按照规定挖掘。

（4）经批准挖掘城市道路的，应当在施工现场设置明显标志和安全防护设施；竣工后，应当及时清理现场，通知市政工程行政主管部门检查验收。

2. 城市地下水管线管理与建筑工程施工相关的规定

（1）《建设工程安全生产管理条例》规定，建设单位应当向施工单位提供施工现场及毗邻区域内供水、排水、供电、供气、供热、通信、广播电视等地下管线资料，气象和水文观测资料，相邻建筑物和构筑物、地下工程的有关资料，并保证资料的真实、准确、完整。施工单位对因建设工程施工可能造成损害的毗邻建筑物、构筑物和地下管线等，应当采取专项防护措施。

（2）《城市地下管线工程档案管理办法》（原建设部令第 136 号）中规定：

① 因建设单位未移交地下管线工程档案，造成施工单位在施工中损坏地下管线的，建设单位依法承担相应的责任。

② 因地下管线专业管理单位未移交地下管线工程档案，造成施工单位在施工中损坏地下管线的，地下管线专业管理单位依法承担相应的责任。

③ 建设单位和施工单位未按照规定查询和取得施工地段的地下管线资料而擅自组织施工，损坏地下管线给他人造成损失的，依法承担赔偿责任。

4.1.2　城市建设档案管理规定

《建设工程文件归档规范（2019 年版）》GB/T 50328—2014 规定：在工程建设活动中直接形成的具有归档保存价值的文字、图纸、图表、声像、电子文件等各种形式的历史记录，简称工程档案。

1. 基本规定

（1）工程文件应随工程建设进度同步形成，不得事后补编。

（2）每项建设工程应编制一套电子档案，随纸质档案一并移交城建档案管理机构。电子档案签署了具有法律效力的电子印章或电子签名的，可不移交相应纸质档案（竣工图除外），对于数字化扫描形成的电子文件，实行纸质、电子双套制移交。

（3）勘察、设计、施工、监理等单位应将本单位形成的工程文件立卷后向建设单位移交。

（4）建设工程项目实行总承包管理的，总包单位应负责收集、汇总各分包单位形成的工程档案，并应及时向建设单位移交；各分包单位应将本单位形成的工程文件整理、立卷后及时移交总包单位。建设工程项目由几个单位承包的，各承包单位应负责收集、整理立卷其承包项目的工程文件，并应及时向建设单位移交。

（5）建设工程档案的验收应纳入建设工程竣工联合验收环节。建设工程档案移交可实行"验收＋承诺"或在工程竣工验收备案前一次性移交等方式。

（6）工程资料管理人员应经过工程文件归档整理的专业培训。

2. 归档文件质量要求

（1）归档的纸质工程文件应为原件。

（2）工程文件的内容及其深度应符合国家现行有关工程勘察、设计、施工、监理等标准的规定。

（3）工程文件的内容必须真实、准确，应与工程实际相符合。

（4）工程文件应字迹清楚，图样清晰，图表整洁，签字盖章手续应完备。

（5）工程文件中文字材料幅面尺寸规格宜为 A4 幅面，图纸宜采用国家标准图幅。

（6）所有竣工图均应加盖竣工图章。

（7）归档的建设工程电子文件应采用电子签名等手段，所载内容应真实和可靠，内容必须与其纸质档案一致。

3. 归档要求

（1）根据建设程序和工程特点，归档可分阶段分期进行，也可在单位或分部工程通过竣工验收后进行。

（2）勘察、设计单位应在任务完成后，施工、监理单位应在工程竣工验收前，将各自形成的有关工程档案向建设单位归档。

（3）勘察、设计、施工单位在收齐工程文件并整理立卷后，建设单位、监理单位应根据城建档案管理机构的要求，对归档文件完整、准确、系统情况和案卷质量进行审查。审查合格后方可向建设单位移交。

（4）工程档案的编制不得少于两套，一套应由建设单位保管，另一套（原件）应移交当地城建档案管理机构保存。

4.1.3　施工许可管理规定

《建筑工程施工许可管理办法》（住房和城乡建设部令第 18 号）规定：

1. 申请领取施工许可证应当具备的条件

（1）依法应当办理用地批准手续的，已经办理该建筑工程用地批准手续。

（2）依法应当办理建设工程规划许可证的，已经取得建设工程规划许可证。

（3）施工场地已经基本具备施工条件，需要征收房屋的，其进度符合施工要求。

（4）已经确定有效的施工企业。

（5）有满足施工需要的资金安排、施工图纸及技术资料，建设单位应当提供建设资金已经落实承诺书，施工图设计文件已按规定审查合格。

（6）有保证工程质量和安全的具体措施。施工企业编制的施工组织设计中有根据建筑工程特点制订的相应质量、安全技术措施。建立工程质量安全责任制并落实到人。专业性较强的工程项目编制了专项质量、安全施工组织设计，并按照规定办理了工程质量、安全监督手续。

2. 建筑工程施工许可的相关管理规定

（1）建筑工程在施工过程中，建设单位或者施工单位发生变更的，应当重新申请领取施工许可证。

（2）建设单位应当自领取施工许可证之日起三个月内开工。因故不能按期开工的，应当在期满前向发证机关申请延期，并说明理由；延期以两次为限，每次不超过三个月。既不开工又不申请延期或者超过延期次数、时限的，施工许可证自行废止。

（3）对采用工程总承包模式的工程建设项目，在施工许可证及其申请表中增加"工程总承包单位"和"工程总承包项目经理"栏目。各级住房城乡建设主管部门可以根据工程总承包合同及分包合同确定设计、施工单位，依法办理施工许可证。

（4）对在工程总承包项目中承担分包工作，且已与工程总承包单位签订分包合同的设计单位或施工单位，各级住房城乡建设主管部门不得要求其与建设单位签订设计合同或施工合同，也不得将上述要求作为申请领取施工许可证的前置条件。

4.1.4　建设项目工程总承包管理规定

《房屋建筑和市政基础设施项目工程总承包管理办法》规定：

1. 工程总承包

工程总承包是指承包单位按照与建设单位签订的合同，对工程设计、采购、施工或者设计、施工等阶段实行总承包，并对工程的质量、安全、工期和造价等全面负责的工程建设组织实施方式。

2. 工程总承包项目的发包和承包

（1）工程总承包单位应当同时具有与工程规模相适应的工程设计资质和施工资质，或者由具有相应资质的设计单位和施工单位组成联合体。工程总承包单位应当具有相应的项目管理体系和项目管理能力、财务和风险承担能力，以及与发包工程相类似的设计、施工或者工程总承包业绩。

（2）设计单位和施工单位组成联合体的，应当根据项目的特点和复杂程度，合理确定牵头单位，并在联合体协议中明确联合体成员单位的责任和权利。联合体各方应当共同与建设单位签订工程总承包合同，就工程总承包项目承担连带责任。

　　3. 工程总承包项目实施

　　（1）工程总承包单位应当建立与工程总承包相适应的组织机构和管理制度，形成项目设计、采购、施工、试运行管理以及质量、安全、工期、造价、节约能源和生态环境保护管理等工程总承包综合管理能力。

　　（2）工程总承包单位应当设立项目管理机构，设置项目经理，配备相应管理人员，加强设计、采购与施工的协调，完善和优化设计，改进施工方案，实现对工程总承包项目的有效管理控制。

　　（3）工程总承包项目经理应当具备下列条件：

　　① 取得相应工程建设类注册执业资格，包括注册建筑师、勘察设计注册工程师、注册建造师或者注册监理工程师等；未实施注册执业资格的，取得高级专业技术职称；

　　② 担任过与拟建项目相类似的工程总承包项目经理、设计项目负责人、施工项目负责人或者项目总监理工程师；

　　③ 熟悉工程技术和工程总承包项目管理知识以及相关法律法规、标准规范；

　　④ 具有较强的组织协调能力和良好的职业道德。

　　工程总承包项目经理不得同时在两个或者两个以上工程项目担任工程总承包项目经理、施工项目负责人。

　　（4）工程总承包单位可以采用直接发包的方式进行分包。但以暂估价形式包括在总承包范围内的工程、货物、服务分包时，属于依法必须进行招标的项目范围且达到国家规定规模标准的，应当依法招标。

　　（5）工程总承包单位应当对其承包的全部建设工程质量负责，分包单位对其分包工程的质量负责，分包不免除工程总承包单位对其承包的全部建设工程所负的质量责任。

　　（6）工程总承包单位、工程总承包项目经理依法承担质量终身责任。

　　（7）工程总承包单位对承包范围内工程的安全生产负总责。分包单位应当服从工程总承包单位的安全生产管理，分包单位不服从管理导致生产安全事故的，由分包单位承担主要责任，分包不免除工程总承包单位的安全责任。

　　（8）工程保修书由建设单位与工程总承包单位签署，保修期内工程总承包单位应当根据法律法规规定以及合同约定承担保修责任，工程总承包单位不得以其与分包单位之间保修责任划分而拒绝履行保修责任。

4.2　安全生产及施工现场管理相关规定

4.2.1　《施工脚手架通用规范》的有关规定

　　1. 基本规定

　　（1）脚手架搭设和拆除作业以前，应根据工程特点编制脚手架专项施工方案，并应经审批后实施。需要修改时，修改后的方案应经审批后实施。

　　（2）脚手架搭设和拆除作业前，应将脚手架专项施工方案向施工现场管理人员及作业人员进行安全技术交底。

（3）脚手架使用过程中，不应改变其结构体系。

2. 材料与构配件

（1）脚手架材料与构配件在使用周期内，应及时检查、分类、维护、保养，对不合格品应及时报废，并应形成文件记录。

（2）对于无法通过结构分析、外观检查和测量检查确定性能的材料与构配件，应通过试验确定其受力性能。

3. 脚手架设计

（1）脚手架设计计算应根据工程实际施工工况进行，结果应满足对脚手架强度、刚度、稳定性的要求。

（2）模板支撑脚手架应根据施工工况对连续支撑进行设计计算，并应按最不利的工况计算确定支撑层数。

（3）脚手架杆件和构配件强度应按净截面计算；杆件和构配件稳定性、变形应按毛截面计算。

（4）脚手架构造措施应合理、齐全、完整，并应保证架体传力清晰、受力均匀。

（5）脚手架底部立杆应设置纵向和横向扫地杆，扫地杆应与相邻立杆连接稳固。

（6）悬挑脚手架立杆底部应与悬挑支承结构可靠连接；应在立杆底部设置纵向扫地杆，并应间断设置水平剪刀撑或水平斜撑杆。

（7）临街作业脚手架的外侧立面、转角处应采取有效硬防护措施。

（8）支撑脚手架独立架体高宽比不应大于 3.0。

（9）支撑脚手架应设置竖向和水平剪刀撑，并应符合下列规定：

① 剪刀撑的设置应均匀、对称；

② 每道竖向剪刀撑的宽度应为 6～9m，剪刀撑斜杆的倾角应在 45°～60° 之间。

4. 脚手架搭设、使用、拆除

（1）在搭设和拆除脚手架作业时，应设置安全警戒线、警戒标志，并应由专人监护，严禁非作业人员入内。

（2）当在脚手架上架设临时施工用电线路时，应有绝缘措施，操作人员应穿绝缘防滑鞋；脚手架与架空输电线路之间应设有安全距离，并应设置接地、防雷设施。

（3）脚手架应按顺序搭设，并应符合下列规定：

① 落地作业脚手架、悬挑脚手架的搭设应与主体结构工程施工同步，一次搭设高度不应超过最上层连墙件 2 步，且自由高度不应大于 4m；

② 剪刀撑、斜撑杆等加固杆件应随架体同步搭设；

③ 构件组装类脚手架的搭设应自一端向另一端延伸，应自下而上按步逐层搭设；并应逐层改变搭设方向；

④ 每搭设完一步距架体后，应及时校正立杆间距、步距、垂直度及水平杆的水平度。

（4）作业脚手架连墙件安装应符合下列规定：

① 连墙件的安装应随作业脚手架搭设同步进行；

② 当作业脚手架操作层高出相邻连墙件 2 个步距及以上时，在上层连墙件安装完毕前，应采取临时拉结措施。

（5）悬挑脚手架、附着式升降脚手架在搭设时，悬挑支承结构、附着支座的锚固应稳固可靠。

（6）脚手架安全防护网和防护栏杆等防护设施应随架体搭设同步安装到位。

（7）雷雨天气、6级及以上大风天气应停止架上作业；雨、雪、雾天气应停止脚手架的搭设和拆除作业，雨、雪、霜后上架作业应采取有效的防滑措施，雪天应清除积雪。

（8）严禁将支撑脚手架、缆风绳、混凝土输送泵管、卸料平台及大型设备的支承件等固定在作业脚手架上。严禁在作业脚手架上悬挂起重设备。

（9）支撑脚手架在浇筑混凝土、工程结构件安装等施加荷载的过程中，架体下严禁有人。

（10）附着式升降脚手架在使用过程中不得拆除防倾、防坠、停层、荷载、同步升降控制装置。

（11）当附着式升降脚手架在升降作业时或外挂防护架在提升作业时，架体上严禁有人，架体下方不得进行交叉作业。

（12）脚手架的拆除作业应符合下列规定：

① 架体拆除应按自上而下的顺序按步逐层进行，不应上下同时作业。

② 同层杆件和构配件应按先外后内的顺序拆除；剪刀撑、斜撑杆等加固杆件应在拆卸至该部位杆件时拆除。

③ 作业脚手架连墙件应随架体逐层、同步拆除，不应先将连墙件整层或数层拆除后再拆架体。

④ 作业脚手架拆除作业过程中，当架体悬臂段高度超过 2 步时，应加设临时拉结。

（13）架体拆除作业应统一组织，并应设专人指挥，不得交叉作业。

5. 检查与验收

（1）脚手架材料、构配件质量现场检验应采用随机抽样的方法进行外观质量、实测实量检验。

（2）附着式升降脚手架支座及防倾、防坠、荷载控制装置、悬挑脚手架悬挑结构件等涉及架体使用安全的构配件应全数检验。

（3）脚手架搭设达到设计高度或安装就位后，应进行验收，验收不合格的，不得使用。脚手架的验收应包括下列内容：

① 材料与构配件质量；

② 搭设场地、支承结构件的固定；

③ 架体搭设质量；

④ 专项施工方案、产品合格证、使用说明及检测报告、检查记录、测试记录等技术资料。

4.2.2 建筑工程生产安全重大事故隐患判定标准的有关规定

1. 重大事故隐患

重大事故隐患是指在房屋市政工程施工过程中，存在的危害程度较大、可能导致群死群伤或造成重大经济损失的生产安全事故隐患。

2. 重大事故隐患判定条件

（1）施工安全管理有下列情形之一的，应判定为重大事故隐患：

① 建筑施工企业未取得安全生产许可证擅自从事建筑施工活动；

② 施工单位的主要负责人、项目负责人、专职安全生产管理人员未取得安全生产考核合格证书从事相关工作；

③ 建筑施工特种作业人员未取得特种作业人员操作资格证书上岗作业；

④ 危险性较大的分部分项工程未编制、未审核专项施工方案，或未按规定要求对专项施工方案组织专家论证。

（2）基坑工程有下列情形之一的，应判定为重大事故隐患：

① 对因基坑工程施工可能造成损害的毗邻重要建筑物、构筑物和地下管线等，未采取专项防护措施；

② 基坑土方超挖且未采取有效措施；

③ 深基坑施工未进行第三方监测；

④ 出现基坑坍塌风险预兆且未及时处理。

（3）模板工程有下列情形之一的，应判定为重大事故隐患：

① 模板工程的地基基础承载力和变形不满足设计要求；

② 模板支架承受的施工荷载超过设计值；

③ 模板支架拆除及滑模、爬模爬升时，混凝土强度未达到设计或规范要求。

（4）脚手架工程有下列情形之一的，应判定为重大事故隐患：

① 脚手架工程的地基基础承载力和变形不满足设计要求；

② 未设置连墙件或连墙件整层缺失；

③ 附着式升降脚手架未经验收合格即投入使用。

（5）起重机械及吊装工程有下列情形之一的，应判定为重大事故隐患：

① 塔式起重机、施工升降机、物料提升机等起重机械设备未经验收合格即投入使用，或未按规定办理使用登记；

② 塔式起重机独立起升高度、附着间距和最高附着以上的最大悬高及垂直度不符合规范要求；

③ 施工升降机附着间距和最高附着以上的最大悬高及垂直度不符合规范要求。

（6）高处作业有下列情形之一的，应判定为重大事故隐患：

① 钢结构、网架安装用支撑结构地基基础承载力和变形不满足设计要求，钢结构、网架安装用支撑结构未按设计要求设置防倾覆装置；

② 单榀钢桁架（屋架）安装时未采取防失稳措施；

③ 悬挑式操作平台的搁置点、拉结点、支撑点未设置在稳定的主体结构上，且未做可靠连接。

（7）施工临时用电方面，特殊作业环境（隧道、人防工程，高温、有导电灰尘、比较潮湿等作业环境）照明未按规定使用安全电压的，应判定为重大事故隐患。

（8）拆除工程方面，拆除施工作业顺序不符合规范和施工方案要求的，应判定为重大事故隐患。

（9）使用危害程度较大、可能导致群死群伤或造成重大经济损失的施工工艺、设备和材料，应判定为重大事故隐患。

4.2.3 危险性较大的分部分项工程安全管理的有关规定

1. 危大工程管理

（1）建设单位在申请办理安全监督手续时，应当提供危险性较大的分部分项工程清单和安全管理措施。施工单位、监理单位应当建立危险性较大的分部分项工程安全管理制度。

（2）建筑工程实行施工总承包的，专项方案应当由施工总承包单位组织编制。其中，起重机械安装拆卸工程、深基坑工程、附着式升降脚手架等专业工程实行分包的，其专项方案可由专业承包单位组织编制。

2. 危大工程范围

1）基坑支护、降水工程

（1）开挖深度超过3m（含3m）的基坑（槽）的土方开挖、支护、降水工程。

（2）开挖深度虽未超过3m，但地质条件、周围环境和地下管线复杂，或影响毗邻建、构筑物安全的基坑（槽）的土方开挖、支护、降水工程。

2）模板工程及支撑体系

（1）各类工具式模板工程：包括滑模、爬模、飞模、隧道模等工程。

（2）混凝土模板支撑工程：搭设高度5m及以上；搭设跨度10m及以上；施工总荷载（荷载效应基本组合的设计值，以下简称设计值）10kN/m² 及以上；集中线荷载（设计值）15kN/m 及以上；或高度大于支撑水平投影宽度且相对独立无联系构件的混凝土模板支撑工程。

（3）承重支撑体系：用于钢结构安装等满堂支撑体系。

3）起重吊装及起重机械安装拆卸工程

（1）采用非常规起重设备、方法，且单件起吊重量在10kN及以上的起重吊装工程。

（2）采用起重机械进行安装的工程。

（3）起重机械安装和拆卸工程。

4）脚手架工程

（1）搭设高度24m及以上的落地式钢管脚手架工程（包括采光井、电梯井脚手架）。

（2）附着式升降脚手架工程。

（3）悬挑式脚手架工程。

（4）高处作业吊篮。

（5）卸料平台、操作平台工程。

（6）异型脚手架工程。

5）其他

（1）建筑幕墙安装工程。

（2）钢结构、网架和索膜结构安装工程。

（3）人工挖扩孔桩工程。

（4）水下作业工程。

（5）装配式建筑混凝土预制构件安装工程。

（6）采用新技术、新工艺、新材料、新设备可能影响工程施工安全，尚无国家、行业及地方技术标准的分部分项工程。

3. 超过一定规模的危大工程范围

1）深基坑工程

开挖深度超过 5m（含 5m）的基坑（槽）的土方开挖、支护、降水工程。

2）模板工程及支撑体系

（1）各类工具式模板工程：包括滑模、爬模、飞模、隧道模等工程。

（2）混凝土模板支撑工程：搭设高度 8m 及以上；搭设跨度 18m 及以上；施工总荷载（设计值）15kN/m² 及以上；或集中线荷载（设计值）20kN/m 及以上。

（3）承重支撑体系：用于钢结构安装等满堂支撑体系，承受单点集中荷载 7kN 及以上。

3）起重吊装及起重机械安装拆卸工程

（1）采用非常规起重设备、方法，且单件起吊重量在 100kN 及以上的起重吊装工程。

（2）起重量 300kN 及以上，或搭设总高度 200m 及以上，或搭设基础标高在 200m 及以上的起重机械安装和拆卸工程。

4）脚手架工程

（1）搭设高度 50m 及以上落地式钢管脚手架工程。

（2）提升高度 150m 及以上附着式升降脚手架工程或附着式升降操作平台工程。

（3）分段架体搭设高度 20m 及以上的悬挑式脚手架工程。

5）其他

（1）施工高度 50m 及以上的建筑幕墙安装工程。

（2）跨度 36m 及以上的钢结构安装工程；或跨度 60m 及以上的网架和索膜结构安装工程。

（3）开挖深度 16m 及以上的人工挖孔桩工程。

（4）水下作业工程。

（5）重量 1000kN 及以上的大型结构整体顶升、平移、转体等施工工艺。

（6）采用新技术、新工艺、新材料、新设备可能影响工程施工安全，尚无国家、行业及地方技术标准的分部分项工程。

4. 危大工程专项施工方案

（1）主要内容包括：工程概况、编制依据、施工计划、施工工艺技术、施工安全保证措施、施工管理及作业人员配备和分工、验收要求、应急处置措施、计算书及相关施工图纸。

（2）审批流程

① 专项施工方案应当由施工单位技术负责人审核签字、加盖单位公章，并由总监理工程师审查签字、加盖执业印章后方可实施。

② 危大工程实行分包并由分包单位编制专项施工方案的，专项施工方案应当由总承包单位技术负责人及分包单位技术负责人共同审核签字并加盖单位公章。

（3）专家论证

① 对于超过一定规模的危大工程，施工单位应当组织召开专家论证会对专项施工

方案进行论证。实行施工总承包的,由施工总承包单位组织召开专家论证会。专家论证前专项施工方案应当通过施工单位审核和总监理工程师审查。

② 专家应当从地方人民政府住房城乡建设主管部门建立的专家库中选取,符合专业要求且人数不得少于 5 名。与本工程有利害关系的人员不得以专家身份参加专家论证会。

③ 专家论证会的参会人员:专家组成员,建设单位项目负责人,监理单位项目总监理工程师及专业监理工程师,总承包单位和分包单位技术负责人或授权委派的专业技术人员、项目负责人、项目技术负责人、专项施工方案编制人员、项目专职安全生产管理人员及相关人员、勘察、设计单位项目技术负责人及相关人员。

④ 专家论证的主要内容

a. 专项方案内容是否完整、可行。

b. 专项方案计算书和验算依据、施工图是否符合有关标准规范。

c. 专项施工方案是否满足现场实际情况,并能够确保施工安全。

⑤ 专家论证结论:专家论证会后,应当形成论证报告,对专项施工方案提出通过、修改后通过或者不通过的一致意见。专家对论证报告负责并签字确认。

(4)危大工程监测方案:主要内容应当包括工程概况、监测依据、监测内容、监测方法、人员及设备、测点布置与保护、监测频次、预警标准及监测成果报送等。

(5)危大工程验收人员应当包括:

① 总承包单位和分包单位技术负责人或授权委派的专业技术人员、项目负责人、项目技术负责人、专项施工方案编制人员、项目专职安全生产管理人员及相关人员。

② 监理单位项目总监理工程师及专业监理工程师。

③ 有关勘察、设计和监测单位项目技术负责人。

4.2.4　施工现场建筑垃圾减量化的有关规定

《施工现场建筑垃圾减量化技术标准》JGJ/T 498—2024 有关规定:

1. 基本规定

(1)施工现场建筑垃圾的减量化工作应遵循"估算先行、源头减量、分类管理、就地处理、排放控制"的总体原则。

(2)施工现场建筑垃圾收集、存放全过程中应与生活垃圾、污泥和其他危险废物等分开。

2. 估算

(1)减排目标及源头减量化措施的制定均应根据施工现场建筑垃圾估算量确定(表 4.2-1、表 4.2-2)。

表 4.2-1　住宅建筑工程弃料估算量指标(kg/m^2)

垃圾类别(j)	施工阶段		
	地下结构阶段(u)	地上结构阶段(s)	装修及机电安装阶段(d)
1 金属类	6.0	5.0	1.5
2 无机非金属类	12.5	11.1	4.0
3 有机非金属类与混合类	7.8	5.6	3.3

表 4.2-2　公共建筑工程弃料估算量指标（kg/m²）

垃圾类别（j）	施工阶段		
	地下结构阶段（u）	地上结构阶段（s）	装修及机电安装阶段（d）
1 金属类	5.5	6.0	1.8
2 无机非金属类	11.3	13.4	4.7
3 有机非金属类与混合类	6.5	7.1	3.8

（2）工程弃料宜按类别或施工阶段进行估算。施工阶段的估算应按下列阶段进行：

① 地下结构阶段：正负零及以下结构工程及地基基础工程；

② 地上结构阶段：正负零以上结构工程；

③ 装修及机电安装阶段：屋面工程、装饰装修工程、机电安装工程。

（3）当采用不同类别工程弃料计算工程弃料单位面积估算排放总量时，应按下列公式计算：

$$W = \sum_{j=1}^{3} W_j \quad\quad (4.2\text{-}1)$$

$$W_j = \frac{T_{u.j} \times A_u \times \alpha \times \beta + T_{s.j} \times A_s \times \beta \times \gamma + T_{d.j} \times A \times \tau}{A} \quad (4.2\text{-}2)$$

式中：W——工程弃料单位面积估算排放总量（kg/m²）。

W_j——某类工程弃料单位面积估算排放总量（kg/m²）。

$T_{u.j}$——地下结构阶段某类工程弃料估算量指标（kg/m²）。

$T_{s.j}$——地上结构阶段某类工程弃料估算量指标（kg/m²）。

$T_{d.j}$——装修及机电安装阶段某类工程弃料估算量指标（kg/m²）。

A_u——工程的地下建筑面积（m²）。

A_s——工程的地上建筑面积（m²）。

A——工程的总建筑面积（m²）。

α——地下建筑面积占总建筑面积比例修正系数。根据地下建筑面积占总建筑面积计算比例 0～100%，按照插值法从 0.35～1.00 区间提取。

β——装配率修正系数。根据装配率计算比例 0～100%，按照插值法从 1.00～0.30 区间提取。

γ——地上结构阶段金属模板比例修正系数。根据地上结构阶段金属模板计算比例 0～100%，按照插值法从 1.00～0.60 区间提取。

τ——精装修率修正系数。根据精装修计算比例 0～100%，按照插值法从 0.45～1.00 区间提取。

（4）当采用不同施工阶段工程弃料计算工程弃料单位面积排放总量时，应按下列公式计算：

$$W = \frac{W_u \times A_u + W_s \times A_s + W_d \times A}{A} \quad (4.2\text{-}3)$$

$$W_u = \sum_{j=1}^{3} T_{u.j} \times \alpha \times \beta \quad\quad (4.2\text{-}4)$$

$$W_s = \sum_{j=1}^{3} T_{s.j} \times \beta \times \gamma \qquad (4.2\text{--}5)$$

$$W_d = \sum_{j=1}^{3} T_{d.j} \times \tau \qquad (4.2\text{--}6)$$

式中：W_u——地下结构阶段的工程弃料单位面积估算量（kg/m^2）。

　　　W_s——地上结构阶段的工程弃料单位面积估算量（kg/m^2）。

　　　W_d——装修及机电安装阶段的工程弃料单位面积估算量（kg/m^2）。

其他符号意义同上。

3. 源头减量

1）深化设计

（1）基础砖胎膜、地下室侧壁外防水层的保护层以及雨污排水系统的检查井、管沟等，宜采用建筑垃圾再生利用产品砌筑。

（2）宜根据现场环境条件采用可拆卸式锚杆、金属内支撑、型钢水泥土搅拌墙、钢板桩、装配式坡面支护材料等可重复利用材料。

（3）内外墙宜采用清水混凝土、高精度砌体施工技术。

（4）楼板宜采用免临时支撑的结构体系。

（5）主体结构应采用预拌砂浆、高强钢筋、高强钢材及高强混凝土。

（6）室内装修应采用简约化、功能化、轻量化的装修设计方案。

（7）装饰装修应采用支持干式作业的材料。

（8）在满足装饰性能条件下，应采用规格尺寸小的装饰材料。

2）工艺要求

（1）临时设施宜采用以建筑垃圾为原料的再生利用产品。

（2）钻孔灌注桩应采用后注浆技术提高桩基侧阻力和端阻力。

（3）在灌注桩施工时，应采用智能化灌注标高控制方法。

（4）基坑和垫层宜采用工程渣土或再生骨料回填。

（5）地下室底板的排水沟宜采用建筑垃圾再生产品砌筑。

（6）钢筋智能化加工应采用数字化工具翻样。

（7）成型钢筋宜采用场外钢筋集中加工场生产的钢筋。

（8）地面混凝土浇筑应采用原浆一次找平，实现一次成型。

（9）采用临时支撑体系时，应采用自动爬升（顶升）模架支撑体系、管件合一的脚手架、金属合金等非易损材质模板，并应采用可调节墙柱金属龙骨、早拆模板体系等可重复利用、高周转、低损耗的模架支撑体系。

（10）脚手架外防护应采用可周转使用的金属防护网。

（11）装饰装修工程施工应采用模板与支撑少的装饰工艺及构件。

3）现场管理

（1）施工现场临时设施建设，宜采用"永临结合"方式。

（2）办公用房、宿舍、停车场地、工地围挡、大门、工具棚、安全防护栏杆等，宜采用重复利用率高的标准化临时设施。

（3）施工现场宜采用智慧工地管理平台，结合建筑信息模型技术、物联网等信息化技术，实时统计并监控建筑垃圾的产生量。

4. 收集与存放

（1）施工现场建筑垃圾应分类收集、存放。应设置建筑垃圾存放点。

（2）施工现场建筑垃圾的堆放应满足地基承载力要求，且不宜高于 3m；当超过 3m 时，应进行堆体和地基的稳定性验算。

（3）工程泥浆应通过工程现场设置的泥浆池或封闭容器收集、存放，未经处理的泥浆不应就地或随意排放。

（4）施工现场粉末状建筑垃圾应采用封闭容器收集、存放，并应采取防潮措施。

5. 再利用及再生利用

（1）施工现场建筑垃圾的就地处理应因地制宜、分类利用。现场无法处理的建筑垃圾，宜在指定的场外场所处理后，回用于本工程。

（2）金属类工程弃料宜进行再利用。无机非金属类工程弃料宜进行再生利用。

（3）再利用

① 可再利用的块状、管状、条状等黑色金属类工程弃料，宜通过切割、焊接等手段加以利用。

② 有色金属类工程弃料不宜与黑色金属类工程弃料混合处理。

③ 有机非金属类与混合类工程弃料可通过下列途径再利用：

a. 现场短木方可用于小开间模板支设、洞口防护等，或采用接长方式，周转使用；

b. 废旧模板可用于制作覆膜、消防柜、楼梯踏步板、花坛、雨水箅子等，其余料可加工成管道穿楼板预留洞模具。

（4）再生利用

① 用于普通混凝土结构工程的再生骨料混凝土，应满足强度、耐久性及和易性等工作性能要求，并应符合相关标准规定。

② 再生骨料砌块和砖的尺寸偏差、抗压强度、外观质量、收缩率等性能应符合相关标准规定，并应进行型式检验。

③ 工程渣土可通过清理、筛分、翻晒、拌合石灰或水泥等措施进行土质改良，符合回填土质要求的可用作回填土方。

④ 工程泥浆应经过沉淀、干化处理，符合要求的沉渣可用于工程回填。

6. 计量与排放

（1）经场内处理的再生产品不应计入建筑垃圾出场统计范围。

（2）施工现场建筑垃圾宜按月计量，应根据各类施工现场建筑垃圾综合处置实际情况，填写施工现场建筑垃圾出场统计表。

（3）施工单位应对施工现场建筑垃圾进行分类计量并建立台账，未分类的施工现场建筑垃圾不得运输出场。计量应符合下列规定：

① 工程弃土、工程泥浆应按体积计量；

② 工程弃料应按金属类、无机非金属类、有机非金属类与混合类分别按重量计量。

4.2.5　国家主管部门近年来安全生产及施工现场管理的有关规定

1.《国务院关于调整完善工业产品生产许可证管理目录的决定》的规定

对冷轧带肋钢筋、钢丝绳、胶合板、细木工板、安全帽等产品实施工业产品生产许可证管理，由省级工业产品生产许可证主管部门负责实施。实施工业产品生产许可证管理的部分产品目录见表4.2-3。

表4.2-3　实施工业产品生产许可证管理的部分产品目录

序号	产品类别	产品品种	实施机关
1	建筑用钢筋	钢筋混凝土用热轧钢筋	省级工业产品生产许可证主管部门
		冷轧带肋钢筋	
2	水泥	水泥	
3	钢丝绳	钢丝绳	
4	人造板	胶合板	
		细木工板	
5	特种劳动防护用品	安全帽	

2.《房屋建筑和市政基础设施工程危及生产安全施工工艺、设备和材料淘汰目录（第一批）》的规定

1）禁止使用的施工工艺

（1）禁止使用现场简易制作钢筋保护层垫块工艺。可使用专业化压制设备和标准模具生产垫块工艺等替代。

（2）禁止使用卷扬机钢筋调直工艺。可使用普通钢筋调直机、数控钢筋调直切断机的钢筋调直工艺等替代。

（3）禁止使用饰面砖水泥砂浆粘贴工艺。可使用水泥基粘接材料粘贴工艺等替代。

2）限制使用的施工工艺

（1）限制使用钢筋闪光对焊工艺。在非固定的专业预制厂（场）或钢筋加工厂（场）内，对直径大于或等于22mm的钢筋进行连接作业时，不得使用钢筋闪光对焊工艺。可使用套筒冷挤压连接、滚压直螺纹套筒连接等机械连接工艺替代。

（2）限制使用基桩人工挖孔工艺，存在下列条件之一的区域不得使用。可使用冲击钻、回转钻、旋挖钻等机械成孔工艺替代。

① 地下水丰富、软弱土层、流沙等不良地质条件的区域；

② 孔内空气污染物超标准；

③ 机械成孔设备可以到达的区域。

3）禁止使用的施工设备

禁止使用竹（木）脚手架。可使用承插型盘扣式钢管脚手架、扣件式非悬挑钢管脚手架等替代。

4）限制使用的施工设备

（1）限制使用门式钢管支撑架，其不得用于搭设满堂承重支撑架体系。可使用承

插型盘扣式钢管支撑架、钢管柱梁式支架、移动模架等替代。

（2）限制使用白炽灯、碘钨灯、卤素灯，其不得用于建设工地的生产、办公、生活等区域的照明。可使用 LED 灯、节能灯等替代。

（3）限制使用龙门架、井架物料提升机，其不得用于 25m 及以上的建设工程。可使用人货两用施工升降机等替代。

第 5 章　相 关 标 准

5.1　建筑设计及质量控制相关规定

第 5 章
看本章精讲课
做本章自测题

5.1.1　《民用建筑通用规范》有关规定

《民用建筑通用规范》GB 55031—2022 规定：

1. 基本规定

（1）居住建筑应保障居住者生活安全及私密性，并应满足采光、通风和隔声等方面的要求。

（2）教育、办公科研、商业服务、公众活动、交通、医疗及社会民生服务等公共建筑除应满足各类活动所需空间及使用需求外，还应满足交通、人员集散的要求。

（3）民用建筑应设置相应的安全及导向标识系统。

（4）民用建筑应综合采取防火、抗震、防洪、防空、抗风雪及防雷击等防灾安全措施。

（5）装配式建筑应采用集成化、模块化、标准化及通用化的预制部品、部件。

2. 建筑面积

（1）建筑面积应按建筑每个自然层楼（地）面处外围护结构外表面所围空间的水平投影面积计算。

（2）下列空间与部位不应计算建筑面积：

① 结构层高或斜面结构板顶高度小于 2.20m 的建筑空间；

② 无顶盖的建筑空间；

③ 附属在建筑外围护结构上的构（配）件；

④ 建筑出挑部分的下部空间；

⑤ 建筑物中用作城市街巷通行的公共交通空间；

⑥ 独立于建筑物之外的各类构筑物。

3. 建筑室外场地

（1）除地下室、地下车库出入口，以及窗井、台阶、坡道、雨篷、挑檐等设施外，建（构）筑物的主体不应突出建筑控制线。

（2）建筑基地机动车出入口位置应符合下列规定：

① 不应直接与城市快速路相连接；

② 距周边中小学及幼儿园的出入口最近边缘不应小于 20.0m；

③ 应有良好的视线，行车视距范围内不应有遮挡视线的障碍物。

（3）当建筑物上设置太阳能热水或光伏发电系统、暖通空调设备、广告牌、外遮阳设施、装饰线脚等附属构件或设施时，应采取防止构件或设施坠落的安全防护措施，并应满足建筑结构及其他相应的安全性要求。

4. 建筑通用空间

（1）建筑物主入口的室外台阶踏步宽度不应小于 0.30m，踏步高度不应大于 0.15m。

（2）台阶踏步数不应少于 2 级，否则，应按人行坡道设置。

（3）每个梯段的踏步高度、宽度应一致，相邻梯段踏步高度差不应大于 0.01m，且踏步面应采取防滑措施。

（4）除住宅外，民用建筑的公共走廊净宽不应小于 1.30m。

（5）厨房区、食品库房等用房应采取防鼠、防虫和防其他动物的措施，以及防尘、防潮、防异味和通风的措施。

（6）公共厕所（卫生间）设置应符合下列规定：

① 应根据建筑功能合理布局，位置、数量均应满足使用要求；

② 不应布置在有严格卫生、安全要求房间的直接上层；

③ 应根据人体活动时所占的空间尺寸合理布置卫生洁具及其使用空间，管道应相对集中，便于更换维修。

（7）经常有母婴逗留的公共建筑内应设置母婴室。

（8）建筑应按正常运行需要设置燃气、热力、给水排水、通风、空调、电力、通信等设备用房，设备用房应按功能需要满足安全、防火、隔声、降噪、减振、防水等要求。

（9）地下室、半地下室的出入口（坡道）、窗井、风井，下沉庭院（下沉式广场）、地下管道（沟）、地下坑井等应采取必要的截水、挡水及排水等防止涌水、倒灌的措施，并应满足内涝防治要求。

5. 建筑部件与构造

1）栏杆、栏板

（1）阳台、外廊、室内回廊、中庭、内天井、上人屋面及楼梯等处的临空部位应设置防护栏杆（栏板），并应符合下列规定：

① 栏杆（栏板）应以坚固、耐久的材料制作，应安装牢固，并应能承受相应的水平荷载；

② 栏杆（栏板）垂直高度不应小于 1.10m。栏杆（栏板）高度应按所在楼地面或屋面至扶手顶面的垂直高度计算，如底面有宽度大于或等于 0.22m，且高度不大于 0.45m的可踏部位，应按可踏部位顶面至扶手顶面的垂直高度计算。

（2）楼梯、阳台、平台、走道和中庭等临空部位的玻璃栏板应采用夹层玻璃。

（3）少年儿童专用活动场所的栏杆应采取防止攀滑措施，当采用垂直杆件做栏杆时，其杆件净间距不应大于 0.11m。

（4）公共场所的临空且下部有人员活动部位的栏杆（栏板），在地面以上 0.10m 高度范围内不应留空。

2）管道井、烟道和通风道

管道井、烟道和通风道应独立设置。

3）变形缝设置

（1）厕所、卫生间、盥洗室和浴室等防水设防区域不应跨越变形缝。

（2）配电间及其他严禁有漏水的房间不应跨越变形缝。

（3）门不应跨越变形缝设置。

5.1.2 《建筑环境通用规范》有关规定

《建筑环境通用规范》GB 55016—2021 规定：

1. 建筑声环境

（1）民用建筑室内应减少噪声干扰，应采取隔声、吸声、消声、隔振等措施使建筑声环境满足使用功能要求。

（2）对噪声敏感房间的围护结构、对有噪声源房间的围护结构应做隔声设计。

（3）管线穿过有隔声要求的墙或楼板时，应采取密封隔声措施。

（4）建筑内有减少反射声要求的空间，应做吸声设计。

（5）吸声材料应符合相应功能建筑的防火、防水、防腐、环保和装修效果等要求。

（6）对建筑物内部产生噪声与振动的设备或设施，当其正常运行对噪声、振动敏感房间产生干扰时，应对其基础及连接管线采取隔振措施。

（7）建筑声学工程竣工验收前，应进行竣工声学检测。检测项目包括主要功能房间的室内噪声级、隔声性能及混响时间。

2. 建筑光环境

（1）照明设置应符合下列规定：

① 当下列场所正常照明供电电源失效时，应设置应急照明：

a. 工作或活动不可中断的场所，应设置备用照明；

b. 人员处于潜在危险之中的场所，应设置安全照明；

c. 人员需有效辨认疏散路径的场所，应设置疏散照明。

② 在夜间非工作时间值守或巡视的场所，应设置值班照明。

③ 需警戒的场所，应根据警戒范围的要求设置警卫照明。

④ 在可能危及航行安全的建（构）筑物上，应根据国家相关规定设置障碍照明。

（2）对天然采光需求较高的场所，应符合下列规定：

① 卧室、起居室和一般病房的采光等级不应低于 IV 级的要求；

② 普通教室的采光等级不应低于 III 级的要求；

③ 普通教室侧面采光的采光均匀度不应低于 0.5。

（3）灯具选择应满足场所环境的要求，并应符合下列规定：

① 存在爆炸性危险的场所采用的灯具应有防爆保护措施；

② 有洁净度要求的场所应采用洁净灯具，并应满足洁净场所的有关规定；

③ 有腐蚀性气体的场所采用的灯具应满足防腐蚀要求。

（4）竣工验收时，应根据建筑类型及使用功能要求对采光、照明进行检测。采光测量项目应包括采光系数、采光均匀度、反射比和颜色透射指数。

（5）照明测量应符合下列规定：

① 室内各主要功能房间或场所的测量项目应包括照度、照度均匀度、统一眩光值、色温、显色指数、闪变指数和频闪效应可视度；

② 室外公共区域照明的测量项目应包括照度、色温、显色指数和亮度；

③ 应急照明条件下，测量项目应包括各场所的照度和灯具表面亮度。

3. 建筑热工

（1）建筑设计时，应按建筑所在地的建筑热工设计区划进行保温、防热、防潮设计。

（2）严寒、寒冷、夏热冬冷及温和 A 区的建筑应进行保温设计。

（3）夏热冬暖、夏热冬冷地区及寒冷 B 区的建筑应进行防热设计。

（4）屋面、地面、外墙、外窗应能防止雨水和冰雪融化水浸入室内。

（5）竣工验收时，应按照竣工验收资料对围护结构的保温、防热、防潮性能进行复核。

（6）冬季非透光围护结构内表面温度的检验应在供暖系统正常运行后进行，检测持续时间不应少于 72h。

（7）夏季非透光围护结构内表面最高温度的检验应在围护结构施工完成 12 个月后进行，检测持续时间不应少于 24h，内表面温度应取内表面所有测点相应时刻检测结果的平均值。

4. 室内空气质量

（1）室内空气污染物控制应按下列顺序采取控制措施：

① 控制建筑选址场地的土壤氡浓度对室内空气质量的影响；

② 控制建筑空间布局有利于污染物排放；

③ 控制建筑主体、节能工程材料、装饰装修材料的有害物质释放量满足限值；

④ 采取自然通风措施改善室内空气质量；

⑤ 设置机械通风空调系统，必要时设置空气净化装置进行空气污染物控制。

（2）建筑工程设计前应对建筑工程所在城市区域土壤中氡浓度或土壤表面氡析出率进行调查，并应提交相应的调查报告。

（3）建筑工程中所使用的混凝土外加剂，氨的释放量不应大于 0.10%。

（4）室内空气污染物浓度测量应符合下列规定：

① 除氡外，污染物浓度测量值均应为室内测量值扣除室外上风向空气中污染物浓度测量值（本底值）后的测量值；

② 污染物浓度测量值的极限值判定应采用全数值比较法。

（5）竣工交付使用前，必须进行室内空气污染物检测，其限量应符合规范规定。室内空气污染物浓度限量不合格的工程，严禁交付投入使用。

5.1.3　《建筑与市政工程施工质量控制通用规范》有关规定

《建筑与市政工程施工质量控制通用规范》GB 55032—2022 相关规定：

1. 基本规定

（1）工程项目施工应建立项目质量管理体系，明确质量责任人及岗位职责，建立质量责任追溯制度。

（2）施工过程中应建立质量管理标准化制度，制订质量管理标准化文件，文件中应明确人员管理、技术管理、材料管理、分包管理、施工管理、资料管理和验收管理等要求。

（3）工程项目各方不得擅自修改工程设计，确需修改的应报建设单位同意，由设计单位出具设计变更文件，并应按原审批程序办理变更手续。

（4）工程质量控制资料应准确齐全、真实有效，且具有可追溯性。当部分资料缺失时，应委托有资质的检验检测机构进行相应的实体检验或抽样试验，并应出具检测报告，作为工程质量验收资料的一部分。

（5）施工现场应根据项目特点和合同约定，制订技能工人配备方案，其中中级工及以上占比应符合项目所在地区施工现场建筑工人配备标准。施工现场技能工人配备方案应报监理单位审查后实施。

2. 施工过程质量控制

（1）工程项目开工前应进行质量策划，应确定质量目标和要求、质量管理组织体系及管理职责、质量管理与协调的程序、质量控制点、质量风险、实施质量目标的控制措施，并应根据工程进展实施动态管理。

（2）工程质量策划中应在下列部位和环节设置质量控制点：

① 影响施工质量的关键部位、关键环节；

② 影响结构安全和使用功能的关键部位、关键环节；

③ 采用新技术、新工艺、新材料、新设备的部位和环节；

④ 隐蔽工程验收。

（3）施工前应对施工管理人员和作业人员进行技术交底，交底的内容应包括施工作业条件、施工方法、技术措施、质量标准以及安全与环保措施等，并应保留相关记录。

（4）工程采用的主要材料、半成品、成品、构配件、器具和设备应进行进场检验。涉及安全、节能、环境保护和主要使用功能的重要材料、产品应按各专业相关规定进行复验，并应经监理工程师检查认可。

（5）对涉及结构安全、节能、环境保护和主要使用功能的试块、试件及材料，应按规定进行见证检验。见证检验应在建设单位或者监理单位的监督下现场取样、送检，检测试样应具有真实性和代表性。

（6）施工工序间的衔接，应符合下列规定：

① 每道施工工序完成后，施工单位应进行自检，并应保留检查记录；

② 各专业工种之间的相关工序应进行交接检验，并应保留检查记录；

③ 对监理规划或监理实施细则中提出检查要求的重要工序，应经专业监理工程师检查合格并签字确认后，进行下道工序施工；

④ 隐蔽工程在隐蔽前应由施工单位通知监理单位进行验收，并应留存现场影像资料，形成验收文件，经验收合格后方可继续施工。

（7）基坑、基槽、沟槽开挖后，建设单位应会同勘察、设计、施工和监理单位实地验槽，并应会签验槽记录。

（8）主体结构为装配式混凝土结构体系时，套筒灌浆连接应采用由接头型式检验确定的相匹配的灌浆套筒、灌浆料，灌浆应密实饱满。

（9）装饰装修工程施工应符合下列规定：

① 当既有建筑装饰装修工程设计涉及主体结构和承重结构变动时，应在施工前委托原结构设计单位或具有相应资质等级的设计单位提出设计方案，或由鉴定单位对建筑结构的安全性进行鉴定，依据鉴定结果确定设计方案；

② 建筑外墙外保温系统与外墙的连接应牢固，保温系统各层之间的连接应牢固；

③ 建筑外门窗应安装牢固，推拉门窗扇应配备防脱落装置；

④ 临空处设置的用于防护的栏杆以及无障碍设施的安全抓杆应与主体结构连接牢固；

⑤ 重量较大的灯具，以及电风扇、投影仪、音响等有振动荷载的设备仪器，不应

安装在吊顶工程的龙骨上。

（10）屋面工程施工应符合下列规定：

① 每道工序完成后应及时采取保护措施；

② 伸出屋面的管道、设备或预埋件等，应在保温层和防水层施工前安设完毕；

③ 屋面保温层和防水层完工后，不得进行凿孔、打洞或重物冲击等有损屋面的作业；

④ 屋面瓦材必须铺置牢固，在大风及地震设防地区或屋面坡度大于 100% 时，应采取固定加强措施。

（11）建设单位应委托具备相应资质的第三方检测机构进行工程质量检测，检测项目和数量应符合抽样检验要求。非建设单位委托的检测机构出具的检测报告不得作为工程质量验收依据。

（12）工程施工前应制订工程试验及检测方案，并应经监理单位审核通过后实施。

（13）施工过程质量检测试样，除确定工艺参数可制作模拟试样外，均应从现场相应的施工部位制取。

3. 施工质量验收

（1）施工质量验收应包括单位工程、分部工程、分项工程和检验批施工质量验收，并应符合下列规定：

① 检验批应根据施工组织、质量控制和专业验收需要，按工程量、楼层、施工段划分。

② 分项工程应根据工种、材料、施工工艺、设备类别划分。

③ 分部工程应根据专业性质、工程部位划分。

④ 单位工程应为具备独立使用功能的建筑物或构筑物。

（2）施工前，应由施工单位制订单位工程、分部工程、分项工程和检验批的划分方案，并应由监理单位审核通过后实施。

（3）工程施工质量应符合国家现行强制性工程建设规范的规定，并应符合工程勘察设计文件的要求和合同约定。

（4）经返修或加固处理仍不能满足安全或重要使用功能要求的分部工程及单位工程，严禁验收。

（5）单位工程完工后，各相关单位应按下列要求进行工程竣工验收：

① 勘察单位应编制勘察工程质量检查报告，按规定程序审批后向建设单位提交；

② 设计单位应对设计文件及施工过程的设计变更进行检查，并应编制设计工程质量检查报告，按规定程序审批后向建设单位提交；

③ 施工单位应自检合格，并应编制工程竣工报告，按规定程序审批后向建设单位提交；

④ 监理单位应在自检合格后组织工程竣工预验收，预验收合格后应编制工程质量评估报告，按规定程序审批后向建设单位提交；

⑤ 建设单位应在竣工预验收合格后组织监理、施工、设计、勘察单位等相关单位项目负责人进行工程竣工验收。

5.1.4　建设工程消防设计审查验收有关规定

《建设工程消防设计审查验收管理暂行规定》要求：

1. 有关单位的消防设计、施工质量责任与义务

（1）建设单位依法对建设工程消防设计、施工质量负首要责任。设计、施工、工程监理、技术服务等单位依法对建设工程消防设计、施工质量负主体责任。建设、设计、施工、工程监理、技术服务等单位的从业人员依法对建设工程消防设计、施工质量承担相应的个人责任。

（2）施工单位应当履行下列消防设计、施工质量责任和义务：

① 按照建设工程法律法规、国家工程建设消防技术标准，以及经消防设计审查合格或者满足工程需要的消防设计文件组织施工，不得擅自改变消防设计进行施工，降低消防施工质量；

② 按照消防设计要求、施工技术标准和合同约定检验消防产品和具有防火性能要求的建筑材料、建筑构配件和设备的质量，使用合格产品，保证消防施工质量；

③ 参加建设单位组织的建设工程竣工验收，对建设工程消防施工质量签章确认，并对建设工程消防施工质量负责。

2. 特殊建设工程的消防设计审查

（1）具有下列情形之一的建设工程是特殊建设工程：

① 总建筑面积大于 20000m² 的体育场馆、会堂，公共展览馆、博物馆的展示厅；

② 总建筑面积大于 15000m² 的民用机场航站楼、客运车站候车室、客运码头候船厅；

③ 总建筑面积大于 10000m² 的宾馆、饭店、商场、市场；

④ 总建筑面积大于 2500m² 的影剧院，公共图书馆的阅览室，医院的门诊楼，大学的教学楼、图书馆等；

⑤ 总建筑面积大于 1000m² 的托儿所，医院，中小学校的教学楼、图书馆等；

⑥ 国家工程建设消防技术标准规定的一类高层住宅建筑等。

（2）对特殊建设工程实行消防设计审查制度。特殊建设工程未经消防设计审查或者审查不合格的，建设单位、施工单位不得施工。

（3）建设、设计、施工单位不得擅自修改经审查合格的消防设计文件。确需修改的，建设单位应当依照本规定重新申请消防设计审查。

3. 特殊建设工程的消防验收

（1）对特殊建设工程实行消防验收制度。

（2）特殊建设工程竣工验收后，建设单位应当向消防设计审查验收主管部门申请消防验收；未经消防验收或者消防验收不合格的，禁止投入使用。

（3）对其他建设工程实行备案抽查制度。其他建设工程经依法抽查不合格的，应当停止使用。

5.1.5　民用建筑工程室内环境污染控制管理有关规定

《民用建筑工程室内环境污染控制标准》GB 50325—2020 规定：

1. 分类

（1）民用建筑工程根据控制室内环境污染的不同要求，划分为以下两类：

① Ⅰ类民用建筑工程：住宅、居住功能公寓、医院病房、老年人照料房屋设施、幼儿园、学校教室、学生宿舍等。

② Ⅱ类民用建筑工程：办公楼、商店、旅馆、文化娱乐场所、书店、图书馆、展览馆、体育馆、公共交通等候室、餐厅等。

（2）需要规范控制的室内环境污染物包括氡、甲醛、氨、苯、甲苯、二甲苯和总挥发性有机化合物。

2. 材料

1）无机非金属建筑主体材料和装饰材料

（1）民用建筑工程所使用的砂、石、砖、实心砌块、水泥、混凝土、混凝土预制构件等无机非金属建筑主体材料，其测定项目及放射性限量为：内照射指数 $I_{Ra} \leqslant 1.0$，外照射指数 $I_\gamma \leqslant 1.0$。

（2）民用建筑工程所使用的无机非金属装修材料，包括石材、建筑卫生陶瓷、石膏制品、无机粉黏结材料等，其放射性指标限量划分为 A 类、B 类、C 类三类，见表5.1-1。

表 5.1-1　无机非金属装修材料放射性限量表

测定项目	限量		
	A 类	B 类	C 类
内照射指数（I_{Ra}）	≤ 1.0	≤ 1.3	—
外照射指数（I_γ）	≤ 1.3	≤ 1.9	≤ 2.8

（3）A 类装饰装修材料产销与使用范围不受限制。B 类装饰装修材料不可用于 Ⅰ 类民用建筑的内饰面，但可用于 Ⅱ 类民用建筑物、工业建筑内饰面及其他一切建筑的外饰面。C 类装饰装修材料只可用于建筑物的外饰面及室外其他用途。

2）人造木板及饰面人造木板

（1）民用建筑工程室内用人造木板及饰面人造木板，必须测定游离甲醛含量或游离甲醛释放量。

（2）当采用环境测试舱法测定人造木板及饰面人造木板的游离甲醛释放量时，不应大于 0.124mg/m³。

（3）当采用干燥器法测定人造木板及其制品的游离甲醛释放量时，不应大于 1.5mg/L。

（4）人造木板及其制品可采用环境测试舱法或干燥器法测定甲醛释放量，当发生争议时应以环境测试舱法的测定结果为准。

3）涂料

（1）民用建筑工程室内用水性涂料和水性腻子，应测定游离甲醛的含量，其限量规定：游离甲醛 ≤ 100mg/kg。

（2）民用建筑工程室内用溶剂型涂料、溶剂型木器涂料和腻子应测定 VOC 和苯、甲苯＋二甲苯＋乙苯限量，民用建筑工程室内用酚醛防锈涂料、防水涂料、防火涂料及其他溶剂型涂料，应按其规定的最大稀释比例混合后，测定 VOC、苯、甲苯＋二甲苯＋

乙苯的含量，其限量应符合表 5.1-2 的规定。

表 5.1-2　VOC、苯、甲苯＋二甲苯＋乙苯限量

涂料类别		VOC（g/L）	苯（%）	甲苯＋二甲苯＋乙苯（%）
酚醛防锈涂料		≤ 270	≤ 0.3	—
防水涂料		≤ 750	≤ 0.2	≤ 40
防火涂料		≤ 500	≤ 0.1	≤ 10
其他溶剂型涂料		≤ 600	≤ 0.3	≤ 30
溶剂型腻子	聚氨酯类	≤ 400	≤ 0.1	≤ 20
	硝基类（限工厂使用）	≤ 400	≤ 0.1	≤ 20
	醇酸类	≤ 400	≤ 0.1	≤ 5
	不饱和聚酯类	≤ 300	≤ 0.1	≤ 10

4）胶粘剂

（1）民用建筑工程室内用水性胶粘剂，应测定挥发性有机化合物（VOC）和游离甲醛的含量。

（2）民用建筑工程室内用溶剂型胶粘剂，应测定挥发性有机化合物（VOC）、苯、甲苯＋二甲苯的含量。

（3）聚氨酯胶粘剂应测定游离甲苯二异氰酸酯（TDI）的含量。

3. 工程设计

（1）室内不得使用国家禁止使用、限制使用的建筑材料。

（2）室内装修中所使用的木地板及其他木质材料，严禁采用沥青、煤焦油类防腐、防潮处理剂。

（3）室内装修时，不应采用聚乙烯醇水玻璃内墙涂料、聚乙烯醇缩甲醛内墙涂料和树脂以硝化纤维素为主、溶剂以二甲苯为主的水包油型（O/W）多彩内墙涂料。

（4）室内装修时，不应采用聚乙烯醇缩甲醛类胶粘剂。

（5）Ⅰ类民用建筑工程室内装修粘贴塑料地板时，不应采用溶剂型胶粘剂。

（6）Ⅱ类民用建筑工程中地下室及不与室外直接自然通风的房间粘贴塑料地板时，不宜采用溶剂型胶粘剂。

（7）民用建筑工程中，不应在室内采用脲醛树脂泡沫塑料作为保温、隔热和吸声材料。

4. 工程施工

1）一般规定

（1）施工单位应按设计要求及标准规范的有关规定进行施工，不得擅自更改设计文件的要求。当需要更改时，应经原设计单位确认后按施工变更程序有关规定进行。

（2）民用建筑工程室内装修，当多次重复使用同一设计时，宜先做样板间，并对其室内环境污染物浓度进行检测。当检测结果不符合标准规范的规定时，应查找原因并采取改进措施。

2）施工要求

（1）采取防氡措施的民用建筑工程，其地下工程的变形缝、施工缝、穿墙管（盒）、埋设件、预留孔洞等特殊部位的施工工艺应符合规定。

（2）民用建筑工程室内装修时，严禁使用苯、工业苯、石油苯、重质苯及混苯作为稀释剂和溶剂。不应使用苯、甲苯、二甲苯和汽油进行除油和清除旧油漆作业。

（3）涂料、胶粘剂、水性处理剂、稀释剂和溶剂等使用后，应及时封闭存放，废料应及时清出。

（4）民用建筑工程室内严禁使用有机溶剂清洗施工用具。

（5）采暖地区的民用建筑工程，室内装修施工不宜在供暖期内进行。

5. 验收

（1）民用建筑工程及室内装修工程的室内环境质量验收，应在工程完工至少 7d 以后、工程交付使用前进行。

（2）民用建筑工程竣工验收时，室内环境污染物浓度应符合表 5.1–3 的限量规定。

表 5.1–3　民用建筑工程室内环境污染物浓度限量

污染物	I 类民用建筑	II 类民用建筑
氡（Bq/m^3）	≤ 150	≤ 150
甲醛（mg/m^3）	≤ 0.07	≤ 0.08
氨（mg/m^3）	≤ 0.15	≤ 0.20
苯（mg/m^3）	≤ 0.06	≤ 0.09
甲苯（mg/m^3）	≤ 0.15	≤ 0.20
二甲苯（mg/m^3）	≤ 0.20	≤ 0.20
TVOC（mg/m^3）	≤ 0.45	≤ 0.50

（3）民用建筑工程验收时，应抽检每个建筑单体有代表性的房间室内环境污染物浓度，氡、甲醛、氨、苯、甲苯、二甲苯、TVOC 的抽检量不得少于房间总数的 5%，每个建筑单体不得少于 3 间，当房间总数少于 3 间时，应全数检测。幼儿园、学校教室、学生宿舍、老年人照料房屋设施室内装饰装修验收时，室内空气中氡、甲醛、氨、苯、甲苯、二甲苯、TVOC 的抽检量不得少于房间总数的 50%，且不得少于 20 间。当房间总数不大于 20 间时，应全数检测。

（4）民用建筑工程验收时，凡进行了样板间室内环境污染物浓度检测且检测结果合格的，其同一装饰装修设计样板间类型的房间抽检量可减半，并不得少于 3 间。

（5）民用建筑工程验收时，室内环境污染物浓度检测点数应按表 5.1–4 设置。

表 5.1–4　室内环境污染物浓度检测点数设置

房间使用面积（m^2）	检测点数（个）
< 50	1
≥ 50、< 100	2
≥ 100、< 500	不少于 3

续表

房间使用面积（m²）	检测点数（个）
≥ 500、< 1000	不少于 5
≥ 1000	≥ 1000m² 的部分，每增加 1000m² 增设 1 个，增加面积不足 1000m² 时按增加 1000m² 计算

（6）当房间内有 2 个及以上检测点时，应采用对角线、斜线、梅花状均衡布点，并取各点检测结果的平均值作为该房间的检测值。

（7）民用建筑工程验收时，室内环境污染物浓度现场检测点应距房间地面高度 0.8~1.5m，距房间内墙面不应小于 0.5m。检测点应均匀分布，且应避开通风道和通风口。

（8）当对民用建筑室内环境中的甲醛、氨、苯、甲苯、二甲苯、TVOC 浓度检测时，装饰装修工程中完成的固定式家具应保持正常使用状态；采用集中通风的民用建筑工程，应在通风系统正常运行的条件下进行；采用自然通风的民用建筑工程，检测应在对外门窗关闭 1h 后进行。

（9）民用建筑室内环境中氡浓度检测时，对采用集中通风的民用建筑工程，应在通风系统正常运行的条件下进行；采用自然通风的民用建筑工程，应在房间的对外门窗关闭 24h 以后进行。

（10）当室内环境污染物浓度检测结果不符合表 5.1-3 的规定时，应对不符合项目再次加倍抽样检测，并应包括原不合格的同类型房间及原不合格房间；当再次检测的结果符合表 5.1-3 的规定时，应判定该工程室内环境质量合格；再次加倍抽样检测的结果不符合标准规定时，应查找原因并采取措施进行处理，直至检测合格。

5.2　地基基础工程相关规定

5.2.1 《建筑与市政地基基础通用规范》有关规定

1. 基本规定

（1）地基基础的设计工作年限，应符合下列规定：

① 地基基础的设计工作年限不应小于工程结构的设计工作年限；

② 基坑工程设计应规定其设计工作年限，且设计工作年限不应小于一年。

（2）基坑工程、边坡工程设计时，应根据支护（挡）结构破坏可能产生的后果（危及人的生命、造成经济损失、对社会或环境产生影响等）的严重性，采用不同的安全等级。支护（挡）结构安全等级的划分应符合表 5.2-1 的规定。

表 5.2-1　支护（挡）结构的安全等级

安全等级	破坏后果
一级	很严重
二级	严重
三级	不严重

2. 地基

（1）天然地基承载力特征值应通过载荷试验或其他原位测试、经验公式计算等方法综合确定。

（2）复合地基承载力特征值应通过现场复合地基静载荷试验确定。复合地基载荷试验的加载方式应采用慢速维持荷载法。

（3）下列建筑物应在施工期间及使用期间进行沉降变形观测，直至沉降达到稳定标准为止：

① 地基基础设计等级为甲级的建筑物；

② 软弱地基上的地基基础设计等级为乙级的建筑物；

③ 处理地基上的建筑物；

④ 采用新型基础或新型结构的建（构）筑物。

3. 桩基

（1）工程桩应进行承载力与桩身质量检验。

（2）当桩基施工过程中产生的挤土效应对周边环境和工程安全产生影响时，应对施工过程中造成的土体隆起和位移、邻桩桩顶标高及桩位、孔隙水压力以及施工影响范围内的周边环境进行监测。

（3）桩基工程施工验收检验，应符合下列规定：

① 施工完成后的工程桩应进行竖向承载力检验。承受水平力较大的桩应进行水平承载力检验，抗拔桩应进行抗拔承载力检验；

② 灌注桩应对桩长、桩径和桩位偏差进行检验；嵌岩桩应对桩端的岩性进行检验；灌注桩混凝土强度检验的试件应在施工现场随机留取；

③ 混凝土预制桩应对桩位偏差、桩身完整性进行检验；

④ 钢桩应对桩位偏差、断面尺寸、桩长和矢高进行检验；

⑤ 人工挖孔桩终孔时，应进行桩端持力层检验。

4. 基础

（1）扩展基础的混凝土强度等级不应低于 C25。

（2）筏形基础、桩筏基础的混凝土强度等级不应低于 C30。钢筋混凝土基础设置混凝土垫层时，其纵向受力钢筋的混凝土保护层厚度应从基础底面算起，且不应小于40mm；当未设置混凝土垫层时，扩展基础、筏形基础、桩筏基础中受力钢筋的混凝土保护层厚度不应小于 70mm。

（3）筏形基础、桩筏基础防水混凝土抗渗等级应满足设计要求。

（4）基础施工应符合下列规定：

① 基础模板及支架应具有足够的承载力和刚度，并应保证其整体稳固性；

② 钢筋安装应采用定位件固定钢筋的位置，且定位件应具有足够的承载力、刚度和稳定性；

③ 筏形基础施工缝和后浇带应采取钢筋防锈或阻锈保护措施；

④ 基础大体积混凝土施工，应对混凝土进行温度控制。

5. 基坑工程

（1）安全等级为一级、二级的支护结构，在基坑开挖过程与支护结构使用期内，必须进行支护结构的水平位移监测和基坑开挖影响范围内建（构）筑物、地面的沉降监测。

（2）混凝土内支撑结构的混凝土强度等级不应低于 C25；排桩支护结构的桩身混凝土强度等级不应低于 C25，排桩顶部应设钢筋混凝土冠梁连接，冠梁宽度不应小于排桩桩径。

（3）当降水会对基坑周边建筑物、地下管线、道路等造成危害或对环境造成长期不利影响时，应采用截水方法控制地下水。

（4）基坑土方开挖和回填施工，应符合下列规定：

① 基坑土方开挖的顺序应与设计工况相一致，严禁超挖；软土基坑土方开挖应分层均衡进行，对流塑状软土的基坑开挖，高差不应超过 1m；土方开挖不得损坏支护结构、降水设施和工程桩等；

② 基坑周边施工材料、设施或车辆荷载严禁超过设计要求的地面荷载限值；

③ 土方开挖至坑底标高时，应及时进行坑底封闭，并采取防止水浸、暴露和扰动基底原状土的措施；

④ 土方回填应按设计要求选料，分层夯实，对称进行，且应在下层的压实系数经试验合格后，才能进行上层施工。

5.2.2　地下防水工程施工有关规定

《建筑与市政工程防水通用规范》GB 55030—2022 有关规定：

1. 基本规定

（1）工程防水应遵循因地制宜、以防为主、防排结合、综合治理的原则。

（2）工程使用的防水材料应满足耐久性要求，卷材防水层应满足接缝剥离强度和搭接缝不透水性要求。

（3）防水材料选用应符合下列规定：

① 材料性能应与工程使用环境条件相适应；

② 每道防水层厚度应满足防水设防的最小厚度要求；

③ 防水材料影响环境的物质和有害物质限量应满足要求。

（4）防水混凝土应采取减少开裂的技术措施。

（5）防水混凝土除应满足抗压、抗渗和抗裂要求外，尚应满足工程所处环境和工作条件的耐久性要求。

2. 设计

（1）工程防水应进行专项防水设计。

（2）下列构造层不应作为一道防水层：

① 混凝土屋面板；

② 塑料排水板；

③ 不具备防水功能的装饰瓦和不搭接瓦；

④ 注浆加固。

（3）地下工程迎水面主体结构应采用防水混凝土，并应符合下列规定：

① 防水混凝土应满足抗渗等级要求；

② 防水混凝土结构厚度不应小于 250mm；

③ 防水混凝土的裂缝宽度不应大于结构允许限值，并不应贯通；

④ 寒冷地区抗冻设防段防水混凝土抗渗等级不应低于 P10。

3. 施工

1）防水混凝土施工的规定

（1）运输与浇筑过程中严禁加水；

（2）应及时进行保湿养护，养护期不应少于 14d；

（3）后浇带部位的混凝土施工前，交界面应做糙面处理，并应清除积水和杂物。

2）防水卷材施工的规定

（1）卷材铺贴应平整顺直，不应有起鼓、张口、翘边等现象。

（2）同层相邻两幅卷材短边搭接错缝距离不应小于 500mm。卷材双层铺贴时，上下两层和相邻两幅卷材的接缝应错开至少 1/3 幅宽，且不应互相垂直铺贴。

（3）同层卷材搭接不应超过 3 层。

（4）卷材收头应固定密封。

3）防水涂料施工的规定

（1）涂布应均匀，厚度应符合设计要求，且不应起鼓；

（2）接槎宽度不应小于 100mm；

（3）当遇有降雨时，未完全固化的涂膜应覆盖保护；

（4）当设置胎体时，胎体应铺贴平整，涂料应浸透胎体，且胎体不应外露。

4）中埋式止水带施工的规定

（1）钢板止水带采用焊接连接时应满焊；

（2）橡胶止水带应采用热硫化连接，连接接头不应设在结构转角部位，转角部位应呈圆弧状；

（3）自粘丁基橡胶钢板止水带自粘搭接长度不应小于 80mm，当采用机械固定搭接时，搭接长度不应小于 50mm；

（4）钢边橡胶止水带铆接时，铆接部位应采用自粘胶带密封。

5）防水层施工应采取绿色施工措施的规定

（1）基层清理应采取控制扬尘的措施；

（2）基层处理剂和胶粘剂应选用环保型材料；

（3）液态防水涂料和粉末状涂料应采用封闭容器存放，余料应及时回收；

（4）当防水卷材采用热熔法施工时，应控制燃料泄漏，高温或封闭环境施工，应采取措施加强通风；

（5）当防水涂料采用热熔法施工时，应采取控制烟雾措施；

（6）当防水涂料采用喷涂施工时，应采取防止污染的措施；

（7）防水工程施工应配备相应的防护用品。

5.2.3 地基处理施工有关规定

《建筑地基基础工程施工规范》GB 51004—2015 有关地基处理规定：

1. 一般规定

（1）基底标高不同时，宜按先深后浅的顺序进行施工。

（2）施工过程中应采取减少基底土体扰动的保护措施，机械挖土时，基底以上200～300mm厚土层应采用人工挖除。

2. 素土、灰土地基

（1）素土、灰土地基土料的施工含水量宜控制在最优含水量±2%的范围内，最优含水量可通过击实试验确定，也可按当地经验取用。

（2）素土、灰土地基的施工方法，分层铺填厚度，每层压实遍数等宜通过试验确定，分层铺填厚度宜取200～300mm，应随铺填随夯压密实。

（3）素土、灰土地基的施工检验应符合下列规定：

① 应每层进行检验，在每层压实系数符合设计要求后方可铺填上层土。

② 可采用环刀法、贯入仪、静力触探、轻型动力触探或标准贯入试验等方法，其检测标准应符合设计要求。

3. 砂和砂石地基

（1）砂和砂石地基的施工应符合下列规定：

① 施工前应通过现场试验性施工确定分层厚度、施工方法、振捣遍数、振捣器功率等技术参数。

② 分段施工时应采用斜坡搭接，每层搭接位置应错开0.5～1.0m，搭接处应振压密实。

③ 基底存在软弱土层时应在与土面接触处先铺一层150～300mm厚的细砂层或铺一层土工织物。

（2）砂石地基的施工质量宜采用环刀法、贯入法、载荷法、现场直接剪切试验等方法检测。

4. 粉煤灰地基

（1）粉煤灰地基不得采用水沉法施工，在地下水位以下施工时，应采取降排水措施，不得在饱和或浸水状态下施工。基底为软土时，宜先铺填200mm左右厚的粗砂或高炉干渣。

（2）粉煤灰地基施工过程中应检验铺筑厚度、碾压遍数、施工含水量、搭接区碾压程度、压实系数等。

5. 强夯地基

（1）周边存在对振动敏感或有特殊要求的建（构）筑物和地下管线时，不宜采用强夯法。

（2）完成全部夯击遍数后，应按夯印搭接1/5锤径～1/3锤径的夯击原则，用低能量满夯将场地表层松土夯实并碾压，测量强夯后场地高程。

（3）强夯应分区进行，宜先边区后中部，或由邻近建（构）筑物一侧向远离一侧方向进行。夯点施打原则宜为由内而外、隔行跳打。

（4）强夯置换墩材料宜采用级配良好的块石、碎石、矿渣等质地坚硬、性能稳定的粗颗粒材料，粒径大于300mm的颗粒含量不宜大于全重的30%。

（5）强夯施工结束后质量检测的间隔时间：砂土地基不宜少于7d，粉性土地基不宜少于 14d，黏性土地基不宜少于 28d，强夯置换和降水联合低能级强夯地基质量检测的间隔时间不宜少于 28d。

6. 高压喷射注浆地基

（1）高压喷射注浆施工前应根据设计要求进行工艺性试验，数量不应少于 2 根。

（2）对需要扩大加固范围或提高强度的工程，宜采用复喷措施。

（3）周边环境有保护要求时可采取速凝浆液、隔孔喷射、冒浆回灌、放慢施工速度或具有排泥装置的全方位高压旋喷技术等措施。

（4）高压喷射注浆施工时，邻近施工影响区域不应进行抽水作业。

7. 水泥土搅拌桩地基

（1）施工前应进行工艺性试桩，数量不应少于 2 根。

（2）单轴和双轴水泥土搅拌桩浆液水灰比宜为 0.55～0.65，制备好的浆液不得离析，泵送应连续，且应采用自动压力流量记录仪。双轴水泥土搅拌桩成桩应采用两喷三搅工艺，处理粗砂、砾砂时，宜增加搅拌次数。

（3）三轴水泥土搅拌法施工深度大于 30m 的搅拌桩宜采用接杆工艺。三轴水泥土搅拌桩桩水泥浆液的水灰比宜为 1.5～2.0。可采用跳打方式、单侧挤压方式和先行钻孔套打方式施工，对于硬质土层，当成桩有困难时，可采用预先松动土层的先行钻孔套打方式施工。环境保护要求高的工程应采用三轴搅拌桩。

（4）水泥土搅拌桩基施工时，停浆面应高于桩顶设计标高 300～500mm。开挖基坑时，应将搅拌桩顶端浮浆桩段用人工挖除。

8. 土和灰土挤密桩复合地基

（1）土和灰土挤密桩的成孔应按设计要求、现场土质和周围环境等情况，选用沉管法、冲击法或钻孔法。

（2）土和灰土挤密桩的施工应按下列顺序进行：

① 施工前应平整场地，定出桩孔位置并编号。

② 整片处理时宜从里向外，局部处理时宜从外向里，施工时应间隔 1～2 个孔依次进行。

③ 成孔达到要求深度后应及时回填夯实。

（3）桩孔经检验合格后，应按设计要求向孔内分层填入筛好的素土、灰土或其他填料，并应分层夯实至设计标高。

9. 水泥粉煤灰碎石桩（CFG）复合地基

（1）施工前应按设计要求进行室内配合比试验。长螺旋钻孔灌注成桩所用混合料坍落度宜为 160～200mm，振动沉管灌注成桩所用混合料坍落度宜为 30～50mm。

（2）褥垫层铺设宜采用静力压实法。基底桩间土含水量较小时，也可采用动力夯实法。夯填度不应大于 0.9。

（3）施工质量检验应符合下列规定：

① 成桩过程应抽样做混合料试块，每台机械一天应做一组（3 块）试块（边长为 150mm 的立方体），标准养护，测定其立方体抗压强度。

② 施工质量应检查施工记录、混合料坍落度、桩数、桩位偏差、褥垫层厚度、夯填度和桩体试块抗压强度等。

③ 地基承载力检验应采用单桩复合地基载荷试验或单桩载荷试验，单体工程试验数量应为总桩数的 1% 且不应少于 3 点，对桩体检测应抽取不少于总桩数的 10% 进行低应变动力试验，检测桩身完整性。

5.2.4　基坑支护技术有关规定

《建筑基坑支护技术规程》JGJ 120—2012 有关规定：

1. 基本规定

（1）基坑支护设计应规定其设计使用期限。基坑支护的设计使用期限不应小于一年。

（2）支护结构选型时，应综合考虑下列因素：

① 基坑深度；

② 土的性状及地下水条件；

③ 基坑周边环境对基坑变形的承受能力及支护结构失效的后果；

④ 主体地下结构和基础形式及其施工方法、基坑平面尺寸及形状；

⑤ 支护结构施工工艺的可行性；

⑥ 施工场地条件及施工季节；

⑦ 经济指标、环保性能和施工工期。

2. 排桩、地下连续墙

（1）排桩的桩型与成桩工艺应符合下列要求：

① 应根据土层的性质、地下水条件及基坑周边环境要求等选择混凝土灌注桩、型钢桩、钢管桩、钢板桩、型钢水泥土搅拌桩等桩型；

② 当支护桩施工影响范围内存在对地基变形敏感、结构性能差的建筑物或地下管线时，不应采用挤土效应严重、易塌孔、易缩径或有较大振动的桩型和施工工艺；

③ 采用挖孔桩且成孔需要降水时，降水引起的地层变形应满足周边建筑物和地下管线的要求，否则应采取截水措施。

（2）地下连续墙的墙体厚度宜根据成槽机的规格，选取 600mm、800mm、1000mm 或 1200mm。

（3）地下连续墙的槽段接头应按下列原则选用：

① 地下连续墙宜采用圆形锁口管接头、波纹管接头、楔形接头、工字形钢接头或混凝土预制接头等柔性接头；

② 当地下连续墙作为主体地下结构外墙，且需要形成整体墙体时，宜采用刚性接头；刚性接头可采用一字形或十字形穿孔钢板接头、钢筋承插式接头等。

（4）对混凝土灌注桩，其纵向受力钢筋的接头不宜设置在内力较大处。

（5）混凝土灌注桩采用分段配置不同数量的纵向钢筋时，钢筋笼制作和安放时应采取控制非通长钢筋竖向定位的措施。

（6）冠梁施工时，应将桩顶浮浆、低强度混凝土及破碎部分清除。冠梁混凝土浇筑采用土模时，土面应修理整平。

（7）基坑开挖后，排桩的桩间土防护可采用钢丝网混凝土护面、砖砌等处理方法；当桩间渗水时，应在护面设泄水孔。当基坑面在实际地下水位以上且土质较好，暴露时间较短时，可不对桩间土进行防护处理。

（8）锚杆布置应符合以下规定：

① 锚杆上下排垂直间距不宜小于 2.0m，水平间距不宜小于 1.5m；

② 锚杆锚固体上覆土层厚度不宜小于 4.0m；

③ 锚杆倾角宜为 15°～25°，且不应大于 45°，不应小于 10°。

（9）钢筋混凝土支撑应符合下列要求：

① 钢筋混凝土支撑构件的混凝土强度等级不应低于 C25；

② 钢筋混凝土支撑体系在同一平面内应整体浇筑，基坑平面转角处的腰梁连接点应按刚节点设计。

（10）钢结构支撑应符合下列要求：

① 钢结构支撑构件的连接宜采用螺栓连接，必要时可采用焊接连接；

② 当水平支撑与腰梁斜交时，腰梁上应设置牛腿或采用其他能够承受剪力的连接措施；

③ 钢支撑构件可采用钢管、型钢及其组合截面。

3. 土钉墙

（1）土钉墙施工要求：

① 土钉墙应按土钉层数分层设置土钉、喷射混凝土面层、开挖基坑。

② 当有地下水时，对易产生流沙或塌孔的砂土、粉土、碎石土等土层，应通过试验确定土钉施工工艺及其参数。

③ 钢筋土钉的成孔应符合下列要求：

a. 土钉成孔范围内存在地下管线等设施时，应在查明其位置并避开后，再进行成孔作业；

b. 应根据土层的性状选用洛阳铲、螺旋钻、冲击钻、地质钻等成孔方法，采用的成孔方法应能保证孔壁的稳定性、减小对孔壁的扰动；

c. 当成孔遇不明障碍物时，应停止成孔作业，在查明障碍物的情况下采取针对性措施后方可继续成孔；

d. 对易塌孔的松散土层宜采用机械成孔工艺；成孔困难时，可采用注入水泥浆等方法进行护壁。

（2）应对土钉的抗拔承载力进行检测，土钉检测数量不宜少于土钉总数的 1%，且同一土层中的土钉检测数量不应少于 3 根。

（3）当地下水位高于基坑底面时，应采取降水或截水措施；土钉墙墙顶应采用砂浆或混凝土护面，坡顶和坡脚应设排水措施，坡面上可根据具体情况设置泄水孔。

4. 地下水控制

（1）基坑降水可采用管井、真空井点、喷射井点等方法。

（2）降水后基坑内的水位应低于坑底 0.5m。当主体结构有加深的电梯井、集水井时，坑底应按电梯井、集水井底面考虑或对其另行采取局部地下水控制措施。

（3）真空井点降水的井间距宜取 0.8～2.0m；喷射井点降水的井间距宜取 1.5～3.0m；当真空井点、喷射井点的井口至设计降水水位的深度大于 6m 时，可采用多级井点降水，多级井点上下级的高差宜取 4～5m。

（4）管井的构造应符合下列要求：

① 管井的滤管可采用无砂混凝土滤管、钢筋笼、钢管或铸铁管。

② 滤管内径应按要求配置水泵的规格确定，宜大于水泵外径 50mm。滤管外径不宜小于 200mm。管井成孔直径应满足填充滤料的要求。

③ 井管与孔壁之间填充的滤料宜选用磨圆度好的硬质岩石成分的圆砾，不宜采用棱角形石渣料、风化料或其他黏质岩石成分的砾石。

（5）真空井点的构造应符合下列要求：

① 井管宜采用金属管，管壁上渗水孔宜按梅花状布置，渗水孔直径宜取 12～18mm，渗水段长度应大于 1.0m；管壁外应根据土层的粒径设置滤网；

② 真空井管的直径应根据单井设计流量确定，井管直径宜取 38～110mm；井的成孔直径应满足填充滤料的要求，且不宜大于 300mm；

③ 孔壁与井管之间的滤料宜采用中粗砂，滤料上方应使用黏土封堵，封堵至地面的厚度应大于 1m。

（6）抽水系统在使用期的维护应符合下列要求：

① 降水期间应对井水位和抽水量进行监测，当基坑侧壁出现渗水时，应检查井的抽水效果，并采取有效措施；

② 采用管井时，应对井口采取防护措施，井口宜高于地面 200mm 以上，应防止物体坠入井内；

③ 冬季负温环境下，应对抽排水系统采取防冻措施。

（7）抽水系统的使用期应满足主体结构的施工要求。当主体结构有抗浮要求时，停止降水的时间应满足主体结构施工期的抗浮要求。

（8）当基坑降水引起的地层变形对基坑周边环境产生不利影响时，宜采用回灌方法减少地层变形量。回灌方法宜采用管井回灌。

5.3　主体结构工程相关规定

5.3.1　《混凝土结构通用规范》有关规定

1. 设计

（1）混凝土结构工程应确定其结构设计工作年限、结构安全等级、抗震设防类别、结构上的作用和作用组合；应进行结构承载能力极限状态、正常使用极限状态和耐久性设计，并应符合工程的功能和结构性能要求。

（2）混凝土结构应进行结构整体稳定分析计算和抗倾覆验算，并应满足工程需要的安全性要求。

（3）应根据工程所在地的抗震设防烈度、场地类别、设计地震分组及工程的抗震设防类别、抗震性能要求确定混凝土结构的抗震设防目标和抗震措施。

2. 施工及验收

（1）混凝土结构工程施工应确保实现设计要求，并应符合下列规定：

① 应编制施工组织设计、施工方案并实施；

② 应制订资源节约和环境保护措施并实施；

③ 应对已完成的实体进行保护，且作用在已完成实体上的施工荷载不应超过设计

规定值。

（2）材料、混凝土拌合物、构配件、器具和半成品应进行进场验收，合格后方可使用。

（3）模板及支架应根据施工过程中的各种控制工况进行设计，应满足承载力和刚度的要求，并应保证其整体稳固性。

（4）模板及支架应保证工程结构和构件各部分形状、尺寸和位置准确。

（5）钢筋机械连接或焊接连接接头应进行力学性能和弯曲性能检验。试件应从完成的实体中截取，并按规定进行性能检验。

（6）混凝土运输、输送、浇筑过程中严禁加水。混凝土运输、输送、浇筑过程中散落的混凝土严禁直接用于结构浇筑。

（7）应对结构混凝土强度进行检验评定，试件应在浇筑地点随机抽取。

（8）结构混凝土浇筑应密实，浇筑后应及时进行养护。

（9）大体积混凝土施工应采取混凝土内外温差控制措施。

（10）模板拆除、预制构件起吊、预应力筋张拉和放张时，同条件养护的混凝土试件应达到规定强度。

（11）预应力筋张拉后应可靠锚固，且不应有断丝或滑丝。

（12）后张有粘结预应力的孔道灌浆应密实饱满，并应具有规定的强度。

（13）混凝土结构的外观质量不应有严重缺陷及影响结构性能和使用功能的尺寸偏差。

（14）应对涉及混凝土结构安全的代表性部位进行实体质量检验。

（15）预制构件应连接可靠，并应符合下列规定：

① 套筒灌浆连接接头应进行型式检验、工艺检验和现场平行加工试件性能检验试验；套筒和灌浆料应同时满足接头性能要求；灌浆饱满度应检测确认。

② 浆锚搭接接头和叠合剪力墙连接节点处的钢筋搭接长度应符合规定，灌浆应饱满密实。

③ 螺栓连接接头应进行工艺检验和安装质量检验。

④ 钢筋机械连接接头，应制作平行加工试件，并进行力学性能和弯曲性能检验。

（16）预制叠合构件的接合面、预制构件连接节点的接合面，应按照设计要求做好界面处理并清理干净，后浇混凝土应饱满、密实。

（17）对硬化混凝土的水泥安定性有疑义时，应对水泥中游离氧化钙的潜在危害进行检测。

（18）下列混凝土结构情况应对结构性态与安全进行监测：

① 高度 350m 及以上的高层与高耸结构；

② 施工过程导致结构最终位形与设计目标位形存在较大差异的高层与高耸结构；

③ 带有减、隔震体系的高层与高耸或复杂结构；

④ 跨度大于 50m 的钢筋混凝土薄壳结构。

5.3.2　《砌体结构通用规范》有关规定

1. 基本规定

（1）砌体结构应布置合理、受力明确、传力途径合理，并应保证砌体结构的整体性和稳定性。

（2）砌体结构施工质量控制等级应根据现场质量管理水平、砂浆和混凝土质量控制、砂浆拌合工艺、砌筑工人技术等级四个要素从高到低分为 A、B、C 三级，设计工作年限为 50 年及以上的砌体结构工程，应为 A 级或 B 级。

（3）砌体结构应选择满足工程耐久性要求的材料，建筑与结构构造应有利于防止雨雪、湿气和侵蚀性介质对砌体的危害。

（4）砌体结构所处的环境类别依据气候条件及结构的使用环境条件分为五类，分别是：1 类干燥环境，2 类潮湿环境，3 类冻融环境，4 类氯侵蚀环境，5 类化学侵蚀环境。环境类别为 2 类～5 类条件下砌体结构的钢筋应采取防腐处理或其他保护措施。处于环境类别为 4 类、5 类条件下的砌体结构应采取抗侵蚀和耐腐蚀措施。

2. 结构材料

（1）砌体结构不应采用非蒸压硅酸盐砖、非蒸压硅酸盐砌块及非蒸压加气混凝土制品。

（2）砌体结构应推广应用以废弃砖瓦、混凝土块、渣土等废弃物为主要材料制作的砌块。

（3）填充墙的块材最低强度等级应满足：内墙空心砖、轻骨料混凝土砌块、混凝土空心砌块应为 MU3.5，外墙应为 MU5。内墙蒸压加气混凝土砌块应为 A2.5，外墙应为 A3.5。

（4）下列部位或环境中的填充墙不应使用轻骨料混凝土小型空心砌块或蒸压加气混凝土砌块砌体：

① 建筑物防潮层以下墙体。

② 长期浸水或化学侵蚀环境。

③ 砌体表面温度高于 80℃的部位。

④ 长期处于有振动源环境的墙体。

（5）混凝土砌块砌体的灌孔混凝土最低强度等级不应低于 Cb20，且不应低于块体强度等级的 1.5 倍。

3. 构造与施工

（1）墙体转角处和纵横墙交接处应设置拉结钢筋或钢筋焊接网。

（2）砌体结构钢筋混凝土板、屋面板应符合下列规定：

① 现浇钢筋混凝土楼板或屋面板伸进纵、横墙内的长度，均不应小于 120mm。

② 预制钢筋混凝土板在混凝土梁或圈梁上的支承长度不应小于 80mm。当板未直接搁置在圈梁上时，在内墙上的支承长度不应小于 100mm，在外墙上的支承长度不应小于 120mm。

③ 预制钢筋混凝土板端钢筋应与支座处沿墙或圈梁配置的纵筋绑扎，应采用强度等级不低于 C25 的混凝土浇筑成板带。

④ 当预制钢筋混凝土板的跨度大于 4.8m 并与外墙平行时，靠外墙的预制板侧边应与墙或圈梁拉结。

⑤ 钢筋混凝土预制板应相互拉结，并应与梁、墙或圈梁拉结。

（3）承受吊车荷载的单层砌体结构应采用配筋砌体结构。

（4）多层砌体结构房屋中的承重墙梁不应采用无筋砌体构件支承。

（5）对于多层砌体结构民用房屋，当层数为 3 层、4 层时，应在底层和檐口标高处各设置一道圈梁。当层数超过 4 层时，除应在底层和檐口标高处各设置一道圈梁外，至少应在所有纵、横墙上隔层设置。

（6）圈梁宽度不应小于 190mm，高度不应小于 120mm，配筋不应少于 4ϕ12，箍筋间距不应大于 200mm。

（7）底部框架 - 抗震墙结构房屋底部现浇混凝土抗震墙厚度不应小于 160mm。框架柱截面尺寸不应小于 400mm×400mm，圆柱直径不应小于 450mm。

（8）配筋砌块砌体抗震墙应全部用灌孔混凝土灌实。

（9）填充墙与周边主体结构构件的连接构造和嵌缝材料应能满足传力、变形、耐久、防护和防止平面外倒塌要求。

5.3.3 《钢结构通用规范》有关规定

1. 基本规定

（1）在设计工作年限内，钢结构应符合下列规定：

① 应能承受在正常施工和使用期间可能出现的、设计荷载范围内的各种作用。

② 应保持正常使用。

③ 在正常使用和正常维护下应具有能达到设计工作年限的耐久性能。

④ 在火灾条件下，应能在规定的时间内正常发挥功能。

⑤ 当发生爆炸、撞击和其他偶然事件时，结构能保持稳固性，不出现与起因不相称的破坏后果。

（2）当施工方法对结构的内力和变形有较大影响时，应进行施工方法对主体结构影响的分析，并应对施工阶段结构的强度、稳定性和刚度进行验算。

（3）建筑钢结构应保证结构两个主轴方向的抗侧力构件均具有抗震承载力和良好的变形与耗能能力。

2. 结构材料

（1）钢结构承重构件所用的钢材应具有屈服强度，断后伸长率，抗拉强度和磷、硫含量的合格保证，在低温使用环境下尚应具有冲击韧性的合格保证。

（2）焊接结构尚应具有碳或碳当量的合格保证。

（3）铸钢件和要求抗层状撕裂（Z 向）性能的钢材尚应具有断面收缩率的合格保证。

（4）焊接承重结构以及重要的非焊接承重结构所用的钢材，应具有冷弯试验的合格保证。

（5）对直接承受动力荷载或需验算疲劳的构件，其所用钢材尚应具有冲击韧性的合格保证。

3. 构造与施工

（1）对于普通螺栓连接、铆钉连接、高强度螺栓连接，应计算螺栓（铆钉）受剪、受拉、拉剪联合承载力，以及连接板的承压承载力，并应考虑螺栓孔削弱和连接板撬力对连接承载力的影响。

（2）螺栓孔加工精度、高强度螺栓施加的预拉力、高强度螺栓摩擦型连接的连接板摩擦面处理工艺应保证螺栓连接的可靠性。已施加过预拉力的高强度螺栓拆卸后不应作为受力螺栓循环使用。

（3）焊接材料应与母材相匹配。焊缝应采用减少垂直于厚度方向的焊接收缩应力的坡口形式与构造措施。

（4）钢结构设计时，焊缝质量等级应根据钢结构的重要性、荷载特性、焊缝形式、工作环境以及应力状态等确定。

（5）钢结构承受动荷载且需进行疲劳验算时，严禁使用塞焊、槽焊、电渣焊和气电立焊接头。

（6）高强度螺栓承压型连接不应用于直接承受动力荷载重复作用且需要进行疲劳计算的构件连接。

（7）栓焊并用连接应按全部剪力由焊缝承担的原则，对焊缝进行疲劳验算。

（8）钢结构应根据几何形式、建造过程和受力状态，设置可靠的支撑系统。在建（构）筑物每一个温度区段、防震区段或分期建设的区段中，应分别设置独立的支撑系统。对于大跨度平面结构，应根据结构稳定性以及抗震、抗风等性能要求，通过计算设置支撑系统。

（9）焊接结构设计中不应任意加大焊缝尺寸，应避免焊缝密集交叉。对直接承受动力荷载的普通螺栓受拉连接应采用双螺母或其他防止螺母松动的有效措施。

（10）多层和高层钢结构结构计算时应考虑构件的下列变形：

① 梁的弯曲和剪切变形。

② 柱的弯曲、轴向、剪切变形。

③ 支撑的轴向变形。

④ 剪力墙板和延性墙板的剪切变形。

⑤ 消能梁段的剪切、弯曲和轴向变形。

⑥ 楼板的变形。

（11）高层钢结构加强层及上、下各一层的竖向构件和连接部位的抗震构造措施，应按规定的结构抗震等级提高一级。加强层的竖向构件及连接部位，尚应根据计算结果设计其抗震加强措施。

（12）大跨度钢结构计算时，应根据下部支承结构形式及支座构造确定边界条件。对于体型复杂的大跨度钢结构，应采用包含下部支承结构的整体模型计算。

（13）钢结构应根据设计耐火极限采取相应的防火保护措施，或进行耐火验算与防火设计。钢结构构件的耐火极限经验算低于设计耐火极限时，应采取防火保护措施。

5.3.4　装配式建筑施工有关规定

《装配式混凝土建筑技术标准》GB/T 51231—2016质量验收规定：

1. 一般规定

（1）当国家现行标准对工程中的验收项目未作具体规定时，应由建设单位组织设计、施工、监理等相关单位制订验收要求。

（2）同一厂家生产的同批材料、部品，用于同期施工且属于同一工程项目的多个单位工程，可合并进行进场验收。

（3）装配式混凝土结构连接节点及叠合构件浇筑混凝土前，应进行隐蔽工程验收，包括下列主要内容：

①混凝土粗糙面的质量，键槽的尺寸、数量、位置；

②钢筋的牌号、规格、数量、位置、间距、箍筋弯钩的弯折角度及平直段长度；

③钢筋的连接方式、接头位置、接头数量、接头面积百分率、搭接长度、锚固方式及锚固长度；

④预埋件、预留管线的规格、数量、位置；

⑤预制混凝土构件接缝处防水、防火等构造做法；

⑥保温及其节点施工。

2. 混凝土预制构件的主控项目要求

1）专业企业生产的预制构件进场时，预制构件结构性能检验的规定

（1）梁板类简支受弯预制构件进场时应进行结构性能检验。

（2）对于不可单独使用的叠合板预制底板，可不进行结构性能检验。对叠合梁构件是否进行结构性能检验、结构性能检验的方式应根据设计要求确定。

（3）对第（1）、（2）条以外的其他预制构件，除设计有专门要求外，进场时可不做结构性能检验。

2）对以上规定中不做结构性能检验的预制构件，应采取的措施

（1）施工单位或监理单位代表应驻厂监督生产过程。

（2）当无驻厂监督时，预制构件进场时应对其主要受力钢筋数量、规格、间距、保护层厚度及混凝土强度等进行实体检验。

3. 混凝土预制构件安装与连接的主控项目

（1）钢筋采用套筒灌浆连接、浆锚搭接连接时，灌浆应饱满、密实，所有出口均应出浆。

（2）钢筋套筒灌浆连接及浆锚搭接连接的灌浆料强度应符合标准的规定和设计要求。每工作班应制作 1 组且每层不应少于 3 组 40mm×40mm×160mm 的长方体试件，标养 28d 后进行抗压强度试验。

（3）预制构件底部接缝坐浆强度应满足设计要求。每工作班同一配合比应制作 1 组且每层不应少于 3 组边长为 70.7mm 的立方体试件，标养 28d 后进行抗压强度试验。

（4）外墙板接缝的防水性能应符合设计要求。每 1000m² 外墙（含窗）面积应划分为一个检验批，不足 1000m² 时也应划分为一个检验批；每个检验批应至少抽查一处，抽查部位应为相邻两层四块墙板形成的水平和竖向十字接缝区域，面积不得少于 10m²，进行现场淋水试验。

4. 外围护系统质量检查与验收

1）外围护部品隐蔽项目的现场验收

（1）预埋件。

（2）与主体结构的连接节点。

（3）与主体结构之间的封堵构造节点。

（4）变形缝及墙面转角处的构造节点。

（5）防雷装置。

（6）防火构造。

2）外围护系统应根据工程实际情况进行的现场试验和测试

（1）饰面砖（板）的粘结强度测试。

（2）墙板接缝及外门窗安装部位的现场淋水试验。

（3）现场隔声测试。

（4）现场传热系数测试。

3）外围护系统应在验收前完成的试验和测试

（1）抗压性能、层间变形性能、耐撞击性能、耐火极限等实验室检测。

（2）连接件材性、锚栓拉拔强度等检测。

5.4　装饰装修与屋面工程相关规定

5.4.1　屋面工程施工有关规定

《屋面工程质量验收规范》GB 50207—2012规定：

1. 基本规定

（1）施工单位应取得建筑防水和保温工程相应等级的资质证书，作业人员应持证上岗。施工单位应编制屋面工程专项施工方案，并应经监理单位或建设单位审查确认后执行。

（2）屋面防水工程完工后，应进行观感质量检查和雨后观察或淋水、蓄水试验，不得有渗漏和积水现象。

2. 基层与保护工程

（1）卷材防水层的基层与突出屋面结构的交接处，以及基层的转角处，找平层应做成圆弧形，且应整齐平顺。

（2）隔汽层应设置在结构层与保温层之间，在屋面与墙的连接处，隔汽层应沿墙面向上连续铺设，高出保温层上表面不得小于150mm。隔汽层的基层应平整、干净、干燥；隔汽层应选用气密性、水密性好的材料。隔汽层采用卷材时宜空铺，卷材搭接缝应满粘，其搭接宽度不应小于80mm；采用涂料时，应涂刷均匀。

（3）块体材料、水泥砂浆或细石混凝土保护层与卷材、涂膜防水层之间，应设置隔离层。隔离层可采用干铺塑料膜、土工布、卷材或铺抹低强度等级砂浆。

（4）待防水层卷材铺贴完成或涂料固化成膜，并经检验合格后才能进行其上的保护层施工。

（5）用块体材料做保护层时，宜设置分格缝，分格缝纵横间距不应大于10m，分格缝宽度宜为20mm。用水泥砂浆做保护层时，表面应抹平压光，并应设表面分格缝，分格面积宜为$1m^2$。用细石混凝土做保护层时，应振捣密实，表面应抹平压光，分格缝纵横间距不应大于6m。

3. 保温与隔热工程

（1）板状材料保温层采用干铺法施工时，保温材料应紧靠在基层表面上，应铺平垫稳；分层铺设的板块上下层接缝应相互错开，板间缝隙应采用同类材料的碎屑嵌填密实。

（2）纤维材料保温层的纤维材料填充后，不得上人踩踏。装配式骨架纤维保温材料施工时，先在基层上铺设保温龙骨或金属龙骨，龙骨间填充纤维保温材料，再在龙骨上铺钉水泥纤维板。金属龙骨和固定件应经防锈处理，金属龙骨与基层间采取隔热断桥措施。

（3）喷涂硬泡聚氨酯保温层施工，喷涂时喷嘴与施工基面的间距应由试验确定。一个作业面应分遍喷涂完成，每遍厚度不宜大于 15mm；当日的作业面应当日连续喷涂施工完毕。硬泡聚氨酯喷涂后 20min 内严禁上人，喷涂完成后，应及时做保护层。

（4）在浇筑泡沫混凝土前，应将基层上的杂物和油污清理干净。基层应浇水湿润，但不得有积水。在浇筑过程中，应随时检查泡沫混凝土的湿密度。

（5）种植隔热层与防水层之间宜设细石混凝土保护层。种植隔热层的屋面坡度大于 20% 时，其排水层、种植土层应采取防滑措施。

（6）设计无要求时，架空隔热层高度宜为 180～300mm。

（7）蓄水隔热层与屋面防水层之间应设隔离层。每个蓄水区的防水混凝土应一次浇筑完毕，不得留施工缝。

4. 防水与密封工程

1）卷材防水层

（1）屋面坡度大于 25% 时，卷材应采取满粘和钉压固定措施。

（2）卷材铺贴方向宜平行于屋脊，且上下层卷材不得相互垂直铺贴。

（3）平行屋脊的卷材搭接缝应顺流水方向，卷材搭接宽度应符合规范相关规定。相邻两幅卷材短边搭接缝应错开，且不得小于 500mm。上下层卷材长边搭接缝应错开，且不得小于幅宽的 1/3。

（4）卷材铺贴方法有冷粘法、热粘法、热熔法、自粘法、焊接法、机械固定法等。厚度小于 3mm 的改性沥青防水卷材，严禁采用热熔法施工。自粘法铺贴卷材的接缝处应用密封材料封严，宽度不应小于 10mm。焊接法施工时，应先焊长边搭接缝，后焊短边搭接缝。

2）涂膜防水层

（1）防水涂料应多遍涂布，并应待前一遍涂布的涂料干燥成膜后，再涂布后一遍涂料，且前后两遍涂料的涂布方向应相互垂直。

（2）铺设胎体增强材料应符合下列规定：

① 胎体增强材料宜采用聚酯无纺布或化纤无纺布；

② 胎体增强材料长边搭接宽度不应小于 50mm，短边搭接宽度不应小于 70mm；

③ 上下层胎体增强材料的长边搭接应错开，且不得小于幅宽的 1/3；

④ 上下层胎体增强材料不得相互垂直铺设。

（3）涂膜防水层的平均厚度应符合设计要求，且最小厚度不得小于设计厚度的 80%。

3）复合防水层

（1）卷材与涂料复合使用时，涂膜防水层宜设置在卷材防水层的下面。防水卷材的粘结质量应符合规范相应规定，当防水涂料作为防水卷材粘结材料复合使用时，还应符合相应的防水卷材胶粘剂规定。

（2）卷材与涂膜应粘贴牢固，不得有空鼓和分层现象。

（3）复合防水层总厚度的检验方法：针测法或取样量测。

5. 细部构造工程

（1）檐沟和天沟的排水坡度应符合设计要求，沟内不得有渗漏和积水现象。檐沟外侧顶部及侧面均应抹聚合物水泥砂浆，其下端应做成鹰嘴或滴水槽。

（2）女儿墙和山墙的压顶向内排水坡度不应小于5%，压顶内侧下端应做成鹰嘴或滴水槽。女儿墙和山墙的卷材应满粘，卷材收头应用金属压条钉压固定，并应用密封材料封严。女儿墙和山墙的涂膜应直接涂刷至压顶下，涂膜收头应用防水涂料多遍涂刷。

（3）水落口杯上口应设在沟底的最低处，水落口处不得有渗漏和积水现象。水落口杯应安装牢固。水落口周围直径500mm范围内坡度不应小于5%，水落口周围的附加层铺设应符合设计要求；防水层和附加层伸入水落口杯内不应小于50mm，并应粘结牢固。

（4）变形缝处防水层应铺贴或涂刷至泛水墙的顶部。等高变形缝顶部宜加扣混凝土或金属盖板；高低跨变形缝在高跨墙面上的防水卷材宜固定。

（5）伸出屋面管道的泛水高度及附加层铺设，应符合设计要求。其周围的找平层应抹出高度不小于30mm的排水坡，卷材防水层收头应用金属箍固定，并应用密封材料封严；涂膜防水层收头应用防水涂料多遍涂刷。

5.4.2 装饰装修工程施工有关规定

《建筑装饰装修工程质量验收标准》GB 50210—2018规定：

1. 基本规定

（1）建筑装饰装修工程应具有完整的施工图设计文件。由施工单位完成的深化设计应经建筑装饰装修设计单位确认。

（2）当墙体或吊顶内的管线可能产生冰冻或结露时，应进行防冻或防结露设计。

（3）建筑装饰装修工程采用的材料、构配件应按进场批次进行检验。属于同一工程项目且同期施工的多个单位工程，对同一厂家生产的同批材料、构配件、器具及半成品，可统一划分检验批，对品种、规格、外观和尺寸等进行验收。

（4）建筑装饰装修工程所使用的材料在运输、储存和施工过程中，应采取有效措施防止损坏、变质和污染环境。

（5）建筑装饰装修工程所使用的材料应按设计要求进行防火、防腐和防虫处理。

（6）建筑装饰装修工程施工中，不得违反设计文件擅自改动建筑主体、承重结构或主要使用功能。

（7）施工单位应采取有效措施控制施工现场的各种粉尘、废气、废弃物、噪声、振动等对周围环境造成的污染和危害。

（8）建筑装饰装修工程施工前应有主要材料的样板或做样板间（件），并应经有关各方确认。

（9）管道、设备安装及调试应在建筑装饰装修工程施工前完成；当必须同步进行时，应在饰面层施工前完成。

（10）建筑装饰装修工程的电气安装应符合设计要求。不得直接埋设电线。

2. 分项工程及主控项目

（1）抹灰工程应分层进行。当抹灰总厚度大于或等于35mm时，应采取加强措施。

不同材料基体交接处表面的抹灰，应采取防止开裂的加强措施，当采用加强网时，加强网与各基体的搭接宽度不应小于 100mm。

（2）在砌体上安装门窗严禁用射钉固定。推拉门窗扇必须牢固，必须安装防脱落装置。

（3）门窗的品种、类型、规格、开启方向、安装位置、连接方式等应符合设计要求及国家现行标准的有关规定。金属门窗的防雷、防腐处理及填嵌、密封处理应符合设计要求。

（4）吊顶工程、轻质隔墙工程应对人造木板的甲醛释放量进行复验。

（5）吊顶工程、轻质隔墙工程验收时应检查材料的产品合格证书、性能检验报告、进场验收记录和复验报告。

（6）饰面板、饰面砖工程的防震缝、伸缩缝、沉降缝等部位的处理应保证缝的使用功能和饰面的完整性。

（7）幕墙与主体结构连接的各种预埋件，其数量、规格、位置和防腐处理必须符合设计要求。不同金属材料接触时应采用绝缘垫片分隔。

（8）涂饰工程的基层处理应符合下列规定：

① 新建筑物的混凝土或抹灰基层在用腻子找平或直接涂饰涂料前应涂刷抗碱封闭底漆；

② 既有建筑墙面在用腻子找平或直接涂饰涂料前应清除疏松的旧装修层，并涂刷界面剂；

③ 混凝土或抹灰基层在用溶剂型腻子找平或直接涂刷溶剂型涂料时，含水率不得大于 8%；在用乳液型腻子找平或直接涂刷乳液型涂料时，含水率不得大于 10%，木材基层的含水率不得大于 12%；

④ 找平层应平整、坚实、牢固，无粉化、起皮和裂缝；内墙找平层的粘结强度应符合现行行业标准的规定；

⑤ 厨房、卫生间墙面的找平层应使用耐水腻子。

5.4.3　建筑装饰装修防火设计有关规定

《建筑设计防火规范（2018 年版）》GB 50016—2014 规定：

1. 耐火等级与燃烧性能

（1）高层民用建筑根据其建筑高度、使用功能和楼层的建筑面积可分为一类和二类。

（2）民用建筑的耐火等级可分为一、二、三、四级。

（3）装饰材料按其燃烧性能划分为 A：不燃性；B_1：难燃性；B_2：可燃性；B_3：易燃性四个等级。

2. 建筑保温系统的防火要求

（1）建筑内、外保温系统，宜采用燃烧性能为 A 级的保温材料，不宜采用 B_2 级保温材料，严禁采用 B_3 级保温材料。

（2）建筑外墙采用内保温系统时，保温系统应符合下列规定。

① 对于人员密集场所，用火、燃油、燃气等具有火灾危险性的场所以及各类建筑内的疏散楼梯间、避难走道、避难间、避难层等部位，应采用燃烧性能为 A 级的保温

材料。

② 对于其他场所应采用低烟、低毒且燃烧性能不低于 B_1 级的保温材料。

③ 保温系统应采用 A 级不燃材料做防护层。采用燃烧性能为 B_1 级的保温材料时，防护层的厚度不应小于 10mm。

（3）建筑外墙采用保温材料与两侧墙体构成无空腔复合保温结构体时，该结构体的耐火极限应符合国家现行有关规定的要求；当保温材料的燃烧等级为 B_1、B_2 时保温材料两侧的墙体应采用不燃材料且厚度均不应小于 50mm。

（4）建筑外墙外保温系统与基层墙体、装饰层之间的空腔，应在每层楼板处采用防火封堵材料封堵。

（5）设置为人员密集场所的建筑，其外墙外保温材料的燃烧性能应为 A 级。

（6）与基层墙体、装饰层之间无空腔的建筑外墙外保温系统，其保温材料应符合下列规定：

① 住宅建筑

a. 建筑高度大于 100m 时，保温材料的燃烧性能应为 A 级；

b. 建筑高度大于 27m，但不大于 100m 时，保温材料的燃烧性能不应低于 B_1 级；

c. 建筑高度不大于 27m 时，保温材料的燃烧性能不应低于 B_2 级。

② 除住宅和设置人员密集场所的建筑外，其他建筑

a. 建筑高度大于 50m 时，保温材料的燃烧性能应为 A 级；

b. 建筑高度大于 24m，但不大于 50m 时，保温材料的燃烧性能不应低于 B_1 级；

c. 建筑高度不大于 24m 时，保温材料的燃烧性能不应低于 B_2 级。

（7）除设置人员密集场所的建筑外，与基层墙体、装饰层之间有空腔的建筑外墙外保温系统，其保温材料应符合下列规定：

① 建筑高度大于 24m 时，保温材料的燃烧性能应为 A 级；

② 建筑高度不大于 24m 时，保温材料的燃烧性能不应低于 B_1 级。

（8）当建筑外墙外保温系统按有关规范要求采用燃烧性能为 B_1、B_2 级的保温材料时，应符合下列规定：

① 除采用 B_1 级保温材料且建筑高度不大于 24m 的公共建筑或采用 B_1 级保温材料且建筑高度不大于 27m 的住宅建筑外，建筑外墙上门、窗的耐火完整性不应低于 0.50h。

② 应在保温系统中每层设置水平防火隔离带。防火隔离带应采用燃烧性能等级为 A 级的材料，防火隔离带的高度不应小于 300mm。

（9）建筑的外墙外保温系统应采用不燃材料在其表面设置防护层，防护层应将保温材料完全包覆。除有关规定的情况外，应按规定采用 B_1、B_2 级材料保温时，防护层厚度首层不应小于 15mm，其他层不应小于 5mm。

（10）电气线路不应穿越或敷设在燃烧性能为 B_1 级或 B_2 级的保温材料中；确需穿越或敷设时，应采用金属管并在金属管周围采用不燃材料进行防火隔离等防火保护措施。设置开关、插座等电气配件的部位周围应采取不燃隔热材料进行防火隔离等防火保护措施。

5.4.4　建筑内部装饰装修防火施工与验收有关规定

《建筑内部装修防火施工及验收规范》GB 50354—2005 规定:

1. 基本规定

（1）建筑工程内部装修不得影响消防设施的使用功能。装修施工过程中，当确需变动防火设计时，应经原设计单位或具有相应资质的设计单位按有关规定进行。

（2）装修施工过程中，应分阶段对所选用的防火装修材料按本规范的规定进行抽样检验。对隐蔽工程的施工，应在施工过程中及完工后进行抽样检验。现场进行阻燃处理、喷涂、安装作业的施工，应在相应的施工作业完成后进行抽样检验。

2. 纺织物子分部装修工程

1）进场应进行见证取样检验的材料

（1）B_1、B_2 级纺织物;

（2）现场对纺织物进行阻燃处理所使用的阻燃剂。

2）应进行抽样检验的材料

（1）现场阻燃处理后的纺织物，每种取 $2m^2$ 检验燃烧性能;

（2）施工过程中受湿浸、燃烧性能可能受影响的纺织物，每种取 $2m^2$ 检验燃烧性能。

3. 木质材料子分部装修工程

1）应进行抽样检验的材料

（1）现场阻燃处理后的木质材料，每种取 $4m^2$ 检验燃烧性能;

（2）表面进行加工后的 B_1 级木质材料，每种取 $4m^2$ 检验燃烧性能。

2）应进行见证取样检验的进场材料

（1）B_1 级木质材料。

（2）现场进行阻燃处理所使用的阻燃剂及防火涂料。

4. 高分子合成材料子分部装修工程

1）进场应进行见证取样检验的材料

（1）B_1、B_2 级高分子合成材料;

（2）现场进行阻燃处理所使用的阻燃剂及防火涂料。

2）材料抽样检验

现场阻燃处理后的泡沫塑料应进行抽样检验，每种取 $0.1m^3$ 检验燃烧性能。

5. 工程质量验收

（1）工程质量验收应符合下列要求:

① 技术资料应完整;

② 所用装修材料或产品的见证取样检验结果，应满足设计要求;

③ 装修施工过程中的抽样检验结果，包括隐蔽工程的施工过程中和完工后的抽样检验结果应符合设计要求;

④ 现场进行阻燃处理、喷涂、安装作业的抽样检验结果应符合设计要求;

⑤ 施工过程中的主控项目检验结果应全部合格;

⑥ 施工过程中的一般项目检验结果合格率应达到80%。

（2）工程质量验收应由建设单位项目负责人组织施工单位项目负责人、监理工程师和设计单位项目负责人等进行。

（3）当装修施工的有关资料经审查全部合格、施工过程全部符合要求、现场检查或抽样检测结果全部合格时，工程验收应为合格。

5.5　绿色建造的相关规定

5.5.1　《建筑节能与可再生能源利用通用规范》有关规定

《建筑节能与可再生能源利用通用规范》GB 55015—2021的规定：

1. 基本规定

（1）新建居住建筑和公共建筑的平均设计能耗水平应在2016年执行的节能设计标准的基础上分别降低30%和20%。不同气候区平均节能率应符合下列规定：

① 严寒和寒冷地区居住建筑平均节能率应为75%；

② 除严寒和寒冷地区外，其他气候区居住建筑平均节能率应为65%；

③ 公共建筑平均节能率应为72%。

（2）工程设计变更后，建筑节能性能不得降低。

2. 新建建筑节能设计

（1）居住建筑的窗墙面积比不应大于规范规定的限值。

（2）甲类公共建筑的屋顶透光部分面积不应大于屋顶总面积的20%。

（3）外窗的通风开口面积应符合下列规定：

① 夏热冬暖、温和B区居住建筑外窗的通风开口面积不应小于房间地面面积的10%或外窗面积的45%，夏热冬冷、温和A区居住建筑外窗的通风开口面积不应小于房间地面面积的5%；

② 公共建筑中主要功能房间的外窗（包括透光幕墙）应设置可开启窗扇或通风换气装置。

（4）建筑遮阳措施应符合下列规定：

① 夏热冬暖、夏热冬冷地区，甲类公共建筑南、东、西向外窗和透光幕墙应采取遮阳措施；

② 夏热冬暖地区，居住建筑的东、西向外窗的建筑遮阳系数不应大于0.8。

（5）居住建筑的主要使用房间（卧室、书房、起居室等）的房间窗地面积比不应小于1/7。

（6）外墙保温工程应采用预制构件、定型产品或成套技术，并应具备同一供应商提供配套的组成材料和型式检验报告。型式检验报告应包括配套组成材料的名称、生产单位、规格型号、主要性能参数。外保温系统型式检验报告还应包括耐候性和抗风压性能检验项目。

3. 施工、调试及验收

（1）建筑节能工程采用的材料、构件和设备，应在施工进场进行随机抽样复验，复验应为见证取样检验。当复验结果不合格时，工程施工中不得使用。

（2）建筑节能工程质量验收合格，应符合下列规定：

① 建筑节能各分项工程应全部合格；

② 质量控制资料应完整；

③ 外墙节能构造现场实体检验结果应对照图纸进行核查，并符合要求；

④ 建筑外窗气密性能现场实体检验结果应对照图纸进行核查，并符合要求；

⑤ 建筑设备系统节能性能检测结果应合格；

⑥ 太阳能系统性能检测结果应合格。

（3）门窗（包括天窗）节能工程施工采用的材料、构件和设备进场时，除核查质量证明文件、节能性能标识证书、门窗节能性能计算书及复验报告外，还应对下列内容进行复验：

① 严寒、寒冷地区门窗的传热系数及气密性能；

② 夏热冬冷地区门窗的传热系数、气密性能，玻璃的太阳得热系数及可见光透射比；

③ 夏热冬暖地区门窗的气密性能，玻璃的太阳得热系数及可见光透射比；

④ 严寒、寒冷、夏热冬冷和夏热冬暖地区透光、部分透光遮阳材料的太阳光透射比、太阳光反射比及中空玻璃的密封性能。

（4）墙体、屋面和地面节能工程的施工质量，应符合下列规定：

① 保温隔热材料的厚度不得低于设计要求；

② 墙体保温板材与基层之间及各构造层之间的粘结或连接必须牢固；保温板材与基层的连接方式、拉伸粘结强度和粘结面积比应符合设计要求；保温板材与基层之间的拉伸粘结强度应进行现场拉拔试验，且不得在界面破坏；粘结面积比应进行剥离检验；

③ 当墙体采用保温浆料做外保温时，厚度大于 20mm 的保温浆料应分层施工；保温浆料与基层之间及各层之间的粘结必须牢固，不应脱层、空鼓和开裂；

④ 当保温层采用锚固件固定时，锚固件数量、位置、锚固深度、胶结材料性能和锚固力应符合设计和施工方案的要求；

⑤ 保温装饰板的装饰面板应使用锚固件可靠固定，锚固力应做现场拉拔试验；保温装饰板板缝不得渗漏。

（5）建筑围护结构节能工程施工完成后，应进行现场实体检验，并符合下列规定：

① 应对建筑外墙节能构造包括墙体保温材料的种类、保温层厚度和保温构造做法进行现场实体检验。

② 下列建筑的外窗应进行气密性能实体检验：

a. 严寒、寒冷地区建筑；

b. 夏热冬冷地区高度大于或等于 24m 的建筑和有集中供暖或供冷的建筑；

c. 其他地区有集中供冷或供暖的建筑。

5.5.2　建筑节能工程施工有关规定

《建筑节能工程施工质量验收标准》GB 50411—2019 规定：

1. 基本规定

（1）单位工程施工组织设计应包括建筑节能工程的施工内容。建筑节能工程施工前，施工单位应编制建筑节能工程专项施工方案。施工单位应对从事建筑节能工程施工作业的人员进行技术交底和必要的实际操作培训。

（2）涉及建筑节能效果的定型产品、预制构件，以及采用成套技术现场施工安装的工程，相关单位应提供型式检验报告。当无明确规定时，型式检验报告的有效期不应超过2年。

（3）建筑节能工程施工前，对于采用相同建筑节能设计的房间和构造做法，应在现场采用相同材料和工艺制作样板间和样板件，经各方确认后方可进行施工。

（4）建筑节能工程的施工作业环境和条件，应符合国家现行相关标准的规定和施工工艺的要求。节能保温材料不宜在雨雪天气中露天施工。

2. 墙体节能工程

（1）墙体、屋面和地面节能工程采用的材料、构件和设备施工进场复验应包括下列内容：

① 保温隔热材料的导热系数或热阻、密度、压缩强度或抗压强度、吸水率、燃烧性能（不燃材料除外）及垂直于板面方向的抗拉强度（仅限墙体）。

② 复合保温板等墙体节能定型产品的传热系数或热阻、单位面积质量、拉伸粘结强度及燃烧性能（不燃材料除外）。

③ 保温砌块等墙体节能定型产品的传热系数或热阻、抗压强度及吸水率。

④ 墙体及屋面反射隔热材料的太阳光反射比及半球发射率。

⑤ 墙体粘结材料的拉伸粘结强度。

⑥ 墙体抹面材料的拉伸粘结强度及压折比。

⑦ 墙体增强网的力学性能及抗腐蚀性能。

（2）外墙采用保温浆料做保温层时，应在施工中制作同条件试件，检测其导热系数、干密度和抗压强度。保温浆料的试件应见证取样检验。

（3）采用预制保温墙板现场安装的墙体，应符合下列规定：

① 保温墙板的结构性能、热工性能及与主体结构的连接方法应符合设计要求，与主体结构连接必须牢固；

② 保温墙板的板缝处理、构造节点及嵌缝做法应符合设计要求；

③ 保温墙板板缝不得渗漏。

（4）防火隔离带组成材料应与外墙外保温组成材料相配套。防火隔离带宜采用工厂预制的制品现场安装，并应与基层墙体可靠连接，防火隔离带面层材料应与外墙外保温一致。

（5）墙体内设置的隔气层，其位置、材料及构造做法应符合设计要求。隔气层应完整、严密，穿透隔气层处应采取密封措施。隔气层凝结水排水构造应符合设计要求。

3. 门窗节能工程

（1）门窗节能工程应优先选用具有国家建筑门窗节能性能标识的产品。当门窗采用隔热型材时，应提供隔热型材所使用的隔断热桥材料的物理力学性能检测报告。

（2）外门窗框或副框与洞口之间的间隙应采用弹性闭孔材料填充饱满，并进行防水密封，夏热冬暖地区、温和地区当采用防水砂浆填充间隙时，窗框与砂浆间应用密封胶密封；外门窗框与副框之间的缝隙应使用密封胶密封。

4. 屋面节能工程

（1）屋面节能工程使用的材料进场时，应对其下列性能进行复验，复验应为见证取样检验：

①保温隔热材料的导热系数或热阻、密度、压缩强度或抗压强度、吸水率、燃烧性能（不燃材料除外）；

②反射隔热材料的太阳光反射比、半球发射率。

（2）屋面节能工程应对下列部位进行隐蔽工程验收，并应有详细的文字记录和必要的图像资料：

①基层及其表面处理；

②保温材料的种类、厚度、保温层的敷设方法；板材缝隙填充质量；

③屋面热桥部位处理；

④隔汽层。

（3）屋面保温隔热层施工完成后，应及时进行后续施工或加以覆盖。

（4）屋面保温隔热层的敷设方式、厚度、缝隙填充质量及屋面热桥部位的保温隔热做法，应符合设计要求和有关标准的规定。

5. 地面节能工程

（1）地面节能工程应对下列部位进行隐蔽工程验收，并应有详细的文字记录和必要的图像资料：

①基层及其表面处理；

②保温材料种类和厚度；

③保温材料粘结；

④地面热桥部位处理。

（2）地面节能工程使用的保温材料进场时，应对其导热系数或热阻、密度、压缩强度或抗压强度、吸水率、燃烧性能（不燃材料除外）等性能进行复验，复验应为见证取样检验。

6. 现场检验抽样规定

外墙节能构造和外窗气密性能现场实体检验的抽样数量应符合下列规定：

（1）外墙节能构造实体检验应按单位工程进行，每种节能构造的外墙检验不得少于3处，每处检查一个点；传热系数检验数量应符合国家现行有关标准的要求。

（2）外窗气密性能现场实体检验应按单位工程进行，每种材质、开启方式、型材系列的外窗检验不得少于3樘。

（3）同工程项目、同施工单位且同期施工的多个单位工程，可合并计算建筑面积；每 30000m² 可视为一个单位工程进行抽样，不足 30000m² 也视为一个单位工程。

（4）实体检验的样本应在施工现场由监理单位和施工单位随机抽取，且应分布均匀、具有代表性，不得预先确定检验位置。

5.5.3　绿色建筑评价有关规定

1. 一般规定

（1）绿色建筑的评价应以单栋建筑或建筑群为评价对象。

（2）绿色建筑评价应在建设工程竣工后进行。在建筑工程施工图完成后，可进行预评价。

（3）申请评价方应进行建筑全寿命期技术和经济分析，选用适宜技术、设备和材料，对规划、设计、施工、运行阶段进行全过程控制，并应在评价时提交相应分析、测试报告和相关文件。申请评价方应对提交资料的真实性和完整性负责。

2. 绿色建筑评价与等级划分

1）绿色建筑评价

（1）绿色建筑评价指标体系由安全耐久、生活便利、健康舒适、环境宜居、资源节约5类指标组成，且每类指标均包括控制项和评分项；评价指标体系还统一设置加分项。

（2）控制项的评定结果应为达标或不达标；评分项和加分项的评定结果应为分值。绿色建筑评价的分值设定应符合表5.5-1的规定。

表5.5-1　绿色建筑评价分值

分类	控制项基础分值	评分项满分值					加分项满分值
		安全耐久	健康舒适	生活便利	资源节约	环境宜居	
预评价	400	100	100	70	200	100	100
评价	400	100	100	100	200	100	100

注：预评价时，"生活便利"评分项中"运营管理"项、"提高与创新加分项"中"按照绿色施工的要求进行施工和管理"条不得分。

（3）绿色建筑评价的总得分应按式（5.5-1）进行计算：

$$Q = (Q_0 + Q_1 + Q_2 + Q_3 + Q_4 + Q_5 + Q_A)/10 \qquad (5.5-1)$$

式中　Q——总得分；

Q_0——控制项基础分值，当满足所有控制项的要求时取400分。

$Q_1 \sim Q_5$——分别为评价指标体系5类指标（安全耐久、健康舒适、生活便利、资源节约、环境宜居）评分项得分。

Q_A——提高与创新加分项得分。

2）绿色建筑等级划分

绿色建筑划分由低至高为基本级、一星级、二星级、三星级4个等级。

当满足全部控制项要求时，绿色建筑等级应为基本级。

绿色建筑星级等级应按下列规定确定：

（1）一星级、二星级、三星级3个等级的绿色建筑均应满足相关标准全部控制项的要求，且每类指标的评分项得分不应小于其评分项满分值的30%。

（2）一星级、二星级、三星级3个等级的绿色建筑均应进行全装修，全装修工程质量、选用材料及产品质量应符合国家现行有关标准的规定。

（3）当总得分分别达到60分、70分、85分且应满足"一星级、二星级、三星级绿色建筑的技术要求"时，绿色建筑等级分别为一星级、二星级、三星级。

3. "安全耐久"指标

1）控制项

场地应避开滑坡、泥石流等地质危险地段，易发生洪涝地区应有可靠的防洪涝基础设施；场地应无危险化学品、易燃易爆危险源的威胁，应无电磁辐射、含氡土壤的危害。建筑结构应满足承载力和建筑使用功能要求。建筑外墙、屋面、门窗、幕墙及外保温等围护结构应满足安全、耐久和防护的要求。

2）评分项

包括：安全，耐久。

4."健康舒适"指标

1）控制项

室内空气中的氨、甲醛、苯、总挥发性有机物、氡等污染物浓度应符合现行国家标准的有关规定。建筑室内和建筑主入口处应禁止吸烟，并应在醒目位置设置禁烟标志。应采取措施避免厨房、餐厅、打印复印室、卫生间、地下车库等区域的空气和污染物串通到其他空间；应防止厨房、卫生间的排气倒灌。

2）评分项

包括：室内空气品质，水质，声环境与光环境，室内热湿环境。

5."生活便利"指标

1）控制项

建筑、室外场地、公共绿地、城市道路相互之间应设置连贯的无障碍步行系统。

场地人行出入口 500m 内应设有公共交通站点或配备联系公共交通站点的专用接驳车。

停车场应具有电动汽车充电设施或具备充电设施的安装条件，并应合理设置电动汽车和无障碍汽车停车位。

2）评分项

包括：出行与无障碍，服务设施，智慧运行，运营管理。

6."资源节约"指标

1）控制项

应结合场地自然条件和建筑功能需求，对建筑的体形、平面布局、空间尺度、围护结构等进行节能设计。

应采取措施降低部分负荷、部分空间使用下的供暖、空调系统能耗。

应根据建筑空间功能设置分区温度，合理降低室内过渡区空间的温度设定标准。

2）评分项

包括：节地与土地利用，节能与能源利用，节水与水资源利用，节材与绿色建材。

7."环境宜居"指标

1）控制项

建筑规划布局应满足日照标准，且不得降低周边建筑的日照标准。

室外热环境应满足国家现行有关标准的要求。

配建的绿地应符合所在地城乡规划的要求。

2）评分项

包括：场地生态与景观，室外物理环境。

8."提高与创新加分项"指标

提高与创新项得分为加分项得分之和，当得分大于 100 分时，应取为 100 分。

加分项包括：采取措施进一步降低建筑供暖空调系统的能耗；因地制宜建设绿色

建筑；采用蓄冷蓄热蓄电、建筑设备智能调节等技术实现建筑电力交互；采取措施提升场地绿容率；采用符合工业化建造要求的结构体系与建筑构件；应用建筑信息模型（BIM）技术；采取措施降低建筑全寿命期碳排放强度；按照绿色施工的要求进行施工和管理。

5.5.4 绿色建造技术导则有关规定

《绿色建造技术导则（试行）》（建办质〔2021〕9号）规定：

1. 基本规定

（1）绿色建造应统筹考虑建筑工程质量、安全、效率、环保、生态等要素，实现工程策划、设计、施工、交付全过程一体化，提高建造水平和建筑品质。

（2）绿色建造宜采用系统化集成设计、精益化生产施工、一体化装修的方式，加强新技术推广应用，整体提升建造方式工业化水平。

（3）绿色建造宜结合实际需求，有效采用BIM、物联网、大数据、云计算、移动通信、区块链、人工智能、机器人等相关技术，整体提升建造手段信息化水平。

2. 绿色策划

（1）建设单位应在建筑工程立项阶段组织编制项目绿色策划方案，项目各参与方应遵照执行。

（2）绿色策划方案应明确绿色建造总体目标和资源节约、环境保护、减少碳排放、品质提升、职业健康安全等分项目标，应包括绿色设计策划、绿色施工策划、绿色交付策划等内容。

（3）应综合考虑生产、施工的便利性，提出全过程、全专业、各参与方之间的一体化协同设计要求。

（4）应对生态环境保护、资源节约与循环利用、碳排放降低、人力资源节约及职业健康安全等进行总体分析，策划适宜的绿色施工技术路径与措施。

（5）应根据建筑类型和运营维护需求确定绿色建造项目的实体交付内容及交付标准。

3. 绿色设计

（1）应统筹建筑、结构、机电设备、装饰装修、景观园林等各专业设计，统筹策划、设计、施工、交付等建造全过程，实现工程全寿命期系统化集成设计。

（2）应强化设计方案技术论证，严格控制设计变更。设计变更不应降低工程绿色性能，重大变更应组织专家对其是否影响工程绿色性能进行论证。

（3）应综合考虑安全耐久、节能减排、易于建造等因素，择优选择建筑形体和结构体系。

（4）应优先采用管线分离、一体化装修技术，对建筑围护结构和内外装饰装修构造节点进行精细设计。

（5）应建立涵盖设计、生产、施工等不同阶段的协同设计机制，实现生产、施工、运营维护各方的前置参与，统筹管理项目方案设计、初步设计、施工图设计。

（6）宜采用BIM正向设计，优化设计流程，支撑不同专业间以及设计与生产、施工的数据交换和信息共享。

（7）建筑材料的选用应符合下列规定：

① 应符合国家和地方相关标准规范环保要求；

② 宜优先选用获得绿色建材评价认证标识的建筑材料和产品；

③ 宜优先采用高强、高性能材料。

（8）宜选择地方性建筑材料和当地推广使用的建筑材料。

4.绿色施工

（1）应根据绿色施工策划进行绿色施工组织设计、绿色施工方案编制。

（2）应积极采用工业化、智能化建造方式，实现工程建设低消耗、低排放、高质量和高效益。

（3）宜积极运用 BIM、大数据、云计算、物联网以及移动通信等信息化技术组织绿色施工，提高施工管理的信息化和精细化水平。

（4）应编制施工现场建筑垃圾减量化专项方案，实现建筑垃圾源头减量、过程控制、循环利用。

（5）应在项目前期进行设计与施工协同，根据工程实际情况及施工能力优化设计方案，提高施工机械化、工业化、信息化水平。

（6）应通过信息化手段监测并分析施工现场扬尘、噪声、光、污水、有害气体、固体废弃物等各类污染物。

（7）应推广使用新型模架体系，提高施工临时设施和周转材料的工业化程度和周转次数。

（8）应积极推广材料工厂化加工，实现精准下料、精细管理，降低建筑材料损耗率。

（9）应采取措施减少固体废弃物产生，建筑垃圾产生量应控制在现浇钢筋混凝土结构每万平方米不大于 300t，装配式建筑每万平方米不大于 200t（不包括工程渣土、工程泥浆）。

（10）应采用信息通信技术对施工设备的基础信息、进出场信息和安装信息等进行管理，对塔式起重机、施工升降机等危险性较大设备的运行数据进行实时采集和监控。

（11）宜采用自动化施工器械、智能移动终端等相关设备，提升施工质量和效率，降低安全风险。积极推广使用建筑机器人进行材料搬运、打磨、铺墙地砖、钢筋加工、喷涂、高空焊接等工作。

5.绿色交付

（1）应将建筑各分部分项工程的设计、施工、检测等技术资料整合和校验，并按相关标准移交建设单位和运营单位。

（2）应按照绿色交付标准及成果要求提供实体交付及数字化交付成果。数字化交付成果应保证与实体交付成果信息的一致性和准确性，建设单位可在交付前组织成果验收。

5.5.5　建筑碳排放计算有关规定

《建筑碳排放计算标准》GB/T 51366—2019 规定：

1.基本规定

（1）建筑物碳排放计算应以单栋建筑或建筑群为计算对象。

（2）建筑碳排放计算方法可用于建筑设计阶段对碳排放量进行计算，或在建筑物建造后对碳排放量进行核算。

（3）建筑物碳排放计算应根据不同需求按阶段进行计算，并可将分段计算结果累计为建筑全生命期碳排放。

（4）碳排放计算应包含《IPCC 国家温室气体清单指南》中与建筑碳排放相关的活动过程需要评估的温室气体，包括二氧化碳（CO_2）、甲烷（CH_4）、氧化亚氮（N_2O）、氢氟碳化物（HFCs）、全氟碳化（PFCs）和六氟化硫（SF_6）等。

2. 运行阶段

（1）建筑运行阶段碳排放计算范围应包括暖通空调、生活热水、照明及电梯、可再生能源、建筑碳汇系统在建筑运行期间的碳排放量。

（2）碳排放计算中采用的建筑设计寿命应与设计文件一致，当设计文件不能提供时，应按 50 年计算。

3. 建造与拆除阶段

（1）建筑建造和拆除阶段的碳排放的计算边界应符合下列规定：

① 建造阶段碳排放计算时间边界应从项目开工起至项目竣工验收止，拆除阶段碳排放计算时间边界应从拆除起至拆除肢解并从楼层运出止；

② 建筑施工场地区域内的机械设备、小型机具、临时设施等使用过程中消耗的能源产生的碳排放应计入；

③ 现场搅拌的混凝土和砂浆、现场制作的构件和部品，其产生的碳排放应计入；

④ 建造阶段使用的办公用房、生活用房和材料库房等临时设施的施工和拆除可不计入。

（2）建筑建造阶段的碳排放应包括完成各分部分项工程施工产生的碳排放和各项措施项目实施过程产生的碳排放。

（3）建造阶段碳排放的关键在于确定施工阶段的电、汽油、柴油、燃气等能源的消耗量，方法主要有两种：

① 施工工序能耗估算法，即根据各分部分项工程和措施项目的工程量、单位工程的机械台班消耗量和单位台班机械的能源用量逐一计算，汇总得到建造阶段能源总用量；

② 施工能耗清单统计法，即通过现场电表、汽油和柴油的计量进行统计，汇总得到建造阶段的实测总能耗。根据现场实测数据计算，理论上可行，结果准确可靠，但无法在施工前估算。

（4）建造阶段的能源总用量宜采用施工工序能耗估算法计算。

（5）建筑拆除阶段的碳排放应包括人工拆除和使用小型机具机械拆除使用的机械设备消耗的各种能源动力产生的碳排放。

（6）建筑物爆破拆除、静力破损拆除及机械整体性拆除的能源用量应根据拆除专项方案确定。

4. 建材生产与运输

（1）建材生产及运输阶段的碳排放应为建材生产阶段碳排放与建材运输阶段碳排放之和。

（2）建材生产及运输阶段碳排放计算应包括建筑主体结构材料、建筑围护结构材料、建筑构件和部品等，纳入计算的主要建筑材料的确定应符合下列规定：

① 所选主要建筑材料的总重量不应低于建筑中所耗建材总重量的 95%；

② 当符合上述第（1）条的规定时，重量比小于 0.1% 的建筑材料可不计算。

第3篇 建筑工程项目管理实务

第6章 建筑工程企业资质与施工组织

6.1 建筑工程企业资质

6.1.1 设计企业资质

第6章
看本章精讲课
做本章自测题

《建设工程勘察设计资质管理规定》（建设部令第160号）规定：

1. 工程勘察资质

1）资质等级

（1）工程勘察资质分为工程勘察综合资质、工程勘察专业资质、工程勘察劳务资质；

（2）工程勘察综合资质只设甲级；

（3）工程勘察专业资质设甲级、乙级，根据工程性质和技术特点，部分专业可以设丙级；

（4）工程勘察劳务资质不分等级。

2）承接工程范围

（1）取得工程勘察综合资质的企业，可以承接各专业（海洋工程勘察除外）、各等级工程勘察业务；

（2）取得工程勘察专业资质的企业，可以承接相应等级相应专业的工程勘察业务；

（3）取得工程勘察劳务资质的企业，可以承接岩土工程治理、工程钻探、凿井等工程勘察劳务业务。

2. 工程设计资质

1）资质等级

（1）工程设计资质分为工程设计综合资质、工程设计行业资质、工程设计专业资质和工程设计专项资质。

（2）工程设计综合资质只设甲级。

（3）工程设计行业资质、工程设计专业资质、工程设计专项资质设甲级、乙级。

（4）根据工程性质和技术特点，个别行业、专业、专项资质可以设丙级，建筑工程专业资质可以设丁级。

2）承接工程范围

（1）取得工程设计综合资质的企业，可以承接各行业、各等级的建设工程设计业务；

（2）取得工程设计行业资质的企业，可以承接相应行业相应等级的工程设计业务及本行业范围内同级别的相应专业、专项（设计施工一体化资质除外）工程设计业务；

（3）取得工程设计专业资质的企业，可以承接本专业相应等级的专业工程设计业务及同级别的相应专项工程设计业务（设计施工一体化资质除外）；

（4）取得工程设计专项资质的企业，可以承接本专项相应等级的专项工程设计业务。

6.1.2 施工企业资质

《建筑业企业资质管理规定》（住房和城乡建设部令第22号）有关规定：

1. 资质等级

（1）建筑业企业资质分为施工总承包资质、专业承包资质、施工劳务资质三个序列。

（2）施工总承包资质按照工程性质和技术特点分别划分为若干资质类别，如房屋建筑、公路、水运、水利、铁路、民航、通信等工程。

（3）施工总承包资质分为特级、一级、二级、三级。

（4）专业承包资质分为一级、二级、三级。

（5）施工劳务资质不分类别与等级。

2. 建筑工程施工总承包资质承接工程范围

1）特级资质

可承担各类房屋建筑工程的施工总承包、设计及开展工程总承包和项目管理业务。

2）一级资质

可承担单项合同额3000万元以上的下列建筑工程的施工：

（1）高度200m以下的工业、民用建筑工程；

（2）高度240m以下的构筑物工程。

3）二级资质

可承担下列建筑工程的施工：

（1）高度100m以下的工业、民用建筑工程；

（2）高度120m以下的构筑物工程；

（3）建筑面积4万 m^2 以下的单体工业、民用建筑工程；

（4）单跨跨度39m以下的建筑工程。

4）三级资质

可承担下列建筑工程的施工：

（1）高度50m以下的工业、民用建筑工程；

（2）高度70m以下的构筑物工程；

（3）建筑面积1.2万 m^2 以下的单体工业、民用建筑工程；

（4）单跨跨度27m以下的建筑工程。

3. 建筑工程

（1）各类结构形式的民用建筑工程、工业建筑工程、构筑物工程以及相配套的道路、通信、管网管线等设施工程。

（2）工程内容包括地基与基础、主体结构、建筑屋面、装饰装修、建筑幕墙、附建人防工程以及给水排水及供暖、通风与空调、电气、消防、智能化、防雷等配套工程。

6.2　施工项目管理机构

6.2.1　项目管理机构组建与主要人员执业资格

1. 施工单位项目经理部（项目部）的组建

（1）项目部应在项目启动前建立，在项目完成后或按合同约定解体。

（2）建立项目部应遵循的规定：

① 结构应符合组织制度和项目实施要求；

② 应有明确的管理目标、运行程序和责任制度；

③ 机构成员应满足项目管理要求及具备相应资格；

④ 组织分工应相对稳定并可根据项目实施变化进行调整；

⑤ 应确定机构成员的职责、权限、利益和需承担的风险。

（3）建立项目部应遵循的步骤：

① 根据项目管理规划大纲、项目管理目标责任书及合同要求明确管理任务；

② 根据管理任务分解和归类，明确组织结构；

③ 根据组织结构，确定岗位职责、权限以及人员配置；

④ 制订工作程序和管理制度；

⑤ 由组织管理层审核认定。

（4）项目部负责人（项目经理）应对项目团队建设和管理负责，组织制订明确的团队目标、合理高效的运行程序和完善的工作制度，定期评价团队运作绩效。

（5）项目团队建设应符合下列规定：

① 建立团队管理机制和工作模式；

② 各方步调一致，协同工作；

③ 制订团队成员沟通制度，建立畅通的信息沟通渠道和各方共享的信息平台。

（6）项目管理目标责任书

① 项目管理目标责任书应在项目实施之前，由组织法定代表人或其授权人与项目经理协商制订。

② 项目管理目标责任书宜包括下列内容：

a. 项目管理实施目标；

b. 组织和项目管理机构职责、权限和利益的划分；

c. 项目现场质量、安全、环保、文明、职业健康和社会责任目标；

d. 项目设计、采购、施工、试运行管理的内容和要求；

e. 项目所需资源的获取和核算办法；

f. 法定代表人向项目经理委托的相关事项；

g. 项目经理和项目管理机构应承担的风险；

h. 项目应急事项和突发事件处理的原则和方法；

i. 项目管理效果和目标实现的评价原则、内容和方法；

j. 项目实施过程中相关责任和问题的认定和处理原则；

k. 项目完成后对项目经理的奖惩依据、标准和办法；

l. 项目经理解职和项目部解体的条件及办法；

m.缺陷责任期、质量保修期及之后对项目经理的相关要求。

③ 施工单位应对项目管理目标责任书的完成情况进行考核和认定，并根据考核结果和项目管理目标责任书的奖惩规定，对项目经理和项目部进行奖励或处罚。

2. 项目经理的职责、权限和管理

1）项目经理应履行的职责

（1）项目管理目标责任书中规定的职责；

（2）工程质量安全责任承诺书中应履行的职责；

（3）组织或参与编制项目管理规划大纲、项目管理实施规划，对项目目标进行系统管理；

（4）主持制订并落实质量、安全技术措施和专项方案，负责相关的组织协调工作；

（5）对各类资源进行质量监控和动态管理；

（6）对进场的机械、设备、工器具的安全、质量和使用进行监控；

（7）建立各类专业管理制度，并组织实施；

（8）制订有效的安全、文明和环境保护措施并组织实施；

（9）组织或参与评价项目管理绩效；

（10）进行授权范围内的任务分解和利益分配；

（11）按规定完善工程资料，规范工程档案文件，准备工程结算和竣工资料，参与工程竣工验收；

（12）接受审计，处理项目管理机构解体的善后工作；

（13）协助和配合组织进行项目检查、鉴定和评奖申报；

（14）配合组织完善缺陷责任期的相关工作。

2）项目经理具有的权限

（1）参与项目招标、投标和合同签订；

（2）参与组建项目管理机构；

（3）参与组织对项目各阶段的重大决策；

（4）主持项目管理机构工作；

（5）决定授权范围内的项目资源使用；

（6）在组织制度的框架下制订项目管理机构管理制度；

（7）参与选择并直接管理具有相应资质的分包人；

（8）参与选择大宗资源的供应单位；

（9）在授权范围内与项目相关方进行直接沟通；

（10）法定代表人和组织授予的其他权利。

3. 项目部主要人员执业资格

（1）项目经理应取得注册建造师职业资格证，并取得安全生产考核合格证书 B 证。

（2）项目安全管理部门负责人、专职安全员应取得安全生产考核合格证书 C 证。

（3）项目特殊工种操作人员应取得专业特殊工种操作证。如电工操作证、电（气）焊工操作证，施工机械操作证、高空作业操作证等。

6.2.2　项目管理绩效评价方法与内容

1. 评价的过程

（1）项目管理绩效评价可在项目管理相关过程中或项目完成后实施。

（2）评价过程：

① 成立绩效评价机构；

② 确定绩效评价专家；

③ 制订绩效评价标准；

④ 形成绩效评价结果。

2. 评价的范围、内容和指标

1）评价的范围

（1）项目实施的基本情况；

（2）项目管理分析与策划；

（3）项目管理方法与创新；

（4）项目管理效果验证。

2）评价的内容

（1）项目管理特点；

（2）项目管理理念、模式；

（3）主要管理对策、调整和改进；

（4）合同履行与相关方满意度；

（5）项目管理过程检查、考核、评价；

（6）项目管理实施成果。

3）评价的指标

（1）项目质量、安全、环保、工期、成本目标完成情况；

（2）供方（供应商、分包商）管理的有效性；

（3）合同履约率、相关方满意度；

（4）风险预防和持续改进能力；

（5）项目综合效益。

3. 评价的方法

（1）项目管理绩效评价机构应在评价前，根据评价需求确定评价方法。

（2）项目管理绩效评价机构宜以百分制形式对项目管理绩效进行打分，在合理确定各项评价指标权重的基础上，汇总得出项目管理绩效综合评分。

（3）组织应根据项目管理绩效评价需求规定适宜的评价结论等级，以百分制形式进行项目管理绩效评价的结论，宜分为优秀、良好、合格、不合格四个等级。

（4）不同等级的项目管理绩效评价结果应分别与相关改进措施的制订相结合，管理绩效评价与项目改进提升同步，确保项目管理绩效的持续改进。

6.3　施工组织设计

6.3.1　施工组织设计编制与管理

1. 施工组织设计管理

（1）施工组织设计按编制对象，可分为施工组织总设计、单位工程施工组织设计和施工方案三个层次。

（2）施工组织设计应包括编制依据、工程概况、施工部署、施工进度计划、施工准备与资源配置计划、主要施工方法、施工现场平面布置及主要施工管理计划等基本内容。

（3）施工组织设计应由项目负责人主持编制，可根据项目实际需要分阶段编制和审批。

（4）施工组织总设计应由总承包单位技术负责人审批；单位工程施工组织设计应由施工单位技术负责人或技术负责人授权的技术人员审批；施工方案应由项目技术负责人审批；重点、难点分部（分项）工程和专项工程（含危险性较大分部分项工程）施工方案应由施工单位技术部门组织相关专家评审，施工单位技术负责人批准。

（5）由专业承包单位施工的分部（分项）工程或专项工程的施工方案，应由专业承包单位技术负责人或其授权的技术人员审批；有总承包单位时，应由总承包单位项目技术负责人核准备案。

（6）规模较大的分部（分项）工程和专项工程的施工方案应按单位工程施工组织设计进行编制和审批。

（7）施工组织设计应实行动态管理，当发生重大变动时，应进行相应的修改或补充，经修改或补充的施工组织设计应重新审批后实施。

项目施工过程中，发生以下情况之一时，施工组织设计应及时进行修改或补充：

① 工程设计有重大修改；

② 有关法律、法规、规范和标准实施、修订和废止；

③ 主要施工方法有重大调整；

④ 主要施工资源配置有重大调整；

⑤ 施工环境有重大改变。

（8）项目施工前，应进行施工组织设计逐级交底；项目施工过程中，应对施工组织设计的执行情况进行检查、分析并适时调整。

（9）工程竣工验收后，施工组织设计应按照要求进行归档保存。

2. 施工组织总设计编制要求

（1）施工组织总设计主要包括工程概况、总体施工部署、施工总进度计划、总体施工准备与主要资源配置计划、主要施工方法、施工总平面布置等几个方面。

（2）工程概况应包括项目主要情况和项目主要施工条件等内容。

（3）总体施工部署包括以下方面：

① 确定项目施工总目标（进度、质量、安全、环境、绿色施工和成本等）；

② 根据总目标，确定项目分阶段（期）交付计划；

③ 明确项目分阶段（期）施工的合理顺序及空间组织。

总体施工部署中还应对项目施工的重点和难点进行简要分析。对于施工中开发和使用的新技术、新工艺要做出明确部署，并对主要分包施工单位的资质和能力提出明确要求。

（4）总体施工准备包括技术准备、现场准备和资金准备等；主要资源配置计划应包括劳动力配置计划和物资配置计划等方面。

（5）施工组织总设计应对项目涉及的单位（子单位）工程和主要分部（分项）工程所采用的施工方法进行简要说明；对脚手架工程、起重吊装工程、临时用水用电工程、季节性施工等专项工程所采用的施工方法进行简要说明。

（6）施工总平面布置应符合下列要求：

① 根据项目总体施工部署，绘制现场不同施工阶段（期）的总平面布置图；

② 施工总平面布置图的绘制应符合国家相关标准要求并附必要说明。

3. 单位工程施工组织设计编制要求

（1）单位工程施工组织设计主要包括工程概况、施工部署、施工进度计划、施工准备与资源配置计划、主要施工方案、施工现场平面布置等几个方面。

（2）工程概况应包括工程主要情况、各专业设计简介和工程施工条件等情况。

（3）应根据施工合同、招标文件以及本单位对工程管理目标的要求等确定工程施工目标，包括进度、质量、安全、环境和成本等目标。同时对工程施工的重点和难点进行分析，包括组织管理和施工技术两个方面的详细分析。

（4）资源配置计划应包括劳动力配置计划和物资配置计划等。

（5）单位工程应按照分部、分项工程划分原则，对主要分部、分项工程制订有针对性的施工方案。

（6）施工现场平面布置图应按照相应规定并结合施工组织总设计，按不同施工阶段分别绘制。

4. 施工方案编写要求

（1）施工方案主要包括工程概况、施工安排、施工进度计划、施工准备与资源配置计划、施工方法及工艺要求等几个方面。

（2）工程概况包括工程主要情况、设计简介和工程施工条件等。

（3）施工安排中应确定施工顺序及流水段的划分情况等。

（4）明确分部（分项）工程或专项工程施工方法并进行必要的技术核算，并明确主要分项工程（工序）的施工工艺要求。对易发生质量通病、易出现安全问题、施工难度大、技术含量高的分项工程（工序）等应作出重点说明。对开发和使用新技术、新工艺以及采用新材料、新设备应通过必要的试验或论证并制订详细计划，对季节性施工应提出具体要求。

6.3.2   主要专项施工方案编制与管理

《危险性较大的分部分项工程专项施工方案编制指南》（建办质〔2021〕48号）规定：

1. 基坑工程专项施工方案编制要求

1）工程概况

包括基坑工程概况和特点，周边环境条件、基坑支护、地下水控制及土方开挖设计，施工平面布置等。

2）编制依据

包括相关标准、规范，施工合同，勘察、设计文件，地形及影响范围管线探测或查询资料，施工组织设计等。

3）施工计划

包括施工进度计划，材料与设备计划，劳动力计划等。

4）施工工艺技术

（1）技术参数：支护结构施工、降水、帷幕、关键设备等工艺技术参数。

（2）工艺流程：基坑工程总的施工工艺流程和分项工程工艺流程。

（3）施工方法及操作要求：基坑工程施工前准备，地下水控制、支护施工、土方开挖等工艺流程、要点，常见问题及预防、处理措施。

（4）检查要求：基坑工程所用的材料进场质量检查、抽检，基坑施工过程中各工序检验内容及检验标准。

5）施工保证措施

（1）组织保障措施：安全组织机构、安全保证体系及相应人员安全职责等。

（2）技术措施：安全保证措施、质量技术保证措施、文明施工保证措施、环境保护措施、季节性施工保证措施等。

（3）监测监控措施：监测组织机构，监测范围、监测项目、监测方法、监测频率、预警值及控制值、巡视检查、信息反馈，监测点布置图等。

6）施工管理及作业人员配备和分工

（1）施工管理人员：管理人员名单及岗位职责（如项目负责人、项目技术负责人、施工员、质量员、各班组长等）。

（2）专职安全人员：专职安全生产管理人员名单及岗位职责。

（3）特种作业人员：特种作业人员持证人员名单及岗位职责。

（4）其他作业人员：其他人员名单及岗位职责。

7）验收要求

（1）验收标准：根据施工工艺明确相关验收标准及验收条件。

（2）验收程序及人员：具体验收程序，确定验收人员组成（建设、勘察、设计、施工、监理、监测等单位相关负责人）。

（3）验收内容：基坑开挖至基底且变形相对稳定后支护结构顶部水平位移及沉降、建（构）筑物沉降、周边道路及管线沉降、锚杆（支撑）轴力控制值，坡顶（底）排水措施和基坑侧壁完整性。

8）应急处置措施

（1）应急处置领导小组组成与职责、应急救援小组组成与职责，包括抢险、安保、后勤、医救、善后、应急救援工作流程、联系方式等。

（2）应急事件（重大隐患和事故）及其应急措施。

（3）周边建（构）筑物、道路、地下管线等产权单位各方联系方式、救援医院信息（名称、电话、救援线路）。

（4）应急物资准备。

9）计算书及相关施工图纸

（1）施工设计计算书（如基坑为专业资质单位正式施工图设计，此附件可略）。

（2）相关施工图纸：施工总平面布置图、基坑周边环境平面图、监测点平面图、基坑土方开挖示意图、基坑施工顺序示意图、基坑马道收尾示意图等。

2. 模板支撑体系工程专项施工方案编制要求

（1）工程概况：模板支撑体系工程概况和特点，施工平面及支撑体系立面布置，施工安全、工期等要求，风险辨识与分级等。

（2）编制依据（略）。

（3）施工计划（略）。

（4）施工工艺技术。

① 技术参数：模板支撑体系的所用材料选型、规格及品质要求，模架体系设计、构造措施等技术参数。

② 工艺流程：支撑体系搭设、使用及拆除工艺流程支架预压方案。

③ 施工方法及操作要求：模板支撑体系搭设前施工准备、基础处理、模板支撑体系搭设方法、构造措施（剪刀撑、周边拉结、后浇带支撑设计等）、模板支撑体系拆除方法等。

④ 支撑架使用要求：混凝土浇筑方式、顺序、模架使用安全要求等。

⑤ 检查要求：模板支撑体系主要材料进场质量检查，模板支撑体系施工过程中对照专项施工方案有关检查内容等。

（5）施工保证措施（参考基坑工程要求）。

（6）施工管理及作业人员配备和分工（参考基坑工程要求）。

（7）验收要求（略）。

（8）应急处置措施（略）。

（9）计算书及相关图纸。

① 计算书：支撑架构配件的力学特性及几何参数，荷载组合包括永久荷载、施工荷载、风荷载，模板支撑体系的强度、刚度及稳定性的计算，支撑体系基础承载力、变形计算等。

② 相关图纸：支撑体系平面布置、立（剖）面图（含剪刀撑布置），梁模板支撑节点详图与结构拉结节点图，支撑体系监测平面布置图等。

3. 脚手架工程专项施工方案编制要求

（1）工程概况（略）。

（2）编制依据（略）。

（3）施工计划（略）。

（4）施工工艺技术。

① 技术参数：脚手架类型、搭设参数的选择，脚手架基础、架体、附墙支座及连墙件设计等技术参数，动力设备的选择与设计参数，稳定承载计算等技术参数。

② 工艺流程：脚手架搭设和安装、使用、升降及拆除工艺流程。

③ 施工方法及操作要求：脚手架搭设、构造措施（剪刀撑、周边拉结、基础设置及排水措施等），附着式升降脚手架的安全装置（如防倾覆、防坠落、安全锁等）设置，安全防护设置，脚手架安装、使用、升降及拆除等。

④ 检查要求：脚手架主要材料进场质量检查，阶段检查项目及内容。

（5）施工保证措施（参考基坑工程要求）。

（6）施工管理及作业人员配备和分工（参考基坑工程要求）。

（7）验收要求（略）。

（8）应急处置措施（略）。

（9）计算书及相关施工图纸。

脚手架计算书：

① 落地脚手架计算书：受弯构件的强度和连接扣件的抗滑移、立杆稳定性、连墙件的强度、稳定性和连接强度；落地架立杆地基承载力；悬挑架钢梁挠度；

② 附着式脚手架计算书：架体结构的稳定计算（厂家提供）、支撑结构穿墙螺栓及螺栓孔混凝土局部承压计算、连接节点计算；

③ 吊篮计算：吊篮基础支撑结构承载力核算、抗倾覆验算、加高支架稳定性验算。

相关设计图纸：

① 脚手架平面布置、立（剖）面图（含剪刀撑布置），脚手架基础节点图，连墙件布置图及节点详图，塔机、施工升降机及其他特殊部位布置及构造图等。

② 吊篮平面布置、全剖面图，非标吊篮节点图（包括非标支腿、支腿固定稳定措施、钢丝绳非正常固定措施），施工升降机及其他特殊部位（电梯间、高低跨、流水段）布置及构造图等。

4. 危大工程现场安全管理

《危险性较大的分部分项工程安全管理规定》（住房和城乡建设部令第 37 号）规定：

（1）施工单位应当在施工现场显著位置公告危大工程名称、施工时间和具体责任人员，并在危险区域设置安全警示标志。

（2）专项施工方案实施前，编制人员或者项目技术负责人应当向施工现场管理人员进行方案交底。施工现场管理人员应当向作业人员进行安全技术交底，并由双方和项目专职安全生产管理人员共同签字确认。

（3）施工单位应当严格按照专项施工方案组织施工，不得擅自修改专项施工方案。因规划调整、设计变更等原因确需调整的，修改后的专项施工方案应当按照本规定重新审核和论证。

（4）施工单位应当对危大工程施工作业人员进行登记，项目负责人应当在施工现场履职。项目专职安全生产管理人员应当对专项施工方案实施情况进行现场监督。

（5）施工单位应当按照规定对危大工程进行施工监测和安全巡视，发现危及人身安全的紧急情况，应当立即组织作业人员撤离危险区域。

（6）对于按照规定需要进行第三方监测的危大工程，建设单位应当委托具有相应勘察资质的单位进行监测。

（7）对于按照规定需要验收的危大工程，施工单位、监理单位应当组织相关人员进行验收。验收合格的，经施工单位项目技术负责人及总监理工程师签字确认后，方可进入下一道工序。危大工程验收合格后，施工单位应当在施工现场明显位置设置验收标识牌，公示验收时间及责任人员。

（8）施工、监理单位应当建立危大工程安全管理档案。

（9）施工单位应当将专项施工方案及审核、专家论证、交底、现场检查、验收及整改等相关资料纳入档案管理。

6.4　施工平面布置

6.4.1　施工平面布置图设计

施工总平面布置图应按不同的施工阶段分别绘制。通常有基础工程施工总平面，主体结构工程施工总平面，装饰、安装工程施工总平面等。

1. 施工总平面布置图内容

（1）项目施工用地范围内的地形状况；

（2）全部拟建的建（构）筑物和其他基础设施的位置；

（3）项目施工用地范围内的加工、运输、存储、供电、供水供热、排水排污设施以及临时施工道路和办公、生活用房等；

（4）施工现场必备的安全、消防、保卫和环保等设施；

（5）相邻的地上、地下既有建（构）筑物及相关环境。

2. 施工总平面图设计原则

（1）平面布置科学合理，施工场地占用面积少；

（2）合理组织运输，减少二次搬运；

（3）施工区域的划分和场地的临时占用应符合总体施工部署和施工流程的要求，减少相互干扰；

（4）充分利用既有建（构）筑物和既有设施为项目施工服务，降低临时设施的建造费用；

（5）临时设施应方便生产和生活，办公区、生活区、生产区应分区域设置；

（6）应符合节能、环保、安全和消防等要求；

（7）遵守当地主管部门和建设单位关于施工现场安全文明施工的相关规定。

3. 施工总平面图设计要点

（1）设置大门，引入场外道路

施工现场宜考虑设置两个以上大门。大门位置应考虑周边路网情况、转弯半径和坡度限制，大门的高度和宽度应满足车辆运输需要。

（2）布置大型机械设备

布置塔式起重机时，应考虑其基础设置、周边环境、覆盖范围、可吊构件的重量以及构件的运输和堆放；同时还应考虑塔式起重机的附墙杆件位置、距离及使用后的拆除和运输。布置混凝土泵的位置时，应考虑泵管的输送距离、混凝土罐车行走停靠方便，一般情况下立管位置应相对固定且固定牢固，泵车可以现场流动使用。布置施工升降机时，应考虑地基承载力、地基平整度、周边排水、导轨架的附墙位置和距离、楼层平台通道、出入口防护门以及升降机周边的防护围栏等。

（3）布置仓库、堆场

一般应接近使用地点，其纵向宜与现场临时道路平行，尽可能利用现场设施装卸货；货物装卸需要时间长的仓库应远离道路边。存放危险品类的仓库应远离现场单独设置，离在建工程距离不小于 15m。

（4）布置加工厂

总的指导思想是：应使材料和构件的运输量最小，垂直运输设备发挥较大的作用；工作有关联的加工厂适当集中。

（5）布置场内临时运输道路

施工现场的主要道路应进行硬化处理，主干道两侧应有排水措施。临时道路应把仓库、加工厂、堆场和施工点贯穿起来，按货运量大小和现场实际情况设计双行干道或单行循环道满足运输和消防要求。主干道宽度单行道不小于 4m，双行道不小于 6m。木材场两侧应有 6m 宽通道，端头处应有 12m×12m 回车场，消防车道宽度不小于 4m，载重车转弯半径不宜小于 15m。现场条件不满足时根据实际情况处理并满足消防要求。

（6）布置临时房屋

① 尽可能利用已建的永久性房屋，如不足再修建临时房屋。临时房屋应尽量利用可装拆的活动房屋。生活区、办公区和施工区应相对独立。宿舍内应保证有必要的生活空间，床铺不得超过 2 层，室内净高不得小于 2.5m，通道宽度不得小于 0.9m，每间宿舍人均面积不应小于 2.5m^2，且不得超过 16 人。同时应满足消防和卫生防疫要求。

② 办公用房宜设在工地入口处。

③ 作业人员宿舍一般宜设在现场附近，方便工人上下班；有条件时也可设在场区内。作业人员用的生活福利设施宜设在人员相对较集中的地方，或设在出入必经之处。

④ 食堂宜布置在生活区，也可视条件设在施工区与生活区之间。如果现场条件不允许，也可采用送餐制。

（7）布置临时水、电管网和其他动力设施

① 临时总变电站应设在高压线进入工地最近处，尽量避免高压线穿过工地。

② 从市政供水接驳点将水引入施工现场。管网一般沿道路布置，供电线路应避免与其他管道设在同一侧，同时支线应引到所有用电设备使用地点。

（8）施工总平面图应按绘图规则、比例、规定代号和规定线条绘制，把设计的各类内容分类标绘在图上，标明图名、图例、比例尺、方向标记、必要的文字说明等。

6.4.2　施工平面管理

1. 目的与要求

（1）目的：使场容美观、整洁，道路畅通，材料放置有序，施工有条不紊，安全文明，相关方都满意，管理方便、有序。

（2）总体要求：满足施工需求、现场文明、安全有序、整洁卫生、不扰民、不损害公众利益、绿色环保。

2. 场地围护与出入口

（1）施工总平面图应随施工组织设计内容一起报批，过程修改应及时并履行相关手续。

（2）施工现场应实行封闭管理，并应采用硬质围挡。市区主要路段的施工现场围挡高度不应低于 2.5m，一般路段围挡高度不应低于 1.8m。围挡应牢固、稳定、整洁、美观。距离交通路口 20m 范围内占据道路施工设置的围挡，其 0.8m 以上部分应采用通透性围挡，并应采取交通疏导和警示措施。

（3）现场出入口管理：现场大门应设置门卫岗亭，车、人出入口分开，安排门卫人员值班等。出入口处应标示企业名称或企业标识。主要出入口明显处应设置"五牌一图"：工程概况牌、消防保卫牌、安全生产牌、文明施工牌、管理人员名单及监督电话牌和施工现场总平面图。车辆出入口处还应设置车辆冲洗设施。

3. 规范场容与环境保护

（1）施工平面图设计应科学、合理，临时建筑、物料堆放与机械设备定位应准确，施工现场场容绿色环保。

（2）在施工现场周边按相关规范要求设置临时围护设施。

（3）现场内沿临时道路设置畅通的排水系统。

（4）施工现场的主要道路及材料加工地面应进行硬化处理，如采取铺设混凝土、钢板、碎石等方法。裸露的场地和堆放的土方应采取覆盖、固化或绿化等措施。

（5）施工现场作业应有防止扬尘措施，主要道路视气候条件洒水并定期清扫。

（6）建筑垃圾应设定固定区域封闭管理并及时清运。

（7）可根据现场情况进行绿化布置。

（8）工程施工可能对环境造成的影响有：大气污染、室内空气污染、水污染、土壤污染、噪声污染、光污染、垃圾污染等。对这些污染源均应按有关环境保护的法规和相关规定进行预防和防治。

6.5 施工临时用电

6.5.1 临时用电组织设计

1. 临时用电组织设计规定

（1）施工现场临时用电设备在 5 台及以上或设备总容量在 50kW 及以上的，应编制用电组织设计；否则应制订安全用电和电气防火措施，并履行相同的编制、审核、批准程序。

（2）装饰装修工程或其他特殊施工阶段，应补充编制单项施工用电方案。

（3）用电设备必须有专用的开关箱，严禁 2 台及以上设备共用一个开关箱。

（4）临时用电组织设计及变更必须由电气工程技术人员编制，相关部门审核，并经具有法人资格企业的技术负责人或授权的技术人员批准，现场监理签认后实施。

2. 架空线路敷设基本要求

（1）施工现场架空线必须采用绝缘导线，架设时必须使用专用电杆，严禁架设在树木、脚手架或其他设施上。

（2）导线长期连续负荷电流应小于导线计算负荷电流。

（3）三相四线制线路的 N 线和 PE 线截面不小于相线截面的 50%，单相线路的零线截面与相线截面相同。

（4）架空线路必须有短路保护。采用熔断器做短路保护时，其熔体额定电流应小于等于明敷绝缘导线长期连续负荷允许载流量的 1.5 倍。

（5）架空线路必须有过载保护。采用熔断器或断路器做过载保护时，绝缘导线长期连续负荷允许载流量不应小于熔断器熔体额定电流或断路器长延时过流脱扣器脱扣电流整定值的 1.25 倍。

3. 电缆线路敷设基本要求

（1）电缆中必须包含全部工作芯线和作保护零线的芯线，即五芯电缆。

（2）五芯电缆必须包含淡蓝、绿／黄两种颜色绝缘芯线。淡蓝色芯线必须用作 N 线；绿／黄双色芯线必须用作 PE 线，严禁混用。

（3）电缆线路应采用埋地或架空敷设，严禁沿地面明设，并应避免机械损伤和介质腐蚀。

（4）直接埋地敷设的电缆过墙、过道、过临建设施时，应套钢管保护。

（5）电缆线路必须有短路保护和过载保护。

4. 室内配线要求

（1）室内配线必须采用绝缘导线或电缆。

（2）室内非埋地明敷主干线距地面高度不得小于 2.5m。

（3）室内配线必须有短路保护和过载保护。

5. 配电箱与开关箱的设置

（1）配电系统应采用配电柜或总配电箱、分配电箱、开关箱三级配电方式。

（2）总配电箱应设在靠近进场电源的区域，分配电箱应设在用电设备或负荷相对集中的区域，分配电箱与开关箱的距离不得超过 30m，开关箱与其控制的固定式用电设备的水平距离不宜超过 3m。

（3）每台用电设备必须有各自专用的开关箱，严禁用同一个开关箱直接控制两台及两台以上用电设备（含插座）。

（4）配电箱、开关箱（含配件）应装设端正、牢固。固定式配电箱、开关箱的中心点与地面的垂直距离应为 1.4～1.6m。移动式配电箱、开关箱应装设在坚固、稳定的支架上，其中心点与地面的垂直距离宜为 0.8～1.6m。

6.5.2　临时用电管理

1. 临时用电人员

（1）施工现场操作电工必须经过国家现行标准考核合格后，持证上岗工作。

（2）各类用电人员必须通过相关安全教育培训和技术交底，掌握安全用电基本知识和所用设备的性能，考核合格后方可上岗工作。

（3）安装、巡检、维修或拆除临时用电设备和线路，必须由电工完成，并应有人监护。

（4）临时用电工程必须经编制、审核、批准部门和使用单位共同验收，合格后方可投入使用。

（5）临时用电工程定期检查应按分部、分项工程进行，对安全隐患必须及时处理，并应履行复查验收手续。

2. 临时用电安全技术

（1）施工现场临时用电工程电源中性点直接接地的 220/380V 三相四线制低压电力系统，必须符合下列规定：采用三级配电系统；采用 TN-S 接零保护系统；采用二级漏电保护系统。

（2）当采用专用变压器、TN-S 接零保护供电系统的施工现场，电气设备的金属外壳必须与保护零线连接。保护零线应由工作接地线、配电室（总配电箱）电源侧零线或总漏电保护器电源侧零线处引出。

（3）当施工现场与外电线路共用同一供电系统时，电气设备的接地、接零保护应与原系统保持一致，不得一部分设备做保护接零，另一部分设备做保护接地。

（4）TN-S 系统中的保护零线除必须在配电室或总配电箱处做重复接地外，还必须在配电系统的中间处和末端处做重复接地。

（5）配电柜应装设电源隔离开关及短路、过载、漏电保护电器。电源隔离开关分断时，应有明显可见的分断点。

（6）配电箱的电器安装板上必须分设 N 线端子板和 PE 线端子板。N 线端子板必须与金属电器安装板绝缘；PE 线端子板必须与金属电器安装板做电气连接。

（7）配电箱、开关箱的电源进线端严禁采用插头和插座做活动连接。

（8）对混凝土搅拌机、钢筋加工机械、木工机械、盾构机械等设备进行清理、检查、维修时，必须将其开关箱分闸断电，呈现可见电源分断点，并关门上锁。

（9）室外 220V 灯具距地面不得低于 3m，室内不得低于 2.5m。

（10）PE 线上严禁设开关或熔断器，严禁通过工作电流，且严禁断线。

（11）下列特殊场所应使用安全特低电压照明器：

① 隧道、人防工程、高温、有导电灰尘、比较潮湿或灯具离地面高度低于 2.5m 等场所的照明，电源电压不应大于 36V；

② 潮湿和易触及带电体场所的照明，电源电压不得大于 24V；

③ 特别潮湿场所、导电良好的地面、锅炉或金属容器内的照明，电源电压不得大于 12V。

6.6 施工临时用水

6.6.1 临时用水组织设计

1. 施工用水量计算

（1）现场施工用水量可按式（6.6-1）计算：

$$q_1 = K_1 \sum \frac{Q_1 \cdot N_1}{T_1 \cdot t} \cdot \frac{K_2}{8 \times 3600} \qquad (6.6-1)$$

式中 q_1——施工用水量，L/s；

K_1——未预计的施工用水系数（可取 1.05～1.15）；

Q_1——年（季）度工程量；

N_1——施工用水定额（浇筑混凝土耗水量 2400L/m³、砌筑耗水量 250L/m³）；

T_1——年（季）度有效作业日，d；

t——每天工作班数（班）；

K_2——用水不均衡系数（现场施工用水取 1.5）。

（2）生活区生活用水量可按式（6.6-2）计算：

$$q_4 = \frac{P_2 \cdot N_4 \cdot K_5}{24 \times 3600} \qquad (6.6-2)$$

式中　q_4——生活区生活用水，L/s；

P_2——生活区居民人数，人；

N_4——生活区昼夜全部生活用水定额；

K_5——生活区用水不均衡系数（可取 2.0～2.5）。

（3）消防用水量（q_5）：根据临时用房建筑面积之和，或在建单体工程体积的不同，消防栓用水量分为 10L/s、15L/s、20L/s，根据工程实际选用，并应满足规范的要求。

（4）总用水量（Q）计算：

① 当（$q_1 + q_2 + q_3 + q_4$）≤ q_5 时，则 $Q = q_5 + (q_1 + q_2 + q_3 + q_4)/2$；

② 当（$q_1 + q_2 + q_3 + q_4$）> q_5 时，则 $Q = q_1 + q_2 + q_3 + q_4$；

③ 当工地面积小于 5hm²，而且（$q_1 + q_2 + q_3 + q_4$）< q_5 时，则 $Q = q_5$；

④ 式中 q_2 为施工机械用水量（L/s），q_3 为施工现场生活用水量（L/s）；

⑤ 计算出总用水量，还应增加 10% 的漏水损失。

2. 临时用水管径计算

供水管径是在计算总用水量的基础上按公式计算的。如果已知用水量，按规定设定水流速度，就可以计算出管径。计算公式（6.6-3）如下：

$$d = \sqrt{\frac{4Q}{\pi \cdot v \cdot 1000}} \qquad (6.6-3)$$

式中　d——配水管直径，m；

Q——耗水量，L/s；

v——管网中水流速度（1.5～2m/s）。

6.6.2　临时用水管理

1. 临时用水管理内容

（1）计算临时用水量。临时用水量包括：现场施工用水量、施工机械用水量、施工现场生活用水量、生活区生活用水量、消防用水量。同时应考虑使用过程中水量的损失。在分别计算了以上各项用水量之后，才能确定总用水量。

（2）确定供水系统。供水系统包括：取水位置、取水设施、净水设施、贮水装置、输水管、配水管网和末端配置。

2. 临时供水管网

（1）供水管网布置的原则如下：在保证不间断供水的情况下，管道铺设越短越好；要考虑施工期间各段管网移动的可能性；主要供水管线采用环状布置，孤立点可设支线；尽量利用已有的或提前修建的永久管道；管径要经过计算确定。

（2）管线穿路处均要套以铁管，并埋入地下 0.6m 处，以防重压。

（3）过冬的临时水管须埋入冰冻线以下或采取保温措施。

（4）排水沟沿道路两侧布置，纵向坡度不小于 0.2%，过路处须设涵管，在山地建设时应有防洪设施。

（5）临时室外消防给水干管的直径不应小于 DN100，消火栓间距不应大于 120m；距拟建房屋不应小于 5m 且不宜大于 25m，距路边不宜大于 2m。

6.7　施工检验与试验

6.7.1　检验与试验计划

1. 施工检测试验计划

（1）施工检测试验计划应在工程施工前由施工项目技术负责人组织有关人员编制，并应报送监理单位进行审查和监督实施。根据施工检测试验计划，应制订相应的见证取样和送检计划。

（2）施工检测试验计划应按检测试验项目分别编制，并应包括以下内容：

① 检测试验项目名称；

② 检测试验参数；

③ 试样规格；

④ 代表批量；

⑤ 施工部位；

⑥ 计划检测试验时间。

（3）施工检测试验计划中的计划检测试验时间，应根据工程施工进度计划确定。当设计变更，施工工艺改变，施工进度调整，材料和设备的规格、型号或数量变化时，应及时调整施工检测试验计划，并按规定重新进行审查。

2. 施工过程质量检测试验内容

（1）施工过程质量检测试验项目和主要检测试验参数应依据国家现行相关标准、设计文件、合同要求和施工质量控制的需要确定。施工过程质量检测试验的主要内容见表 6.7-1。

表 6.7-1　施工过程质量检测试验主要内容

序号	类别	检测试验项目	主要检测试验参数	备注
1	土方回填	土工击实	最大干密度	
			最优含水量	
		压实程度	压实系数	
2	地基与基础	换填地基	压实系数或承载力	
		加固地基、复合地基	承载力	
		桩基	承载力	
			桩身完整性	钢桩除外
3	基坑支护	土钉墙	土钉抗拔力	

续表

序号	类别	检测试验项目	主要检测试验参数	备注
3	基坑支护	水泥土墙	墙身完整性	
			墙体强度	设计有要求时
		锚杆、锚索	锁定力	
4	钢筋连接	机械连接现场检验	抗拉强度	
		钢筋焊接工艺检验、闪光对焊、气压焊	抗拉强度	
			弯曲	适用于闪光对焊、气压焊接头，适用于气压焊水平连接筋
		电弧焊、电渣压力焊、预埋件钢筋 T 形接头	抗拉强度	
		网片焊接	抗剪力	热轧带肋钢筋
			抗拉强度	冷轧带肋钢筋
			抗剪力	
5	混凝土	配合比设计	工作性、强度等级	
		混凝土性能	标准养护试件强度	强度等级不小于 C60 时，宜采用标准试件
			同条件试件强度	冬期施工或根据施工需要留置
			同条件转标养强度	
			抗渗性能	有抗渗要求时
6	砌筑砂浆	配合比设计	强度等级、稠度	
		砂浆力学性能	标准养护试件强度	
			同条件试件强度	冬期施工
7	钢结构	网架结构焊接球节点、螺栓球节点	承载力	安全等级一级、$L \geqslant 40m$ 且设计有要求时
		焊缝质量	焊缝探伤	
		后锚固（植筋、锚栓）	抗拔承载力	
8	装饰装修	饰面砖粘贴	粘结强度	
9	建筑节能	围护结构现场实体检验	外墙节能构造	
			外窗气密性能	
		设备系统节能性能检验	（略）	

（2）施工过程质量检测试验应依据施工流水段划分、工程量、施工环境及质量控制的需要确定抽检频次。

（3）施工过程质量检测试样，除确定工艺参数可制作模拟试样外，必须从现场相应的施工部位抽取。

3. 工程实体质量与使用功能检测内容

（1）工程实体质量与使用功能检测项目应依据国家现行相关标准、设计文件及合同要求确定。

（2）混凝土结构实体检验项目包括混凝土强度、钢筋保护层厚度、结构位置及尺寸偏差以及合同约定项目等；围护结构有：外窗气密性能（适用于严寒、寒冷、夏热冬冷地区），外墙节能构造等；室内环境污染物有：氡、甲醛、苯、氨、甲苯、二甲苯、总挥发性有机化合物（TVOC）等。

（3）工程实体质量与使用功能检测应依据相关标准抽取检测试样或确定检测部位。

6.7.2　检验与试验基本要求

1. 施工检测试验管理

（1）建设单位应委托具备相应资质的第三方检测机构进行工程质量检测，检测项目和数量应符合抽样检验要求。

（2）非建设单位委托的检测机构出具的检测报告不得作为工程质量验收资料。

（3）检测机构与所检测建设工程相关的建设、施工、监理单位，以及建筑材料、建筑构配件和设备供应单位不得有隶属关系或者其他利害关系。

（4）施工现场应建立健全检测试验管理制度，施工项目技术负责人应组织检查检测试验管理制度的执行情况。检测试验管理制度应包括：岗位职责、现场试样制取及养护管理制度、仪器设备管理制度、现场检测试验安全管理制度、检测试验报告管理制度。

（5）建筑工程施工现场检测试验技术管理应按以下程序进行：

① 制订检测试验计划；

② 制取试样；

③ 登记台账；

④ 送检；

⑤ 检测试验；

⑥ 检测试验报告管理。

（6）建筑工程施工现场检测试验的组织管理和实施应由施工单位负责。当建筑工程实行施工总承包时，可由总承包单位负责整体组织管理和实施，分包单位按合同确定的施工范围各负其责。

（7）施工单位及其取样、送检人员必须确保提供的检测试样具有真实性和代表性。见证人员必须对见证取样和送检的过程进行见证，且必须确保见证取样和送检过程的真实性。

（8）单位工程建筑面积超过 10000m^2 或造价超过 1000 万元人民币时，可设立现场试验站。现场试验站的基本条件应符合表 6.7-2 的规定。

表 6.7-2　现场试验站基本条件

项目	基本条件
现场试验人员	根据工程规模和试验工作的需要配备，宜为 1 至 3 人
仪器设备	根据试验项目确定。一般应配备：天平、台（案）秤、温度计、湿度计、混凝土振动台、试模、坍落度筒、砂浆稠度仪、钢直（卷）尺、环刀、烘箱等
设施	工作间（操作间）面积不宜小于 15m^2，温、湿度应满足有关规定
	对混凝土结构工程，宜设标准养护室，不具备条件时可采用养护箱或养护池。温、湿度应符合有关规定

（9）试样应有唯一性标识，并应符合下列规定：

① 试样应按照取样时间顺序连续编号，不得空号、重号；

② 试样标识的内容应根据试样的特性确定，宜包括：名称、规格（或强度等级）、制取日期等信息；

③ 试样标识应字迹清晰、附着牢固。

（10）施工现场应按照单位工程分别建立试样台账：钢筋试样台账，钢筋连接接头试样台账，混凝土试件台账，砂浆试件台账，其他试样台账等。

2. 见证与送样

（1）建设单位委托检测机构开展建设工程质量检测活动的，建设单位或者监理单位应当对建设工程质量检测活动实施见证。见证人员应当制作见证记录，记录取样、制样、标识、封志、送检以及现场检测等情况，并签字确认。

（2）提供检测试样的单位和个人，应当对检测试样的符合性、真实性及代表性负责。检测试样应当具有清晰的、不易脱落的唯一性标识、封志。

（3）现场检测或者检测试样送检时，应当由检测内容提供单位、送检单位等填写委托单。委托单位应当由送检人员、见证人员等签字确认。

6.8　工程施工资料

6.8.1　工程资料管理计划

1. 项目工程资料管理职责

（1）项目部技术负责人负责组织编制《项目工程资料管理方案》。内容应包括：工程概况、部门（岗位）职责、资料管理流程、资料编制内容及填写要求等。

（2）项目部技术负责人对相关部门及岗位进行资料管理方案交底。

（3）项目施工技术负责人负责工程资料管理工作。项目施工方应配有专业资料管理人员。

（4）项目工程技术资料的形成根据分类由项目部有关业务部门（岗位）负责，完成后交专业资料管理人员管理。

（5）专业分包资料由分包方编制，完成后移交总承包方管理。总承包方应定期对分包资料进行检查，及时收缴归档。

2. 项目工程资料形成

（1）工程资料的形成应符合下列规定：

① 工程资料形成单位应对资料内容的真实性、完整性、有效性负责；由多方形成的资料，应各负其责；

② 工程资料的填写、编制、审核、审批、签认应及时进行，其内容应符合相关规定；

③ 工程资料不得随意修改；当需修改时，应实行划改，并由划改人签署；

④ 工程资料的文字、图表、印章应清晰。

（2）项目工程资料形成宜按照各业务部门分工负责，见表 6.8-1。

表 6.8-1　项目工程资料部门职责表

编号	资料名称	责任部门（岗位）						
		技术	质量	工程	商务	物资	试验	测量
C1	施工管理资料	●	●	●	●			
其中：	施工检测试验计划 分项工程和检验批的划分方案 检测设备检定证书登记台账	●						
其中：	企业资质证书及相关专业人员岗位证书 特种作业人员证书复印件 分包单位资质报审表 分包资质证书及相关专业人员岗位证书				●			
其中：	施工日志 工程开工报审表 监理工程师通知回复单			●				
其中：	施工现场质量管理检查记录 建设工程质量事故调查、勘察记录 建设工程质量事故报告书		●					
C2	施工技术资料	●						
其中：	分项工程技术交底记录			●				
C3	施工测量记录							●
C4	施工物资资料					●		
C5	施工记录			●				
C6	施工试验资料	●					●	
C7	施工质量验收记录		●					
其中：	分项工程质量验收记录 分部（子分部）工程验收记录	●						
C8	竣工验收资料	●						
其中：	单位工程质量控制资料核查记录 单位工程安全和功能检验资料核查及主 要功能抽查记录 单位工程观感质量检查记录		●					

6.8.2　工程资料基本要求

《建筑工程资料管理规程》JGJ/T 185—2009 规定：

1. 工程资料的管理规定

（1）工程资料管理应制度健全、岗位责任明确，并应纳入工程建设管理的各个环节和各级相关人员的职责范围；

（2）工程资料的套数、费用、移交时间应在合同中明确；

（3）工程资料的收集、整理、组卷、移交及归档应及时。

2. 工程资料分类

（1）工程资料可分为工程准备阶段文件、监理资料、施工资料、竣工图和工程竣工文件 5 类。

（2）施工资料可分为施工管理资料、施工技术资料、施工进度及造价资料、施工物资资料、施工记录、施工试验记录及检测报告、施工质量验收记录、竣工验收资料 8 类。

（3）工程竣工文件可分为竣工验收文件、竣工决算文件、竣工交档文件、竣工总结文件 4 类。

3. 施工资料组卷

施工资料应按单位工程组卷，并应符合下列规定：

（1）专业承包工程形成的施工资料应由专业承包单位负责，并应单独组卷；

（2）电梯应按不同型号每台电梯单独组卷；

（3）室外工程应按室外建筑环境、室外安装工程单独组卷；

（4）当施工资料中部分内容不能按一个单位工程分类组卷时，可按建设项目组卷；

（5）施工资料目录应与其对应的施工资料一起组卷；

（6）竣工图应按专业分类组卷。

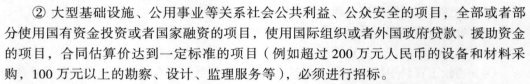

第7章　工程招标投标与合同管理

7.1　工程招标投标

7.1.1　招标方式与程序

1.招标方式

（1）招标投标活动应当遵循公开、公平、公正和诚实信用的原则。

（2）招标方式应符合下列规定：

① 招标分为公开招标和邀请招标。

② 大型基础设施、公用事业等关系社会公共利益、公众安全的项目，全部或者部分使用国有资金投资或者国家融资的项目，使用国际组织或者外国政府贷款、援助资金的项目，合同估算价达到一定标准的项目（例如超过200万元人民币的设备和材料采购，100万元以上的勘察、设计、监理服务等），必须进行招标。

③ 招标人采用邀请招标方式的，应向三个以上符合资质条件的施工企业发出投标邀请书。

④ 招标项目有下列情形之一的，可以邀请招标：

a. 技术复杂、有特殊要求或者受自然环境限制，只有少量潜在投标人可供选择；

b. 采用公开招标方式的费用占项目合同金额的比例过大。

2.主要招标程序

（1）招标条件核准：建设工程项目首次招标发包前应到项目所在地的建设行政主管部门办理招标条件核准。

（2）招标准备及计划：应包括招标项目资料收集、编制招标计划、成立招标代理项目组（或自行组织招标）等工作。

（3）资格预审：资格预审一般适用于潜在投标人数量较多或者大型、技术复杂的招标项目。资格预审的方法分为合格制和有限数量制。应符合下列规定：

① 招标人采用资格预审办法对潜在投标人进行资格审查的，应当发布资格预审公告、编制资格预审文件；

② 公开招标的建设工程项目的资格预审，应当按照资格预审文件载明的标准和方法进行；

③ 资格预审的方法包括合格制和有限数量制；

④ 资格预审基本程序应符合相关规定。

（4）制订招标方案、编制招标文件：公开招标的项目，招标人应当依照招标投标法和招标投标法实施条例的规定发布招标公告、编制招标文件。

（5）发布招标公告、投标邀请书：招标人或其招标代理机构发布招标公告、投标邀请书，应当遵守招标投标法律法规关于时限的规定。

（6）招标文件发售：招标文件的发售应按照招标公告或者投标邀请书规定的时间、地点发售，发售期不得少于5日。依法必须进行招标的项目，招标文件明确的开标时间必须自招标文件开始发出之日起至提交投标文件截止之日止，最短不得少于20日。

（7）踏勘现场：招标人可以组织潜在投标人对招标项目实施现场的经济、地理、地质、气候等客观条件和环境进行现场调查。招标人不得组织单个或者部分潜在投标人踏勘项目现场。

（8）招标文件澄清、修改和异议：招标人可以对已发出的招标文件进行必要的澄清或者修改，其内容作为招标文件的组成部分，可能影响投标文件编制的，应当在投标截止时间至少 15 日前，以书面形式或者网站通知所有获取招标文件的潜在投标人。不足 15 日的，招标人应当顺延提交投标文件的截止时间。

（9）编制投标文件：投标人应当按照招标文件，踏勘现场信息，澄清信息，异议回复信息编制投标文件。投标文件对招标文件提出的实质性要求和条件做出响应。按照要求办理投标担保。

（10）投标文件接收和撤回：招标人、招标代理机构应在招标文件规定的时间和地点接收已报名下载或者购买了招标文件和缴纳了投标保证金的投标人的投标文件，并做到：

① 招标人、招标代理机构应在接收投标文件时，检查投标文件密封情况，如实记载投标文件的送达时间和密封情况，签收并妥善保管。投标文件开标前不得开启，开标后不得遗失或者被调换。

② 有下列情形之一的，招标人应当拒收投标文件：

a. 未通过资格预审的申请人提交的投标文件；

b. 逾期送达的投标文件；

c. 未按招标文件要求密封的投标文件；

d. 法律法规规定的其他拒收的情况。

③ 招标人、招标代理机构对投标人在投标截止时间前书面通知并递交的补充、修改的投标文件，应予接收。补充、修改的内容为投标文件的组成部分。

④ 投标截止时间前，投标人撤回已提交的投标文件，应当书面通知招标人。招标人已经收取投标保证金的，应当自收到投标人书面撤回通知之日起 5 日内退还。

⑤ 投标截止时间后投标人撤销投标文件的，招标人可以不予退还投标保证金。

（11）开标：招标人应当按照招标文件规定的时间、地点主持开标，并做到：

① 邀请所有投标人参加。

② 按时递交投标文件的投标人少于 3 个的，不得开标，招标人应当重新招标。

③ 投标人对开标有异议的，应当在开标现场提出，招标人当场作出答复，并记录。

（12）组建评标委员会：依法必须进行招标的项目，其评标委员会由招标人的代表和有关技术、经济等方面的专家组成，成员人数为五人以上单数，其中技术、经济等方面的专家不得少于成员总数的 2/3。

（13）评标：评标委员会应当按照招标文件确定的评标标准和方法，对投标文件进行评审和比较。招标文件以外的评标标准和方法不得作为评标的依据。完成评标后，向招标人提交书面报告，为招标人定标提供依据。

（14）公示中标候选人：依法必须进行招标的项目，招标人应当自收到评标报告之日起 3 日内将中标候选人和其他投标人相关信息在规定的媒介进行公示，公示期不得少于 3 日。

（15）评标结果异议：投标人或者其他利害关系人对依法必须进行招标的项目的评标结果有异议的，应当在中标候选人公示期间提出。招标人应当自收到异议之日起3日内作出答复；作出答复前，暂停招标投标活动。

（16）中标：招标人应当在投标有效期截止时限30日前确定中标人。招标人向中标人发出中标通知书，并将中标结果通知所有未中标的投标人。招标人和中标人应当自中标通知书发出之日起30日内，按照招标文件和中标人的投标文件订立书面合同。中标人的投标应当符合下列条件之一：

① 能够最大限度地满足招标文件中规定的各项综合评价标准；

② 能够满足招标文件的实质性要求，并且经评审的投标为合理最低价格。

7.1.2　施工总承包投标流程与要求

1. 投标流程

施工总承包工程投标主要工作流程见图7.1-1。

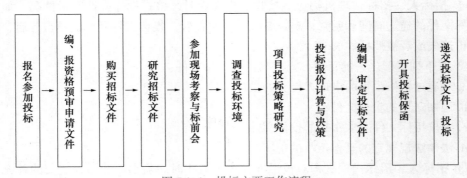

图 7.1-1　投标主要工作流程

2. 主要投标工作要求

（1）投标人在投标的前期工作阶段，做好对招标文件和现场踏勘的调查分析。认真做到：

① 分析招标文件，明确招标工程承包范围、承包方式、合同类型、技术标准、质量目标、工期目标、支付方式、洽商变更及结算方式及其他权利与义务。

② 踏勘工程现场，调查环境条件与施工条件，掌握工程地区气象、水文、地质及其他自然条件，现场用地、地形、地貌、地上地下障碍物、现场三通一平、管线位置等施工条件。

（2）投标人在投标中，做好工程所需的劳务、材料、构件、机械设备等市场调查工作，包括市场价格、质量标准、供应渠道、方式与数量、备用供货方案等。认真复核工程量，发现招标文件有错误时，可以书面通知招标人，由招标人统一答复，或根据投标策略处置。

（3）投标文件应按招标文件格式及要求编写，做到：

① 对招标文件要求的招标范围、质量、工期、技术标准、安全标准、法律法规、权利义务、报价编制、投标有效期等做出实质性响应。

② 投标人在投标报价中填写的工程量清单的项目编码、项目名称、项目特征、计

量单位、工程数量必须与招标人招标文件中提供的一致。

③ 综合单价依据计价程序、清单子目项目特征、市场价格或企业定额、企业资源和招标人规定的风险内容、范围及费用等进行组价。施工中出现的风险内容及范围在合同约定内时，合同价款不作调整。否则，按照约定办法调整。

④ 投标人的让利条件应体现在清单的综合单价或相关的费用中，不得以总价下浮方式进行报价。

⑤ 投标人自主确定措施项目费。投标人的安全防护、文明施工措施费的报价，不得低于依据工程所在地工程造价主管部门公布计价标准所计算得出总费用的 90%。

（4）投标人不得以低于成本的报价竞标，也不得以他人名义投标或者以其他方式弄虚作假，骗取中标。

（5）建设工程施工招标项目的投标文件内容应当包括拟派出的项目负责人与主要技术人员的简历、业绩和拟用于完成招标项目的机械设备等。

（6）投标人应当在招标文件要求提交投标文件的截止时间前，将投标文件送达投标地点。

7.1.3　工程总承包投标流程与要求

1. 投标流程

（1）工程总承包招标投标模式：

① 初步设计阶段开始的工程项目总承包，招标投标范围包括初步设计（含勘察）、技术设计、施工图设计、材料设备采办、工程施工、联合投料试运行、运行培训等。

② 施工图设计阶段开始的工程项目总承包，招标投标范围包括施工图设计（或含技术设计和补充勘察）、材料设备采办、工程施工、联合投料试运行、运行培训等。

（2）工程总承包投标主要工作流程：准备资格预审文件→研究招标文件→决定投标方案→选定分包商→确定主要采购计划→参加现场勘察与标前会议→编写标书→审定标书→办理投标保函／保证金→呈递标书→参加开标。

（3）工程总承包项目投标方案策划见表 7.1-1。

表 7.1-1　工程总承包项目投标方案策划

工程总承包项目投标方案策划	技术策划	设计方案	设计能力
			业主需求分析
			设计方案可行性
		采购方案	采购需求及策略
		施工方案	业主需求实现途径
			施工技术难题对策
			施工方案可行性
	商务策划	成本分析	成本组成
			费率方案
			工程生命周期成本
		标高金分析	价值增值点

续表

	商务策划	标高金分析	风险识别
			报价模型比选
工程总承包项目投标方案策划	管理策划	计划	设计/采购/施工进度
		组织	管理团队组织结构
		协调方案	设计协调与控制
			采购协调与控制
			施工阶段内部协调与控制
			设计/采购/施工总协调
			进度控制
			质量与安全控制
		分包方案	分包策略
		经验分析	经验策略

2. 工程总承包单位要求

（1）应具有与工程规模相适应的工程设计资质和施工资质，或者由具有相应资质的设计单位和施工单位组成联合体。

（2）应具有相应的项目管理体系和项目管理能力、财务和风险承担能力。

（3）应具有与发包工程相类似的设计、施工或者工程总承包业绩。

（4）不得是项目的代建单位、项目管理单位、监理单位、造价咨询单位、招标代理单位。

（5）政府投资项目的项目建议书、可行性研究报告、初步设计文件编制单位及其评估单位，不得成为该项目的工程总承包单位。

（6）政府投资项目招标人公开已经完成的项目建议书、可行性研究报告、初步设计文件的，上述单位可以参与该工程总承包项目的投标。

（7）投标文件须载明拟依法分包的工程内容。

（8）以暂估价形式包括在总承包范围内的工程、货物、服务分包，属于依法必须进行招标的项目范围且达到国家规定规模标准的，应当依法招标。

7.2　工程合同管理

工程合同管理应包括施工合同的订立、履行、变更、终止和解决争议，承包人依法合规地实施动态管理，跟踪收集、整理、分析合同履行中的信息，处理好因为工程量增减、质量及特性、工程标高、工程基线、工程尺寸、工程的删减、永久工程的附加工作、设备、材料和服务的变更引起的合同变更，合理、及时地调整合同条款。

7.2.1　工程总承包合同管理

1. 合同履约要求

（1）工程总承包是指从事工程总承包的企业受业主委托，按照合同约定对工程项目的勘察、设计、采购、施工、试运行（竣工验收）等实行全过程或若干阶段的承包，并对工程的质量、安全、工期和造价等全面负责的承包方式。

（2）工程总承包单位应当同时具有与工程规模相适应的工程设计资质和施工资质，相应的财务、风险承担能力，同时具有相应的组织机构、项目管理体系、项目管理专业人员和工程业绩。

（3）工程总承包企业可以在其资质证书许可的工程项目范围内自行实施设计和施工，也可以根据合同约定或者经建设单位同意，直接将工程项目的设计或者施工业务择优分包给具有相应资质的企业。

（4）仅具有设计资质的企业承接工程总承包项目时，应当将工程总承包项目中的施工业务依法分包给具有相应施工资质的企业。

（5）仅具有施工资质的企业承接工程总承包项目时，应当将工程总承包项目中的设计业务依法分包给具有相应设计资质的企业。

（6）工程总承包企业不得将工程总承包项目转包，也不得将工程总承包项目中设计和施工业务一并或者分别分包给其他单位。

（7）工程总承包企业自行实施设计的，不得将工程总承包项目工程主体部分的设计业务分包给其他单位。

（8）工程总承包企业自行实施施工的，不得将工程总承包项目工程主体结构的施工业务分包给其他单位。

2. 工程总承包合同

（1）《建设项目工程总承包合同（示范文本）》GF—2020—0216（以下简称《示范文本》）由合同协议书、通用合同条件和专用合同条件三部分组成。

（2）合同协议书主要包括工程概况、合同工期、质量标准、签约合同价与合同价格形式、工程总承包项目经理、合同文件构成、承诺、订立时间、合同生效和合同份数。

（3）合同价格形式为总价合同，除根据合同约定的在工程实施过程中需增减的款项外，合同价格不予调整，但合同当事人另有约定的除外。签约合同价的价格清单构成是勘察费（如果有）、设计费、设备购置费、建筑安装工程费、暂估价、暂列金额、双方约定的其他费用（以上价格均含税）。

（4）通用合同条件按照有关法律法规就工程总承包项目的实施及相关事项，对合同当事人的权利义务作出原则性约定。通用条款应不加修改的引用。

（5）专用合同条件是合同当事人根据不同建设项目的特点及具体情况，通过双方的谈判、协商对通用合同条件原则性约定细化、完善、补充、修改或另行约定的合同条件。在编写专用合同条件时，应注意以下事项：

① 专用合同条件的编号应与相应的通用合同条件的编号一致。

② 在专用合同条件中有横道线的地方，合同当事人可针对相应的通用合同条件进行细化、完善、补充、修改或另行约定。如无细化、完善、补充、修改或另行约定，则填写"无"或划"/"。

③ 对于在专用合同条件中未列出的通用合同条件中的条款，合同当事人根据建设项目的具体情况认为需要进行细化、完善、补充、修改或另行约定的，可在专用合同条件中，以同一条款号增加相关条款的内容。

（6）组成合同的各项文件应互相解释，互为说明。除专用合同条件另有约定外，解释合同文件的优先顺序为：

① 合同协议书。

② 中标通知书（如果有）。

③ 投标函及投标函附录（如果有）。

④ 专用合同条件及《发包人要求》等附件。

⑤ 通用合同条件。

⑥ 承包人建议书。

⑦ 价格清单。

⑧ 双方约定的其他合同文件。

3. 合同管理要求

（1）工程总承包合同管理包括勘察设计、施工总承包合同、专业分包合同、劳务合同、采购合同、租赁合同、借款合同、担保合同、咨询合同、保险合同等。

（2）工程总承包合同管理工作包括合同订立、合同备案、合同交底、合同履行、合同变更、争议与诉讼、合同分析与总结。总包合同管理的原则是：

① 依法履约原则：遵守法律法规，尊重社会公德，不得扰乱社会经济秩序，不得损害社会公共利益。

② 诚实信用原则：当事人在履行合同义务时，应诚实、守信、善意、不滥用权利、不规避义务。

③ 全面履行原则：包括实际履行和适当履行（按照合同约定的品种、数量、质量、价款或报酬等的履行）。

④ 协调合作原则：要求当事人本着团结协作和互相帮助的精神去完成合同任务，履行各自应尽的责任和义务。

⑤ 维护权益原则：合同当事人有权依法维护合同约定的自身所有的权利或风险利益。同时还应注意维护对方的合法权益不受侵害。

⑥ 动态管理原则：在合同履行过程中，进行实时监控和跟踪管理。

7.2.2　施工总承包合同管理

1. 施工总承包合同

（1）施工总承包是发包人将全部施工任务发包给具有施工承包资质的建筑企业，由施工总承包企业按照合同的约定向建设单位负责，承包完成施工任务，并对工程的质量、安全、工期和造价等全面负责的承包方式。

（2）《建设工程施工合同（示范文本）》GF—2017—0201由合同协议书、通用合同条款和专用合同条款三部分组成。

（3）合同协议书主要包括工程概况、合同工期、质量标准、签约合同价和合同价格形式、项目经理、合同文件构成、承诺以及合同生效条件等内容。

（4）通用合同条款是合同当事人根据法律法规的规定，就工程建设的实施及相关事项，对合同当事人的权利义务作出的原则性约定。通用合同条款应不加修改的引用。

（5）专用合同条款是对通用合同条款原则性约定的细化、完善、补充、修改或另行约定的条款。在使用专用合同条款时，应注意以下事项：

①专用合同条款的编号应与相应的通用合同条款的编号一致；

②合同当事人可以通过对专用合同条款的修改，满足具体建设工程的特殊要求。

（6）组成合同的各项文件应互相解释，互为说明。除专用合同条款另有约定外，合同文件的优先顺序如下：

①合同协议书；

②中标通知书（如果有）；

③投标函及其附录（如果有）；

④专用合同条款及其附件；

⑤通用合同条款；

⑥技术标准和要求；

⑦图纸；

⑧已标价工程量清单或预算书；

⑨其他合同文件。

（7）《建筑工程施工发包与承包违法行为认定查处管理办法》（建市规〔2019〕1号）规定，存在下列情形之一的，应当认定为转包，但有证据证明属于挂靠或者其他违法行为的除外：

①承包单位将其承包的全部工程转给其他单位（包括母公司承接建筑工程后将所承接工程交由具有独立法人资格的子公司施工的情形）或个人施工的。

②承包单位将其承包的全部工程肢解以后，以分包的名义分别转给其他单位或个人施工的。

③施工总承包单位或专业承包单位未派驻项目负责人、技术负责人、质量管理负责人、安全管理负责人等主要管理人员，或派驻的项目负责人、技术负责人、质量管理负责人、安全管理负责人中一人及以上与施工单位没有订立劳动合同且没有建立劳动工资和社会养老保险关系，或派驻的项目负责人未对该工程的施工活动进行组织管理，又不能进行合理解释并提供相应证明的。

④合同约定由承包单位负责采购的主要建筑材料、构配件及工程设备或租赁的施工机械设备，由其他单位或个人采购、租赁，或施工单位不能提供有关采购、租赁合同及发票等证明，又不能进行合理解释并提供相应证明的。

⑤专业作业承包人承包的范围是承包单位承包的全部工程，专业作业承包人计取的是除上缴给承包单位"管理费"之外的全部工程价款的。

⑥承包单位通过采取合作、联营、个人承包等形式或名义，直接或变相将其承包的全部工程转给其他单位或个人施工的。

⑦专业工程的发包单位不是该工程的施工总承包或专业承包单位的，但建设单位依约作为发包单位的除外。

⑧专业作业的发包单位不是该工程承包单位的。

⑨施工合同主体之间没有工程款收付关系，或者承包单位收到款项后又将款项转拨给其他单位和个人，又不能进行合理解释并提供材料证明的。

（8）两个以上的单位组成联合体承包工程，在联合体分工协议中约定或者在项目实际实施过程中，联合体一方不进行施工也未对施工活动进行组织管理的，并且向联合体其他方收取管理费或者其他类似费用的，视为联合体一方将承包的工程转包给联合体其他方。

2. 项目合同管理

1）合同管理原则

原则有：依法履约、诚实信用、全面履行、协调合作、维护权益和动态管理。

2）合同变更管理程序

（1）提出合同变更申请。

（2）报项目经理审查、批准。必要时，经企业合同管理部门负责人签认，重大的合同变更须报企业负责人签认。

（3）经业主签认，形成书面文件。

（4）组织实施。

3）合同争议处理程序

（1）准备并提供合同争议事件的证据和详细报告。

（2）通过"和解"或"调解"达成协议，解决争端。

（3）当"和解"或"调解"无效时，报请企业负责人同意后，按合同约定提交仲裁或诉讼处理。

（4）当事人应接受并执行最终裁定或判决的结果。

4）履约索赔处理规定

（1）应执行合同约定的索赔程序和规定。

（2）在规定时限内向对方发出索赔通知，并提出书面索赔报告和索赔证据。

（3）对索赔费用和事件的真实性、合理性及正确性进行核定。

（4）按最终商定或裁定的索赔结果进行处理。索赔金额可作为合同总价的增补款或扣减款。

5）合同文件管理要求

（1）合同管理人员应对合同文件定义范围内的信息、记录、函件、证据、报告、图纸资料、标准规范及相关法规等及时进行收集、整理和归档。

（2）制订并执行合同文件的管理规定，保证合同文件不丢失、不损坏、不失密，并方便使用。

（3）合同管理人员应做好合同文件的整理、分类、收尾、保管或移交工作。

7.2.3　专业分包与劳务分包合同管理

1. 分包合同管理

（1）分包合同管理是指对分包合同的招标、评标、谈判、合同订立，以及生效后的履行、变更、违约索赔、争议处理、终止或结束的全部活动的管理。

（2）工程分包合同包括专业分包、设计分包、采购分包、劳务分包、试运行服务或其他咨询服务等合同。

（3）总承包单位不得违法发包、转包、违法分包和挂靠。

（4）分包商在总承包商的统一管理、协调下，完成分包合同指定的专业分包、劳务分包工程，向总承包商负责，与业主无合同关系。

（5）总承包商向业主担负全部工程责任，分包商就分包工程向总承包商承担责任。

（6）在投标书中，总承包商必须附上拟定的分包商的名单，供业主审查。如果在工程施工中重新委托分包商，必须经过工程师（或业主代表）的批准。

（7）除了遵循总包合同管理原则外，分包合同管理还应做到：

① 当业主指定分包商时，总承包商应对分包商的资质及能力进行预审（必要时考查落实）和确认。当认为不符合要求时，应尽快报告业主并提出建议。否则，承包商应承担相应的连带责任。

② 承包单位承包工程后违反法律法规规定，把单位工程或分部分项工程分包给其他单位或个人施工的行为，存在下列情形之一的，属于违法分包：

a. 承包单位将其承包的工程分包给个人的。

b. 施工总承包单位或专业承包单位将工程分包给不具备相应资质单位的。

c. 施工总承包单位将施工总承包合同范围内工程主体结构的施工分包给其他单位的，钢结构工程除外。

d. 专业分包单位将其承包的专业工程中非劳务作业部分再分包的。

e. 专业作业承包人将其承包的劳务再分包的。

f. 专业作业承包人除计取劳务作业费用外，还计取主要建筑材料款和大中型施工机械设备、主要周转材料费用的。

2. 专业分包合同

1）总承包商合同义务

（1）向分包人提供根据总包合同由发包人办理的与分包工程相关的各种证件、批件、各种相关资料，向分包人提供具备施工条件的施工场地。

（2）组织分包人参加发包人组织的图纸会审，向分包人进行设计图纸交底。

（3）提供本合同专用条款中约定的设备和设施，并承担因此发生的费用。

（4）随时为分包人提供确保分包工程的施工所要求的施工场地和通道等，满足施工运输的需要。

（5）负责整个施工场地的管理工作，协调分包人与同一施工场地的其他分包人之间的交叉配合。

（6）合同约定的其他工作。

2）分包商合同义务

（1）分包商应按照分包合同的约定，对分包工程进行设计（有约定时）、施工、竣工和保修。

（2）按照合同约定，完成分包工程设计，报总承包商确认后使用。

（3）向总承包商提供工程进度计划及相应进度统计报表。

（4）向总承包商提交分包工程施工组织设计，经批准后执行。

（5）遵守政府有关主管部门对施工场地交通、施工噪声以及环境保护和安全文明生产等的管理规定，按规定办理有关手续。

（6）分包商应允许总承包商、发包人、监理工程师人员在工作时间内，合理进入分包工程施工场地或材料存放地点，以及施工场地以外与分包合同有关分包人的任何工作或准备地点。

（7）未交付承包人之前，分包人负责已完分包工程的成品保护工作。

（8）合同约定的其他工作。

3. 劳务分包合同

1）承包商合同义务

（1）组织工程施工管理的各项工作。

（2）提供相应的水准点与坐标控制点位置。

（3）提供施工生产、生活临时设施，施工用水、用电及施工场地。

（4）负责技术交底、技术资料的收集整理。

（5）提供图纸，施工用材料、设备、措施材料、安全设施等。

（6）按合同约定，向劳务分包商支付劳动报酬。

2）劳务分包商合同义务

（1）对劳务分包工程质量向工程承包人负责，组织具有相应资格证书的熟练工人投入工作。

（2）未经工程承包商授权或允许，不得擅自与发包人及有关部门建立工作联系。

（3）劳务分包商按期提交施工计划和相应的劳动力安排计划。

（4）严格按照设计图纸、施工规范、技术要求及施工方案组织施工，确保工程质量。

（5）合理安排作业计划，投入足够的人力等资源，保证工期。

（6）加强安全教育，执行安全技术规范，遵守安全制度，落实安全措施，确保施工安全。

（7）严格执行施工现场的管理规定，做到文明施工。

（8）接受承包商及工程相关方的管理、监督和检查。

（9）做好施工场地周围建筑物、构筑物、地下管线和已完工程部分的成品保护。

（10）合理使用承包商提供或租赁给劳务分包商使用的机具、周转材料及其他设施。

（11）执行工程承包商的工作指令，履行合同规定的义务。

7.2.4 材料与设备采购合同管理

1. 物资采购合同

物资采购合同主要条款：

（1）标的。标的是供应合同的主要条款。供应合同的标的主要包括，购销物资的名称（注明牌号、商标）、品种、型号、规格、等级、花色、技术标准或质量要求等。

（2）数量。供应合同标的数量的计量方法要执行法律法规规定，或供需双方商定方法，计量单位明确。

（3）包装。包括包装的标准和包装物的供应和回收。

（4）运输方式。运输方式可分为铁路、公路、水路、航空、管道运输及海上运输等。

（5）价格。有国家定价的材料，应按国家定价执行；按规定应由国家定价，但国家尚无定价的材料，其价格应报请物价主管部门批准；不属于国家定价的产品，可由供需双方协商确定价格。

（6）结算。结算指供需双方对产品货款、实际支付的运杂费和其他费用进行货币清算和了结的一种形式。我国现行结算方式分为现金结算和转账结算两种。

（7）违约责任。对违约方的责任和处罚具体明确。

（8）特殊条款。如果供需双方有一些特殊的要求或条件，可通过协商，经双方认可后作为合同的一项条款，在合同中明确列出。

2. 设备供应合同

成套设备供应合同的一般条款可参照前述建筑材料供应合同的一般条款，主要包括：产品（成套设备）的名称、品种、型号、规格、等级、技术标准或技术性能指标；数量和计量单位；包装标准及包装物的供应与回收的规定；交货单位、交货方式、运输方式、到货地点（包括专用线、码头等）、接（提）货单位；交（提）货期限；验收方法；产品价格；结算方式、开户银行、账户名称、账号、结算单位；违约责任等。此外，在设备供应合同签订时尚须注意如下问题：

（1）设备价格。设备合同价格应根据承包方式确定。用按设备费包干的方式以及招标方式确定合同价格较为简捷，而按委托承包方式确定合同价格较为复杂。在签订合同时确定价格有困难的产品，可由供需双方协商暂定价格。

（2）设备数量。除列明成套设备名称、套数外，还要明确规定随主机的辅机、附件、易损耗备用品、配件和安装修理工具等。

（3）技术标准。除应注明成套设备系统的主要技术性能外，还要在合同后附各部分设备的主要技术标准和技术性能的文件。

（4）现场服务。供方应派技术人员现场服务，并要对现场服务的内容明确规定。合同中还要对供方技术人员在现场服务期间的工作条件、生活待遇及费用出处做出明确的规定。

（5）验收和保修。成套设备的安装是一项复杂的系统工程。安装成功后，试车是关键。因此合同中应详细注明成套设备验收办法。明确规定保修期限、费用等。

7.2.5　工程计价方式应用

建筑工程计价方式分为定额计价和工程量清单计价。

1. 定额计价方式

（1）建筑安装工程定额，除规定了单位工程产品的数量标准外，还规定其工作内容、质量标准、生产方法、安全要求和使用的范围。

（2）工程定额的编制方法有经验估价法、统计分析法、比较类推法、技术测定法。

（3）建设工程定额分类：

① 按照生产要素分类：可分为劳动消耗定额、材料消耗定额、机械消耗定额。

② 按定额编制程序和用途分类：工序定额、施工定额、预算定额、概算定额、概算指标、投资估算指标。

③ 按专业性质划分：全国通用定额、行业通用定额、专业专用定额。

④ 按主编单位和管理权限划分：全国统一定额、行业统一定额、地区统一定额、企业定额和补充定额。

⑤ 按照费用性质分类：建筑安装工程定额、设备和工器具购置费以及工程建设其他费用定额。

（4）定额计价方式就是按照预算定额的分部分项子目，逐一计算工程量，套用对应的预算定额单价（或单位估价表）确定人工费、材料费、施工机具使用费，以此为计算基数，按照相关规定计取企业管理费、利润、规费和税金，汇总计算后形成工程项目的造价。

2. 工程量清单计价方式

（1）工程量清单计价是一种主要由市场定价的计价模式。

（2）工程量清单是指建设工程的分部分项工程项目、措施项目、其他项目、规费项目和税金项目的名称和相应数量等的明细清单，是招标文件的组成部分，为潜在的投标者提供必要的信息，需要具有资格的工程造价人员承担，以综合单价形式出现。上述工程量清单与计价宜采用统一格式，由各省、自治区、直辖市建设行政主管部门和行业建设主管部门根据本地区、本行业的实际情况制订。例如分部分项工程量清单应按照规定完成项目编码、项目名称、项目特征、计量单位和工程量的编制，这五个要件在分部分项工程量清单的组成中缺一不可。

（3）采用工程量清单计价形式构成的工程造价是：

工程造价＝（分部分项工程费＋措施费＋其他项目费）×（1＋规费费率）×（1＋税率）

① 分部分项工程费、其他项目费和措施费是指完成一个规定计量单位的分部分项工程量清单项目或措施清单项目所需的人工费、材料费、施工机械使用费和企业管理费与利润，以及一定范围内的风险费用。

② 风险费用应符合招标文件要求，若有则可以在综合单价中考虑，可以是风险费率，也可以是一定数额；企业自行考虑。

③ 措施项目是指为完成工程项目施工，发生于该工程施工准备和施工过程中的技术、生活、安全、环境保护等方面的非工程实体项目。主要有一般措施项目（表7.2-1）、脚手架工程、混凝土模板及支架（撑）、垂直运输、超高施工增加。

表 7.2-1　一般措施项目表

序号	项目名称
1	安全文明施工费（含环境保护、文明施工、安全施工、临时设施）
2	夜间施工
3	二次搬运费
4	冬雨期施工
5	大型机械设备进出场及安拆
6	施工排水
7	施工降水
8	地上、地下设施，建筑物的临时保护设施
9	已完工程及设备保护

④ 其他项目清单宜按照下列内容列项：暂列金额、暂估价、计日工、总承包服务费。其中：

a. 暂列金额是指招标人在工程量清单中暂定并包括在合同价款中的一笔款项，并不直接属于承包人所有，而是由发包人暂定并掌握使用的一笔款项，用于施工合同签订时尚未确定或者不可预见的所需材料、设备、服务的采购，施工中可能发生的工程变更、合同约定调整因素出现时的工程价款调整以及发生的索赔、现场签证确认等的费用。

b. 暂估价则是指招标人在工程量清单中提供的用于支付必然发生但暂时不能确定价格的专业服务、材料、设备以及专业工程的金额。

c. 计日工是在施工过程中，完成发包人提出的施工图纸外的零星项目或工作，按照合同中约定的计日工综合单价计价。

d. 总承包服务费是发包人进行专业工程发包以及自行采购供应的材料、设备时，要求承包人对其提供协调和配合服务，支付给承包人的费用。

⑤ 规费项目清单应按照下列内容列项：工程排污费、工程定额测定费、社会保障费、住房公积金、危险作业意外伤害保险。

⑥ 税金是指国家税法规定的应计入建筑安装工程造价内增值税及附加费。

（4）工程量清单计价基本步骤为：熟悉工程量清单→研究招标文件→熟悉施工图纸→熟悉工程量计算规则→了解施工现场情况及施工组织设计特点→熟悉加工订货的有关情况→明确主材和设备的来源情况→计算分部分项工程工程量→计算分部分项工程综合单价→确定措施项目清单及费用→确定其他项目清单及费用→计算规费及税金→汇总各项费用计算工程造价。

（5）招标人工程量清单应用：

① 招标工程量清单必须作为招标文件的组成部分，其准确性和完整性由招标人负责。招标工程量清单是工程量清单计价的基础，应作为编制招标控制价、投标报价、计算工程量、工程索赔、工程结（决）算的依据之一。

② 招标人应编制招标控制价以及组成招标控制价的各组成部分的详细内容，招标价不得上浮或者下浮，并在招标文件中予以公布。招标控制价超过批准的概算时，招标人应将其报原概算审批部门审核。招标人应将招标控制价及有关资料报送工程所在地工程造价管理机构备查。

③ 招标工程量清单标明的工程量是投标人投标报价的共同基础，竣工结算的工程量按发、承包双方在合同中约定应予计量且实际完成的工程量确定。

④ 采用工程量清单计价的工程，应在招标文件或合同中明确计价中的风险内容及其范围（幅度），不得采用无限风险、所有风险或类似语句规定计价中的风险内容及其范围（幅度）。

⑤ 计价风险不包括：国家法律、法规、规章和政策变化；省级或行业建设主管部门发布的人工费调整；合同中已经约定的市场物价波动范围之外的价格；不可抗力。

（6）投标人工程量清单应用：

① 投标人应按招标人提供的工程量清单填报价格。填写的项目编码、项目名称、项目特征、计量单位、工程量必须与招标人提供的一致。

② 招标文件投标价由投标人依据国家或省级、行业建设主管部门颁发的计价规定，使用国家或省级、行业主管部门颁发的计价定额，也可以是企业定额，采用市场价格或当地工程造价机构发布的工程造价信息，自主确定投标价，但不得低于社会或者行业成本。

③ 投标总价应当与分部分项工程费、措施项目费、其他项目费和规费、税金的合计金额一致。在施工过程中如果出现施工图纸或设计变更与工程量清单项目特征描述不一致时，发、承包双方应按实际施工的项目特征，依据合同约定重新确定综合单价。

④ 措施费应根据招标文件中的措施费项目清单及投标时拟定的施工组织设计自主确定，但是措施项目清单中的安全文明施工费应按照不低于国家或省级、行业建设主管部门规定标准的 90% 计价，不得作为竞争性费用。

⑤ 规费和税金应按国家或省级、行业建设主管部门的规定计算，不得作为竞争性费用。

⑥ 暂列金额应按招标人在其他项目清单中列出的金额填写。

⑦ 材料暂估价应按招标人在其他项目清单中列出的单价计入综合单价。

⑧ 专业工程暂估价应按招标人在其他项目清单中列出的金额填写。

3. 工程量清单计价应用管理

（1）工程量清单计价应用特点：

① 强制性：对工程量清单的使用范围、计价方式、竞争费用、风险处理、工程量清单编制方法、工程量计算规则均做出了强制性规定，不得违反。

② 统一性：采用综合单价形式，综合单价中包括了人工费、材料费、管理费、施工机具使用费、利润、一定风险费。

③ 完整性：包括了工程项目招标、投标、过程计价以及结算的全过程管理。

④ 规范性：对计价方式、计价风险、清单编制、分部分项工程量清单编制、招标控制价的编制与复核、投标价的编制与复核、合同价款调整、工程计价表格式均做出了统一规定和标准。

⑤ 竞争性：要求投标单位根据市场行情，自身实力报价。体现投标单位的综合竞争能力。

⑥ 法定性：本质上是单价合同的计价模式，中标后的单价一经合同确认，在竣工结算时是不能调整的，即量变价不变。合同规定或新增项目除外。

（2）投标报价编制依据：

① 工程量清单计价规范；

② 国家或省级、行业建设主管部门颁发的计价办法；

③ 企业定额，国家或省级、行业建设主管部门颁发的计价定额；

④ 招标文件、工程量清单及其补充通知、答疑纪要；

⑤ 建设工程设计文件及相关资料；

⑥ 施工现场情况、工程特点及拟定的投标施工组织设计或施工方案；

⑦ 与建设项目相关的标准、规范等技术资料；

⑧ 市场价格信息或工程造价管理机构发布的工程造价信息；

⑨ 其他的相关资料。

（3）工程量清单计价适用于中华人民共和国境内的所有建筑工程施工承发包计价活动。全部使用国有资金投资或以国有资金投资为主的建设工程施工发承包，必须采用工程量清单计价。非国有资金投资的建设工程，宜采用工程量清单计价。不采用工程量清单计价的建设工程，应执行本规范除工程量清单等专门性规定外的其他规定。

（4）工程量清单计价工作，贯穿于一项工程的编制工程量清单和招标控制价、投标报价、合同价款约定以及工程计量与价款支付、工程价款调整、索赔、竣工结算、工程计价争议处理等各个过程。

7.2.6　工程造价构成与编制

1. 建设工程造价

（1）建设工程造价由 8 个部分构成：① 建筑工程费；② 设备购置费；③ 设备安装工程费；④ 工具、器具及生产家具购置费；⑤ 其他工程和费用；⑥ 预备费；⑦ 固定资产投资方向调节税；⑧ 建设期投资贷款利息。

（2）建设工程造价的特点是：① 大额性；② 个别性和差异性；③ 动态性；④ 层次性。

（3）根据工程项目不同的建设阶段，建设工程造价可以分为如下 6 类：① 投资估算；② 概算造价；③ 预算造价；④ 合同价；⑤ 结算价；⑥ 决算价。

（4）按照招标投标、施工管理、竣工验收等主要工作阶段，分为招标控制价、投标价、签约合同价、竣工结算价。

2. 建筑工程费构成与计算

1）按费用构成要素划分

（1）建筑安装工程费按照费用构成要素划分：由人工费、材料（包含工程设备，下同）费、施工机具使用费、企业管理费、利润、规费和税金组成。

① 人工费：包括计时工资或计件工资、奖金、津贴补贴、加班加点工资、特殊情况下支付的工资。

② 材料费：包括材料原价、运杂费、运输损耗费、采购及保管费。原材料费中的检验试验费列入企业管理费。

③ 施工机具使用费：包括施工机械使用费（含折旧费、大修理费、经常修理费、安拆费及场外运费、人工费、燃料动力费、税费）、仪器仪表使用费。大型机械进出场及安拆费列入措施费项目。

④ 企业管理费：包括管理人员工资、办公费、差旅交通费、固定资产使用费、工具用具使用费、劳动保险和职工福利费、劳动保护费、检验试验费、工会经费、职工教育经费、财产保险费、财务费、税金、其他。其中检验试验费：

a. 包括施工企业按照有关标准规定，对建筑以及材料、构件和建筑安装物进行一般鉴定、检查所发生的费用，包括自设试验室进行试验所耗用的材料等费用。

b. 不包括新结构、新材料的试验费，对构件做破坏性试验及其他特殊要求检验试验的费用和建设单位委托检测机构进行检测的费用，对此类检测发生的费用，由建设单位在工程建设其他费用中列支。

c. 对施工企业提供的具有合格证明的材料进行检测不合格的，该检测费用由施工企业支付。

⑤ 利润：是指施工企业完成所承包工程获得的盈利。

⑥ 规费：包括社会保险费（含养老保险费、失业保险费、医疗保险费、生育保险费、工伤保险费）、住房公积金、工程排污费。其他应列而未列入的规费，按实际发生

计取。

⑦ 税金：是指国家税法规定的应计入建筑安装工程造价内的增值税。

（2）税前工程造价为人工费、材料费、施工机具使用费、企业管理费、利润和规费之和，各费用项目均以不包含增值税可抵扣进项税额的价格计算。

2）按造价形成划分

（1）建筑安装工程费按照费用形成由分部分项工程费、措施项目费、其他项目费、规费、税金组成。

（2）分部分项工程费、措施项目费、其他项目费包含人工费、材料费、施工机具使用费、企业管理费、利润及一定范围内的风险费用。其中：

① 分部分项工程费＝∑（分部分项工程量 × 综合单价）

② 措施项目费：

a. 国家计量规范规定应予计量的措施项目，其计算公式为：

$$措施项目费＝∑（措施项目工程量 × 综合单价）$$

b. 国家计量规范规定不宜计量的措施项目计算方法如下：

$$措施项目费＝计算基数 × 相应的费率（\%）$$

③ 其他项目费。内容包括：暂列金额、计日工、总承包服务费、暂估价。其中暂估价又包括材料暂估单价、工程设备暂估单价、专业工程暂估单价。

④ 规费和税金的构成和计算与按费用构成要素划分的建筑安装工程费构成和计算相同。

3）建筑工程费计算

（1）在工程量清单计价中，按分部分项工程单价的组成划分，计价单价采用综合单价法。

（2）分部分项工程综合单价计算程序（表 7.2-2）

综合单价＝人工费＋材料费＋施工机具使用费＋管理费＋利润＋风险费（通常体现在价格及利润中，不单独列出）。

表 7.2-2 分部分项工程综合单价计算程序

序号	费用项目	计算方法	备注
1	人工费	人工工日数量 × 人工工日单价	按约定自主报价
2	材料费	材料数量 × 材料单价＋工程设备费	按约定自主报价
3	施工机具使用费	机械台班数量 × 机械台班单价	按约定自主报价
4	人、材、机费用小计	1＋2＋3	
5	管理费	4× 管理费费率	也可约定以人工费（1）或人工费＋施工机具使用费（1＋3）为基数计取等
6	利润	（4＋5）× 利润率	或按照其他约定方式计取
7	风险费	自主报价	或体现在价格及利润中，不单独列出
8	综合单价	4＋5＋6＋7	

（3）工程造价计算程序

工程造价计算采用综合单价法，计算程序见表 7.2-3。

表 7.2-3　综合单价法计算工程项目造价程序

序号	费用项目	计算方法	备注
1	分部分项工程费	∑（分部分项工程量 × 综合单价）	
2	措施项目费	∑（措施项目工程量 × 综合单价）＋ ∑（计算基数 × 相应的费率）	按双方约定方式计取等
3	其他项目费	按双方约定	
4	规费	（1＋2＋3）× 按相应的规费费率计算	或人工费或人工费＋机械费或 人、材、机费用小计为基数计取
5	增值税	（1＋2＋3＋4）× 按相应的规费费率计算	
6	工程造价	1＋2＋3＋4＋5	

3. 合同价款确定与调整

1）合同价款的确定

建设单位与中标单位签订施工承包合同，约定合同价款。常用的合同价款约定方式：

（1）单价合同。承建双方在合同约定时，首先约定完成工程量清单工作内容的固定单价，其次是双方暂定或者核定工程量，然后核算出合同总价。工程项目竣工后根据实际工程量进行结算。固定单价不可调整的合同称为固定单价合同，一般适用于技术难度小、图纸完备的工程项目。固定单价可以调整的合同称为可调单价合同，一般适用于施工图不完整、不可预见因素较多、需要根据现场实际情况重新组价议价的工程项目。

（2）总价合同，是指承建双方在合同约定时，将工程项目的总造价进行约定的合同。总价合同又分为固定总价合同和可调总价合同；固定总价合同适用于规模小、技术难度小、工期短（一般在一年之内）的工程项目。可调总价合同是指在固定总价合同的基础上，对在合同履行过程中因为法律、政策、市场等因素影响，对合同价款进行调整的合同；适用于工程规模大、技术难度大、图纸设计不完整、设计变更多，工期较长（一般在一年之上）的工程项目。

（3）成本加酬金合同。合同价款包括成本和酬金两部分，双方在专用条款内约定成本构成和酬金的计算方法。适用于灾后重建、紧急抢修、新型项目或对施工内容、经济指标不确定的工程项目。

2）合同价款的调整因素

（1）发承包双方应当按照合同约定调整合同价款的若干事项，包括五大类：

① 法规变化类：法律法规变化；

② 工程变更类：工程变更，项目特征不符，工程量清单缺项，工程量偏差，计日工；

③ 物价变化类：物价变化，暂估价；

④ 工程索赔类：不可抗力，提前竣工（赶工补偿），误期赔偿，索赔；

⑤其他类：现场签证，双方约定的其他调整事项。

（2）根据签证内容，有的可归于工程变更类，有的可归于索赔类，有的可能不涉及合同价款调整。

3）合同价款计算与调整

工程价款管理是指对工程预付款、工程进度款、签证款、工程结算款、保修金的管理工作，建设单位和施工单位在遵守国家现有法律法规的基础上，需要对工程价款的调整因素、方法、程序、支付及时间、风险范围、解决争议的方法和时间作出约定，按照合同专用条款的约定开展相关工作。

工程预付款和进度款的计算：

（1）工程实行预付款的，合同双方应根据合同通用条款及价款结算办法的有关规定，在合同专用条款中约定并履行。同一工程由于不同的承包方式造成工程总造价的不同，所以在计算工程预付款时，对工程总造价予以区分，不得包含不属于承包商使用的费用，例如暂列金额。

（2）预付款的预付时间应不迟于约定的开工日期前7天。发包人没有按时支付预付款的，承包人可催告发包人支付；发包人在付款期满后的7天内仍未支付的，承包人可在付款期满后的第8天起暂停施工。发包人应承担由此增加的费用和（或）延误的工期，并向承包人支付合理利润。

（3）预付款额度的确定方法

①百分比法：百分比法是按中标的合同造价（减去不属于承包商的费用，以下同）的一定比例确定预付备料款额度的一种方法，也有以年度完成工作量为基数确定预付款，前者较为常用。

$$工程预付款 = 中标合同造价 \times 预付款比例$$

②数学计算法：数学计算法是根据主要材料（含结构件等）占年度承包工程总价的比重、材料储备定额天数和年度施工天数等因素，通过数学公式计算预付备料款额度的一种方法。其计算公式是：

$$工程备料款数额 = \frac{合同造价 \times 材料比重（\%）}{年度施工天数} \times 材料储备天数$$

公式中：年度施工天数按365天日历天计算；材料储备天数由当地材料供应的在途天数、加工天数、整理天数、供应间隔天数、保险天数等因素决定。

（4）预付备料款的回扣

在实际工作中，预付备料款的回扣方法可由发包人和承包人通过洽商用合同的形式予以确定，也可针对工程实际情况具体处理。

$$起扣点 = 合同造价 - （预付备料款 / 主要材料所占比重）$$

【案例7.2-1】

背景：

已知某工程承包合同价款总额为6000万元，其主材及构件所占比重为60%，预付款总额为工程价款总额的20%。

问题：

计算预付款起扣点是多少万元？

分析与答案：

预付款起扣点：起扣点＝合同价款总额－（预付款数额／材料及构件所占比重）

$$= 6000 - (6000 \times 20\%)/60\% = 4000.00 \ \text{万元}$$

（5）工程进度款的计算

工程进度款的支付方式有多种，需要根据合同约定进行支付。常见工程进度款的支付方式为月度支付、分段支付。

① 月度支付。即按工程师确认的当月完成的有效工程量进行核算，在当月末或次月初按照合同约定的支付比例进行支付，并扣除合同约定的应该扣保修金、应扣预付款及处罚金额，在当月末或次月初进行支付。计算为：

工程月度支付进度款＝当月有效工作量 × 合同单价 × 月度支付比例－

保修金－回扣预付款－罚款

② 分段支付。即按照合同约定的工程形象进度，划分为不同阶段进行工程款的支付。对一般工民建项目可以分为基础、结构（又可以划分不同层数）、装饰、设备安装等几个阶段，按照每个阶段完工后的有效工作量以及合同约定的支付比例进行支付。计算为：

工程分段进度款＝阶段有效工作量 × 合同单价 × 阶段支付比例－

保修金－回扣预付款－罚款

③ 竣工后一次支付。建设项目规模小，工期较短（如在 12 月以内）的工程，可以实行在施工过程中分几次预支，竣工后一次结算的方法。

④ 双方约定的其他支付。例如合同约定："……完成至正负零时，支付至合同额的6%；完成至结构封顶时支付到合同额的 50%……"。

⑤ 在施工过程中，因为人工、材料、机械价格波动，可以按照合同约定调整，调整方式可采用终值公式或合同约定的其他方式。

⑥ 发包人未按照规定支付进度款的，承包人可催告发包人支付，并有权获得延迟支付的利息；发包人在付款期满后的 7 天内仍未支付的，承包人可在付款期满后的第 8天起暂停施工。发包人应承担由此增加的费用和（或）延误的工期，向承包人支付合理利润，并承担违约责任。

【案例 7.2-2】

背景：

某建筑维修工程的合同价为 660 万元，主要材料及构件占合同价的 60%，工程预付款为合同价的 20%，工程进度款每月按实际完成产值支付。工程 5 月完工，按照工程结算款支付。每月完成产值见表 7.2-4。

表 7.2-4　每月完成产值

月份	1 月	2 月	3 月	4 月	5 月
月产值（万元）	55	110	165	220	110

工程预付款从未施工工程尚需的主要材料及构件的价值相当于工程预付款时起扣，从每次工程结算款中按材料和构件占施工产值的比重抵扣工程预付款，竣工前全部扣清。保修金为工程造价的 3%，竣工结算支付时一次扣除。

因施工中材料及构件涨价，双方约定在 5 月统一按照 10% 进行调差。在保修期间发生地砖起鼓、开裂质量问题，建设单位多次催促维修，施工单位一再拖延。建设单位安排其他单位修理，发生维修费用 2.50 万元。

问题：

（1）工程预付款是多少万元？

（2）工程预付款起扣点是多少万元？

（3）1～4 月每月支付进度款和累计支付款各是多少万元？

（4）工程竣工结算是多少万元？建设单位应付工程结算款是多少万元？

（5）该工程保修金是多少万元？

（6）发生的维修费用如何处理？

分析与答案：

（1）工程预付款＝660×20%＝132.00 万元

（2）预付款起扣点＝660－132/60%＝440.00 万元

（3）每月拨付进度款、累计拨款分别是：

①1 月进度款 55 万元，累计 55 万元。

②2 月进度款 110 万元，累计 165 万元。

③3 月进度款 165 万元，累计 330 万元。

④4 月完成产值 220 万元，但进度款达到预付款起扣点时，开始扣回预付款，因此四月份的进度款是：220－（220＋330－440）×60%＝154.00 万元，累计拨款 484 万元。

（4）工程结算价＝660＋660×60%×10%＝699.60 万元。（主材及构件占造价的比例 60%，这部分材料及构件调差 10%。）

$$应付工程结算款＝结算总价－（累计拨款）－保修金－预付款$$
$$＝699.60－484－（699.6×3%）－132$$
$$＝62.612 万元$$

（5）工程保修金：699.6×3%＝20.988 万元

（6）2.5 万元的维修费从施工单位保修金中扣除。

4）工程竣工结算款的计算

（1）合同工程完工后，承包人应在提交竣工验收申请前编制完成竣工结算文件，并在提交竣工验收申请的同时向发包人提交竣工结算文件。

（2）承包人未在规定的时间内提交竣工结算文件，经发包人催促后 14 天内仍未提交或没有明确答复，发包人有权根据已有资料编制竣工结算文件，作为办理竣工结算和支付结算款的依据，承包人应予以认可。

（3）承包人应根据办理的竣工结算文件，向发包人提交竣工结算款支付申请。该申请应包括下列内容：

① 竣工结算总额；

② 已支付的合同价款；

③ 应扣留的质量保证金；

④ 应支付的竣工付款金额。

（4）发包人按照合同约定向承包人签发竣工结算支付证书，并按期支付结算款。发包人未按照规定支付竣工结算款的，承包人可催告发包人支付，并有权获得延迟支付的利息。对于拖欠款的应付利息，处理原则是：

① 合同有约定的，按照合同约定计付。

② 合同没有约定或约定不明的，利息应付之日如下：

a. 建设工程已实际交付的，为交付之日；

b. 建设工程没有交付的，为提交竣工结算文件之日；

c. 建设工程未交付，工程价款也未结算的，为当事人起诉之日起。

（5）合同中如果当事人对拖欠款利息有约定的，按照合同约定执行；没有约定的，按照中国人民银行发布的同期同类贷款利率计息，但是约定的利息计算标准高于中国人民银行发布的同期同类贷款利率 4 倍的部分除外。

（6）如果合同中既有拖欠工程款利息约定又有违约金的约定时，司法实践中通常情况下只支持其中一种。但是如果合同约定了因拖欠工程款，造成承包人其他损失时，发包人应予以赔偿，承担违约责任。

（7）竣工结算支付证书签发后 56d 内仍未支付的，除法律另有规定外，承包人可与发包人协商将该工程折价，也可直接向人民法院申请将该工程依法拍卖，承包人就该工程折价或拍卖的价款优先受偿。建设工程承包人行使优先权的期限为十八个月，自发包人应当给付建设工程价款之日起算。

4. 竣工结算确定与调整

工程项目一般施工周期较长，在工程价款结算时，为真实反映工程项目实际消耗的费用，需要充分考虑工程施工期的人工费、材料费、机械费、运费、设计变更、签证等因素的动态影响。常用的工程造价调整方法有：

1）工程造价指数调整法

这种方法是甲乙双方采取当时的预算（或签约合同价），待工程竣工时，根据合理的工期及当地工程造价管理部门所公布的该月度（或季度、年度）工程造价指数，对原承包合同的调整，重点调整由于实际人工费、材料费、机械费等上涨因素。适用于同类型项目的设计估算、预算和结算。

工程结算造价＝工程合同价 × 竣工时工程造价指数／签订合同时工程造价指数

2）实际价格法

（1）按照双方签订的合同条款，在合同造价的基础上，对允许调整的因素据实调整。通常情况下调整钢材、木材、水泥，也有同时调整人工费的情况。

（2）人工费、材料费、机械费按照当地基建主管部门定期公布的信息价，并结合合同约定据实调整，俗称按实结算。

① 人工费调整总额＝∑ 总用工数量 ×（信息价人工单价－合同人工单价）；

② 材料费调整总额＝∑ 可调材料数量 ×（信息价材料单价－合同材料单价）；

③ 机械费调整总额＝∑可调机械台班×（信息价机械台班单价－合同机械台班单价）；

④ 各项调整分别计入工程造价的价差分项中，计取增值税。

⑤ 其他相关费用则按照实际批准的方案或者修订的费率标准按实计算。

3）调价系数法

指甲乙双方采用当时的预算价格承包，在竣工时根据当地工程造价管理部门规定的调价系数（以定额直接费、人工费或材料费为计算基础），对原工程造价，调整人工费、材料费、机械费费用上涨及工程变更等因素造成的价差。

4）调值公式法

（1）调值公式法（动态结算公式法）是利用调值公式来调整工程竣工结算造价。它首先将总费用分为固定部分、人工部分和材料部分，然后分别按照各部分在总费用中所占的比例及人工、材料的价格指数变化情况，用调值公式进行价差调整。但是工程项目比较复杂时，公式也变得复杂。计算方法见式（7.2-1）：

$$P = P_0\left(a_0 + a_1 A/A_0 + a_2 B/B_0 + a_3 C/C_0 + a_4 D/D_0\right) \qquad (7.2\text{-}1)$$

式中　　　　　P——调值后的工程实际结算价款；

　　　　　　　P_0——调值前工程合同价款；

　　　　　　　a_0——固定费用（或因素），不调值部分比重；

a_1、a_2、a_3、a_4——代表有关费用在合同总价中所占的比例，a_0、a_1、a_2、a_3、a_4 之和等于1；

　A、B、C、D——现行价格指数或价格；

A_0、B_0、C_0、D_0——基期价格指数或价格。

（2）应用调值公式时注意：

① 固定费用的取值通常在 0.15～0.35 之间。它对调价的结果影响很大，它与调价余额成反比关系。

② 调整的费用只选择对总造价影响较大的少数几种。

③ 在签订合同时要明确调价品种和波动到何种程度可调整（一般为 ±5% 以上）。

④ 考核地点一般在工程所在地或指定某地的市场。

⑤ 确定基期时点价格指数或价格、计算期时点价格指数或价格。

【案例 7.2-3】

背景：

某项目合同价为 14250 万元，合同约定根据人工费和四项主要材料的价格，进行工程结算价的调整。相关调值因素的比重、基期价格指数、当期价格指数见表 7.2-5。

表 7.2-5　调值因素表

可调因素	人工费	材料1	材料2	材料3	材料4
因素比重	0.15	0.30	0.12	0.15	0.08
基期价格指数	0.98	1.01	0.99	0.96	0.78
当期价格指数	1.12	1.16	0.85	0.80	1.05

问题：

用调值公式法计算工程结算价是多少万元（小数点后保留两位）。

分析与答案：

（1）$a_0 = 1 - (0.15 + 0.30 + 0.12 + 0.15 + 0.08) = 0.20$

（2）$P = 14250 \times (0.20 + 0.15 \times 1.12/0.98 + 0.30 \times 1.16/1.01 + 0.12 \times 0.85/0.99 + 0.15 \times 0.80/0.96 + 0.08 \times 1.05/0.78) = 14986.81$ 万元

5. 设计变更、签证与索赔

建设工程受地形、地质、水文、气象、政治、市场、人等各种因素的影响，加之施工条件复杂，可能造成工程设计考虑不周或与实际情况不符，必将造成工程施工承包合同中存在各种缺陷，给合同履行带来不确定性风险，导致设计变更、工程签证和索赔事件的发生。

1）设计变更

（1）对原设计图纸进行的修正、设计补充或变更。通常情况下是由设计院提出并经建设单位认可后，发至施工单位及其他相关单位。除此之外，还有以下情形：

① 在建设单位组织的有设计单位和施工企业参加的设计交底会上，经施工企业和建设单位提出，各方研究同意而改变施工图的做法，都属于设计变更。为此而增加新的图纸或设计变更说明都由设计单位或建设单位负责。

② 在施工过程中，遇到一些原设计未预料到的具体情况，需要进行处理而发生的设计变更。

③ 建设单位提出要求改变某些施工方法，或增减某些具体工程项目等，征得设计单位的同意后发生的设计变更。

④ 在施工过程中，由于施工方面、资源市场的原因等引起的设计变更，经双方或三方签字同意可作为设计变更。

（2）设计变更无论由哪方提出，均应由建设单位、设计单位、施工单位协商，经由设计部门确认后，发出相应图纸或说明，并办理签发手续后实施。设计变更应记录详细，简要说明变更产生的原因、背景、变更产生的时间参与人、工程部位、提出单位等。

2）工程签证

一般情况下是原来设计不包含的事项或在工程承包范围以外发生的工作内容，双方针对该工作内容办理的认证文件。因此双方应根据实际处理的情况及发生的费用办理工程签证。

由于业主或非施工单位的原因造成的停工、窝工，业主只负责停窝工人工费补偿标准，而不是当地造价部门颁布的工资标准；机械停窝工费用也只按照租赁费或摊销费计算，而不是机械台班费。

3）索赔

索赔通常分为费用索赔和工期索赔两种。但是由于工程范围的变更、文件的缺陷或技术错误、业主未能提供现场所引起的索赔，承包人可以索赔利润。

（1）索赔的基本条件

① 客观性

有确凿的证据证明确实存在不符合合同或违反合同的干扰事件，它对承包商的工期和成本造成影响，产生了损失的事实存在。

② 合法性

干扰事件非承包商自身责任引起，按照合同条款对方应给予补（赔）偿。索赔要求必须符合本工程承包合同的规定。合同作为工程中的最高法律，由它判定干扰事件的责任由谁承担，承担什么样的责任，应赔偿多少等。

③ 合理性

索赔要求合情合理，符合实际情况，真实反映由于干扰事件引起的实际损失，采用合理的计算方法和计算基础。承包商必须证明干扰事件，与干扰事件的责任，与施工过程所受到的影响，与承包商所受到的损失，与所提出的索赔要求之间存在着因果关系。承包商不能为追逐利润，滥用索赔。

（2）索赔的分类

① 按照干扰事件的性质，索赔可分为：

a. 工期拖延索赔。由于业主未能按合同规定提供施工条件，如未及时交付设计图纸、技术资料、场地、道路等；或非承包商原因业主指令停止工程实施；或其他不可抗力因素作用等原因，造成工程中断或工程进度放慢，使工期拖延。

b. 不可预见的外部障碍或条件索赔。例如在施工期间，地质与预计的（业主提供的资料）不同、出现未预见到的岩石、淤泥或地下水等。这是一个有经验的承包商通常不能预见到的外界障碍或条件。

c. 工程变更索赔。由于业主或工程师指令修改设计、增加或减少工程量、增加或删除部分工程、修改实施计划、变更施工次序，造成工期延长和费用损失。

d. 工程终止索赔。由于某种原因，如不可抗力因素影响，业主违约，使工程被迫在竣工前停止实施，并不再继续进行，使承包商蒙受经济损失。

e. 其他索赔。如货币贬值、汇率变化、物价、工资上涨、政策法令变化、业主推迟支付工程款等原因引起的索赔。

② 按索赔要求，索赔可分为：

a. 工期索赔，即要求业主延长工期，推迟竣工日期。

b. 费用索赔，即要求业主补偿费用损失，调整合同价格。

c. 利润索赔，即要求业主补偿适当的利润。

③ 按索赔的起因，索赔可分为：

a. 业主违约，包括业主和监理工程师没有履行合同责任；没有正确地行使合同赋予的权力，工程管理失误，不按合同支付工程款等。

b. 合同错误，如合同条文不全、错误、矛盾、有歧义性，设计图纸、技术规范错误等。

c. 合同变更，如双方签订新的变更协议、备忘录、修正案，业主下达工程变更指令等。

d. 工程环境变化，包括法律、市场物价、货币兑换率、自然条件的变化等。

e. 不可抗力因素，如恶劣的气候条件、地震、洪水、战争状态、禁运等。

（3）索赔步骤

干扰事件发生后，索赔按照以下步骤进行：

① 索赔意向通知。在干扰事件发生后，承包商必须按照合同约定迅速做出反应，在一定时间内（合同示范文本为 28 天），向工程师和业主递交索赔意向通知。

② 索赔的内部处理。一旦干扰事件发生，承包商就应进行索赔处理工作，直到正式向工程师和业主提交索赔报告。

a. 事态调查，即寻找索赔机会。通过对合同实施的跟踪、分析、诊断，发现了索赔机会，则应对它进行详细的调查和跟踪，以了解事件经过、前因后果，掌握事件详细情况。

b. 干扰事件原因分析，即分析这些干扰事件是由谁引起的，它的责任该由谁来负担。如果干扰事件责任是多方面的，则必须划分各人的责任范围，按责任大小，分担损失。

c. 索赔根据，即索赔理由，主要是指合同条文，必须按合同判明干扰事件是否违约，是否在合同规定的赔（补）偿范围之内。

d. 损失调查，即为干扰事件的影响分析。它主要表现为工期的延长和费用的增加。如果干扰事件不造成损失，则无索赔可言。

e. 收集证据。一旦干扰事件发生，承包商应按工程师的要求做好并在干扰事件持续期间内保持完整的当时记录，接受工程师的审查。

f. 起草索赔报告。索赔报告是上述各项工作的结果和总括。

③ 提交索赔报告。承包商必须在合同规定的时间内向工程师和业主提交索赔报告。

④ 解决索赔。从递交索赔报告到最终获得赔偿的支付是索赔的解决过程。这个阶段工作的重点是通过谈判，或调解，或仲裁，使索赔得到合理的解决。

（4）索赔的证据

索赔证据的基本要求：真实性、全面性、法律效力和及时性。

常见的索赔证据有：

① 招标文件、合同文本及附件，其他的各种签约（备忘录、修正案等），业主认可的工程实施计划，各种工程图纸（包括图纸修改指令），技术规范等。

② 来往信件，如业主的变更指令，各种认可信、通知、对承包商问题的答复信等。

③ 各种会谈纪要。会谈纪要须经各方签署。

④ 施工进度计划和实际施工进度记录。包括总进度计划，开工后业主的工程师批准的详细的进度计划，每月进度修改计划，实际施工进度记录，月进度报表等。

⑤ 施工现场的工程文件，如施工记录、施工备忘录、施工日报、工长或检查员的工作日记、监理工程师填写的施工记录和各种签证等。

⑥ 工程照片。照片上应注明日期。索赔中常用的有表示工程进度的照片、隐蔽工程覆盖前的照片、业主责任造成返工和工程损坏的照片等。

⑦ 气候报告。如果遇到恶劣的天气，应作记录，并请工程师签证。

⑧ 工程中的各种检查验收报告和各种技术鉴定报告。工程水文地质勘察报告、土质分析报告、文物和化石的发现记录、地基承载力试验报告、隐蔽工程验收报告、材料试验报告、材料设备开箱验收报告、工程验收报告等。

⑨ 工地的交接记录（应注明交接日期，场地平整情况，水、电、路情况等），图纸和各种资料交接记录。工程中送、停电，送、停水，道路开通和封闭的记录和证明。它们应由工程师签证。

⑩ 建筑材料和设备的采购、订货、运输、进场，使用方面的记录、凭证和报表等。

⑪ 市场行情资料，包括市场价格、官方的物价指数、工资指数、中央银行的外汇比率等公布材料。

⑫ 各种会计核算资料。包括：工资单、工资报表、工程款账单，各种收付款原始凭证，总分类账、管理费用报表，工程成本报表等。

⑬ 国家法律、法令、政策文件。

（5）索赔的计算

① 工期索赔计算

a. 网络分析法：网络分析法通过分析延误前后的施工网络计划，比较两种工期计算结果，计算出工程应顺延的工程工期。

b. 比例分析法：在实际工程中，干扰事件常常仅影响某些单项工程、单位工程或分部分项工程的工期，分析它们对总工期的影响。

$$工期索赔值＝原工期 × 新增工程量／原工程量$$

c. 其他方法：工程现场施工中，可以按照索赔事件实际增加的天数确定索赔的工期；通过发包方与承包方协议确定索赔的工期。

② 费用索赔计算

a. 总费用法：又称为总成本法，通过计算出某单项工程的总费用，减去单项工程的合同费用，剩余费用为索赔的费用。

b. 分项法：按照工程造价的确定方法，逐项进行工程费用的索赔。可以分为人工费、机械费、管理费、利润等分别计算索赔费用。

【案例 7.2-4】

背景：

某工程原合同报价为：现场施工成本（不含公司管理费）380 万元；公司管理费为38 万元（现场施工成本的 10%）；利润为 29.26 万元（现场施工成本和公司管理费的 7%）；不含税的合同价 447.26 万元。由于非承包商原因造成实际工地总成本增加至 420 万元，成本增加产生的利息约定为 0。

问题：

用总费用法计算索赔值。

分析与答案：

（1）现场施工成本增加：$420－380 ＝ 40$ 万元

（2）总部管理费增加：$40×10\% ＝ 4$ 万元

（3）利润增加：$(40 ＋ 4)×7\% ＝ 3.08$ 万元

（4）利息支付（按实计）：0

（5）索赔值：$40 ＋ 4 ＋ 3.08 ＋ 0 ＝ 47.08$ 万元

（6）施工合同反索赔

发包方向承包方进行的索赔称为反索赔。反索赔的内容包括直接经济损失和间接经济损失。

① 延迟工期的反索赔。在工程建设项目建设中，承包方在合同规定的工期内没有完成合同约定的工程量和设计内容，延迟交付工程，影响了发包方对施工项目的使用和运营生产，造成发包方的经济损失。因此，发包方可就该事件向承包方进行反索赔。

② 工程施工质量缺陷的反索赔。在工程建设项目建设中，当出现承包方所使用的建筑材料或设备不符合合同规定；工程质量没有满足施工技术规范、验收规范的规定；出现质量缺陷而未在质量缺陷责任期满之前完成质量缺陷的修复工作，发包方可就该事件进行反索赔。

③ 合同担保的反索赔。承包方在项目建设过程中，按照规定对合同的相关内容进行担保（例如预付款的合同担保等），当承包方没有按照合同约定的内容履行合同义务，发包方可就该事件进行反索赔，承包方及其担保单位应承担反索赔的经济损失。

④ 发包方其他损失的反索赔。例如承包方施工过程中造成场外路面的破坏、绿化的破坏，由于工程施工中运输混凝土构件时，承包方将发包方的围墙撞击发生倒塌等，发包方均可以向承包方进行反索赔。

第8章　施工进度管理

8.1　施工进度控制方法应用

8.1.1　流水施工计划横道图

第8章
看本章精讲课
做本章自测题

1. 施工组织方式

（1）工程施工组织实施的方式分三种：依次施工、平行施工、流水施工。

（2）依次施工又称顺序施工，是将拟建工程划分为若干个施工过程，每个施工过程按施工工艺流程顺次进行施工，前一个施工过程完成后，后一个施工过程才开始施工。

（3）当拟建工程十分紧迫时通常组织平行施工，在工作面、资源供应允许的前提下，组织多个相同的施工队，在同一时间、不同的施工段上同时组织施工。

（4）流水施工是将拟建工程划分为若干施工段，并将施工对象分解为若干个施工过程，按施工过程成立相应工作队，各工作队按施工过程顺序依次完成施工段内的施工过程，并依次从一个施工段转到下一个施工段；施工在各施工段、施工过程上连续、均衡地进行，使相应专业工作队间最大限度地实现搭接施工。

（5）流水施工的特点：

① 科学利用工作面，争取时间，合理压缩工期；

② 工作队实现专业化施工，有利于工作质量和效率的提升；

③ 工作队及其工人、机械设备连续作业，同时使相邻专业工作队的开工时间能够最大限度地搭接，减少窝工和其他支出，降低建造成本；

④ 单位时间内资源投入量较均衡，有利于资源组织与供给。

2. 流水施工参数

1）工艺参数

指组织流水施工时，用以表达流水施工在施工工艺方面进展状态的参数，通常包括施工过程和流水强度两个参数。

（1）施工过程：根据施工组织及计划安排需要划分出的计划任务子项称为施工过程。施工过程可以是单位工程、分部工程，也可以是分项工程，甚至可以是将分项工程按照专业工种不同分解而成的施工工序。施工过程的数目一般用 n 表示。

（2）流水强度：流水强度是指流水施工的某施工过程（专业工作队）在单位时间内所完成的工程量，也称为流水能力或生产能力。

2）空间参数

指组织流水施工时，表达流水施工在空间布置上划分的个数。可以是施工区（段），也可以是多层的施工层数，数目一般用 M 表示。

划分施工段的原则：

（1）同一专业工作队在各个施工段上的劳动量应大致相等，相差幅度不宜超过 15%；

（2）每个施工段内要有足够的工作面，以保证工人的数量和主导施工机械的生产效率满足合理劳动组织的要求；

（3）施工段的界限应尽可能与结构界限（如沉降缝、伸缩缝等）相吻合，或设在对建筑结构整体性影响小的部位，以保证建筑结构的整体性；

（4）施工段的数目要满足合理组织流水施工的要求。施工段数目过多，会降低施工速度，延长工期；施工段过少，不利于充分利用工作面，可能造成窝工；

（5）对于多层建筑物、构筑物或需要分层施工的工程，应既分施工段，又分施工层，各专业工作队依次完成第一施工层中各施工段任务后，再转入第二施工层的施工段上作业，依此类推，以确保相应专业队在施工段与施工层之间，连续、均衡、有节奏地流水施工。

3）时间参数

指在组织流水施工时，用以表达流水施工在时间安排上所处状态的参数，主要包括流水节拍、流水步距和工期等。

（1）流水节拍。流水节拍是指在组织流水施工时，某个专业队在一个施工段上的施工时间，以符号"t"表示。

（2）流水步距。流水步距是指两个相邻的专业队进入流水作业的时间间隔，以符号"K"表示。

（3）工期。工期是指从第一个专业队投入流水作业开始，到最后一个专业队完成最后一个施工过程的最后一段工作、退出流水作业为止的整个持续时间。由于一项工程往往由许多流水组构成，所以，这里所说的是流水组的工期，而不是整个工程的总工期。工期可用符号"T"表示。

3. 流水施工的组织形式

流水施工根据流水节拍特征，分为无节奏流水施工、等节奏流水施工和异节奏流水施工。

1）无节奏流水施工

无节奏流水施工是指在组织流水施工时，全部或部分施工过程在各个施工段上流水节拍不相等的流水施工。这种施工是流水施工中最常见的一种。

无节奏流水施工特点：

（1）各施工过程在各施工段的流水节拍不全相等；

（2）相邻施工过程的流水步距不尽相等；

（3）专业工作队数等于施工过程数；

（4）各专业工作队能够在各施工段上连续作业，但有的施工过程间可能有间隔时间。

2）等节奏流水施工

等节奏流水施工是指在有节奏流水施工中，各施工过程的流水节拍都相等的流水施工，也称为固定节拍流水施工或全等节拍流水施工。

等节奏流水施工特点：

（1）所有施工过程在各个施工段上的流水节拍均相等；

（2）相邻施工过程的流水步距相等，且等于流水节拍；

（3）专业工作队数等于施工过程数，即每一个施工过程成立一个专业工作队，由该队完成相应施工过程所有施工任务；

（4）各个专业工作队在各施工段上能够连续作业，各施工过程之间没有空闲时间。

3）异节奏流水施工

异节奏流水施工是指在有节奏流水施工中，各施工过程的流水节拍各自相等而不同施工过程之间的流水节拍不尽相等的流水施工。在组织异节奏流水施工时，又可以采用等步距和异步距两种方式。

等步距异节奏流水施工特点：

（1）同一施工过程在其各个施工段上的流水节拍均相等，不同施工过程的流水节拍不等，其值为倍数关系；

（2）相邻施工过程的流水步距相等，且等于流水节拍的最大公约数；

（3）专业工作队数大于施工过程数，部分或全部施工过程按倍数增加相应专业工作队；

（4）各个专业工作队在各施工段上能够连续作业，各施工过程间没有间隔时间。

异步距异节奏流水施工特点：

（1）同一施工过程在各个施工段上流水节拍均相等，不同施工过程之间的流水节拍不尽相等；

（2）相邻施工过程之间的流水步距不尽相等；

（3）专业工作队数等于施工过程数；

（4）各个专业工作队在各施工段上能够连续作业，各施工过程间没有间隔时间。

4. 流水施工的表达方式

流水施工的表达方式除网络图外，主要还有横道图和垂直图两种。

（1）流水施工的横道图表示法：横坐标表示流水施工的持续时间；纵坐标表示施工过程的名称或编号。n 条带有编号的水平线段表示 n 个施工过程或专业工作队的施工进度安排，其编号①、②……表示不同的施工段。横道图表示法的优点是：绘图简单，施工过程及其先后顺序表达清楚，时间和空间状况形象直观，使用方便，因而被广泛用来表达施工进度计划。

（2）流水施工的垂直图表示法：横坐标表示流水施工的持续时间；纵坐标表示流水施工所处的空间位置，即施工段的编号。n 条斜向线段表示 n 个施工过程或专业工作队的施工进度。垂直图表示法的优点是：施工过程及其先后顺序表达清楚，时间和空间状况形象直观，斜向进度线的斜率可以直观地表示出各施工过程的进展速度，但编制实际工程进度计划不如横道图方便。

【案例 8.1-1】

背景：

某工程包括三个结构形式与建造规模完全一样的单体建筑，共由五个施工过程组成，分别为：土方开挖、基础施工、地上结构、二次砌筑、装饰装修。根据施工工艺要求，地上结构、二次砌筑两施工过程时间间隔为 2 周。

现在拟采用五个专业工作队组织施工，各施工过程的流水节拍见表 8.1-1。

表 8.1-1　流水节拍表

施工过程编号	施工过程	流水节拍（周）
Ⅰ	土方开挖	2
Ⅱ	基础施工	2
Ⅲ	地上结构	6
Ⅳ	二次砌筑	4
Ⅴ	装饰装修	4

问题：

（1）上述五个专业工作队的流水施工属于何种形式的流水施工？绘制其流水施工进度计划图，并计算总工期。

（2）根据本工程的特点，宜采用何种形式的流水施工形式？并简述理由。

（3）如果采用第二问的方式，重新绘制流水施工进度计划，并计算总工期。

分析与答案：

（1）上述五个专业工作队的流水施工属于异节奏流水施工。根据表 8.1-1，采用"累加数列错位相减取大差法（简称'大差法'）"计算流水步距：

① 各施工过程流水节拍的累加数列：

施工过程 Ⅰ：2　　4　　6；

施工过程 Ⅱ：2　　4　　6；

施工过程 Ⅲ：6　　12　18；

施工过程 Ⅳ：4　　8　　12；

施工过程 Ⅴ：4　　8　　12。

② 错位相减，取最大值得流水步距：

$$K_{Ⅰ,Ⅱ}\quad\begin{array}{rrrr} 2 & 4 & 6 & \\ - & 2 & 4 & 6 \\ \hline 2 & 2 & 2 & -6 \end{array}$$

所以：$K_{Ⅰ,Ⅱ}=2$；

$$K_{Ⅱ,Ⅲ}\quad\begin{array}{rrrr} 2 & 4 & 6 & \\ - & 6 & 12 & 18 \\ \hline 2 & -2 & -6 & -18 \end{array}$$

所以：$K_{Ⅱ,Ⅲ}=2$；

$$K_{Ⅲ,Ⅳ}\quad\begin{array}{rrrr} 6 & 12 & 18 & \\ - & 4 & 8 & 12 \\ \hline 6 & 8 & 10 & -12 \end{array}$$

所以：$K_{Ⅲ,Ⅳ}=10$；

$$K_{Ⅳ,Ⅴ}\quad\begin{array}{rrrr} 4 & 8 & 12 & \\ - & 4 & 8 & 12 \\ \hline 4 & 4 & 4 & -12 \end{array}$$

所以：$K_{Ⅳ,Ⅴ}=4$。

③ 总工期 T ＝流水步距之和＋最后一道工序流水节拍之和＋技术间歇之和：

$T = \sum K_{i,i+1} + \sum t_n + \sum G = (2 + 2 + 10 + 4) + (4 + 4 + 4) + 2 = 32$ 周。

④ 五个工作队完成施工的流水施工进度计划如图 8.1-1 所示。

施工过程	施工进度（周）															
	2	4	6	8	10	12	14	16	18	20	22	24	26	28	30	32
土方开挖																
基础施工																
地上结构																
二次砌筑																
装饰装修																

图 8.1-1　流水施工进度计划

（2）本工程宜采用等步距异节奏（成倍节拍）流水施工。

理由：因五个施工过程的流水节拍分别为 2、2、6、4、4，存在最大公约数，所以本工程组织等步距异节奏（成倍节拍）流水施工最理想。

（3）如采用等步距异节奏流水施工，则应增加相应的专业队。

流水步距：$K = \min(2, 2, 6, 4, 4) = 2$ 周。

确定专业队数：$b_I = 2/2 = 1$;

$\qquad\qquad b_{II} = 2/2 = 1$;

$\qquad\qquad b_{III} = 6/2 = 3$;

$\qquad\qquad b_{IV} = 4/2 = 2$;

$\qquad\qquad b_V = 4/2 = 2$;

$\qquad\qquad$ 故：专业队总数 $N = 1 + 1 + 3 + 2 + 2 = 9$。

流水施工工期：$T = (M + N - 1)K + G = (3 + 9 - 1) \times 2 + 2 = 24$ 周。

（M：3 个单体工程，G：地上结构与二次砌筑技术间隔 2 周）

采用等步距异节奏流水施工进度计划如图 8.1-2 所示。

施工过程	专业队	施工进度（周）											
		2	4	6	8	10	12	14	16	18	20	22	24
土方开挖	I												
基础施工	II												
地上结构	III1												
	III2												
	III3												
二次砌筑	IV1												
	IV2												
装饰装修	V1												
	V2												

图 8.1-2　等步距异节奏流水施工进度计划

8.1.2 网络计划技术

1. 网络计划技术的应用程序

按《网络计划技术 第 3 部分：在项目管理中应用的一般程序》GB/T 13400.3—2009 的规定，网络计划的应用程序包括 7 个阶段 18 个步骤，具体程序如下：

（1）准备阶段。步骤包括：确定网络计划目标、调查研究、项目分解、工作方案设计。

（2）绘制网络图阶段。步骤包括：逻辑关系分析、网络图构图。

（3）计算参数阶段。步骤包括：计算工作持续时间和搭接时间、计算其他时间参数、确定关键线路。

（4）编制可行网络计划阶段。步骤包括：检查与修正、可行网络计划编制。

（5）确定正式网络计划阶段。步骤包括：网络计划优化、网络计划的确定。

（6）网络计划的实施与控制阶段。步骤包括：网络计划的贯彻、检查和数据采集、控制与调整。

（7）收尾阶段：分析、总结。

2. 网络计划的分类

常用的工程网络计划类型包括：双代号网络计划、双代号时标网络计划、单代号网络计划、单代号搭接网络计划。双代号时标网络计划兼有网络计划与横道计划的优点，它能够清楚地将网络计划的时间参数直观地表达出来，随着计算机应用技术的发展成熟，目前已成为应用最为广泛的一种网络计划。

3. 网络计划时差、关键工作与关键线路

（1）时差可分为总时差和自由时差两种：工作总时差，是指在不影响总工期的前提下，本工作可以利用的机动时间；工作自由时差，是指在不影响其所有紧后工作最早开始的前提下，本工作可以利用的机动时间。

（2）关键工作：是网络计划中总时差最小的工作。在双代号时标网络图上，没有波形线的工作即为关键工作。

（3）关键线路：全部由关键工作所组成的线路就是关键线路。关键线路的工期即为网络计划的计算工期。

4. 网络计划优化

网络计划的优化目标按计划任务的需要和条件可分为三方面：工期目标、费用目标和资源目标。根据优化目标的不同，网络计划的优化相应分为工期优化、资源优化和费用优化三种。

1）工期优化

工期优化也称时间优化，其目的是当网络计划计算工期不能满足要求工期时，通过不断压缩关键线路上的关键工作的持续时间等措施，达到缩短工期、满足要求的目的。

选择优化对象应考虑下列因素：

（1）缩短持续时间对质量和安全影响不大的工作；

（2）有备用资源的工作；

（3）缩短持续时间所需增加的资源、费用最少的工作。

2）资源优化

资源优化是指通过改变工作的开始时间和完成时间，使资源按照时间的分布符合优化目标。通常分两种模式："资源有限、工期最短"的优化，"工期固定、资源均衡"的优化。

资源优化的前提条件是：

（1）优化过程中，不改变网络计划中各项工作之间的逻辑关系；

（2）优化过程中，不改变网络计划中各项工作的持续时间；

（3）网络计划中各工作单位时间所需资源数量为合理常量；

（4）除明确可中断的工作外，优化过程中一般不允许中断工作，应保持其连续性。

3）费用优化

费用优化也称成本优化，其目的是在一定的限定条件下，寻求工程总成本最低时的工期安排，或满足工期要求前提下寻求最低成本的施工组织过程。

费用优化的目的就是使项目的总费用最低，优化应从以下几个方面进行考虑：

（1）在既定工期的前提下，确定项目的最低费用；

（2）在既定的最低费用限额下完成项目计划，确定最佳工期；

（3）若需要缩短工期，则考虑如何使增加的费用最小；

（4）若新增一定数量的费用，则可使工期缩短到多少。

【案例 8.1-2】

背景：

某单项工程，按图 8.1-3 所示进度计划网络图组织施工。

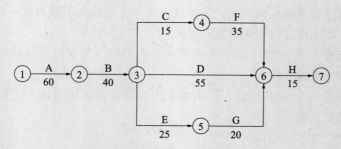

图 8.1-3　进度计划网络图（单位：d）

原计划工期是 170d，在第 75 天进行的进度检查时发现：工作 A 已全部完成，工作 B 刚刚开工。由于工作 B 是关键工作，所以它拖后 15d 将导致总工期延长 15d 完成。

本工程各工作相关参数见表 8.1-2。

表 8.1-2　相关参数表

序号	工作	最大可压缩时间（d）	赶工费用（元/d）
1	A	10	200
2	B	5	200

续表

序号	工作	最大可压缩时间（d）	赶工费用（元/d）
3	C	3	100
4	D	10	300
5	E	5	200
6	F	10	150
7	G	10	120
8	H	5	420

问题：

（1）为使本单项工程仍按原工期完成，必须调整原计划，问应如何调整原计划，才能既经济又保证整修工作在计划的 170d 内完成，列出详细调整过程。

（2）试计算经调整后，所需投入的赶工费用。

（3）重新绘制调整后的进度计划网络图，并列出关键线路（以工作表示）。

分析与答案：

（1）目前总工期拖后 15d，此时的关键线路：B→D→H。

①其中工作 B 赶工费率最低，故先对工作 B 持续时间进行压缩：

工作 B 压缩 5d，因此增加费用为：5×200＝1000 元；

总工期为：185－5＝180d；

关键线路：B→D→H。

②剩余关键工作中，工作 D 赶工费率最低，故应对工作 D 持续时间进行压缩。

工作 D 压缩的同时，应考虑与之平等的各线路，以各线路工作正常进展均不影响总工期为限。

工作 D 只能压缩 5d，因此增加费用为：5×300＝1500 元；

总工期为：180－5＝175d；

关键线路：B→D→H 和 B→C→F→H 两条。

③剩余关键工作中，存在三种压缩方式：同时压缩工作 C、工作 D；同时压缩工作 F、工作 D；压缩工作 H。

同时压缩工作 C 和工作 D 的赶工费率最低，故应对工作 C 和工作 D 同时进行压缩。工作 C 最大可压缩天数为 3d，故本次调整只能压缩 3d，因此增加费用为：3×100＋3×300＝1200 元；

总工期为：175－3＝172d；

关键线路：B→D→H 和 B→C→F→H 两条。

④剩下关键工作中，压缩工作 H 赶工费率最低，故应对工作 H 进行压缩。

工作 H 压缩 2d，因此增加费用为：2×420＝840 元；

总工期为：172－2＝170d。

⑤通过以上工期调整，工作仍能按原计划的170d完成。

（2）所需投入的赶工费为：1000＋1500＋1200＋840＝4540元。

（3）调整后的进度计划网络图如图8.1-4所示。

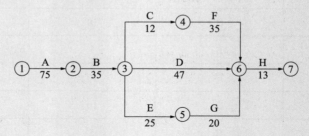

图8.1-4 调整后的进度计划网络图（单位：d）

其关键线路为：A→B→D→H和A→B→C→F→H。

8.2 施工进度计划编制与控制

8.2.1 施工进度计划编制

1. 施工进度计划的分类

（1）施工进度计划按编制对象的不同可分为：施工总进度计划、单位工程进度计划、分阶段工程（或专项工程）进度计划、分部分项工程进度计划四种。

（2）施工总进度计划：施工总进度计划是以一个建设项目或一个建筑群体为编制对象，用以指导整个建设项目或建筑群体施工全过程进度控制的指导性文件。施工总进度计划一般在总承包企业的总工程师领导下进行编制。

（3）单位工程进度计划：是以一个单位工程为编制对象，在项目总进度计划控制目标的原则下，用以指导单位工程施工全过程进度控制的指导性文件。由于它所包含的施工内容比较具体明确，施工期较短，故其作业性较强，是进度控制的直接依据。单位工程开工前，由项目经理组织，在项目技术负责人领导下进行编制。

（4）分阶段工程（或专项工程）进度计划：是以工程阶段目标（或专项工程）为编制对象，用以指导其施工阶段（或专项工程）实施过程的进度控制文件。分部分项工程进度计划：是以分部分项工程为编制对象，用以具体实施操作其施工过程进度控制的专业性文件。由于二者编制对象为阶段性工程目标或分部分项细部目标，目的是把进度控制进一步具体化、可操作化，因此是专业工程具体安排控制的体现。此类进度计划与单位工程进度计划类似，且由于比较简单、具体，通常由专业工程师或负责分部分项的工长进行编制。

2. 施工进度计划的内容

1）施工总进度计划的内容

（1）施工总进度计划的内容应包括：编制说明，施工总进度计划表（图），分期（分批）实施工程的开、竣工日期及工期一览表，资源需要量及供应平衡表等。

（2）施工总进度计划表（图）为最主要内容，用来安排各单项工程和单位工程的计划开竣工日期、工期、搭接关系及其实施步骤。资源需要量及供应平衡表是根据施工总进度计划表编制的保证计划，可包括劳动力、材料、预制构件和施工机械等资源的计划。

（3）编制说明的内容包括：编制的依据，假设条件，指标说明，实施重点和难点，风险估计及应对措施等。

2）单位工程进度计划的内容

（1）工程设计情况：拟建工程的建筑面积、层数、层高、总高、总宽、总长、平面形状和平面组合情况，基础、结构类型，室内外装修情况等。

（2）单位工程进度计划，分阶段进度计划，单位工程准备工作计划，劳动力需用量计划，主要材料、设备及加工计划，主要施工机械和机具需要量计划，主要施工方案及流水段划分，各项经济技术指标要求等。

3. 施工进度计划的编制步骤

1）施工总进度计划的编制步骤

（1）根据独立交工系统的先后顺序，明确划分建设工程项目的施工阶段；按照施工部署要求，合理确定各阶段各个单项工程的开、竣工日期。

（2）分解单项工程，列出每个单项工程的单位工程和每个单位工程的分部工程。

（3）计算每个单项工程、单位工程和分部工程的工程量。

（4）确定单项工程、单位工程和分部工程的持续时间。

（5）编制初始施工总进度计划；为了使施工总进度计划清楚明了，可分级编制，例如：按单项工程编制一级计划；按各单项工程中的单位工程和分部工程编制二级计划；按单位工程的分部工程和分项工程编制三级计划；大的分部工程可编制四级计划，具体到分项工程。

（6）进行综合平衡后，绘制正式施工总进度计划图。

2）单位工程进度计划的编制步骤

（1）收集编制依据；

（2）划分施工过程、施工段和施工层；

（3）确定施工顺序；

（4）计算工程量；

（5）计算劳动量或机械台班需用量；

（6）确定持续时间；

（7）绘制可行的施工进度计划图；

（8）优化并绘制正式施工进度计划图。

8.2.2　施工进度控制

1. 施工进度控制内容

施工进度控制主要分为进度的事前控制、事中控制和事后控制。

1）进度事前控制内容

（1）编制项目实施总进度计划，确定工期目标；

（2）将总目标分解为分目标，制订相应细部计划；

（3）制订完成计划的相应施工方案和保障措施。

2）进度事中控制内容

（1）检查工程进度，一是审核计划进度与实际进度的差异；二是审核形象进度、实物工程量与工作量指标完成情况的一致性。

（2）进行工程进度的动态管理，即分析进度差异的原因，提出调整的措施和方案，相应调整施工进度计划、资源供应计划。

3）进度事后控制内容

当实际进度与计划进度发生偏差时，在分析原因的基础上应采取以下措施：

（1）制订保证总工期不突破的对策措施；

（2）制订总工期突破后的补救措施；

（3）调整相应的施工计划，并组织协调相应的配套设施和保障措施。

2. 进度计划的实施与监测

（1）施工进度计划实施监测的方法有：横道计划比较法、网络计划法、实际进度前锋线法、S形曲线法、香蕉形曲线比较法等。

（2）施工进度计划监测的内容：

① 随着项目进展，不断观测每一项工作的实际开始时间、实际完成时间、实际持续时间、目前现状等内容，并加以记录。

② 定期观测关键工作的进度和关键线路的变化情况，并相应采取措施进行调整。

③ 观测检查非关键工作的进度，以便更好地发掘潜力，调整或优化资源，以保证关键工作按计划实施。

④ 定期检查工作之间的逻辑关系变化情况，以便适时进行调整。

⑤ 收集有关项目范围、进度目标、保障措施变更的信息等，并加以记录。

（3）项目进度计划监测后，应形成书面进度报告。项目进度报告的内容主要包括：进度执行情况的综合描述；实际施工进度；资源供应进度；工程变更、价格调整、索赔及工程款收支情况；进度偏差状况及导致偏差的原因分析；解决问题的措施；计划调整意见。

3. 进度计划的调整

（1）施工进度计划的调整依据进度计划检查结果。调整的内容包括：施工内容、工程量、起止时间、持续时间、工作关系、资源供应等。

（2）调整施工进度计划采用的原理、方法与施工进度计划的优化相同。

（3）调整施工进度计划的步骤如下：分析进度计划检查结果；分析进度偏差的影响并确定调整的对象和目标；选择适当的调整方法；编制调整方案；对调整方案进行评价和决策；调整；确定调整后付诸实施的新施工进度计划。

（4）进度计划的调整方法：

① 关键工作的调整——本方法是进度计划调整的重点，也是最常用的方法之一。

② 改变某些工作间的逻辑关系——此种方法效果明显，但应在允许改变关系的前提之下才能进行。

③ 剩余工作重新编制进度计划——当采用其他方法不能解决时，应根据工期要求，将剩余工作重新编制进度计划。

④ 非关键工作调整——为了更充分地利用资源，降低成本，必要时可对非关键工作的时差作适当调整。

⑤ 资源调整——若资源供应发生异常，或某些工作只能由某特殊资源来完成时，应进行资源调整，在条件允许的前提下将优势资源用于关键工作的实施，资源调整的方法实际上也就是进行资源优化。

第9章　施工质量管理

第9章
看本章精讲课
做本章自测题

9.1　项目质量计划管理

9.1.1　项目质量计划编制

1. 项目质量计划编制依据

（1）合同中有关产品质量要求；

（2）项目管理规划大纲；

（3）项目设计文件；

（4）相关法律法规和标准规范；

（5）质量管理其他要求。

2. 项目质量计划编制要求

（1）项目质量计划应在项目管理策划过程中编制；

（2）项目质量计划作为对外质量保证和对内质量控制的依据；

（3）体现项目全过程质量管理要求；

（4）质量计划可以作为项目实施规划的一部分或单独成文；

（5）质量计划由组织管理制度规定的责任人负责编制、审批。

3. 项目质量计划的内容

（1）质量目标和质量要求；

（2）质量管理体系和管理职责；

（3）质量管理与协调的程序；

（4）法律法规和标准规范；

（5）质量控制点的设置与管理；

（6）项目生产要素的质量控制；

（7）实施质量目标和质量要求所采取的措施；

（8）项目质量文件管理。

9.1.2　项目质量计划应用

1. 施工企业质量计划的监督检查

（1）对工艺标准和技术文件进行评审，并对工作人员上岗资格进行审定；

（2）对施工过程及质量进行检查，施工过程具有可追溯性；

（3）应保持与工程建设有关方的沟通，按规定的职责、方式对质量信息进行管理；

（4）在人员、材料、工艺参数、设备发生变化时，重新进行确认。

2. 项目经理部质量计划的执行

（1）正确使用设计文件、规范标准及施工工艺标准；

（2）调配符合规定的操作人员；

（3）按规定配备（使用）建筑材料、构配件和设备、施工机具、检测设备；

（4）按规定施工并及时检查、监测；

（5）根据现场管理有关规定对施工作业环境进行监测；

（6）根据有关要求采用新材料、新工艺、新技术、新设备，并进行相应的策划和控制；

（7）对半成品、成品采用保护措施并监督实施；

（8）对不稳定和能力不足的施工过程、可能出现的突发事件实施监控；

（9）对分包方的施工过程实施监控。

3. 施工质量管理记录

（1）施工日记和专项施工记录；

（2）交底记录；

（3）上岗培训记录和岗位资格证明；

（4）使用机具和检验、测量及试验设备的管理记录；

（5）图纸、变更设计接收和发放的有关记录；

（6）监督检查和整改、复查记录等。

9.2　项目施工质量检查与检验

9.2.1　施工质量检查检验方式与方法

1. 现场质量检查内容

（1）开工前检查：主要检查是否具备开工条件，开工后是否能够保持连续正常施工，能否保证工程质量。

（2）工序交接检查：对于重要的工序或对工程质量有重大影响的工序，应严格执行"三检"制度，即自检、互检、专检。未经监理工程师检查认可，不得进行下道工序施工。

（3）隐蔽工程的检查：施工中凡是隐蔽工程必须检查认证后方可进行隐蔽掩盖。

（4）停工后复工的检查：因客观因素停工或处理质量事故等原因停工，在复工前必须经检查认证后方可复工。

（5）分项、分部工程完工后的检查：分项、分部工程完工后应经检查认可，并签署验收记录后，才能进行下一工程项目的施工。

2. 现场质量检查的方法

主要有目测法、实测法和试验法等。

（1）目测法：也称观感质量检验，其手段可概括为"看、摸、敲、照"四个字。

① 看：根据质量标准要求进行外观检查。

② 摸：通过触摸手感进行检查、鉴别。

③ 敲：运用敲击工具进行音感检查。

④ 照：通过人工光源或反射光照射，检查难以看到或光线较暗的部位。

（2）实测法

通过实测数据，判断质量是否符合要求，其手段可概括为"靠、量、吊、套"四个字：

① 靠：用直尺、塞尺检查。

② 量：用测量工具和计量仪表等进行检查。

③ 吊：利用托线板以及线坠吊线检查。

④ 套：以方尺套方，辅以塞尺检查。

（3）试验法

通过必要的试验手段对质量进行判断的检查方法。主要包括：

① 理化试验。工程中常用的理化试验包括物理力学性能方面的检验和化学成分及其含量的测定等两个方面。

② 无损检测。利用专门的仪器仪表从表面探测结构物、材料、设备的内部组织结构或损伤情况。常用的无损检测方法有超声波探伤、γ射线探伤等。

9.2.2　地基与基础工程质量检验与标准

1. 土方工程

（1）施工前应检查支护结构质量、定位放线、排水和地下水控制系统，以及对周边影响范围内地下管线和建（构）筑物保护措施。

（2）施工中应检查平面位置、水平标高、边坡坡率、压实度、排水系统、地下水控制系统、预留土墩、分层开挖厚度、支护结构的变形，并随时观测周围环境变化。

（3）施工结束后应检查平面几何尺寸、水平标高、边坡坡率、表面平整度和基底土性等。

（4）基坑（槽）验槽，应重点观察柱基、墙角、承重墙下或其他受力较大部位，如有异常部位，要会同勘察、设计等有关单位进行处理。

（5）土方回填，应查验下列内容：

① 施工前应检查基底的垃圾、树根等杂物清除情况，测量基底标高、边坡坡率，检查验收基础外墙防水层和保护层等。

② 施工中应检查排水系统，每层填筑厚度、辗迹重叠程度、含水量控制、回填土有机质含量、压实系数等。

③ 施工结束后，应进行标高及压实系数检验。

2. 灰土、砂和砂石地基工程

（1）检查原材料质量、配合比及拌合均匀性是否符合设计和规范要求。

（2）施工过程中应检查分层铺设的厚度、分段施工时上下两层的搭接长度、夯实时加水量、夯压遍数、压实系数。

（3）施工结束后，应检验灰土、砂和砂石地基的承载力。

（4）地基承载力的检验数量每300m² 不应少于1点，超过3000m² 时每500m² 不应少于1点。每单位工程不应少于3点。

3. 强夯地基工程

（1）施工前应检查夯锤质量、尺寸、落距控制手段、排水设施及被夯地基的土质。

（2）施工中应检查落距、夯击遍数、夯点位置、夯击范围、最后两击的平均夯沉量、总夯沉量。

（3）施工结束后，应进行地基承载力、地基土的强度、变形指标及其他设计要求指标检验。

4. 打（压）预制桩工程

（1）检查预制桩的出厂合格证及进场质量、桩位、打桩顺序、桩身垂直度、接桩、打（压）桩的标高或贯入度等是否符合设计和规范要求。

（2）桩竣工位置偏差、桩身完整性检测和承载力检测必须符合设计要求和规范规定。

5. 混凝土灌注桩基础

（1）检查桩位偏差、桩顶标高、桩底沉渣厚度、桩身完整性、承载力、垂直度、桩径、原材料、混凝土配合比及强度、泥浆性能指标、钢筋笼制作及安装、混凝土浇筑等是否符合设计要求和规范规定。

（2）设计等级为甲级或地质条件复杂时，应采用静载试验的方法对桩基承载力进行检验，检验桩数不应少于总桩数的 1%，且不应少于 3 根，当总桩数少于 50 根时，不应少于 2 根。在有经验和对比资料的地区，设计等级为乙级、丙级的桩基可采用高应变法对桩基进行竖向抗压承载力检测，检测数量不应少于总桩数的 5%，且不应少于 10 根。

（3）工程桩应进行桩身完整性检验。抽检数量不应少于总桩数的 20%，且不应少于 10 根。每根柱子承台下的桩抽检数量不应少于 1 根。

9.2.3 混凝土结构工程质量检验与标准

1. 模板工程

（1）模板分项工程质量控制应包括模板的设计、制作、安装和拆除。

（2）模板工程施工前应编制施工方案，并应经过审批或论证。

（3）施工过程重点检查：施工方案是否可行及落实情况，模板的强度、刚度、稳定性、支承面积、平整度、几何尺寸、拼缝、隔离剂涂刷、平面位置及垂直、梁底模起拱、预埋件及预留孔洞、施工缝及后浇带处的模板支撑安装等是否符合设计和规范要求。

（4）模板安装质量应符合下列规定：

① 模板的接缝应严密；

② 模板内不应有杂物、积水或冰雪等；

③ 模板与混凝土的接触面应平整、清洁；

④ 用作模板的地坪、胎膜等应平整、清洁，不应有影响构件质量的下沉、裂缝、起砂或起鼓；

⑤ 对清水混凝土及装饰混凝土构件，应使用能达到设计效果的模板。

（5）严格控制拆模时混凝土的强度和拆模顺序。

2. 钢筋工程

（1）钢筋分项工程质量控制包括钢筋进场检验、钢筋加工、钢筋连接、钢筋安装等。

（2）施工过程重点检查：原材料进场合格证和复试报告、加工质量、钢筋连接试验报告及操作者合格证。

（3）钢筋隐蔽工程验收，其内容包括：

① 纵向受力钢筋的牌号、规格、数量、位置等；

② 钢筋的连接方式、接头位置、接头质量、接头面积百分率、搭接长度、锚固方

式及锚固长度；

③ 箍筋、横向钢筋的牌号、规格、数量、间距、位置，箍筋弯钩的弯折角度及平直段长度；

④ 预埋件的规格、数量、位置等。

（4）当纵向受力钢筋采用机械连接接头或焊接接头时，同一连接区段内纵向受力钢筋的接头面积百分率应符合设计要求；当设计无具体要求时，应符合下列规定：

① 受拉接头，不宜大于 50%；受压接头，可不受限制；

② 直接承受动力荷载的结构构件中，不宜采用焊接；当采用机械连接时，不应超过 50%。

（5）当纵向受力钢筋采用绑扎搭接接头时，接头的设置应符合下列规定：

① 接头的横向净间距不应小于钢筋直径，且不应小于 25mm；

② 同一连接区段内，纵向受拉钢筋的接头面积百分率应符合设计要求；当设计无具体要求时，应符合下列规定：

a. 梁类、板类及墙类构件，不宜超过 25%，基础筏板，不宜超过 50%。

b. 柱类构件，不宜超过 50%。

c. 当工程中确有必要增大接头面积百分率时，对梁类构件，不应大于 50%。

3. 混凝土工程

（1）检查混凝土主要组成材料的合格证及复验报告、配合比、坍落度、冬施浇筑时入模温度、现场混凝土试块（包括：制作、数量、养护及其强度试验等）、现场混凝土浇筑工艺及方法（包括：预铺砂浆的质量、浇筑的顺序和方向、分层浇筑的高度、施工缝的留置、浇筑时的振捣方法及对模板和其支架的观察等）、大体积混凝土测温措施、养护方法及时间、后浇带的留置和处理等是否符合设计和规范要求。

（2）用于检查结构构件混凝土强度的试件，应在混凝土的浇筑地点随机抽取。同一配合比的混凝土，取样与试件留置应符合下列规定：

① 每拌制 100 盘且不超过 100m³ 时，取样不得少于一次；

② 每工作班拌制不足 100 盘时，取样不得少于一次；

③ 连续浇筑超过 1000m³ 时，每 200m³ 取样不得少于一次；

④ 每一楼层取样不得少于一次；

⑤ 每次取样应至少留置一组试件。

（3）混凝土的实体检测：检测混凝土的强度、钢筋保护层厚度等，检测方法主要有破损法检测和非破损法检测两类。

4. 预应力混凝土工程

（1）预应力筋：主要检查品种、规格、数量、位置、外观状况及产品合格证、出厂检验报告和进场复验报告等是否符合设计要求和有关标准的规定。

（2）预留孔道：主要检查规格、数量、位置、形状及灌浆孔、排气兼泌水管等是否符合设计和规范要求。金属螺旋管还应检查产品合格证、出厂检验报告和进场复验报告等。

（3）预应力筋张拉与放张：主要检查混凝土强度、构件几何尺寸、孔道状况、张拉力（包括：油压表读数、预应力筋实际与理论伸长值）、张拉或放张顺序、张拉工艺、预应力筋断裂或滑脱情况等是否符合设计和规范要求。

（4）灌浆及封锚：主要检查水泥和外加剂的产品合格证、出厂检验报告和进场复验报告、水泥浆配合比和强度、灌浆记录、外露预应力筋切割方法、长度及封锚状况等是否符合设计和规范要求。

9.2.4 砌体结构工程质量检验与标准

1. 质量检查内容

（1）砌体材料：主要检查产品的品种、规格、型号、数量、外观状况及产品的合格证、性能检测报告等是否符合设计标准和规范要求。块材、水泥、钢筋、外加剂等尚应检查产品主要性能的进场复验报告。

（2）砌筑砂浆：主要检查配合比、计量、搅拌质量（包括：稠度、保水性等）、试块（包括：制作、数量、养护和试块强度等）等是否符合设计标准和规范要求。

（3）砌体：主要检查砌筑方法、皮数杆、灰缝（包括：宽度、瞎缝、假缝、透明缝、通缝等）、砂浆饱满度、砂浆粘结状况、块材的含水率、留槎、接槎、洞口、脚手眼、标高、轴线位置、平整度、垂直度、封顶及砌体中钢筋品种、规格、数量、位置、几何尺寸、接头等是否符合设计和规范要求。

2. 质量检查主控项目

1）砖砌体工程主控项目

（1）砖和砂浆的强度等级必须符合设计要求。

（2）砌体灰缝砂浆应密实饱满，砖墙水平灰缝的砂浆饱满度不得低于 80%，砖柱水平灰缝和竖向灰缝的饱满度不得低于 90%。

（3）砖砌体的转角处和交接处应同时砌筑，严禁无可靠措施的内外墙分砌施工。

2）填充墙砌体工程主控项目

（1）烧结空心砖、小砌块和砌筑砂浆的强度等级应符合设计要求。

（2）填充墙砌体应与主体结构可靠连接，其连接构造应符合设计要求，未经设计同意，不得随意改变连接构造方法。

（3）当填充墙与承重墙、柱、梁的连接钢筋采用化学植筋时，应进行实体检测。

9.2.5 钢结构工程质量检验与标准

1. 质量检查内容

（1）通过材料的质量合格证明文件、中文标志和检验报告检查钢材、焊接材料、连接用紧固标准件、金属压型钢板、涂装材料等的品种、规格、性能等应符合现行国家产品标准及设计要求。

（2）钢结构焊接工程：主要检查焊工合格证及其有效期和认可范围，焊接材料、焊钉（栓钉）烘焙记录，焊接工艺评定报告，焊缝外观、尺寸及探伤记录，焊缝预、后热施工记录和工艺试验报告等是否符合设计标准和规范要求。

（3）紧固件连接工程：主要检查紧固件和连接钢材的品种、规格、型号、级别、尺寸、外观及匹配情况，普通螺栓的拧紧顺序、拧紧情况、外露丝扣，高强度螺栓连接摩擦面抗滑移系数试验报告和复验报告、扭矩扳手标定记录、紧固顺序、转角或扭矩（初拧、复拧、终拧）、螺栓外露丝扣等是否符合设计和规范要求。普通螺栓作为永久性连接螺栓时，当设计有要求或对其质量有疑问时，应检查螺栓实物复验报告。

（4）钢结构安装：主要检查钢结构零件及部件的制作质量、地脚螺栓及预留孔情况、安装平面轴线位置、标高、垂直度、平面弯曲、单元拼接长度与整体长度、支座中心偏移与高差、钢结构安装完成后环境影响造成的自然变形、节点平面紧贴的情况、垫铁的位置及数量等是否符合设计和规范要求。

2. 质量检查主控项目

1）钢构件焊接工程主控项目

（1）焊接材料在使用前，应按规定进行烘焙和存放。

（2）持证焊工必须在其焊工合格证书规定的认可范围内施焊，严禁无证焊工施焊。

（3）施工单位应按规定进行焊接工艺评定，编写焊接工艺规程。

（4）设计要求的一、二级焊缝应进行内部缺陷的无损检测。

2）高强度螺栓连接主控项目

（1）钢结构制作和安装单位应分别进行高强度螺栓连接摩擦面（含涂层摩擦面）的抗滑移系数试验和复验，现场处理的构件摩擦面应单独进行摩擦面抗滑移系数试验，其结果应满足设计要求。

（2）高强度螺栓连接副应在终拧完成 1h 后、48h 内进行终拧检查。

9.2.6　屋面与节能工程质量检验与标准

1. 施工前检查与检验

（1）防水、保温材料进场验收应符合下列规定：

① 应根据设计要求对材料的质量证明文件进行检查，并应经监理工程师或建设单位代表确认，纳入工程技术档案。

② 应对材料的品种、规格、包装、外观和尺寸等进行检查验收，并应经监理工程师或建设单位代表确认，形成相应验收记录。

③ 防水、保温材料进场检验项目及材料标准应符合相关规范规定。材料进场检验应执行见证取样送检制度，并应提出进场检验报告。

④ 进场检验报告的全部项目指标均达到技术标准规定应为合格；不合格材料不得在工程中使用。

（2）应检查分包队伍的施工资质、作业人员的上岗证。

2. 屋面工程施工过程检查与检验

（1）检查包括基层状况、卷材铺贴的方向及顺序、附加层、搭接长度及搭接缝位置、泛水的高度、女儿墙压顶的坡向及坡度、细部构造处理、排气孔设置、防水保护层、缺陷情况、隐蔽工程验收记录等是否符合设计和规范要求。

（2）屋面工程使用的材料应符合国家现行有关标准对材料有害物质限量的规定，不得对周围环境造成污染。

（3）各构造层的组成材料，应分别与相邻层次的材料相容。

（4）防水层、铺设保温层的基层应平整、干燥和干净，防水层的基层还有坚实要求。

（5）保温材料在施工过程中应采取防潮、防水和防火等措施。

（6）保温材料使用时的含水率，应相当于该材料在当地自然风干状态下的平衡含水率。

（7）基层处理剂应配比准确，并应搅拌均匀；喷涂或涂刷基层处理剂应均匀一致，待其干燥后应及时进行卷材、涂膜防水层和接缝密封防水施工。

（8）执行各道工序自检、交接检和专职人员检查的"三检"制度，并有完整的检查记录。

（9）防水层完工后，应进行观感质量检查，在雨后或持续淋水 2h 后（蓄水检验的时间不应少于 24h），检查屋面有无渗漏、积水和排水系统是否畅通，施工质量符合要求方可进行防水层验收。

（10）当进行下道工序或相邻工程施工时，应对屋面已完成的部分采取保护措施。伸出屋面的管道、设备或预埋件等，应在保温层和防水层施工前安设完毕。屋面保温层和防水层完工后，不得进行凿孔、打洞或重物冲击等有损屋面的作业。

3. 施工完成后的检查与检验

（1）防水、保温与隔热工程各分项工程每个检验批的抽检数量，应按屋面面积每 100m² 抽查 1 处，每处应为 10m²，且不得少于 3 处。

（2）屋面工程各分项工程宜按屋面面积每 500～1000m² 划分为一个检验批，不足 500m² 为一个检验批；每个检验批的抽检数量应按相关规范规定执行。

9.2.7 装饰装修工程质量检验与标准

1. 装饰设计阶段的质量管理

（1）建筑装饰装修工程必须进行设计，并出具完整的施工图设计文件。

（2）建筑装饰装修工程设计必须保证建筑物的结构安全和主要使用功能。当涉及主体和承重结构改动或增加荷载时，必须由原结构设计单位或具备相应资质的设计单位核查有关原始资料，对既有建筑结构的安全性进行核验、确认。

（3）建筑装饰装修工程所用材料应符合国家有关建筑装饰装修材料有害物质限量标准的规定。

（4）建筑装饰装修工程的防火、防雷和抗震设计应符合现行国家标准的规定。

（5）装饰设计师必须按照客户的要求进行设计，如果发生设计变更要及时与客户进行沟通。

2. 施工阶段的质量管理

（1）施工人员应认真做好质量自检、互检及工序交接检查，做好记录。

（2）做好设计交底工作：施工主管向施工工长做详细的图纸工艺要求、质量要求交底；工序开始前工长向班组长做详尽的图纸、施工方法、质量标准交底；作业开始前班组长向班组成员做具体的操作方法、工具使用、质量要求的详细交底。

（3）工序交接检查：对于重要的工序或对工程质量有重大影响的工序，在自检、互检的基础上，还要组织专职人员进行工序交接检查。

（4）隐蔽工程检查：凡是隐蔽工程均应检查认证后方能掩盖。分项、分部工程完工后，应经检查认可，签署验收记录后，才允许进行下一工程项目施工。

（5）编制切实可行的施工方案，做好技术方案的审批及交底。

（6）成品保护：施工人员应做好已完成装饰工程及其他专业设备的保护工作，减少不必要的重复工作。

3.装饰材料、设备、人员的质量管理

（1）装饰工程涉及的材料规格、品种、制作应符合设计图纸和施工验收规范的要求，特别是要求满足国家相关规定的要求，使用达到绿色环保标准的材料；

（2）主要大宗材料要看样定板进行确定，所需的大宗材料必须经相关人员对材料品种、质量进行书面确认；

（3）装饰施工使用的测量、检测、试验仪器等设备，除精度、性能需满足工程要求外，还需获得相关部门的校验认可；

（4）装饰施工特殊工种人员要持证上岗，重要工作由技术熟练的技术工人作业。

9.3　工程质量通病防治

9.3.1　地基与基础工程质量通病防治

1.边坡塌方

1）通病现象

在挖方过程中或挖方后，边坡局部或大面积塌方，使地基土受到扰动，承载力降低，严重的会影响周边建筑物的安全。

2）原因分析

（1）基坑（槽）开挖坡度不够。

（2）在有地表水、地下水作用的土层开挖时，未采取有效的降排水措施。

（3）边坡顶部堆载过大，或受外力振动影响。

（4）土质松软，开挖次序、方法不当。

3）通病治理

对基坑（槽）塌方，应清除塌方后采取临时性支护措施；对永久性边坡局部塌方，应清除塌方后用块石填砌或用2∶8、3∶7灰土回填嵌补，与土接触部位做成台阶搭接，防止滑动；或将坡度改缓，减少边坡顶堆载。同时，应做好地面排水和降低地下水位的工作。

2.预制桩桩身断裂

1）通病现象

桩在沉入过程中，桩身突然倾斜错位，桩尖处土质条件没有特殊变化，而贯入度逐渐增大或突然增大；同时，当桩锤跳起后，桩身随之出现回弹现象。

2）原因分析

（1）制作桩时，桩身弯曲超过规定，桩尖偏离桩的纵轴线较大，沉入过程中桩身发生倾斜或弯曲。

（2）桩入土后，遇到大块坚硬的障碍物，把桩尖挤向一侧。

（3）稳桩不垂直，压入地下一定深度后，再用走架方法校正，使桩产生弯曲。

（4）两节桩或多节桩施工时，相接的两节桩不在同一轴线上，产生了弯曲。

（5）制作桩的混凝土强度不够，桩在堆放、吊运过程中产生裂纹或断裂未被发现。

3）预防和治理

（1）施工前应对桩位下的障碍物清除干净，必要时对每个桩位用钎探了解。对桩

构件进行检查，发现桩身弯曲超标或桩尖不在纵轴线上的不宜使用。

（2）在稳桩过程中及时纠正不垂直，接桩时要保证上下桩在同一纵轴线上，接头处要严格按照操作规程施工。

（3）桩在堆放、吊运过程中，严格按照有关规定执行，发现裂缝超过规定坚决不能使用。

（4）应会同设计人员共同研究处理方法。根据工程地质条件，上部荷载及桩所处的结构部位，可以采取补桩的方法。可在轴线两侧分别补一根或两根桩。

3. 干作业成孔灌注桩的孔底虚土多

1）通病现象

成孔后孔底虚土过多，超过标准中不大于 100mm 的规定。

2）通病治理

（1）在孔内做二次或多次投钻。

（2）用勺钻清理孔底虚土。

（3）采用孔底压力灌浆法、压力灌混凝土法及孔底夯实法解决。

4. 泥浆护壁灌注桩坍孔

1）通病现象

在成孔过程中或成孔后，孔壁坍落。

2）原因分析

（1）泥浆比重不够，起不到可靠的护壁作用。

（2）孔内水头高度不够或孔内出现承压水，降低了静水压力。

（3）护筒埋置太浅，下端孔坍塌。

（4）在松散砂层中钻孔时，进尺速度太快或停在一处空转时间太长，转速太快。

（5）冲击（抓）锥或掏渣筒倾倒，撞击孔壁。

（6）用爆破处理孔内孤石、探头石时，炸药量过大，造成很大震动。

3）通病防治

（1）在松散砂土或流沙中钻进时，应控制进尺，选用较大相对密度、黏度、胶体率的优质泥浆。

（2）如地下水位变化过大，应采取升高护筒、增大水头或用虹吸管连接等措施。

（3）严格控制冲程高度和炸药用量。

（4）孔口坍塌时，应先探明位置，将砂和黏土（或砂砾和黄土）混合物回填到坍孔位置以上 1~2m；如坍孔严重，应全部回填，等回填物沉积密实后再进行钻孔。

9.3.2　主体结构工程质量通病防治

1. 钢筋混凝土工程主要质量问题防治

1）钢筋错位

（1）通病现象：柱、梁、板、墙主筋位置或保护层偏差过大。

（2）原因分析：

① 钢筋未按照设计或翻样尺寸进行加工和安装；

② 钢筋现场翻样时，未合理考虑主筋的相互位置及避让关系；

③混凝土浇筑过程中，钢筋被碰撞移位后，在混凝土初凝前，没能及时被校正；

④保护层垫块尺寸或安装位置不准确。

（3）防治措施：

①钢筋现场翻样时，应根据结构特点合理考虑钢筋之间的避让关系，现场钢筋加工应严格按照设计和现场翻样的尺寸进行加工和安装；

②钢筋绑扎或焊接必须牢固，固定钢筋措施可靠有效；

③为使保护层厚度准确，垫块要沿主筋方向摆放，位置、数量准确；

④混凝土浇筑过程中应采取措施，尽量不碰撞钢筋，严禁砸、压、踩踏和直接顶撬钢筋，同时浇筑过程中要有专人随时检查钢筋位置，并及时校正。

2）混凝土强度等级达不到设计要求

（1）通病现象：混凝土标准养护试块或现场检测强度，按规范标准评定达不到设计要求的强度等级。

（2）原因分析：

①配置混凝土所用原材料的材质不符合国家标准的规定。

②拌制混凝土时没有法定检测单位提供的混凝土配合比试验报告，或操作中未能严格按混凝土配合比进行规范操作。

③拌制混凝土时投料计量有误。

④混凝土搅拌、运输、浇筑、养护不符合规范要求。

（3）防治措施：

①拌制混凝土所用水泥、粗（细）骨料和外加剂等均必须符合有关标准规定。

②必须按法定检测单位发出的混凝土配合比试验报告进行配制。

③配制混凝土必须按质量比计量投料且计量要准确。

④混凝土拌合必须采用机械搅拌，加料顺序为粗骨料→水泥→细骨料→水，并严格控制搅拌时间。

⑤混凝土的运输和浇捣必须在混凝土初凝前进行。

⑥控制好混凝土的浇筑和振捣质量。

⑦控制好混凝土的养护。

3）混凝土表面缺陷

（1）通病现象：拆模后混凝土表面出现麻面、露筋、蜂窝、孔洞等。

（2）原因分析：

①模板表面不光滑、安装质量差，接缝不严、漏浆，模板表面污染未清除。

②木模板在混凝土入模之前没有充分湿润，钢模板隔离剂涂刷不均匀。

③局部配筋、铁件过密，阻碍混凝土下料或无法正常振捣。

④混凝土坍落度、和易性不好。

⑤混凝土浇筑方法不当、不分层或分层过厚，布料顺序不合理等。

⑥混凝土浇筑高度超过规定要求，且未采取措施，导致混凝土离析。

⑦漏振或振捣不实。

（3）防治措施：

①模板使用前应进行表面清理，保持表面清洁光滑，钢模应保证边框平直，组合

后应使接缝严密，浇混凝土前应充分湿润或均匀涂刷隔离剂。

②　按规定或方案要求合理布料，分层振捣，防止漏振。

③　对局部配筋或铁件过密处，应事先制订处理措施，保证混凝土能够顺利通过，浇筑密实。

4）混凝土构件尺寸、轴线位置偏差大

（1）通病现象：混凝土柱、墙、梁等外形尺寸偏差、表面平整、轴线位置等超过规范允许偏差值。

（2）原因分析：

①　没有按施工图进行施工放线或误差过大。

②　模板的强度和刚度不足。

③　模板支撑基座不实，受力变形大。

（3）防治措施：

①　施工前必须按施工图放线，并确保构件断面几何尺寸和轴线定位线准确无误。

②　模板及其支撑（架）必须具有足够的承载力、刚度和稳定性，确保模具在浇筑混凝土及养护过程中，不变形、不失稳、不跑模。

③　要确保模板支撑基座坚实。

④　在浇筑混凝土前后及过程中，要认真检查，及时发现问题，及时纠正。

5）混凝土收缩裂缝

（1）通病现象：裂缝多出现在新浇筑并暴露于空气中的结构构件表面，有塑态收缩、沉陷收缩、干燥收缩、碳化收缩、凝结收缩等收缩裂缝。

（2）原因分析：

①　混凝土原材料质量不合格，如骨料含泥量大等。

②　水泥或掺合料用量超出规范规定。

③　混凝土水胶比、坍落度偏大，和易性差。

④　表面抹压收面不规范，养护不及时或养护差。

（3）防治措施：

①　选用合格的原材料。

②　根据现场情况、图纸设计和规范要求，由有资质的试验室配制合适的混凝土配合比，并确保搅拌质量。

③　确保混凝土浇筑振捣密实，并在初凝前进行二次抹压。

④　确保混凝土及时养护，并保证养护质量满足要求。

2. 钢结构工程质量问题防治

1）地脚螺栓位移

（1）通病现象：地脚螺栓与轴线相对位置超过允许值。

（2）防治措施：

①　先浇筑混凝土，预留孔洞，后埋螺栓。在埋螺栓时，采用型钢两次校正办法，检查无误后，浇筑预留孔洞。

②　将每根柱的地脚螺栓用预埋钢架固定，一次浇筑混凝土。

③　将柱底座板螺栓孔扩大，安装时，另加厚钢垫板。

④ 如螺栓孔相对偏移较大，经设计人员同意可将螺栓割除，将根部螺栓焊于预埋钢板上，附上一块与预埋钢板等厚的钢板，再采取铆钉塞焊法焊在预埋钢板上，然后根据设计要求焊上新螺栓。

2）焊缝夹渣

（1）通病现象：焊缝出现夹渣。

（2）防治措施：

① 焊件和焊接材料的品种必须符合设计要求，并有出厂合格证。

② 焊接时正确选用电流值、焊接速度，清理坡口及其边缘范围内的铁锈等杂物。

③ 焊条运动要正确，适当摆动，以使熔渣浮出铁水表面。

④ 严重的内部夹渣应按返修方案规定进行补焊。

3. 砌体工程中主要质量问题防治

1）地基不均匀下沉引起的墙体裂缝

（1）通病现象：在纵墙的两端出现斜裂缝，多数裂缝通过窗口的两个对角，裂缝向沉降较大的方向倾斜，并由下向上发展。

（2）防治措施：

① 地基的软弱部位进行加固处理后，方可进行砖基础施工。

② 合理设置沉降缝。

③ 提高上部结构的刚度，增强墙体抗剪强度。应在基础顶面（±0.000）处及各楼层门窗口上部设置圈梁，减少建筑物端部门窗数量。

④ 宽大窗口下部应考虑设混凝土梁或砌反砖拱以适应窗台反梁作用的变形，防止窗台处产生竖直裂缝。

⑤ 除了加强基础整体性外，也可采取通长配筋的方法来加强。

2）填充墙砌筑不当，与主体结构交接处裂缝

（1）通病现象：框架梁或板底、柱或墙边出现裂缝。

（2）防治措施：

① 柱或墙边应设置间距不大于500mm的 $2\phi6$ 钢筋。

② 填充墙与承重主体结构间的空（缝）隙部位施工，应在填充墙砌筑14d后进行。

③ 如为空心砖外墙，里口用半砖斜砌墙。

④ 外窗下为空心砖墙时，若设计无要求，将窗台改为细石混凝土并加配钢筋。

⑤ 柱与填充墙接触处应设加强网片。

9.3.3 屋面与防水工程质量通病防治

1. 地下防水工程质量问题防治

1）防水混凝土施工缝渗漏水

（1）通病现象：施工缝处混凝土松散，骨料集中，接槎明显，沿缝隙处渗漏水。

（2）原因分析：

① 在支模和绑钢筋的过程中，施工缝没有及时清除干净。

② 在浇筑上层混凝土时，未按规定处理施工缝。

③ 钢筋过密，内外模板距离狭窄，混凝土浇捣困难。

④ 混凝土离析或下料方法不当，骨料集中于施工缝处。

⑤ 接槎部位产生收缩裂缝。

（3）通病防治：

① 施工缝接缝处清理干净并冲洗干净。

② 浇灌混凝土前先浇同配比减石子砂浆，并加强接缝处混凝土的振捣。

③ 施工缝设置止水带，并保证施工质量。

④ 根据渗漏、水压大小情况，采用促凝胶浆或氰凝灌浆堵漏。

2）防水混凝土裂缝渗漏水

（1）现象：混凝土表面有不规则的收缩裂缝且贯通于混凝土结构，有渗漏水现象。

（2）原因分析：

① 混凝土养护不佳，产生收缩裂缝。

② 地下室外墙防水质量不佳。

③ 由于设计或施工等原因产生局部断裂或环形裂缝。

（3）通病防治：

① 加强混凝土振捣，保证密实。

② 混凝土浇筑后，及时进行保湿养护以降低开裂的可能性。

③ 保证多道设防，刚柔相济的防水层质量，做好防水层保护层。

3）管道穿墙（地）部位渗漏水

（1）通病现象：管道穿墙处与混凝土脱离，产生裂缝漏水。

（2）原因分析：

① 穿墙（地）管道周围混凝土浇筑困难，振捣不密实。

② 没有认真清除穿墙（地）管道表面锈蚀层，致使穿墙（地）管道不能与混凝土粘结严密。

③ 穿墙（地）管道接头不严或用有缝管，水渗入管内后，又从管内流出。

④ 在施工或使用中穿墙（地）管道受振松动，与混凝土间产生缝隙。

（3）通病防治：

① 加强混凝土振捣，保证穿墙管处混凝土密实。

② 混凝土浇筑前，清理穿墙管外表面，保证钢管与混凝土粘结密实。

③ 穿墙管设置止水环。

④ 混凝土终凝前不得振动穿墙管。

⑤ 对穿墙管渗漏处进行灌浆堵漏处理。

2. 屋面防水工程施工质量问题防治

1）卷材屋面开裂

（1）通病现象：卷材屋面出现无规则开裂。

（2）原因分析：

① 屋面板变形，找平层开裂。

② 基层温度收缩变形。

③ 卷材质量低劣，老化脆裂。

（3）通病防治：

① 治理屋面板变形，再铺一层卷材作缓冲剂；

② 做好砂浆找平层，留分格缝；

③ 严格控制原材料和铺设质量，改善沥青胶配合比；

④ 控制耐热度和提高韧性，防止老化；

⑤ 在开裂处补贴卷材。

2）卷材屋面流淌

（1）通病现象：

① 严重流淌：流淌面积占屋面 50% 以上，大部分流淌距离超过卷材搭接长度。

② 中等流淌：流淌面积占屋面 20%～50%，大部分流淌距离在卷材搭接长度范围之内。

③ 轻微流淌：流淌面积占屋面 20% 以下，流淌长度仅 2～3cm。

（2）原因分析：

① 胶结料耐热度偏低。

② 胶结料粘结层过厚。

③ 屋面坡度过陡，而采用平行屋脊铺贴卷材；或采用垂直屋脊铺贴卷材，在半坡进行短边搭接。

（3）通病治理：

① 严重流淌的卷材防水层可考虑拆除重铺。

② 轻微流淌如不发生渗漏，一般可不予治理。

③ 中等流淌可采用下列方法治理：

a. 切割法：对于天沟卷材耸肩脱空等部位，可先清除保护层，切开将要脱空的卷材，刮除卷材底下积存的旧胶结料，待内部冷凝水晒干后，将下部已脱开的卷材用胶结料粘贴好，加铺一层卷材，再将上部卷材盖上。

b. 局部切除重铺：对于天沟处折皱成团的卷材，先予以切除，仅保存原有卷材较为平整的部分，使之沿天沟纵向成直线；新旧卷材的搭接应按接槎法或搭槎法进行。

c. 钉钉子法：当施工后不久，卷材有下滑趋势时，可在卷材的上部离屋脊 300～450mm 范围内钉三排 50mm 长圆钉，钉眼上灌胶结料。

3）屋面卷材起鼓

（1）通病现象：卷材起鼓一般在施工后不久产生。大的直径可达 200～300mm，小的数十毫米，大小鼓泡还可能成片串联。

（2）原因分析：

① 在卷材防水层中粘结不实的部位，存在水分和气体；

② 当其受到太阳照射或人工热源影响后，体积膨胀，造成鼓泡。

（3）通病治理：

① 直径 100mm 以下的中、小鼓泡可用抽气灌胶法治理，并压上几块砖，几天后再将砖移去即可。

② 直径 100～300mm 的鼓泡可先铲除鼓泡处的保护层，再用刀将鼓泡按斜十字形割开，放出鼓泡内气体，擦干水，清除旧胶结料，用喷灯把卷材内部吹干。随后按顺序把旧卷材分片重新粘贴好，再新贴一块方形卷材（其边长比开刀范围大 100mm），压入卷材下；最后，粘贴覆盖好卷材，四边搭接好，并重做保护层。

③ 直径更大的鼓泡用割补法治理。先用刀把鼓泡卷材割除，按上一做法进行基层清理，再用喷灯烘烤旧卷材槎口，并分层剥开，除去旧胶结料后，依次粘贴好旧卷材，上面铺贴一层新卷材。再依次粘贴旧卷材，上面覆盖铺贴第二层新卷材，周边压实刮平，重做保护层。

4）山墙、女儿墙部位漏水

（1）通病现象：在山墙、女儿墙部位漏水。

（2）原因分析：

① 卷材收口处张口，固定不牢；封口砂浆开裂、剥落，压条脱落。

② 压顶板滴水线破损，雨水沿墙进入卷材。

③ 山墙或女儿墙与屋面板缺乏牢固拉结，转角处没有做成钝角，垂直面卷材与屋面卷材没有分层搭槎，基层松动（如墙外倾或不均匀沉陷）。

（3）通病治理

① 清除卷材张口脱落处的旧胶结料，烤干基层，重新钉上压条，将旧卷材贴紧钉牢，再覆盖一层新卷材，收口处用防水油膏封口。

② 凿除开裂和剥落的压顶砂浆，重抹 1:（2～2.5）水泥砂浆，并做好滴水线。

③ 将转角处开裂的卷材割开，旧卷材烘烤后分层剥离，清除旧胶结料，将新卷材分层压入旧卷材下，并搭接粘贴牢固。再在裂缝表面增加一层卷材，四周粘贴牢固。

9.3.4 建筑装饰装修工程质量通病防治

1. 建筑装饰装修工程常见质量问题

常见的质量问题有：空鼓、开裂、渗漏、观感差等。装饰装修工程各子分部工程施工质量缺陷详见表 9.3-1。

表 9.3-1 建筑装饰装修工程常见质量问题

序号	子分部工程名称	质量问题
1	建筑地面工程	板块地面：天然石材地面色泽、纹理不协调，泛碱、断裂，地面砖爆裂拱起，板块类地面空鼓等
		不同材质收口不美观
2	抹灰工程	一般抹灰：抹灰层脱层、空鼓，面层爆灰、裂缝、表面不平整、接槎和抹纹明显等
		装饰抹灰：除一般抹灰存在的缺陷外，还存在色差、掉角、脱皮等
3	门窗工程	木门窗：安装不牢固、开关不灵活、关闭不严密、安装留缝、倒翘等
		五金安装槽口不整齐，松动
4	吊顶工程	吊顶饰面开裂、不平整
		检修口、设备衔接口不顺直、吻合，接缝明显、开孔混乱
5	轻质隔墙工程	墙板材安装不牢固、脱层、翘曲，接缝有裂缝或缺损、表面不平整等
6	饰面板（砖）工程	饰面板（砖）空鼓、脱落
7	涂饰工程	泛碱、咬色、流坠、疙瘩、砂眼、刷纹、漏涂、透底、起皮和掉粉

续表

序号	子分部工程名称	质量问题
8	裱糊与软包工程	拼接不顺直，花饰不对称，离缝或亏纸，相邻壁纸（墙布）搭缝，接缝明显，翘边，壁纸（墙布）空鼓，壁纸（墙布）色泽不一致、表面不平整
9	细部工程	橱柜制作与安装工程：变形、翘曲、损坏、面层拼缝不严密
		窗帘盒、窗台板制作与安装工程：窗帘盒安装不牢固、不顺直；窗台板水平度偏差大于 2mm，安装不牢固、翘曲
		护栏和扶手制作与安装工程：护栏安装不牢固、护栏和扶手转角弧度不顺、护栏玻璃选材不当等
		花饰制作与安装工程：条形花饰歪斜、单独花饰中心位置偏移、接缝不严、有裂缝等

2. 质量问题防治措施

1）地面工程中板块类地面空鼓、起拱

（1）原因分析：

① 铺贴前清理不干净，如楼地面洒水过多或无水，局部有浮渣等。

② 干硬性水泥砂浆水灰比不合理、过厚、过薄或粘结剂质量差、粘结强度不够。

③ 石材防护采用的是油性防护剂，削减了砂浆与石材间的粘结力。

④ 大面积铺贴，未合理布置伸缩缝。

⑤ 完工后未能保证足够的养护条件及成品保护。

（2）防治措施：

① 地面落灰，浮渣必须清理干净。铺装前对基层进行洒水湿润涂刷界面剂。

② 采用水泥基粘结材料粘结工艺施工，禁止使用现场水泥搅拌砂浆粘贴外墙饰面砖。

③ 石材背面做油性防护时，粘贴要采用界面剂并做背砂处理，增加粘结强度。

④ 大面积铺贴需要设置伸缩缝，尤其是人造石，热膨胀系数大，要根据材料性能科学设置伸缩缝。

⑤ 石材安装后需要保持时间养护，养护时间不到不准上人踩踏。

2）轻钢龙骨石膏板吊顶表面开裂

（1）原因分析：

① 吊筋间距过宽或龙骨架与吊筋、墙体四周连接不牢固。

② 吊顶面积过大或过长，板与板之间未留缝或留缝未错缝。

③ 固定板的螺钉未固定牢固。

④ 转角、造型部位拼缝振动变形。

⑤ 阴角处、接缝处嵌缝处理不到位。

（2）预防措施：

① 吊筋间距要规范，骨架与吊筋、墙体固定牢固，安装要牢固。

② 封石膏板时拼缝和接缝不要同缝，不要密拼、留空隙，规范施工。

③ 每个螺钉均固定牢固，使板面紧贴副龙骨。

④ 板边均为整板边或裁割边。转角的地方一定要用整块的石膏板，防止拼接应力集中。转角处石膏板基层用边龙骨连接，转角第一层加加固板。

⑤ 板缝处理时，先用专业石膏嵌缝，接着用纸胶带粘结，然后按要求进行嵌缝处理。

3）涂饰色泽不均、流挂

（1）原因分析：

① 施工不当造成涂刷不均匀、厚薄不均匀。

② 施工环境温度过低，湿度过大，或漆质干性过慢，容易形成流坠。

③ 使用的稀释剂挥发太快，在漆膜未形成前已经挥发，造成油漆流平性能差，形成漆膜厚薄不均匀，或周围空气溶剂蒸发浓度高，油漆流动性大，形成流坠。

（2）预防措施：

① 选用材料搅拌均匀，每次涂刷的漆膜不宜太厚，头遍涂料干透后才可上下道涂料。

② 施工前检查基层含水率等，冬期、雨期等特殊环境需要采取质量保证措施。

③ 选用优良的油漆材料和配套的稀释剂。

④ 涂漆前，墙面油、水等污物必须清理干净。凹凸不平部位应先进行处理。

4）裱糊与软包工程中壁纸或墙布空鼓

（1）原因分析：

① 封闭底胶涂刷不均匀或漏刷。

② 裱贴前，背面刷胶不均匀或漏刷，从刷胶到最后上墙时间未控制。

③ 粘贴壁纸时赶压不得当，往返挤压胶液次数过多，或赶压力量太小，未将壁纸底下的空气赶出。

④ 基面潮湿、不平，有灰尘、油污等。

⑤ 裱糊完直接通风或太阳直射。

（2）预防措施：

① 施工前，墙面均匀涂刷防潮底胶。

② 纸面、胶面、布面等壁纸，在进行施工前将 2～3 块壁纸进行刷胶，起到湿润、软化作用。

③ 赶压胶液应由里向外。

④ 基面必须干燥，不平处应用腻子刮抹平整，基面上灰尘、油污必须清理干净。

⑤ 裱糊完毕后不宜直接开窗通风，使壁纸胶在自然条件下阴干，待干燥后再予以通风。

9.3.5 节能工程质量通病防治

1. 技术与管理

（1）承担建筑节能工程的施工企业应具备相应的资质；施工现场应建立相应的质量管理体系、施工质量控制和检验制度，具有相应的施工技术标准。

（2）设计变更不得降低建筑节能效果。当设计变更涉及建筑节能效果时，应经原施工图设计审查机构审查，在实施前办理设计变更手续，并获得监理或建设单位的确认。

2. 材料与设备的管理

（1）建筑节能工程使用的材料、设备等，必须符合设计要求及国家有关标准的规定。严禁使用国家明令禁止使用与淘汰的材料和设备。

（2）材料和设备进场应遵守下列规定：

① 对材料和设备的质量证明文件进行核查，并应经监理工程师（建设单位代表）确认，纳入工程技术档案。进入施工现场用于节能工程的材料和设备均应具有出厂合格证、中文说明书及相关性能检测报告；定型产品和成套技术应有型式检验报告，进口材料和设备应按规定进行出入境商品检验。

② 对材料和设备应在施工现场抽样复验。复验应为见证取样送检。

（3）节能保温材料在施工使用时的含水率应符合设计要求、工艺要求及施工技术方案要求。当无上述要求时，节能保温材料在施工使用时的含水率不应大于正常施工环境湿度下的自然含水率，否则应采取降低含水率的措施。

3. 墙体保温材料的控制要点

墙体节能工程使用的保温隔热材料，其导热系数、密度、抗压强度或压缩强度、燃烧性能应符合设计要求。对其检验时应核查质量证明文件及进场复验报告（复验应为见证取样送检）。并对保温材料的导热系数、密度、抗压强度或压缩强度，粘结材料的粘结强度，增强网的力学性能、抗腐蚀性能等进行复验。

4. 墙体节能施工的常见问题治理

1）常见问题

（1）墙体材料或保温材料类型或厚度与设计不符。

（2）外墙采用的聚苯颗粒保温浆料外保温层粘结不牢。

（3）采用"四新技术"，却未按相关规定进行评审鉴定及备案。

（4）采用的保温材料的燃烧性能不符合标准及相关文件的规定。

（5）部分不具备相应检测资质的单位违规出具检测报告。

2）治理要点

（1）对材料、构件和设备的品种、规格、包装、外观等进行检查验收，并应形成相应的验收记录。

（2）保温浆料应分层施工。当采用保温浆料做外保温时，保温层与基层之间及各层之间的粘结必须牢固，不应脱层、空鼓和开裂。

（3）建筑节能工程采用的新技术、新工艺、新材料、新设备，应按照有关规定进行评审、鉴定。施工前应对新采用的施工工艺进行评价，并制定专项施工方案。

（4）涉及安全、节能、环境保护和主要使用功能的材料、构件和设备，应按照标准规定在施工现场随机抽样复验，复验应为见证取样检验。当复验的结果不合格时，该材料、构件和设备不得使用。

（5）用于建筑节能工程质量验收的各项检测，除标准另行规定外，应由具备相应资质的检测机构承担。

5. 门窗节能工程常见问题治理

1）常见问题

（1）门窗类型与设计不符。

（2）采用非断热型材的单玻窗。

（3）执行 65% 设计标准的居住建筑采用传热系数大于 4.0 的外窗。

（4）部分检测机构出具的检测报告检测依据不正确。

2）治理要点

（1）保证建筑门窗类型符合设计要求。建筑外窗的气密性、保温性能、中空玻璃露点、玻璃遮阳系数和可见光透射比应符合设计要求。

（2）宜采用断热型材的保温窗。

（3）执行 65% 设计标准的居住建筑外窗传热系数不大于 4.0，窗墙比不宜大于 0.4。

（4）夏热冬冷地区复验项目：气密性、传热系数、玻璃遮阳系数、可见光透射比、中空玻璃露点。

（5）严寒、寒冷和夏热冬冷地区的建筑外窗，应对其气密性作现场实体检验，检测结果应满足设计要求。

9.4　工程质量验收管理

9.4.1　地基基础工程质量验收

1. 地基与基础工程包括的内容

（1）地基与基础工程主要包括：地基、基础、基坑支护、地下水控制、土方、边坡、地下防水等子分部工程，详见表 9.4-1。

表 9.4-1　地基与基础工程一览表

序号	子分部工程名称	分项工程
1	地基	素土、灰土地基，砂和砂石地基，土工合成材料地基，粉煤灰地基，强夯地基，注浆地基，预压地基，砂石桩复合地基，高压旋喷注浆地基，水泥土搅拌桩地基，土和灰土挤密桩复合地基，水泥粉煤灰碎石桩复合地基，夯实水泥土复合地基
2	基础	无筋扩展基础，钢筋混凝土扩展基础，筏形与箱形基础，钢结构基础，钢管混凝土结构基础，型钢混凝土结构基础，钢筋混凝土预制桩基础，泥浆护壁成孔灌注桩基础，干作业成孔桩基础，长螺旋钻孔压灌桩基础，沉管灌注桩基础，钢桩基础，锚杆静压桩基础，岩石锚杆基础，沉井与沉箱基础
3	基坑支护	灌注桩排桩围护墙，板桩围护墙，咬合桩围护墙，型钢水泥土搅拌墙，土钉墙，地下连续墙，水泥土重力式挡墙内支撑，锚杆，与主体结构相结合的基坑支护
4	地下水控制	降水与排水，回灌
5	土方	土方开挖，土方回填，场地平整
6	边坡	喷锚支护，挡土墙，边坡开挖
7	地下防水	主体结构防水，细部构造防水，特殊施工法结构防水，排水，注浆

（2）地下防水工程验收的文件和记录：

① 防水设计：施工图、设计交底记录、图纸会审记录、设计变更通知单和材料代

用核定单；

②资质、资格证明：施工单位资质及施工人员上岗证复印证件；

③施工方案：施工方法、技术措施、质量保证措施；

④技术交底：施工操作要求及安全等注意事项；

⑤材料质量证明：产品合格证、产品性能检测报告、材料进场检验报告；

⑥混凝土、砂浆质量证明：试配及施工配合比、混凝土抗压强度、抗渗性能检验报告、砂浆粘结强度；

⑦中间检查记录：施工质量验收记录、隐蔽工程验收记录、施工检查记录；

⑧检验记录：渗漏水检测记录、观感质量检查记录；

⑨施工日志：逐日施工情况；

⑩其他资料：事故处理报告、技术总结。

2. 地基与基础工程验收所需条件

1）工程实体

（1）地基与基础分部工程验收前，基础墙面上的施工孔洞须按规定镶堵密实，并作隐蔽工程验收记录：未经验收不得进行回填土分项工程的施工，对确需分阶段进行地基与基础分部工程质量验收时，建设单位项目负责人在质监交底会上向质监人员提交书面申请，并及时向质监站备案；

（2）混凝土结构工程模板应拆除并对其表面清理干净，混凝土结构存在缺陷处应整改完成；

（3）楼层标高控制线应清楚弹出，竖向结构主控轴线应弹出墨线，并做醒目标志；

（4）工程技术资料存在的问题均已悉数整改完成；

（5）施工合同和设计文件规定的地基与基础分部工程施工的内容已完成，检验、检测报告（包括环境检测报告）应符合现行验收规范和标准的要求；

（6）安装工程中各类管道预埋结束，相应测试工作已完成，其结果符合规定要求；

（7）地基与基础分部工程施工中，质监站发出整改（停工）通知书要求整改的质量问题都已整改完成，完成报告书已送质监站归档。

2）工程资料

（1）施工单位在地基与基础工程完工之后对工程进行自检，确认工程质量符合有关法律、法规和工程建设强制性标准提供的地基基础施工质量自评报告，该报告应由项目经理和施工单位负责人审核、签字、盖章；

（2）监理单位在地基与基础工程完工后对工程全过程监理情况进行质量评价，提供地基基础工程质量评估报告，该报告应当由总监和监理单位有关负责人审核、签字、盖章；

（3）勘察、设计单位对勘察、设计文件及设计变更进行检查，对工程地基与基础实体是否与设计图纸及变更一致，进行认可；

（4）有完整的地基与基础工程档案资料，见证试验档案，监理资料；施工质量保证资料；管理资料和评定资料。

3. 地基与基础工程验收组织及验收人员

（1）由建设单位项目负责人（或总监理工程师）组织地基与基础分部工程验收工作，

该工程的施工、监理（建设）、设计、勘察等单位参加；

（2）验收人员：由建设单位（监理单位）负责组成验收小组。验收小组组长由建设单位项目负责人（总监理工程师）担任，验收组应至少有一名由工程技术人员担任的副组长。验收组成员由总监理工程师（建设单位项目负责人），勘察、设计、施工单位项目负责人，施工单位项目技术、质量负责人，以及施工单位技术、质量部门负责人组成。

4. 地基与基础工程验收的程序

建设工程地基与基础工程验收按施工企业自评、设计认可、监理核定、业主验收、政府监督的程序进行。

（1）地基与基础分部（子分部）施工完成后，施工单位应组织相关人员检查，在自检合格的基础上报监理机构项目总监理工程师（建设单位项目负责人）。

（2）地基与基础分部工程验收前，施工单位应将分部工程的质量控制资料整理成册报送项目监理机构审查，监理核查符合要求后由总监理工程师签署审查意见，并于验收前三个工作日通知质监站。

（3）总监理工程师（建设单位项目负责人）收到上报的验收报告应及时组织参建方对地基与基础分部工程进行验收，验收合格后应填写地基与基础分部工程质量验收记录，并签注验收结论和意见。相关责任人签字加盖单位公章，并附分部工程观感质量检查记录。

（4）总监理工程师（建设单位项目负责人）组织对地基与基础分部工程验收时，必须有以下人员参加：总监理工程师、建设单位项目负责人、设计单位项目负责人、勘察单位项目负责人、施工单位技术质量负责人及项目负责人等。

5. 地基与基础工程验收应提交的资料

地基与基础工程验收资料包括：岩土工程勘察报告；设计文件；图纸会审记录和技术交底资料；工程测量、定位放线记录；施工组织设计及专项施工方案；施工记录及施工单位自查评定报告；隐蔽工程验收资料；检测与检验报告；监测资料；竣工图等。

9.4.2　主体结构工程质量验收

1. 主体结构包括的内容

主体结构主要包括：混凝土结构、砌体结构、钢结构、钢管混凝土结构、型钢混凝土结构、铝合金结构、木结构等子分部工程，详见表 9.4-2。

表 9.4-2　主体结构工程一览表

序号	子分部工程名称	分项工程
1	混凝土结构	模板，钢筋，混凝土，预应力，现浇结构，装配式结构
2	砌体结构	砖砌体，混凝土小型空心砌块砌体，石砌体，配筋砌体，填充墙砌体
3	钢结构	钢结构焊接，紧固件连接，钢零部件加工，钢构件组装及预拼装，单层钢结构安装，多层及高层钢结构安装，钢管结构安装，预应力钢索和膜结构，压型金属板，防腐涂料涂装，防火涂料涂装
4	钢管混凝土结构	构件现场拼装，构件安装，钢管焊接，构件连接，钢管内钢筋骨架，混凝土

续表

序号	子分部工程名称	分项工程
5	型钢混凝土结构	型钢焊接，紧固件连接，型钢与钢筋连接，型钢构件组装及预拼装，型钢安装，模板，混凝土
6	铝合金结构	铝合金焊接，紧固件连接，铝合金零部件加工，铝合金构件组装，铝合金构件预拼装，铝合金框架结构安装，铝合金空间网格结构安装，铝合金面板，铝合金幕墙结构安装，防腐处理
7	木结构	方木与原木结构，胶合木结构，轻型木结构，木结构的防护

2. 主体结构验收所需条件

1）工程实体

（1）主体分部验收前，墙面上的施工孔洞须按规定镶堵密实，并作隐蔽工程验收记录。未经验收不得进行装饰装修工程的施工，对确需分阶段进行主体分部工程质量验收时，建设单位项目负责人在质监交底上向质监人员提出书面申请，并经质监站同意。

（2）混凝土结构工程模板应拆除并将表面清理干净，混凝土结构存在缺陷处应整改完成。

（3）楼层标高控制线应清楚弹出墨线，并做醒目标志。

（4）工程技术资料存在的问题均已悉数整改完成。

（5）施工合同、设计文件规定和工程洽商所包括的主体分部工程施工的内容已完成。

（6）安装工程中各类管道预埋结束，位置尺寸准确，相应测试工作已完成，其结果符合规定要求。

（7）主体分部工程验收前，可完成样板间或样板单元的室内粉刷。

（8）主体分部工程施工中，质监站发出整改（停工）通知书要求整改的质量问题都已整改完成，完成报告书已送质监站归档。

2）工程资料

（1）施工单位在主体工程完工之后对工程进行自检，确认工程质量符合有关法律、法规和工程建设强制性标准，提供主体结构施工质量自评报告，该报告应由项目经理和施工单位负责人审核、签字、盖章。

（2）监理单位在主体结构工程完工后对工程全过程监理情况进行质量评价，提供主体工程质量评估报告，该报告应当由总监和监理单位有关负责人审核、签字、盖章。

（3）勘察、设计单位对勘察、设计文件及设计变更进行检查，对工程主体实体是否与设计图纸及变更一致，进行认可。

（4）有完整的主体结构工程档案资料，见证试验档案，监理资料；施工质量保证资料；管理资料和评定资料。

（5）主体工程验收通知书。

（6）工程规划许可证复印件（需加盖建设单位公章）。

（7）中标通知书复印件（需加盖建设单位公章）。

（8）工程施工许可证复印件（需加盖建设单位公章）。

（9）混凝土结构子分部工程结构实体混凝土强度验收记录。

（10）混凝土结构子分部工程结构实体钢筋保护层厚度验收记录。

3. 结构实体检验组织

（1）对涉及混凝土结构安全的有代表性的部位应进行结构实体检验。结构实体检验应包括混凝土强度、钢筋保护层厚度、结构位置与尺寸偏差以及合同约定的项目；必要时可检验其他项目。

（2）结构实体检验应由监理单位组织施工单位实施，并见证实施过程。施工单位应制订结构实体检验专项方案，并经监理单位审核批准后实施。除结构位置与尺寸偏差外的结构实体检验项目，应由具有相应资质的检测机构完成。

（3）结构实体混凝土强度检验宜采用同条件养护试件方法；当未取得同条件养护试件强度或同条件养护试件强度不符合要求时，可采用回弹－取芯法进行检验。

4. 主体结构工程分部工程验收组织

（1）分部工程应由总监理工程师（或建设单位项目负责人）组织施工单位项目负责人和项目技术负责人等进行验收。

（2）设计单位项目负责人和施工单位技术、质量部门负责人应参加主体结构、节能分部工程的验收。

9.4.3　装饰装修工程质量验收

建筑装饰装修工程质量验收内容包括过程验收和竣工验收两个方面。

1. 过程验收内容

1）装饰装修工程主要隐蔽验收项目

龙骨隔墙、地垄墙钢筋绑扎、石材钢骨架焊接、隔墙岩棉、木、钢板饰面基层、卫生间防水、吊顶工程暗龙骨、吊顶工程明龙骨等。

2）检验批、分项工程、分部（子分部）工程验收内容

（1）分部分项工程划分见表 9.4-3

表 9.4-3　建筑装饰装修工程的子分部工程及其分项工程的划分

项次	子分部工程	分项工程
1	建筑地面工程	基层铺设，整体面层铺设，板块面层铺设，木、竹面层铺设
2	抹灰工程	一般抹灰，保温层薄抹灰，装饰抹灰，清水砌体勾缝
3	外墙防水工程	外墙砂浆防水，涂膜防水，透气膜防水
4	门窗工程	木门窗安装，金属门窗安装，塑料门窗安装，特种门安装，门窗玻璃安装
5	吊顶工程	整体面层吊顶，板块面层吊顶，格栅吊顶
6	轻质隔墙工程	板材隔墙，骨架隔墙，活动隔墙，玻璃隔墙
7	饰面板工程	石板安装，陶瓷板安装，木板安装，金属板安装，塑料板安装
8	饰面砖工程	外墙饰面砖粘贴，内墙饰面砖粘贴
9	幕墙工程	玻璃幕墙安装，金属幕墙安装，石材幕墙安装，人造板材幕墙安装
10	涂饰工程	水性涂料涂饰，溶剂型涂料涂饰，美术涂饰
11	裱糊与软包工程	裱糊、软包
12	细部工程	橱柜制作与安装，窗帘盒和窗台板制作与安装，门窗套制作与安装，护栏和扶手制作与安装，花饰制作与安装

（2）检验批、分项工程、子分部工程、分部工程验收

① 执行相关质量验收的规定。

② 有关安全和功能的检测项目（表9.4-4）检验合格。

表 9.4-4　各子分部工程有关安全和功能检测项目一览表

项次	子分部工程	检测项目
1	门窗工程	建筑外窗的气密性能、水密性能和抗风压性能
2	饰面板工程	饰面板后置埋件的现场拉拔力
3	饰面砖工程	外墙饰面砖样板及工程的饰面砖粘结强度
4	幕墙工程	1）硅酮结构胶的相容性和剥离粘结性； 2）幕墙后置埋件和槽式预埋件的现场拉拔力； 3）幕墙的气密性、水密性、抗风压性能及层间变形性能

2. 竣工验收内容

1）分部工程完工验收

建筑装饰装修分部工程由总承包单位施工时，按分部工程验收；由分包单位施工时，装饰装修工程分包单位应按《建筑工程施工质量验收统一标准》GB 50300—2013规定的程序检查评定。装饰装修分包单位对承建的项目检验时，总承包单位应参加，检验合格后，分包单位应将工程的有关资料移交总包单位。

2）单位（子单位）工程竣工验收

（1）当建筑工程只有装饰装修分部工程时，该工程应作为单位工程验收。

（2）当建筑装饰装修工程作为一个单位工程按施工段由几个施工单位负责施工的，当其中的施工单位所负责的子单位工程已按设计完成，并经自行检验，也可按规定的程序组织正式验收，办理交工手续。在整个单位工程全部验收时，已验收的子单位工程验收资料应作为单位工程验收的附件。

9.4.4　节能工程质量验收

1. 建筑节能分部工程

（1）建筑节能工程为单位工程的一个分部工程。建筑节能子分部工程和分项工程划分见表9.4-5。

表 9.4-5　建筑节能子分部工程和分项工程划分

分部工程	子分部工程	分项工程
建筑节能	围护结构节能工程	墙体节能工程，幕墙节能工程，门窗节能工程，屋面节能工程，地面节能工程
	供暖空调节能工程	供暖节能工程，通风与空调节能工程，冷热源及管网节能工程
	配电照明节能工程	配电与照明节能工程
	监测控制节能工程	监测与控制节能工程
	可再生能源节能工程	地源热泵换热系统节能工程，太阳能光热系统节能工程，太阳能光伏节能工程

（2）当在同一个单位工程项目中，建筑节能分项工程和检验批的验收内容与其他各专业分部工程、分项工程或检验批的验收内容相同且验收结果合格时，可采用其验收结果，不必进行重复检验。建筑节能分部工程验收资料应单独组卷。

2. 建筑节能工程质量验收

建筑节能工程质量验收合格，应符合下列规定：

（1）建筑节能各分项工程应全部合格。

（2）质量控制资料应完整。

（3）外墙节能构造现场实体检验结果应对照图纸进行核查，并符合要求。

（4）建筑外窗气密性能现场实体检测结果应对照图纸进行核查，并符合要求。

（5）建筑设备工程系统节能性能检测结果应合格。

（6）太阳能系统性能检测结果应合格。

3. 建筑节能工程围护结构现场实体检验

（1）建筑围护结构节能工程施工完成后，应对围护结构的外墙节能构造和外窗气密性能进行现场实体检验。

（2）建筑外墙节能构造的现场实体检验应包括墙体保温材料的种类、保温层厚度和保温构造做法。

（3）下列建筑的外窗应进行气密性能实体检验：

① 严寒、寒冷地区建筑；

② 夏热冬冷地区高度大于或等于 24m 的建筑和有集中供暖或供冷的建筑；

③ 其他地区有集中供冷或供暖的建筑。

（4）外墙节能构造钻芯检验应由监理工程师见证，可由建设单位委托有资质的检测机构实施，也可由施工单位实施。

（5）当对外墙传热系数或热阻、外窗气密性能检验时，应由监理工程师见证，由建设单位委托具有资质的检测机构实施。

9.4.5　单位工程竣工验收

1. 责任单位竣工验收要求

（1）勘察单位应编制勘察工程质量检查报告，按规定程序审批后向建设单位提交；

（2）设计单位应对设计文件及施工过程的设计变更进行检查，并应编制设计工程质量检查报告，按规定程序审批后向建设单位提交；

（3）施工单位应自检合格，并应编制工程竣工报告，按规定程序审批后向建设单位提交；

（4）监理单位应在自检合格后组织工程竣工预验收，预验收合格后应编制工程质量评估报告，按规定程序审批后向建设单位提交；

（5）建设单位应在竣工预验收合格后组织监理、施工、设计、勘察单位等相关单位项目负责人进行工程竣工验收。

2. 竣工验收组织与程序

（1）单位工程完工后，施工单位应组织有关人员进行自检。

（2）总监理工程师应组织各专业监理工程师对工程质量进行竣工预验收，施工单位项目负责人、项目技术负责人参加。

（3）存在施工质量问题时，应由施工单位整改。

（4）预验收通过后，由施工单位向建设单位提交工程竣工报告，申请工程竣工验收。

（5）建设单位收到工程竣工报告后，应由建设单位项目负责人组织监理、施工、设计、勘察等单位项目负责人进行单位工程验收。

建设单位组织单位工程质量验收时，施工单位的技术、质量负责人应参加验收。当单位工程中有分包工程的，分包单位负责人也应参加验收。

3. 单位工程质量验收合格标准

（1）所含分部工程的质量均应验收合格；

（2）质量控制资料应完整；

（3）所含分部工程中有关安全、节能、环境保护和主要使用功能的检验资料应完整；

（4）主要使用功能的抽查结果应符合相关专业验收规范的规定；

（5）观感质量应符合要求。

4. 单位工程验收不合格处理

（1）当工程质量控制资料部分缺失时，应委托有资质的检测机构按有关标准进行相应的实体检验或抽样试验。

（2）经返修或加固处理仍不能满足安全或重要使用要求的分部工程及单位工程，严禁验收。

第 10 章　施工成本管理

施工成本管理包括落实项目施工责任成本、制订成本计划、分解成本指标、进行成本控制、成本核算、成本分析和考核、成本监督的全过程管理。项目全面成本管理责任体系应包括两个层次：

第 10 章
看本章精讲课
做本章自测题

（1）组织管理层。负责项目全面成本管理的决策，确定项目的合同价格和成本计划，确定项目管理层的目标成本。

（2）项目经理部。负责项目成本的管理，实施成本控制，实现项目管理目标责任书中的成本目标。

10.1　施工成本计划及分解

10.1.1　施工成本计划编制

1. 施工项目成本

（1）施工项目成本以工程项目作为成本核算对象，是工程施工所发生的全部生产费用的总和。施工项目成本又称计划成本、目标成本或预算成本，在其基础上形成项目部的责任成本，并分解形成岗位成本。施工项目的制造成本内容包括：

① 所消耗的主、辅材料，构配件，周转材料的摊销费或租赁费；

② 施工机械的使用费或租赁费；

③ 支付给生产工人的工资、奖金；

④ 施工措施费；

⑤ 现场施工组织与管理所发生的全部管理费。

（2）施工项目的产品成本，除包含上述费用外，还包括施工企业管理费用（俗称期间费用）。

（3）施工项目成本核算：

施工项目成本（按制造成本法）＝中标造价－期间费用－利润－税金

施工项目成本（按完全成本法）＝中标造价－利润－税金

工程实践中，部分施工企业按照中标造价减去税金、扣除一定上缴比例（利润）后形成施工项目成本。

2. 施工项目成本计划

（1）施工项目成本计划应依据可行性、先进性、科学性、统一性、适时性等原则进行编制。常用的定性分析法是用目标利润百分比来确定目标成本。

目标成本＝工程造价（扣除税金）×［1－目标利润率（%）］

（2）计划编制主要依据：

① 项目部与企业签订的项目目标责任书，包括各项管理指标。

② 施工图计算出的工程量。

③ 企业定额，包括人工、材料、机械等价格。

④ 劳务分包合同及其他分包合同。

⑤ 施工设计及施工方案。

⑥ 项目岗位责任成本控制指标。

（3）计划的编制程序：

① 搜集和整理各类有关资料。

② 分解目标成本。

③ 编制成本计划草案。

④ 综合平衡，编制正式的成本计划。

10.1.2　施工成本分解

1. 项目目标成本分解方法

（1）施工项目目标成本根据工程性质、类别或特点，可选择以下方法进行分解：

① 根据总工期生产进度网络节点计划分解；

② 按月形象进度计划分解；

③ 按施工项目直接成本和间接成本分解；

④ 按成本编制的工、料、机费用分解。

（2）目标成本可以按照成本内容进行分解：按照工程的人工、机械、材料及其他直接费（例如二次搬运费、场地清理费等）核算直接费用；按照项目的管理费等（例如临时设施摊销费、管理薪酬、劳动保护费、工程保修费、办公费、差旅费等）核算项目间接费。

2. 项目目标成本责任

（1）按照目标成本计划，项目部的所有成员和部门明确自己的成本责任，对构成施工项目成本的人工费、材料费、机械费等，按照各自业务工作内容进行成本分解，各负其责。

（2）按照施工项目成本划分为：生产成本、质量成本、工期成本、不可预见成本（例如罚款等）。

（3）项目部各职能部门认真审阅图纸，进行设计优化；商务（预算）部门加强合同、计量、签证、索赔、结算、决算等管理，增创工程收入；技术部门制订先进、经济、合理的施工方案；工程部门落实技术组织措施，均衡施工，保证施工进度；物资部门加强采购管理，降低材料成本；质量部门保证工程质量；安全部门预防安全事故发生；建立激励机制，调动全员增产节约积极性。

10.2　施工成本分析与控制

10.2.1　施工成本分析

1. 施工成本分析方法

建筑工程成本分析方法：

基本分析方法，包括比较法、因素分析法、差额计算法和比率法。

综合分析法，包括分部分项成本分析、月（季）度成本分析、年度成本分析、竣工成本分析法。

专项施工成本分析，包括成本盈亏异常分析、工期成本分析、质量成本分析、资金成本分析、技术措施节约效果分析、其他有利因素和不利因素分析。

2. 基本分析方法的应用

由于施工项目成本涉及的范围广，需要分析的内容也很多，应该在不同情况下采取不同的分析方法，诸如成本分析的基本方法、综合成本的分析方法、成本项目的分析方法和专项成本的分析法。在这里主要对部分方法介绍如下：

1）比较法

通过经济指标的对比，检查目标的完成情况，分析产生差异的原因，进而挖掘内部潜力的方法。可以将实际指标与目标指标对比、本期实际指标与上期实际指标对比、与本行业平均水平或先进水平对比。

2）因素分析法

因素分析法又称为连锁置换法或连环替代法。可用这种方法分析各种因素对成本形成的影响程度。在进行分析时，首先要假定众多因素中的一个因素发生了变化，而其他因素则不变，然后逐个替换，并分别比较其计算结果，以确定各个因素的变化对成本的影响程度。排序的原则是：先工程量，后价值量；先绝对数，后相对数；然后逐个用实际数替代目标数，相乘后，用所得结果减替代前的结果，差数就是该替代因素对成本差异的影响。

【案例 10.2-1】

背景：

某工程浇筑一层结构的商品混凝土，目标成本 364000 元，实际成本为 383760 元，比目标成本增加 19760 元。目标成本与实际成本对比表见表 10.2-1。

表 10.2-1　混凝土目标成本与实际成本对比表

项目	计划	实际	差额
产量（m³）	500	520	+20
单价（元）	700	720	+20
损耗率（%）	4	2.5	−0.15
成本（元）	364000	383760	+19760

问题：

用"因素分析法"分析各成本因素对成本增加的影响。

分析与答案：

① 分析对象为一层结构混凝土的成本，实际成本与目标成本的差异额为 19760 元；该指标使用产量、单价、损耗率三个因素组成，则以目标数 364000 为分析替代的基础。

② 替换计算：

第一次替换：产量因素，以 520 替代 500，得 520×1.04×700 = 378560 元；

第二次替换：单价因素，以 720 替代 700，得 520×1.04×720 = 389376 元；

第三次替换：损耗率因素，以 1.025 替代 1.04，得 520×1.025×720 = 383760 元。

③计算影响：

第一次替换与目标的差额＝378560－364000＝14560元，说明因为产量的增加，成本增加14560元；

第二次替换与第一次替换的差额＝389376－378560＝10816元，说明由于单价的提高20元，成本增加10816元；

第三次替换与第二次替换的差额＝383760－389376＝－5616元，说明由于损耗率的下降使成本减少了5616元。

3）差额计算法

差额计算法是因素分析法的一种简化形式，它是利用各个因素与实际值的差额来计算各成本因素的影响程度，也会产生不同的结论。

【案例10.2-2】

背景：

某施工项目某月的实际成本降低额比目标值提高了2.4万元，成本降低的计划与实际对比见表10.2-2。

表10.2-2　成本降低的计划与实际对比表

项目	计划	实际	差额
目标成本（万元）	300	320	＋20
成本降低率（%）	4	4.5	＋0.5
成本降低额（万元）	12	14.4	＋2.4

问题：

用差额计算法分析目标成本和成本降低率对成本降低额的影响程度。

分析与答案：

目标成本增加的影响：（320－300）×4%＝0.8万元；

成本降低率提高的影响：（4.5%－4%）×320＝1.6万元；

以上两项合计为：0.8＋1.6＝2.4万元。

4）比率法

比率法是利用两个以上指标的比例进行分析的方法。特点是先把对比分析的数值变成相对数，再观察其相互之间的关系。常用的比率法有相关比率法，例如产值利润率，产值工资率等；构成比率法，可以考察成本总量的构成情况，以及各成本项目占成本总量的比重，同时可以看出量、本、利的关系，例如表10.2-3的分析。

表10.2-3　成本构成比例分析表（单位：万元）

成本项目	预算成本		实际成本		降低成本		
	金额	比重	金额	比重	金额	占本项%	占总量%
一、直接成本	1263.79	93.20	1200.31	92.38	63.48	5.02	4.68
1.人工费	113.36	8.36	119.28	9.18	－5.92	－5.22	－0.44

续表

成本项目	预算成本		实际成本		降低成本		
	金额	比重	金额	比重	金额	占本项 %	占总量 %
2. 材料费	1006.56	74.23	939.67	72.32	66.89	6.65	4.93
3. 机械使用费	87.60	6.46	89.65	6.90	-2.05	-2.34	-0.15
4. 其他直接费	56.27	4.15	51.71	3.98	4.56	8.10	0.34
二、间接成本	92.21	6.80	99.01	7.62	-6.80	-7.37	0.50
成本总量	1356.00	100.00	1299.32	100.00	56.68	4.18	4.18
量本利比例（%）	100.00		95.82		4.18		

动态比率法：就是将同类指标不同时期的数值进行对比，求出比率，用以分析该项指标的发展方向和速度，通常采用基期指数（或稳定比指数）和环比指数两种方法。例如表 10.2-4 的分析。

表 10.2-4　指标动态比较表

指标	第一季度	第二季度	第三季度	第四季度
降低成本（万元）	45.60	47.80	52.50	64.30
基期指数（%）（一季度 = 100）		104.82	115.13	141.01
环比指数（%）（上一季度 = 100）		104.82	109.83	122.48

10.2.2　施工成本控制

施工成本的控制过程是与施工企业的工程经营相同步的，从时间上看，贯穿于工程投标、施工准备、施工过程和竣工验收的各项业务中；从成本管理或控制的工作程序看，对每一项控制活动都包括事前的计划预控、事中的实施控制和事后的纠偏控制等连续过程。

1. 工程各阶段的成本控制工作

1）工程投标阶段的成本控制

在投标阶段成本控制的主要任务是充分掌握投标竞争信息，研究工程特点和施工条件，结合企业技术和管理的优势，寻求降低成本的途径，编报有竞争力的投标书，为事后的成本控制创造有利的条件。

2）施工准备阶段的成本控制

（1）要根据设计图纸和有关技术资料，对施工方法、施工顺序、作业组织形式、机械设备选型、技术组织措施等进行认真的研究分析，制订科学先进、经济合理的施工方案。

（2）施工项目经理部要根据企业下达的责任成本目标，以分部分项工程实物工程量为基础，结合劳动定额、材料消耗定额、价格信息和技术组织措施的节约计划，按照优化的施工方案编制明细而具体的成本计划，并进行按施工部位、管理部门和岗位分解落实，为施工过程的成本控制做好准备。

（3）要根据项目建设时间的长短和参加建设人数的多少，编制间接费用预算，并对上述预算进行明细分解，以项目经理部有关部门（或业务人员）责任成本的形式落实下去，为间接成本控制和绩效考评提供依据。

3）工程施工的成本控制

（1）加强施工任务单和限额领料单的管理，特别是要做好每一个分部分项工程完成后的验收，以及实耗人工、实耗材料的数量核对，以保证施工任务单和限额领料单的结算资料正确，为成本控制提供真实可靠的数据。

（2）将施工任务单和限额领料单的结算资料与施工预算进行核对，计算分部分项工程的成本差异，分析差异产生的原因，并采取有效的纠偏措施。

（3）做好月度成本原始资料的收集和整理，正确计算月度成本，分析月度预算成本与实际成本的差异。

（4）在月度成本核算的基础上，实行责任成本核算。由责任者自行分析成本差异和产生差异的原因，自行采取措施纠正差异，为全面实现责任成本创造条件。

（5）检查对外采购合同的履约情况，保证施工物质供应。

（6）检查各责任部门和责任者的成本控制情况，成本控制责、权、利的落实情况。会同责任部门或责任者分析产生差异的原因，督促纠正差异对策的落实。

4）竣工验收阶段的成本控制

（1）积极、顺利地完成工程竣工扫尾工作，缩短工程竣工扫尾时间。

（2）重视竣工验收工作，顺利完成工程交付。对验收中提出的问题，积极进行整改处理。

（3）财务、预算和成本人员协同合作，及时办理工程结算。

（4）工程保修期间，指定保修工作责任人，制订保修方案，落实费用，控制保修费用。

2. 成本控制方法

1）应用价值工程原理控制工程成本

（1）价值工程控制成本原理

按价值工程的公式 $V = F/C$ 分析，提高价值的途径有：

① 功能提高，成本不变；

② 功能不变，成本降低；

③ 功能提高，成本降低；

④ 降低辅助功能，大幅度降低成本；

⑤ 成本稍有提高，大大提高功能。

其中②、③、④条途径是提高价值，同时也降低成本的途径。应当选择价值系数低、降低成本潜力大的工程作为价值工程的对象，寻求对成本的有效降低。

（2）价值分析的对象

① 选择数量大，应用面广的构配件。

② 选择成本高的工程和构配件。

③ 选择结构复杂的工程和构配件。

④ 选择体积与重量大的工程和构配件。

⑤ 选择对产品功能提高起关键作用的构配件。

⑥ 选择在使用中维修费用高、耗能量大或使用期的总费用较大的工程和构配件。

⑦ 选择畅销产品，以保持优势，提高竞争力。

⑧ 选择在施工（生产）中容易保证质量的工程和构配件。

⑨ 选择施工（生产）难度大、多花费材料和工时的工程和构配件。

⑩ 选择可利用新材料、新设备、新工艺、新结构及在科研上已有先进成果的工程和构配件。

2）应用挣值法控制成本

挣值法又称赢得值法或偏差分析法，是通过分析项目成本目标实施与项目成本目标期望之间的差异，进而判断项目实施费用、进度绩效的一种方法。

（1）三个成本值

挣值法主要运用已完成工作预算成本、计划完成工作预算成本和已完成工作实际成本进行成本分析。

① 已完成工作预算成本

已完成工作预算成本为 $BCWP$，是指在某一时间已经完成的工作（或部分工作），以批准认可的预算为标准所需要的成本总额，由于业主正是根据这个值为承包商完成的工作量支付相应的成本，也就是承包商获得（赢得值）的金额，故称赢得值或挣值。

$$BCWP = 已完成工程量 \times 预算成本单价$$

② 计划完成工作预算成本

计划完成工作预算成本，简称 $BCWS$，即根据进度计划，在某一时刻应当完成的工作（或部分工作），以预算为标准计算所需要的成本总额，一般来说，除非合同有变更，$BCWS$ 在工作实施过程中应保持不变。

$$BCWS = 计划工程量 \times 预算成本单价$$

③ 已完成工作实际成本

已完成工作实际成本，简称 $ACWP$，即到某一时刻为止，已完成的工作（或部分工作）所实际花费的成本金额。

$$ACWP = 已完成工程量 \times 实际成本单价$$

（2）挣值法的计算

在三个成本值的基础上，可以确定赢得（挣）值法的四个评价指标：

① 成本偏差 CV

$$CV = BCWP - ACWP$$

当 CV 为负值时，即表示项目运行超出预算成本；当 CV 为正值时，表示项目运行节支，实际成本没有超出预算成本。

② 进度偏差 SV

$$SV = BCWP - BCWS$$

当 SV 为负值时，表示进度延误，即实际进度落后于计划进度；当 SV 为正值时，表示进度提前，即实际进度快于计划进度。

③ 成本绩效指数 CPI

$$CPI = BCWP / ACWP$$

当 $CPI < 1$ 时，表示超支，即实际费用高于预算成本；当 $CPI > 1$ 时，表示节支，即实际费用低于预算成本。

④ 进度绩效指数 SPI

$$SPI = BCWP/BCWS$$

当 $SPI < 1$ 时，表示进度延误，即实际进度比计划进度滞后；当 $SPI > 1$ 时，表示进度提前，即实际进度比计划进度快。

⑤ 将 $BCWP$、$BCWS$、$ACWP$ 的时间序列数相累加，便可形成三个累加数列，把它们绘制在时间－成本坐标内，就形成了三条 S 形曲线，结合起来就能分析出动态的成本和进度状况。

【案例 10.2-3】

背景：

某项目进展到 21 周后，对前 20 周的工作进行了统计检查，有关情况列于表 10.2-5。

表 10.2-5　检查记录表

工作代号	计划完成工作预算成本 $BCWS$（万元）	已完成工作量（％）	实际发生成本（万元）$ACWP$	$BCWP$ 赢得（挣）值（万元）
A	200	100	210	
B	220	100	220	
C	400	100	430	
D	250	100	250	
E	300	100	310	
F	540	50	400	
G	840	100	800	
H	600	100	600	
I	240	0	0	
J	150	0	0	
K	1600	40	800	
L	0	30	1000	1200
M	0	100	800	900
N	0	60	420	550
合计				

注：L、M、N 原来没有计划，统计时已经进行了施工。I、J 虽有计划，但是没有施工。

问题：

（1）赢得（挣）值法使用的三项成本值是什么？

（2）求出前 20 周每项工作的 $BCWP$ 及 20 周末的 $BCWP$。

（3）计算 20 周末的合计 $ACWP$、$BCWS$。

（4）计算 20 周的 CV、SV，并分析成本和进度状况。

（5）计算 20 周的 CPI、SPI，并分析成本和进度状况。

分析与答案：

（1）赢得（挣）值法的三个成本值是：已完成工作预算成本（BCWP）、计划完成工作预算成本（BCWS）和已完成工作实际成本（ACWP）。

（2）对表 10.2-5 进行计算，求得第 20 周末每项工作的 BCWP；20 周末总的 BCWP 为 6370 万元（表 10.2-6）。

表 10.2-6　计算结果

工作代号	计划完成工作预算成本 BCWS（万元）	已完工作量（%）	实际发生成本 ACWP（万元）	赢得（挣）值 BCWP（万元）
A	200	100	210	200
B	220	100	220	220
C	400	100	430	400
D	250	100	250	250
E	300	100	310	300
F	540	50	400	270
G	840	100	800	840
H	600	100	600	600
I	240	0	0	0
J	150	0	0	0
K	1600	40	800	640
L	0	30	1000	1200
M	0	100	800	900
N	0	60	420	550
合计	5340	—	6240	6370

（3）20 周末 ACWP 为 6240 万元，BCWS 为 5340 万元。

（4）$CV = BCWP - ACWP = 6370 - 6240 = 130$ 万元，由于 CV 为正，说明成本节约 130 万元。

$SV = BCWP - BCWS = 6370 - 5340 = 1030$ 万元，由于 SV 为正，说明进度提前 1030 万元。

（5）$CPI = BCWP / ACWP = 6370 / 6240 = 1.02$，由于 $CPI > 1$，成本节约 2%。$SPI = BCWP / BCWS = 6370 / 5340 = 1.19$，由于 $SPI > 1$，进度提前 19%。

10.3　施工成本管理绩效评价与考核

10.3.1　施工成本管理绩效评价

1. 施工成本管理绩效

施工成本管理绩效主要采用横向和纵向两个方面比较施工成本管理的成绩与效果。其中纵向指企业本身的历史经济指标，横向指同类企业、同类目标的经济数据。主要指标是项目责任成本目标完成情况，如产值利润率、劳动生产率、劳动消耗指标、材料消耗指标、机械消耗指标、降低成本额和降低成本率等指标完成情况。

2. 管理绩效评价指标

各项成本目标完成率核算如下：

$$劳动生产率 = 工程承包价格 / 工程实际耗用工日数$$
$$单方用工 = 实际用工数（工日）/ 实际工程量$$
$$劳动效率 = 计划用工（工日）/ 实际用工（工日）$$
$$节约工日 = 计划用工（工日）- 实际用工（工日）$$
$$材料成本降低率 =（承包价中的材料成本 - 实际材料成本）/ 承包价中的材料成本 \times 100\%$$
$$成本降低率 =（计划成本 - 实际成本）/ 计划成本 \times 100\%$$

10.3.2   施工成本管理绩效考核

1. 项目成本考核要求

（1）根据项目成本管理制度，确定项目成本考核目的、时间、范围、对象、方式、依据、指标、组织领导、评价与奖惩原则。

（2）以项目成本降低额、项目成本降低率作为对项目管理机构成本考核的主要指标。

（3）对项目部的成本和效益进行全面评价、考核与奖惩。

（4）项目部应根据项目管理成本考核结果对相关人员进行奖惩。

2. 项目成本考核内容

企业对项目经理进行考核，项目经理对各部门及管理人员进行考核，考核内容有：

（1）项目施工目标成本和阶段性成本目标的完成情况；

（2）建立以项目经理为核心的成本责任制落实情况；

（3）成本计划的编制和落实情况；

（4）对各部门、岗位的责任成本的检查和考核情况；

（5）施工成本核算的真实性、符合性；

（6）考核兑现。

第 11 章　施工安全管理

11.1　施工安全生产管理计划

11.1.1　施工安全管理内容

第 11 章
看本章精讲课
做本章自测题

1. 安全管理内容

安全生产管理是一个系统性、综合性的管理，其管理的内容涉及建筑生产的各个环节。因此，建筑施工企业在安全管理中必须坚持"安全第一，预防为主，综合治理"的方针，制订安全目标、制度、计划和措施，完善安全生产组织管理体系和检查体系，加强施工安全管理。

1）建筑施工安全管理的目标

（1）建筑施工企业应依据企业的总体发展规划，制订企业年度及中长期安全管理目标。

（2）安全管理目标应包括生产安全事故控制指标、安全生产及文明施工管理目标。

（3）安全管理目标应分解到各管理层及相关职能部门和岗位，并应定期进行考核。

（4）施工企业各管理层及相关职能部门和岗位应根据分解的安全管理目标，配置相应的资源，并应有效管理。

2）建筑施工安全管理组织体系与管理制度

（1）安全生产组织与责任体系：施工企业应建立和健全与企业安全生产组织相对应的安全生产责任体系，并应明确各管理层、职能部门、岗位的安全生产责任。施工企业各管理层、职能部门、岗位的安全生产责任应形成责任书，并应经责任部门或责任人确认。责任书的内容应包括安全生产职责、目标、考核奖惩标准等。

（2）安全生产管理制度：施工企业应依据法律法规，结合企业的安全管理目标、生产经营规模、管理体制建立安全生产管理制度。施工企业安全生产管理制度应包括安全生产教育培训，安全费用管理，施工设施、设备及劳动防护用品的安全管理，安全生产技术管理，分包（供）方安全生产管理，施工现场安全管理，应急救援管理，生产安全事故管理，安全检查和改进，安全考核和奖惩等制度。

3）建筑施工安全生产教育培训

（1）施工企业安全生产教育培训应贯穿于生产经营的全过程，教育培训应包括计划编制、组织实施和人员持证审核等工作内容。

（2）安全教育和培训的类型应包括各类上岗证书的初审、复审培训，三级教育（企业、项目、班组）、岗前教育、日常教育、年度继续教育。

（3）安全生产教育培训的对象应包括企业各管理层的负责人、管理人员、特殊工种以及新上岗、待岗复工、转岗、换岗的作业人员。

（4）施工企业的从业人员上岗应符合下列要求：

① 企业主要负责人、项目负责人和专职安全生产管理人员必须经安全生产知识和管理能力考核合格，依法取得安全生产考核合格证书；

② 企业的各类管理人员必须具备与岗位相适应的安全生产知识和管理能力，依法

取得必要的岗位资格证书；

③ 特殊工种作业人员必须经安全技术理论和操作技能考核合格，依法取得建筑施工特种作业人员操作资格证书。

（5）施工企业新上岗操作工人必须进行岗前教育培训，教育培训应包括下列内容：

① 安全生产法律法规和规章制度；

② 安全操作规程；

③ 针对性的安全防护措施；

④ 违章指挥、违章作业、违反劳动纪律产生的后果；

⑤ 预防、减少安全风险以及紧急情况下应急救援的基本知识、方法和措施。

（6）施工企业每年应按规定对所有从业人员进行安全生产继续教育，教育培训应包括下列内容：

① 新颁布的安全生产法律法规、安全技术标准规范和规范性文件；

② 先进的安全生产技术和管理经验；

③ 典型事故案例分析。

4）建筑施工安全生产费用管理

（1）建设单位应当在合同中单独约定并于工程开工日一个月内向承包单位支付至少50%企业安全生产费用。

（2）总包单位应当在合同中单独约定并于分包工程开工日一个月内将至少50%企业安全生产费用直接支付给分包单位并监督使用，分包单位不再重复提取。

（3）工程竣工决算后结余的企业安全生产费用，应当退回建设单位。

（4）建设工程施工企业安全生产费用应当用于以下支出：

① 完善、改造和维护安全防护设施设备支出，包括施工现场临时用电系统、洞口或临边防护、高处作业或交叉作业防护、临时安全防护、支护及防治边坡滑坡、工程有害气体监测和通风、保障安全的机械设备、防火、防爆、防触电、防尘、防毒、防雷、防台风、防地质灾害等设施设备支出；

② 应急救援技术装备、设施配置及维护保养支出，应急救援队伍建设、应急预案制修订与应急演练支出；

③ 工程项目安全生产信息化建设、运维和网络安全支出；

④ 安全生产检查、评估评价、咨询和标准化建设支出；

⑤ 配备和更新现场作业人员安全防护用品支出；

⑥ 安全生产宣传、教育、培训和从业人员发现并报告事故隐患的奖励支出等。

（5）本企业职工薪酬、福利不得从企业安全生产费用中支出。

5）建筑施工安全技术管理

（1）施工企业安全技术管理应包括对安全生产技术措施的制订、实施、改进等管理。

（2）施工企业各管理层的技术负责人应对管理范围的安全技术管理负责。

（3）施工企业应根据施工组织设计、专项安全施工方案（措施）编制和审批权限的设置，分级进行安全技术交底，编制人员应参与安全技术交底、验收和检查。

6）分包方安全生产管理

（1）施工企业对分包单位的安全生产管理应符合下列要求：

① 选择合法的分包（供）单位；

② 与分包（供）单位签订安全协议，明确安全责任和义务；

③ 对分包单位施工过程的安全生产实施检查和考核；

④ 及时清退不符合安全生产要求的分包（供）单位；

⑤ 分包工程竣工后对分包（供）单位安全生产能力进行评价。

（2）施工企业对分包（供）单位检查和考核，应包括下列内容：

① 分包单位安全生产管理机构的设置、人员配备及资格情况；

② 分包（供）单位违约、违章情况；

③ 分包单位安全生产绩效。

（3）施工企业可建立合格分（供）方名录，并应定期审核、更新。

7）施工现场安全管理

（1）项目部施工现场安全生产管理内容：

① 制订项目安全管理目标，建立安全生产组织与责任体系，明确安全生产管理职责，实施责任考核；

② 配置满足安全生产、文明施工要求的费用、从业人员、设施、设备、劳动防护用品及相关的检测器具；

③ 编制安全技术措施、方案、应急预案；

④ 落实施工过程的安全生产措施，组织安全检查，整改安全隐患；

⑤ 组织施工现场场容场貌、作业环境和生活设施安全文明达标；

⑥ 确定消防安全责任人，制订用火、用电、使用易燃易爆材料等各项消防安全管理制度和操作规程，设置消防通道、消防水源，配备消防设施和灭火器材，并在施工现场入口处设置明显标志；

⑦ 组织事故应急救援抢险；

⑧ 对施工安全生产管理活动进行必要的记录，保存应有的资料。

（2）项目专职安全生产管理人员应按规定到岗，并应履行下列主要安全生产职责：

① 对项目安全生产管理情况应实施巡查，阻止和处理违章指挥、违章作业和违反劳动纪律等现象，并应做好记录；

② 对危险性较大的分部分项工程应依据方案实施监督并做好记录；

③ 应建立项目安全生产管理档案，并应定期向企业报告项目安全生产情况。

2. 应急救援管理

（1）施工企业的应急救援管理应包括建立组织机构、预案编制、审批、演练、评价、完善和应急救援响应工作程序及记录等内容。

（2）施工企业应建立应急救援组织机构、应急物资保障体系。

（3）施工企业应根据施工管理和环境特征，组织各管理层制订应急救援预案，应包括下列内容：

① 紧急情况、事故类型及特征分析；

② 应急救援组织机构与人员及职责分工、联系方式；

③ 应急救援设备和器材的调用程序；

④ 与企业内部相关职能部门和外部政府、消防、抢险、医疗等相关单位与部门的

信息报告、联系方法；

⑤ 抢险急救的组织、现场保护、人员撤离及疏散等活动的具体安排。

（4）施工企业各管理层应对全体从业人员进行应急救援预案的培训和交底；接到相关报告后，应及时启动预案。

（5）施工企业应根据应急救援预案，定期组织专项应急演练；应针对演练、实战的结果，对应急预案的适宜性和可操作性组织评价，必要时应进行修改和完善。

11.1.2　常见施工安全危险源管理

1. 危险源分类

根据危险源在安全事故发生发展过程中的机理，一般把危险源划分为两大类，即第一类危险源和第二类危险源。

（1）第一类危险源：能量和危险物质的存在是危害产生的最根本原因，通常把可能发生意外释放的能量或危害物质称作第一类危险源。此类危险源是事故发生的物理本质，一般来说，系统具有的能量越大，存在的危险物质越多，则其潜在的危险性和危害性也就越大。

（2）第二类危险源：造成约束、限制能量和危险物质措施失控的各种不安全因素称为第二类危险源。该类危险源主要体现在设备故障或缺陷、人为失误和管理缺陷等几个方面。

（3）危险源与事故：事故的发生是两类危险源共同作用的结果。第一类危险源是事故发生的前提，第二类危险源的出现是第一类危险源导致事故的必要条件。

2. 危险源的辨识

危险源辨识是安全管理的基础工作，主要目的就是从组织的活动中识别出可能造成人员伤害或疾病、财产损失、环境破坏的危险或危害因素，并判定其可能导致的事故类别和导致事故发生的直接原因的过程。

（1）危险源的类型：为做好危险源的辨识工作，可以把危险源按工作活动的专业进行分类，如机械类、电器类、辐射类、物质类、高坠类、火灾类和爆炸类等。

（2）危险源辨识的方法：危险源辨识的方法很多，常用的方法有专家调查法、头脑风暴法、德尔菲法、现场调查法、工作任务分析法、安全检查表法、危险与可操作性研究法、事件树分析法和故障树分析法等。

（3）施工现场采用危险源提问表时的设问范围：

① 在平地上滑倒（跌倒）；

② 人员从高处坠落（包括从地面坠入深坑）；

③ 工具、材料等从高处坠落；

④ 有限空间作业；

⑤ 用手举起搬运工具、材料等有关的危险源；

⑥ 与装配、试车、操作、维护、改造、修理和拆除等有关的装置、机械的危险源；

⑦ 车辆危险源，包括场地运输和公路运输；

⑧ 火灾和爆炸；

⑨ 邻近高压线路和起重设备伸出界外；

⑩ 可伤害眼睛的物质或试剂；

⑪ 可通过皮肤接触和口腔吸入而造成伤害的物质；

⑫ 有害能量（如电、辐射、噪声以及振动等）；

⑬ 由于经常性的重复动作而造成的与工作有关的上肢损伤；

⑭ 照度；

⑮ 不合规的防护设施。

3. 重大危险源控制

重大危险源控制的目的，不仅是要预防重大事故的发生，而且要做到一旦发生事故，能将事故危害限制到最低程度。重大危险源控制系统包括：

1）重大危险源的辨识

防止重大工业事故发生的第一步，是辨识或确认高危险性的工业设施（危险源）。由政府管理部门和权威机构在物质毒性、燃烧、爆炸特性的基础上，制订出危险物质的临界量标准。通过危险物质及其临界量标准，可以确定哪些是可能发生事故的潜在危险源。

2）重大危险源的评价

重大危险源的风险分析评价包括以下几个方面：

（1）辨识各类危险因素及其原因与机制；

（2）依次评价已辨识的危险事件发生的概率；

（3）评价危险事件的后果；

（4）进行风险评价，即评价危险事件发生概率和发生后果的联合作用；

（5）风险控制，即将上述评价结果与安全目标值进行比较，检查风险值是否达到了可接受水平，否则需要进一步采取措施，降低危险水平。

3）重大危险源的管理

在对重大危险源进行辨识和评价后，应针对每一个重大危险源制订出一套严格的安全管理制度，通过技术措施（包括化学品的选择、设施的设计、建造、运转、维修以及有计划的检查）和组织措施（包括对人员的培训与指导；提供保证其安全的设备；工作人员水平、工作时间、职责的确定；以及对操作工人的管理），对重大危险源进行严格控制和管理。

4）重大危险源的安全报告

安全报告应详细说明重大危险源的情况，可能引发事故的危险因素以及前提条件，安全操作和预防失误的控制措施，可能发生的事故类型，事故发生的可能性及后果，限制事故后果的措施，现场事故应急救援预案等。

5）事故应急救援预案

企业应负责制订现场事故应急救援预案，并且定期检验和评估现场事故应急救援预案和程序的有效程度，以及在必要时进行修订。事故应急救援预案应提出详尽、实用、明确和有效的技术措施与组织措施。

11.2 施工安全生产检查

11.2.1 安全检查内容

1. 施工安全检查内容

建筑工程施工安全检查主要是以查安全思想、查安全责任、查安全制度、查安全措施、查安全防护、查设备设施、查教育培训、查操作行为、查劳动防护用品使用和查伤亡事故处理等为主要内容。

（1）查安全思想：检查项目全体人员（包括分包人员）安全生产意识；

（2）查安全责任：检查现场安全生产责任目标的分解与考核；

（3）查安全制度：检查现场各项安全生产规章制度和安全技术操作规程的建立和执行；

（4）查安全措施：检查现场安全措施计划及各项安全专项施工方案的编制、审核、审批及实施；

（5）查安全防护：检查现场临边、洞口等各项安全防护设施；

（6）查设备设施：检查现场投入使用的设备设施的购置、租赁、安装、验收、使用、过程维护保养等；

（7）查教育培训：检查现场教育培训岗位、人员、内容等；

（8）查操作行为：检查现场有无违章指挥、违章作业、违反劳动纪律的行为等；

（9）查劳动防护用品使用：检查现场劳动防护用品、用具的购置、产品质量、配备数量和使用等；

（10）查伤亡事故处理：检查现场是否发生安全事故及事故的处理等。

2. 施工安全检查的形式

（1）建筑工程施工安全检查的主要形式一般可分为日常巡查、专项检查、定期安全检查、经常性安全检查、季节性安全检查、节假日安全检查、开工、复工安全检查、专业性安全检查和设备设施安全验收检查等。

（2）安全检查的组织：

① 定期安全检查。施工现场应至少每旬开展一次安全检查工作，施工现场的定期安全检查应由项目经理亲自组织。

② 经常性安全检查。施工现场经常性的安全检查方式主要有：

a. 现场专（兼）职安全生产管理人员及安全值班人员每天例行开展的安全巡视、巡查。

b. 现场项目经理、责任工程师及相关专业技术管理人员在检查生产工作的同时进行的安全检查。

c. 作业班组在班前、班中、班后进行的安全检查。

③ 季节性安全检查。季节性安全检查主要是针对气候特点（如：暑季、雨季、风季、冬季等）可能给安全生产造成的不利影响或带来的危害而组织的安全检查。

④ 节假日安全检查。在节假日、特别是重大或传统节假日前后和节日期间进行的安全检查。

⑤ 开工、复工安全检查。针对工程项目开工、复工之前进行的安全检查。

⑥ 专业性安全检查。由有关专业人员对现场某项专业安全问题或在施工生产过程中存在的比较系统性的安全问题进行的单项检查。这类检查专业性强，主要应由专业工程技术人员、专业安全管理人员参加。

⑦ 设备设施安全验收检查。针对现场塔式起重机等起重设备、外用施工电梯、龙门架及井架物料提升机、电气设备、脚手架、现浇混凝土模板支撑系统等设备设施在安装、搭设过程中或完成后进行的安全验收、检查。

3. 安全检查的要求

（1）根据检查内容配备力量，抽调专业人员，确定检查负责人，明确分工。

（2）应有明确的检查目的和检查项目、内容及检查标准、重点、关键部位。

（3）对现场管理人员和操作工人不仅要检查是否有违章指挥和违章作业行为，还应进行"应知应会"的抽查，以便了解管理人员及操作工人的安全素质和安全意识。

（4）认真、详细做好检查记录，特别是对隐患的记录必须具体，如隐患的部位、危险性程度及处理意见等。采用安全检查评分表的，应记录每项扣分的原因。

（5）检查中发现的隐患应发出隐患整改通知书，责令责任单位进行整改，并作为整改后的备查依据。

（6）系统、定量地作出检查结论，进行安全评价。

（7）检查后应对隐患整改情况进行跟踪复查，查被检单位是否按"三定"原则（定人、定期限、定措施）落实整改，经复查整改合格后，进行销案。

11.2.2　安全检查方法

建筑工程安全检查可以采用"听""问""看""量""测""运转试验"等方法进行。

（1）"听"。听取基层管理人员或施工现场安全员汇报安全生产情况，介绍现场安全工作经验、存在的问题、今后的发展方向。

（2）"问"。主要是指通过询问、提问，对以项目经理为首的现场管理人员和操作工人进行的应知应会抽查，以便了解现场管理人员和操作工人的安全意识和安全素质。

（3）"看"。主要是指查看施工现场安全管理资料和对施工现场进行巡视。例如：查看项目负责人、专职安全管理人员、特种作业人员等的持证上岗情况；现场安全标志设置情况；劳动防护用品使用情况；现场安全防护情况；现场安全设施及机械设备安全装置配置情况等。

（4）"量"。主要是指使用测量工具对施工现场的一些设施、装置进行实测实量。例如：对脚手架各种杆件间距的测量；对现场安全防护栏杆高度的测量；对电气开关箱安装高度的测量；对在建工程与外电边线安全距离的测量等。

（5）"测"。主要是指使用专用仪器、仪表等监测器具对特定对象关键特性技术参数的测试。例如：使用漏电保护器测试仪对漏电保护器漏电动作电流、漏电动作时间的测试；使用地阻仪对现场各种接地装置接地电阻的测试；使用兆欧表对电机绝缘电阻的测试；使用经纬仪对塔式起重机、外用电梯安装垂直度的测试等。

（6）"运转试验"。主要是指由具有专业资格的人员对机械设备进行实际操作、试验，检验其运转的可靠性或安全限位装置的灵敏性。例如：对塔式起重机力矩限制器、变幅限位器、起重限位器等安全装置的试验；对施工电梯制动器、限速器、上下极限限位器、门连锁装置等安全装置的试验；对龙门架超高限位器、断绳保护器等安全装置的试验等。

11.2.3　安全检查标准

《建筑施工安全检查标准》JGJ 59—2011 规定安全检查内容中包括保证项目和一般项目，确定了检查评分方法。

1. 检查表检查项目构成

《建筑施工安全检查评分汇总表》依据 10 项分项检查评分表，包含 19 张表格的检查得分，综合评价出一个施工现场的安全生产管理等级水平。各分项检查评分表包含检查评定项目的保证项目和一般项目。

（1）"安全管理"检查评定保证项目应包括：安全生产责任制、施工组织设计及专项施工方案、安全技术交底、安全检查、安全教育、应急救援。一般项目应包括：分包单位安全管理、持证上岗、生产安全事故处理、安全标志。

（2）"文明施工"检查评定保证项目应包括：现场围挡、封闭管理、施工场地、材料管理、现场办公与住宿、现场防火。一般项目应包括：综合治理、公示标牌、生活设施、社区服务。

（3）脚手架检查评分表分为"扣件式钢管脚手架检查评分表""门式钢管脚手架检查评分表""碗扣式钢管脚手架检查评分表""承插型盘扣式钢管脚手架检查评分表""满堂脚手架检查评分表""悬挑式脚手架检查评分表""附着式升降脚手架检查评分表""高处作业吊篮检查评分表"等。

"扣件式钢管脚手架"检查评定保证项目应包括：施工方案、立杆基础、架体与建筑结构拉结、杆件间距与剪刀撑、脚手板与防护栏杆、交底与验收。一般项目应包括：横向水平杆设置、杆件连接、层间防护、构配件材质、通道。

"门式钢管脚手架"检查评定保证项目应包括：施工方案、架体基础、架体稳定、杆件锁臂、脚手板、交底与验收。一般项目应包括：架体防护、构配件材质、荷载、通道。

"碗扣式钢管脚手架"检查评定保证项目应包括：施工方案、架体基础、架体稳定、杆件锁件、脚手板、交底与验收。一般项目应包括：架体防护、构配件材质、荷载、通道。

"承插型盘扣式钢管脚手架"检查评定保证项目包括：施工方案、架体基础、架体稳定、杆件设置、脚手板、交底与验收。一般项目应包括：架体防护、杆件连接、构配件材质、通道。

"满堂脚手架"检查评定保证项目应包括：施工方案、架体基础、架体稳定、杆件锁件、脚手板、交底与验收。一般项目应包括：架体防护、构配件材质、荷载、通道。

"悬挑式脚手架"检查评定保证项目应包括：施工方案、悬挑钢梁、架体稳定、脚手板、荷载、交底与验收。一般项目应包括：杆件间距、架体防护、层间防护、构配件材质。

"附着式升降脚手架"检查评定保证项目应包括：施工方案、安全装置、架体构造、附着支座、架体安装、架体升降。一般项目包括：检查验收、脚手板、架体防护、安全作业。

"高处作业吊篮"检查评定保证项目应包括：施工方案、安全装置、悬挂机构、钢丝绳、安装作业、升降作业。一般项目应包括：交底与验收、安全防护、吊篮稳定、荷载。

（4）"基坑工程"检查评定保证项目应包括：施工方案、基坑支护、降排水、基坑开挖、坑边荷载、安全防护。一般项目应包括：基坑监测、支撑拆除、作业环境、应急预案。

（5）"模板支架"检查评定保证项目应包括：施工方案、支架基础、支架构造、支架稳定、施工荷载、交底与验收。一般项目应包括：杆件连接、底座与托撑、构配件材质、支架拆除。

（6）"高处作业"检查评定项目应包括：安全帽、安全网、安全带、临边防护、洞口防护、通道口防护、攀登作业、悬空作业、移动式操作平台、悬挑式物料钢平台。

（7）"施工用电"检查评定的保证项目应包括：外电防护、接地与接零保护系统、配电线路、配电箱与开关箱。一般项目应包括：配电室与配电装置、现场照明、用电档案。

（8）"物料提升机"检查评定保证项目应包括：安全装置、防护设施、附墙架与缆风绳、钢丝绳、安拆、验收与使用。一般项目应包括：基础与导轨架、动力与传动、通信装置、卷扬机操作棚、避雷装置。

（9）"施工升降机"检查评定保证项目应包括：安全装置、限位装置、防护设施、附墙架、钢丝绳、滑轮与对重、安拆、验收与使用。一般项目应包括：导轨架、基础、电气安全、通信装置。

（10）"塔式起重机"检查评定保证项目应包括：载荷限制装置、行程限位装置、保护装置、吊钩、滑轮、卷筒与钢丝绳、多塔作业、安拆、验收与使用。一般项目应包括：附着、基础与轨道、结构设施、电气安全。

（11）"起重吊装"检查评定保证项目应包括：施工方案、起重机械、钢丝绳与地锚、索具、作业环境、作业人员。一般项目应包括：起重吊装、高处作业、构件码放、警戒监护。

（12）"施工机具"检查评定项目应包括：平刨、圆盘锯、手持电动工具、钢筋机械、电焊机、搅拌机、气瓶、翻斗车、潜水泵、振捣器、桩工机械。

2. 检查评分方法

（1）分项检查评分表和检查评分汇总表的满分分值均应为 100 分，评分表的实得分值应为各检查项目所得分值之和；

（2）评分应采用扣减分值的方法，扣减分值总和不得超过该检查项目的应得分值；

（3）当按分项检查评分表评分时，保证项目中有一项未得分或保证项目小计得分不足 40 分，此分项检查评分表不应得分；

（4）检查评分汇总表中各分项项目实得分值应按式（11.2-1）计算：

$$A_1 = \frac{B \times C}{100} \qquad (11.2-1)$$

式中 A_1——汇总表各分项项目实得分值；

B——汇总表中该项应得满分值；

C——该项检查评分表实得分值。

（5）当评分遇有缺项时，分项检查评分表或检查评分汇总表的总得分值应按式（11.2-2）计算：

$$A_2 = \frac{D}{E} \times 100 \qquad (11.2-2)$$

式中 A_2——遇有缺项时总得分值；

D——实查项目在该表的实得分值之和；

E——实查项目在该表的应得满分值之和。

（6）脚手架、物料提升机与施工升降机、塔式起重机与起重吊装项目的实得分值，应为所对应专业的分项检查评分表实得分值的算术平均值。

3. 检查等级评定

（1）按汇总表的总得分和分项检查评分表的得分，建筑施工安全检查评定划分为优良、合格、不合格三个等级。

（2）建筑施工安全检查评定的等级划分应符合下列规定：

① 优良

分项检查评分表无零分，汇总表得分值应在80分及以上。

② 合格

分项检查评分表无零分，汇总表得分值应在80分以下，70分及以上。

③ 不合格

a. 当汇总表得分值不足70分时；

b. 当有一分项检查评分表为零时。

当建筑施工安全检查评定的等级为不合格时，必须限期整改达到合格。

11.3 施工安全生产管理要点

11.3.1 地基与基础工程安全管理要点

基础工程施工容易发生基坑坍塌、中毒、触电、机械伤害等类型生产安全事故，坍塌事故尤为突出。

1. 基础工程施工主要安全隐患

（1）挖土机械作业无可靠的安全距离。

（2）没有按规定放坡或设置可靠的支撑。

（3）设计的考虑因素和安全可靠性不够。

（4）地下水没能有效控制。

（5）土体出现渗水、开裂、剥落。

（6）在基础底部进行掏挖。

（7）沟槽内作业人员过多。

（8）施工时地面上无专人巡视监护。

（9）地面堆载离坑槽边过近、过高。

（10）邻近的坑槽有影响土体稳定的施工作业。

（11）基础施工离现有建筑物过近，其间土体不稳定。

（12）防水施工无防火、防毒措施。

（13）灌注桩成孔后未覆盖孔口。

（14）人工挖孔桩施工前不进行有毒气体检测。

2. 基坑发生坍塌的主要迹象

（1）周围地面出现裂缝，并不断扩展。

（2）支撑系统发出挤压等异常响声。

（3）环梁或排桩、挡墙的水平位移较大，并持续发展。

（4）支护系统出现局部失稳。

（5）大量水土不断涌入基坑。

（6）相当数量的锚杆螺母松动，甚至有的槽钢松脱等。

3. 基础工程施工安全控制的主要内容

（1）施工机械作业安全。

（2）边坡与基坑支护安全。

（3）降水设施与临时用电安全。

（4）防水施工时的防火、防毒安全。

（5）桩基施工的安全防范。

4. 基坑（槽）施工安全控制要点

1）基坑（槽）开挖前的勘察内容

（1）详尽搜集工程地质和水文地质资料。

（2）认真查明地上、地下各种管线（如上下水、电缆、煤气、污水、雨水、热力等管线或管道）的分布和形状、位置和运行状况。

（3）充分了解和查明周围建（构）筑物的状况。

（4）充分了解和查明周围道路交通状况。

（5）充分了解周围施工条件。

2）基坑（槽）土方开挖与回填安全技术措施

（1）基坑（槽）开挖时，两人操作间距应大于 2.5m。多台机械开挖，挖土机间距应大于 10m。在挖土机工作范围内，不允许进行其他作业。挖土应由上而下，逐层进行，严禁先挖坡脚或逆坡挖土。

（2）土方开挖不得在危岩、孤石或贴近未加固的危险建筑物的下面进行。施工中在基坑周边应设排水沟，防止地面水流入或渗入坑内，以免发生边坡塌方。

（3）基坑周边严禁超堆荷载。在坑边堆放弃土、材料和移动施工机械时，应与坑边保持一定的距离，当土质良好时，要距坑边 1m 以外，堆放高度不能超过 1.5m。

（4）基坑（槽）开挖应严格按要求进行放坡。施工时应随时注意土壁的变化情况，如发现有裂纹或部分坍塌现象，应及时进行加固支撑或放坡，并密切注意支撑的稳固和土壁的变化，同时对坡顶、坡面、坡脚采取降排水措施。当采取不放坡开挖时，应设置临时支护，各种支护应根据土质及基坑深度经计算确定。

（5）采用机械多台阶同时开挖时，应验算边坡的稳定，挖土机离边坡应保持一定的安全距离，以防塌方，造成翻机事故。

（6）在有支撑的基坑（槽）中使用机械挖土时，应采取必要措施防止碰撞支护结构、工程桩或扰动基底原土。在坑槽边使用机械挖土时，应计算支护结构的整体稳定性，必要时应采取措施加强支护结构。

（7）开挖至坑底标高后坑底应及时封闭并进行基础工程施工。

（8）地下结构工程施工过程中应及时进行夯实回填土施工。在进行基坑（槽）和管沟回填土时，其下方不得有人，所使用的打夯机等要检查电气线路，防止漏电、触电，停机时要切断电源。

（9）在拆除护壁支撑时，应按照回填顺序，从下而上逐步拆除。更换护壁支撑时，必须先安装新的，再拆除旧的。

3）地下水控制

（1）为保证基坑开挖安全，在支护结构设计时，应根据场地及周边工程地质条件、水文地质条件和环境条件并结合基坑支护和基础施工方案综合确定地下水控制的设施和施工。

（2）地下水控制方法分为集水明排、降水、截水和回灌等形式，可单独或组合使用。

（3）当因降水而危及基坑及周边环境安全时，宜采用截水或回灌方法。如果截水后，基坑中的水量或水压较大时，宜采用基坑内降水。

（4）当基坑底为隔水层且层底作用有承压水时，应进行坑底突涌验算，必要时可采取水平封底隔渗或钻孔减压措施保证坑底土层稳定。

4）基坑施工的应急措施

（1）在基坑开挖过程中，一旦出现了渗水或漏水，应根据水量大小，采用坑底设沟排水、引流修补、密实混凝土封堵、压密注浆、高压喷射注浆等方法及时进行处理。

（2）如果水泥土墙等重力式支护结构位移超过设计预警值时，应予以高度重视，同时做好位移监测，掌握发展趋势。如果位移持续发展，超过设计控制值时，则应采用水泥土墙背后卸载、加快垫层施工及加大垫层厚度和加设支撑等方法及时进行处理。

（3）如果悬臂式支护结构位移超过设计值时，应采取加设支撑或锚杆、支护墙背卸土等方法及时进行处理。如果悬臂式支护结构发生深层滑动时，应及时浇筑垫层，必要时也可以加厚垫层，形成下部水平支撑。

（4）如果支撑式支护结构发生墙背土体沉陷，应采取增设坑外回灌井、进行坑底加固、垫层随挖随浇、加厚垫层或采用配筋垫层、设置坑底支撑等方法及时进行处理。

（5）对于轻微的流沙现象，在基坑开挖后可采用加快垫层浇筑或加厚垫层的方法"压住"流沙。对于较严重的流沙，应增加坑内降水措施进行处理。

（6）如果发生管涌，可以在支护墙前再打设一排钢板桩，在钢板桩与支护墙间进行注浆。

（7）对邻近建筑物沉降的控制一般可以采用回灌井、跟踪注浆等方法。对于沉降很大，而压密注浆又不能控制的建筑，如果基础是钢筋混凝土的，则可以考虑采用静力锚杆压桩的方法进行处理。

（8）对于基坑周围管线保护的应急措施一般包括增设回灌井、打设封闭桩或管线架空等方法。

5. 打（沉）桩施工安全控制要点

（1）打（沉）桩施工前，应编制专项施工方案，对邻近的原有建筑物、地下管线等进行全面检查，对有影响的建筑物或地下管线等，应采取有效的加固措施或隔离措施，以确保施工安全。

（2）桩机行走道路必须保持平整、坚实，保证桩机移动时的安全。场地的四周应挖排水沟用于排水。桩机爬坡或在松软场地与坚硬场地之间过渡时，严禁横向行走。

（3）在施工前应先对机械进行全面的检查，发现有问题时应及时解决。对机械全面检查后要进行试运转，严禁机械带病作业。

（4）在吊装就位作业时，起吊速度要慢，并要拉住溜绳。在打桩过程中遇有地坪隆起或下陷时，应随时调平机架及路轨。

（5）静压桩机发生浮机时，应停止作业，采取措施后，方可继续作业。起拔送桩器不得超过压桩机起重能力。压桩机上的吊机只能喂桩，不得卸放工程桩。

（6）机械操作人员在施工时要注意机械运转情况，发现异常要及时进行纠正。要防止机械倾斜、倾倒、桩锤突然下落等事故、事件的发生。打桩时桩头垫料严禁用手进行拨正。

（7）钻孔灌注桩在已钻成的孔尚未浇筑混凝土前，必须用盖板封严桩孔。钢管桩打桩后必须及时加盖临时桩帽。预制混凝土桩送桩入土后的桩孔，必须及时用砂或其他材料填灌，以免发生人身伤害事故。

（8）在进行冲抓钻或冲孔锤操作时，任何人不准进入落锤区施工范围内。在进行成孔钻机操作时，钻机要安放平稳，要防止钻架突然倾倒或钻具突然下落而发生事故。

（9）施工现场临时用电设施的安装和拆除必须由持证电工操作。机械设备电器必须按规定做好接零或接地，正确使用漏电保护装置。

6. 灌注桩施工安全控制要点

（1）灌注桩施工前应编制专项施工方案，严格按方案规定的程序组织施工。

（2）灌注桩在已成孔未浇筑前，应用盖板封严或沿四周设安全防护栏杆，以免掉土或发生人身安全事故。

（3）所有的设备电路应架空设置，不得使用不防水的电线或绝缘层有损坏的电线。电器必须有接地、接零和漏电保护装置。

（4）现场施工人员必须戴安全帽，拆除导管时上空不得进行作业。严禁酒后操作机械和上岗作业。

（5）混凝土浇筑完毕后，及时抽干空桩部分泥浆，用素土回填，以免发生人、物陷落事故。

7. 人工挖孔桩施工安全控制要点

（1）人工挖孔桩施工前应编制专项施工方案，严格按方案规定的程序组织施工。开挖深度超过 16m 的人工挖孔桩工程还需对专项施工方案进行专家论证。

（2）桩孔内必须设置应急软爬梯供人员上下井，使用的电葫芦、吊笼等应安全可靠，并配有自动卡紧保险装置。

（3）每日开工前必须对井下有毒有害气体成分和含量进行检测，并应采取可靠的安全防护措施。桩孔开挖深度超过10m时，应配置专门向井下送风的设备。

（4）孔口内挖出的土石方应及时运离孔口，不得堆放在孔口四周1m范围内。机动车辆通行应远离孔口。

（5）挖孔桩各孔内用电严禁一闸多用。孔上电缆必须架空2.0m以上，严禁拖地和埋压土中，孔内电缆线必须有防磨损、防潮、防断等措施。照明应采用安全矿灯或12V以下的安全电压。

11.3.2　脚手架工程安全管理要点

1. 钢管脚手架施工准备工作

（1）钢管脚手架搭设和拆除作业以前，应根据工程特点编制脚手架专项施工方案，并应经审批后实施。

（2）钢管脚手架搭设和拆除作业前，应将脚手架专项施工方案向施工现场管理人员及作业人员进行安全技术交底。

2. 钢管脚手架的地基

脚手架地基应符合下列规定：

（1）应平整坚实，应满足承载力和变形要求；

（2）应设置排水设施，搭设场地不应积水；

（3）冬期施工应采取防冻胀措施。

3. 钢管脚手架的搭设

（1）底座、垫板均应准确地放在定位线上；垫板应采用长度不少于2跨、厚度不小于50mm、宽度不小于200mm的木垫板。

（2）严禁将支撑脚手架、缆风绳、混凝土输送泵管、卸料平台及大型设备的支承件等固定在作业脚手架上。严禁在作业脚手架上悬挂起重设备。

（3）单排脚手架的横向水平杆不应设置在下列部位：

① 设计上不许留脚手眼的部位；

② 过梁上与过梁两端成60°的三角形范围内及过梁净跨度1/2的高度范围内；

③ 宽度小于1m的窗间墙；120mm厚墙、料石墙、清水墙和独立柱；

④ 梁或梁垫下及其左右500mm范围内；

⑤ 砖砌体门窗洞口两侧200mm（石砌体为300mm）和转角处450mm（石砌体为600mm）范围内；

⑥ 独立或附墙砖柱，空斗砖墙、加气块墙等轻质墙体；

⑦ 砌筑砂浆强度等级小于或等于M2.5的砖墙。

（4）纵向水平杆应设置在立杆内侧，其长度不应小于3跨。

（5）纵向水平杆接长应采用对接扣件连接或搭接。纵向水平杆的对接扣件应交错布置：两根相邻纵向水平杆的接头不应设置在同步或同跨内；不同步或不同跨两个相邻接头在水平方向错开的距离不应小于500mm；各接头中心至最近主节点的距离不应大于纵距的1/3。搭接长度不应小于1m，应等间距设置3个旋转扣件固定，端部扣件盖板边缘至搭接纵向水平杆杆端的距离不应小于 100mm。

（6）在主节点处固定的横向水平杆、纵向水平杆、剪刀撑、横向斜撑等用的直角扣件、旋转扣件的中心点的相互距离不应大于 150mm。作业层上非主节点处的横向水平杆，最大间距不应大于纵距的 1/2。

（7）冲压钢脚手板、木脚手板、竹串片脚手板等，应设置在三根横向水平杆上。当脚手板长度小于 2m 时，可采用两根横向水平杆支撑，但应将脚手板两端与其可靠固定，严防倾翻。此三种脚手板的铺设应采用对接平铺或搭接铺设。脚手板对接平铺时，接头处必须设两根横向水平杆，脚手板外伸长应取 130～150mm，两块脚手板外伸长度之和不应大于 300mm；脚手板搭接铺设时，接头必须支在横向水平杆上，搭接长度不应小于 200mm，其伸出横向水平杆的长度不应小于 100mm。

（8）脚手架必须设置纵、横向扫地杆。纵向扫地杆应采用直角扣件固定在距钢管底端不大于 200mm 处的立杆上。横向扫地杆应采用直角扣件固定在紧靠纵向扫地杆下方的立杆上。

（9）立杆上的对接扣件应交错布置，两根相邻立杆的接头不应设置在同步内，同步内每隔一根立杆的两个相邻接头在高度方向错开的距离不宜小于 500mm；各接头中心至主节点的距离不宜大于步距的 1/3。搭接长度不应小于 1m，应采用不少于 2 个旋转扣件固定，端部扣件盖板的边缘至杆端距离不应小于 100mm。

（10）对高度 24m 及以下的单、双排脚手架，宜采用刚性连墙件与建筑物可靠连接，亦可采用钢筋与顶撑配合使用的附墙连接方式。严禁使用只有钢筋的柔性连墙件。对高度 24m 以上的双排脚手架，必须采用刚性连墙件与建筑物可靠连接。

（11）剪刀撑应随立杆、纵向和横向水平杆等同步设置，各底层斜杆下端均必须支承在垫块或垫板上。

4. 钢管脚手架的拆除

（1）拆除作业必须由上而下逐层进行，严禁上下同时作业。

（2）连墙件必须随脚手架逐层拆除，严禁先将连墙件整层拆除后再拆脚手架；分段拆除高差不应大于 2 步，如高差大于 2 步，应增设连墙件加固。

（3）拆除作业应设专人指挥，当有多人同时操作时，应明确分工、统一行动，且应具有足够的操作面。

（4）拆除的构配件应采用起重设备吊运或人工传递到地面，严禁抛掷。

5. 钢管脚手架的检查验收

（1）脚手架搭设过程中，应在下列阶段进行检查，检查合格后方可使用；不合格应进行整改，整改合格后方可使用：

① 基础完工后及脚手架搭设前；

② 首层水平杆搭设后；

③ 作业脚手架每搭设一个楼层高度；

④ 悬挑脚手架悬挑结构搭设固定后；

⑤ 搭设支撑脚手架，高度每 2～4 步或不大于 6m。

（2）脚手架搭设达到设计高度或安装就位后，应进行验收，验收不合格的，不得使用。

（3）脚手架定期检查的主要内容

① 主要受力杆件、剪刀撑等加固杆件和连墙件应无缺失、无松动，架体应无明显变形；

② 场地应无积水，立杆底端应无松动、无悬空；

③ 安全防护设施应齐全、有效，应无损坏缺失；

④ 附着式升降脚手架支座应稳固，防倾、防坠、停层、荷载、同步升降控制装置应处于良好工作状态，架体升降应正常平稳；

⑤ 悬挑脚手架的悬挑支承结构应稳固。

11.3.3　主体工程安全管理要点

主体工程安全管理是项目现场施工管理的重点。主体工程施工容易发生的安全事故类型：模板支撑系统整体坍塌、高空坠落、物体打击、触电、机械伤害、脚手架失稳、重物吊装等。

1. 主体工程施工主要安全隐患

1）现浇混凝土模板与支撑系统

（1）模板支撑架体地基、基础下沉。

（2）架体的杆件间距或步距过大。

（3）架体未按规定设置斜杆、剪刀撑和扫地杆。

（4）构架的节点构造和连接的紧固程度不符合要求。

（5）主梁和荷载显著加大部位的构架未加密、加强。

（6）高支撑架未设置一至数道加强的水平结构层。

2）混凝土浇筑

（1）高处作业安全防护设施不到位。

（2）机械设备的安装、使用不符合安全要求。

（3）混凝土浇筑方案不当使支撑架受力不均衡。

（4）过早地拆除支撑和模板。

3）装配式混凝土构件运输与安装

（1）预制混凝土构件吊装时起重设备主钩、吊具及构件重心不重合。

（2）对于超高、超宽、形状特殊的大型预制构件的运输无可靠固定。

（3）预制构件存放不符合安全要求。

（4）装配式混凝土构件现场安装时机械设备的使用不符合安全要求。

（5）装配式混凝土构件安装后过早地拆除临时支撑。

（6）高处作业安全防护设施不到位。

4）钢结构安装

（1）钢结构工程安装机械设备的技术性能、承载能力和使用条件不符合安全要求。

（2）钢结构安装过程中未形成稳固的空间刚度单元。

（3）钢结构施工中高处作业及临边洞口安全防护不符合安全要求。

（4）钢结构施工时对易发生职业病的作业人员专项保护措施不符合安全要求。

5）砌体砌筑

（1）高处作业安全防护设施不符合安全要求。

（2）机械设备的安装、使用不符合安全要求。

（3）砌体堆放或砌筑高度不符合要求造成坍塌。

（4）作业支撑架体受力不均衡，产生过大的集中荷载、冲击荷载。

2. 主体结构工程施工主要安全控制内容

1）现浇混凝土工程

（1）模板支撑系统设计。

（2）模板支拆施工安全。

（3）混凝土浇筑高处作业安全。

（4）混凝土浇筑设备使用安全。

2）装配式混凝土工程

（1）装配式混凝土构件运输及存放作业安全。

（2）装配式混凝土构件安装作业安全。

（3）装配式混凝土工程高处作业安全。

（4）装配式混凝土工程垂直运输设备使用安全。

3）钢结构工程

（1）钢结构工程构件安装作业及过程中临时支撑措施。

（2）钢结构工程设备使用及用电安全。

（3）钢结构工程高处作业安全。

（4）钢结构工程作业区安全防护措施。

4）砌体工程

（1）砌体工程施工方案。

（2）砌体砌筑过程中高处安全防护。

（3）砌体砌筑过程中作业安全。

（4）脚手架支撑架体安全防护。

3. 现浇混凝土工程施工安全控制要点

1）模板工程施工安全控制要点

（1）保证模板安装施工安全的基本要求：

① 模板工程安装高度超过 3.0m，必须搭设脚手架，除操作人员外，脚手架下不得站其他人。

② 模板安装高度在 2m 及以上时，临边作业安全防护应符合标准规定。

③ 施工人员上下通行必须借助马道、施工电梯或上人扶梯等设施，不允许攀登模板、斜撑杆、拉条或绳索等上下，不允许在高处的墙顶、独立梁或其模板上行走。

④ 作业时，模板和配件不得随意堆放，模板应放平放稳，严防滑落。脚手架或操作平台上临时堆放的模板不宜超过 3 层，脚手架或操作平台上的施工总荷载不得超过其设计值。

⑤ 高处支模作业人员所用工具和连接件应放在箱盒或工具袋中，不得散放在脚手板上，以免坠落伤人。

⑥ 模板安装时，上下应有人接应，随装随运，严禁抛掷。且不得将模板支搭在门窗框上，也不得将脚手板支搭在模板上，并严禁将模板与上料井架及有车辆运行的脚手架或操作平台支成一体。

⑦ 当钢模板高度超过 15m 时，应安设避雷设施，避雷设施的接地电阻不得大于 4Ω。大风地区或大风季节施工，模板应有抗风的临时加固措施。

⑧ 遇大雨、大雾、沙尘、大雪或 6 级以上大风等恶劣天气时，应暂停露天高处作业。6 级及以上风力时，应停止高空吊运作业。雨、雪停止后，应及时清除模板和地面上的积水及积雪。

⑨ 在架空输电线路下方进行模板施工，如果不能停电作业，应采取隔离防护措施。

⑩ 模板施工中应设专人负责安全检查，发现问题应报告有关人员处理。当遇险情时，应立即停工和采取应急措施；待修复或排除险情后，方可继续施工。

（2）保证模板拆除施工安全的基本要求

① 现浇混凝土结构模板及其支架拆除时的混凝土强度应符合设计要求。当设计无要求时，应符合下列规定：

a. 不承重的侧模板，包括梁、柱、墙的侧模板，只要混凝土强度能保证其表面及棱角不因拆除模板而受损，即可进行拆除。

b. 承重模板，包括梁、板等水平结构构件的底模，应在与结构同条件养护的试块强度达到规定要求时，进行拆除。

c. 后张法预应力混凝土结构或构件模板的拆除，侧模应在预应力张拉前拆除，其混凝土强度达到侧模拆除条件即可。进行预应力张拉，必须在混凝土强度达到设计规定值时进行，底模必须在预应力张拉完毕方能拆除。

d. 在拆模过程中，如发现实际结构混凝土强度并未达到要求，有影响结构安全的质量问题时，应暂停拆模，经妥当处理使实际强度达到要求后，方可继续拆除。

e. 已拆除模板及其支架的混凝土结构，应在混凝土强度达到设计要求后，才允许承受全部设计的使用荷载。

f. 拆除芯模或预留孔的内模时，应在混凝土强度能保证不发生塌陷和裂缝时，方可拆除。

② 拆模作业之前必须填写拆模申请，并在同条件养护试块强度记录达到规定要求时，技术负责人方能批准拆模。

③ 冬期施工的模板拆除应遵守冬期施工的有关规定，其中主要是要考虑混凝土模板拆除后的保温养护，如果不能进行保温养护，必须暴露在大气中，要考虑混凝土受冻的临界强度。

④ 各类模板拆除的顺序和方法，应根据模板设计的要求进行。如果模板设计无要求时，可按：先支的后拆，后支的先拆，先拆非承重的模板，后拆承重的模板及支架的顺序进行。

⑤ 拆模时下方不能有人，拆模区应设警戒线，以防有人误入。拆除的模板向下运送传递时，一定要做到上下呼应，协调一致。

⑥ 模板拆除不能采取猛撬以致大片塌落的方法进行。

⑦ 拆除的模板必须随时清理，以免钉子扎脚、阻碍通行。使用后的木模板应拔除

铁钉，分类进库，堆放整齐。露天堆放时，顶面应遮盖防雨篷布。

⑧ 使用后的模板、钢构件应及时将粘结物清理洁净，进行必要的维修、刷油，整理合格后，方可运往其他施工现场或入库。

⑨ 模板在装车运输时，不宜超出车栏杆，少量高出部分必须拴牢，零配件应分类装箱，不得散装运输。装车时，应轻搬轻放，不得相互碰撞。卸车时，严禁成捆从车上推下和拆散抛掷。

⑩ 模板及配件应放入室内或工棚内，当必须露天堆放时，底部应垫高 100mm，顶面应遮盖防水篷布或塑料布。

2）混凝土浇筑施工的安全控制要点

（1）混凝土浇筑作业人员的作业区域内，应按高处作业的有关规定，设置临边、洞口安全防护设施。

（2）混凝土浇筑所使用机械设备的接零（接地）保护、漏电保护装置应齐全有效，作业人员应正确使用安全防护用具。

（3）交叉作业应避免在同一垂直作业面上进行，否则应按规定设置隔离防护设施。

（4）用井架运输混凝土时，应设制动安全装置，升降应有明确信号，操作人员未离开提升台时，不得发升降信号。提升台内停放的手推车不得伸出台外，车辆前后要挡牢。

（5）用料斗进行混凝土吊运时，料斗的斗门在装料吊运前一定要关好卡牢，以防止吊运过程中被挤开抛卸。

（6）用溜槽及串筒下料时，溜槽和串筒应固定牢固，人员不得直接站到溜槽帮上操作。

（7）用混凝土输送泵泵送混凝土时，混凝土输送泵的管道应连接和支撑牢固，试送合格后才能正式输送，检修时必须卸压。

（8）有倾倒、掉落危险的浇筑作业应采取相应的安全防护措施。

4. 装配式混凝土工程的安全控制要点

（1）应根据构件特点采用不同的运输方式，托架、靠放架、插放架应进行专门设计，进行强度、稳定性和刚度验算：

① 外墙板宜采用立式运输，外饰面层应朝外，梁、板、楼梯、阳台宜采用水平运输。

② 采用靠放架立式运输时，构件与地面倾斜角度宜大于 80°，构件应对称靠放，每侧不大于 2 层，构件层间上部采用木垫块隔离。

③ 采用插放架直立运输时，应采取防止构件倾倒措施，构件之间应设置隔离垫块。

④ 水平运输时，预制梁、柱构件叠放不宜超过 3 层，板类构件叠放不宜超过 6 层。

（2）安装作业开始前，应对安装作业区进行围护并做出明显的标识，拉警戒线，根据危险源级别安排旁站，严禁与安装作业无关的人员进入。

（3）施工作业使用的专用吊具、吊索、定型工具式支撑、支架等，应进行安全验算，使用中进行定期、不定期检查，确保其安全状态。

（4）吊装作业安全规定：

① 预制构件起吊后，应先将预制构件提升 300mm 左右后，停稳构件，检查钢丝

绳、吊具和预制构件状态，确认吊具安全且构件平稳后，方可缓慢提升构件；

② 吊机吊装区域内，非作业人员严禁进入；吊运预制构件时，构件下方严禁站人，应待预制构件降落至距地面 1m 以内方准作业人员靠近，就位固定后方可脱钩；

③ 高空应通过缆风绳改变预制构件方向，严禁高空直接用手扶预制构件；

④ 遇到雨、雪、雾天气，或者风力大于 5 级时，不得进行吊装作业。

（5）夹芯保温外墙板后浇混凝土连接节点区域的钢筋连接施工时，不得采用焊接连接。

5.钢结构工程的安全控制要点

（1）施工时，作业人员按照规定使用合格劳动保护用品。

（2）当高空作业的各项安全措施经检查不合格时，严禁高空作业。

（3）登高作业安全要求：

① 搭设的登高脚手架应符合规范规定；当采用其他登高措施时，应进行结构安全计算。

② 多层及高层钢结构施工应采用人货两用电梯登高，对电梯尚未到达的楼层应搭设合理的安全登高设施。

③ 钢柱吊装松钩时，施工人员宜通过钢挂梯登高，并应采用防坠器进行人身保护。钢挂梯应预先与钢柱可靠连接，并应随柱起吊。

（4）安全通道安全要求：

① 钢结构安装所需的平面安全通道应分层连续搭设。

② 钢结构施工的平面安全通道宽度不宜小于 600mm，且两侧应设置安全护栏或防护钢丝绳。

③ 在钢梁或钢桁架上行走的作业人员应佩戴双钩安全带。

（5）洞口和临边防护：

① 边长或直径为 20～40cm 的洞口应采用刚性盖板固定防护；边长或直径为 40～150cm 的洞口应架设钢管脚手架、满铺脚手板等；边长或直径在 150cm 以上的洞口应张设密目安全网防护并加护栏。

② 建筑物楼层钢梁吊装完毕后，应及时分区铺设安全网。

③ 楼层周边钢梁吊装完成后，应在每层临边设置防护栏，且防护栏高度不应低于 1.2m。

④ 搭设临边脚手架、操作平台、安全挑网等应可靠固定在结构上。

6.砌体工程施工安全控制要点

（1）现场人员佩戴安全帽，高处作业系好安全带。在建工程外侧应设置密目安全网。

（2）砌筑用脚手架应按经审查批准的施工方案搭设。不得随意拆除和改动脚手架。

（3）作业人员在脚手架上施工时，应符合下列规定：

① 在脚手架上砍砖时，应向内将碎砖打在脚手板上，不得向架外砍砖；

② 在脚手架上堆普通砖、多孔砖不得超过 3 层，空心砖或砌块不得超过 2 层；

③ 翻拆脚手架前，应将脚手板上的杂物清理干净。

（4）不得在卸料平台上、脚手架上、升降机、龙门架及井架物料提升机出入口位置进行块材的切割、打凿加工。不得站在墙顶操作和行走。工作完毕应将墙上和脚手架上多余的材料、工具清理干净。

（5）作业楼层的周围应进行封闭围护，同时应设置防护栏及张挂安全网。楼层内的预留洞口、电梯口、楼梯口，应搭设防护栏杆，对大于 1.5m 的洞口，应设置围挡。预留孔洞应加盖封堵。

（6）未施工楼层板或屋面板的墙或柱，当可能遇到大风时，其允许自由高度不得超过规定。当超过允许限值时，应采用临时支撑等有效措施。

（7）现场加工区材料切割、打凿加工人员，砂浆搅拌作业人员以及搬运人员，应按相关要求佩戴好劳动防护用品。

11.3.4　吊装工程安全管理要点

1. 吊装作业人员及场地要求

（1）特种作业人员持特种作业操作资格证书上岗。特种作业人员应按规定进行体检和复审。

（2）起重吊装作业前，应根据施工组织设计要求划定危险作业区域，设置醒目的警示标志，设置监护人员，防止高处作业或交叉作业时造成的落物伤人事故。

（3）起重机械设备

① 起重机械应满足施工方案要求。

② 起重吊装机械应安装限位装置，并应定期检查。

③ 安装和拆除塔式起重机时，应有专项技术方案。

④ 群塔作业应采取防止塔式起重机相互碰撞措施。

⑤ 采用非定型产品的吊装机械时，必须进行设计计算，并应进行安全验算。

⑥ 起重吊装"十不吊"：

a. 超载或被吊物质量不清不吊；

b. 指挥信号不明确不吊；

c. 捆绑、吊挂不牢或不平衡，可能引起滑动时不吊；

d. 被吊物上有人或浮置物时不吊；

e. 结构或零部件有影响安全工作的缺陷或损伤时不吊；

f. 遇有拉力不清的埋置物件时不吊；

g. 工作场地昏暗，无法看清场地、被吊物和指挥信号时不吊；

h. 被吊物棱角处与捆绑钢绳间未加衬垫时不吊；

i. 歪拉斜吊重物时不吊；

j. 容器内装的物品过满时不吊。

（4）起重钢丝绳

① 钢丝绳断丝数在一个节距中超过 10%、钢丝绳锈蚀或表面磨损达 40% 以及有死弯、结构变形、绳芯挤出等情况时，应报废停止使用。

② 缆风绳应使用钢丝绳，其安全系数 $K = 3.5$，规格应符合施工方案要求，缆风绳应与地锚牢固连接。

2. 吊装安全作业要求

1）起重吊点

（1）根据重物的外形、重心及工艺要求选择吊点，并在方案中进行规定。

（2）吊点是在重物起吊、翻转、移位等作业中都必须使用的，吊点选择应与重物的重心在同一垂直线上，且吊点应在重心之上。使重物垂直起吊，严禁斜吊。

（3）当采用几个吊点起吊时，应使各吊点的合力在重物重心位置之上。必须正确计算每根吊索长度，使重物在吊装过程中始终保持稳定位置。

2）吊装区安全要求

（1）吊装区域应设置安全警戒线，非作业人员严禁入内。

（2）吊装物吊离地面200～300mm时，应进行全面检查，并应确认无误后再正式起吊。

（3）当风速达到10m/s时，宜停止吊装作业；当风速达到15m/s时，不得吊装作业。

（4）高空作业使用的小型手持工具和小型零部件应采取防止坠落措施。

（5）施工现场应有专业人员负责安装、维护和管理用电设备和配电线路。

（6）每天吊至楼层或屋面上的构件未安装完时，应采取牢靠的临时固定措施。

（7）压型钢板表面有水、冰、霜或雪时，应及时清除，并应采取相应的防滑保护措施。

3）构件吊装安全要求

（1）钢结构的吊装，构件应尽可能在地面组装，并应搭设临时固定、电焊、高强度螺栓连接等工序施工时的高空安全设施，且随构件同时吊装就位。拆卸时的安全措施，亦应一并考虑和落实。高空吊装预应力混凝土屋架、桁架等大型构件前，也应搭设悬空作业中所需的安全设施。

（2）悬空安装大模板、吊装第一块预制构件、吊装单独的大中型预制构件时，必须站在操作平台上操作。吊装中的大模板和预制构件以及石棉水泥板等屋面板上，严禁站人和行走。

（3）安装管道时必须有已完结构或操作平台为立足点，严禁在安装中的管道上站立和行走。

11.3.5 高处作业安全管理要点

高处作业是指凡在坠落高度基准面2m以上（含2m），有可能坠落的高处进行的作业。高处作业易发生高处坠落、物体打击等安全事故。高处作业要严格遵守《建筑施工高处作业安全技术规范》JGJ 80—2016规定。

1. 高处作业的主要安全隐患

（1）作业人员不正确佩戴安全帽，在无可靠安全防护措施的情况下不按规定系挂安全带。

（2）作业人员患有不适宜高处作业的疾病。

（3）违章酒后作业。

（4）各种形式的临边无防护或防护不严密。

（5）各种类型的洞口无防护或防护不严密。

（6）攀登作业所使用的工具不牢固。

（7）设备、管道安装、临空构筑物模板支设、钢筋绑扎、安装钢筋骨架、框架、过梁、雨篷、小平台混凝土浇筑等作业无操作架，操作架搭设不稳固，防护不严密。

（8）构架式操作平台、预制钢平台设计、安装、使用不符合安全要求。

（9）不按安全程序组织施工，地上地下同时施工，多层多工种交叉作业。

（10）安全设施无人监管，在施工中任意拆除、改变。

（11）高处作业的作业面材料、工具乱堆乱放。

2. 高处作业基本要求

（1）涉及临边与洞口作业、攀登与悬空作业、操作平台、交叉作业及安全防护网搭设的，应在施工组织设计或施工方案中制订高处作业安全技术措施。

（2）高处作业施工前，应按类别对安全防护设施进行检查、验收，验收合格后方可进行作业，并应做好验收记录。验收可分层或分阶段进行。

（3）当遇有 6 级及以上强风、浓雾、沙尘暴等恶劣气候，不得进行露天攀登与悬空高处作业。雨雪天气后，应对高处作业安全设施进行检查，当发现有松动、变形、损坏或脱落等现象时，应立即修理完善，维修合格后方可使用。

（4）安全防护设施验收应包括下列主要内容：

① 防护栏杆的设置与搭设；

② 攀登与悬空作业的用具与设施搭设；

③ 操作平台及平台防护设施的搭设；

④ 防护棚的搭设；

⑤ 安全网的设置；

⑥ 安全防护设施、设备的性能与质量、所用的材料、配件的规格；

⑦ 设施的节点构造，材料配件的规格、材质及其与建筑物的固定、连接状况。

（5）安全防护设施验收资料应包括下列主要内容：

① 施工组织设计中的安全技术措施或施工方案；

② 安全防护用具用品、材料和设备产品合格证明；

③ 安全防护设施验收记录；

④ 预埋件隐蔽验收记录；

⑤ 安全防护设施变更记录。

（6）安全防护设施宜采用定型化、工具化设施，防护栏应用黑黄或红白相间的条纹标示，盖件应用黄或红色标示。

3. 临边与洞口作业安全防范措施

1）临边作业

（1）坠落高度在基准面 2m 及以上进行临边作业时，应在临空一侧设置防护栏杆，并应采取密目式安全立网或工具式栏板封闭。

（2）施工的楼梯口、楼梯平台和梯段边，应安装防护栏杆；外设楼梯口、楼梯平台和梯段边还应采用密目式安全立网封闭。

（3）建筑物外围边沿外，对没有设置外脚手架的工程，应设置防护栏杆；对有外脚手架的工程，应采用密目式安全立网全封闭。

（4）施工升降机、龙门架和井架物料提升机等在建筑物间设置的停层平台两侧边，应设置防护栏杆、挡脚板，并应采用密目式安全立网或工具式栏板封闭。

（5）停层平台口应设置高度不低于 1.8m 的楼层防护门，并应设置防外开装置。

2）洞口作业

（1）洞口作业时，采取防坠落措施：

① 当竖向洞口短边边长小于 500mm 时，应采取封堵措施；当垂直洞口短边边长大于或等于 500mm 时，应在临空一侧设置高度不小于 1.2m 的防护栏杆，并应采用密目式安全立网或工具式栏板封闭，设置挡脚板。

② 当非竖向洞口短边边长为 25～500mm 时，采用承重盖板覆盖，应防止盖板移位。

③ 当非竖向洞口短边边长为 500～1500mm 时，应采用盖板覆盖或防护栏杆等措施。

④ 当非竖向洞口短边边长大于或等于 1500mm 时，应在洞口作业侧设置高度不小于 1.2m 的防护栏杆，洞口应采用安全平网封闭。

（2）电梯井口应设置防护门，其高度不应小于 1.5m，并应设置挡脚板。

（3）在电梯施工前，电梯井道内应每隔 2 层且不大于 10m 加设一道安全平网。

（4）墙面等处落地的竖向洞口、窗台高度低于 800mm 的竖向洞口及框架结构在浇筑完混凝土未砌筑墙体时的洞口，应按临边防护要求设置防护栏杆。

3）防护栏杆

（1）临边作业的防护栏杆应由横杆、立杆及挡脚板组成，防护栏杆应符合下列规定：

① 防护栏杆应为两道横杆，上杆距地面高度应为 1.2m，下杆应在上杆和挡脚板中间设置；

② 当防护栏杆高度大于 1.2m 时，应增设横杆，横杆间距不应大于 600mm；

③ 防护栏杆立杆间距不应大于 2m；

④ 挡脚板高度不应小于 180mm。

（2）防护栏杆的立杆和横杆的设置、固定及连接，应确保防护栏杆在上下横杆和立杆任何部位处，均能承受任何方向 1kN 的外力作用。

（3）防护栏杆应张挂密目式安全立网或其他材料封闭。

4. 攀登作业的安全防范措施

（1）同一梯子上不得两人同时作业。在通道处使用梯子作业时，应有专人监护或设置围栏。脚手架操作层上严禁架设梯子作业。

（2）使用固定式直梯攀登作业时，当攀登高度超过 3m 时，宜加设护笼；当攀登高度超过 8m 时，应设置梯间平台。

（3）钢结构安装时，应使用梯子或其他登高设施攀登作业。坠落高度超过 2m 时，应设置操作平台。

（4）当安装屋架时，应在屋脊处设置扶梯。扶梯踏步间距不应大于 400mm。屋架杆件安装时搭设的操作平台，应设置防护栏杆或使用作业人员拴挂安全带的安全绳。

（5）深基坑施工应设置扶梯、入坑踏步及专用载人设备或斜道等设施。采用斜道时，应加设间距不大于 400mm 的防滑条等防滑措施。作业人员严禁沿坑壁、支撑或乘运土工具上下。

5. 悬空作业的安全防范措施

1）构件吊装悬空作业规定

（1）吊装钢筋混凝土屋架、梁、柱等大型构件前，应在构件上预先设置登高通道、操作立足点等安全设施；

（2）在高空安装大模板、吊装第一块预制构件或单独的大中型预制构件时，应站在作业平台上操作；

（3）钢结构安装施工宜在施工层搭设水平通道，水平通道两侧应设置防护栏杆；当利用钢梁作为水平通道时，应在钢梁一侧设置连续的安全绳，安全绳宜采用钢丝绳；

（4）钢结构、管道等安装施工的安全防护宜采用工具化、定型化设施。

2）模板支撑搭设和拆卸悬空作业规定

（1）模板支撑的搭设和拆卸应按规定程序进行，不得在上下同一垂直面上同时装拆模板；

（2）在坠落基准面 2m 及以上高处搭设与拆除柱模板及悬挑结构的模板时，应设置操作平台；

（3）在进行高处拆模作业时应配置登高用具或搭设支架。

3）绑扎钢筋和预应力张拉的悬空作业应符合的规定

（1）绑扎立柱和墙体钢筋，不得沿钢筋骨架攀登或站在骨架上作业；

（2）在坠落基准面 2m 及以上高处绑扎柱钢筋和进行预应力张拉时，应搭设操作平台。

4）混凝土浇筑与结构施工的悬空作业应符合的规定

（1）浇筑高度 2m 及以上的混凝土结构构件时，应设置脚手架或操作平台；

（2）悬挑的混凝土梁和檐、外墙和边柱等结构施工时，应搭设脚手架或操作平台。

5）屋面作业的规定

（1）在坡度大于 25° 的屋面上作业，当无外脚手架时，应在屋檐边设置不低于 1.5m 高的防护栏杆，并应采用密目式安全立网全封闭；

（2）在轻质型材等屋面上作业，应搭设临时走道板，不得在轻质型材上行走；安装轻质型材板前，应采取在梁下支设安全平网或搭设脚手架等安全防护措施。

6）外墙作业的规定

（1）门窗作业时，应有防坠落措施，操作人员在无安全防护措施时，不得站立在樘子、阳台栏板上作业；

（2）高处作业不得使用座板式单人吊具，不得使用自制吊篮。

6. 操作平台的安全防范措施

1）移动式操作平台的规定

（1）移动式操作平台面积不宜大于 $10m^2$，高度不宜大于 5m，高宽比不应大于 2∶1，施工荷载不应大于 $1.5kN/m^2$。

（2）移动式操作平台的轮子与平台架体连接应牢固，立柱底端离地面不得大于 80mm，行走轮和导向轮应配有制动器或刹车闸等制动措施。

（3）移动式行走轮承载力不应小于 5kN，制动力矩不应小于 2.5N·m，移动式操作平台架体应保持垂直，不得弯曲变形，制动器除在移动情况外，均应保持制动状态。

（4）移动式操作平台移动时，操作平台上不得站人。

2）落地式操作平台架体构造的规定

（1）操作平台高度不应大于 15m，高宽比不应大于 3∶1；

（2）施工平台的施工荷载不应大于 $2.0kN/m^2$；当接料平台的施工荷载大于 $2.0kN/m^2$

时，应进行专项设计；

（3）操作平台应与建筑物进行刚性连接或加设防倾措施，不得与脚手架连接；

（4）用脚手架搭设操作平台时，其立杆间距和步距等结构要求应符合国家现行相关脚手架规范的规定；应在立杆下部设置底座或垫板、纵向与横向扫地杆，并应在外立面设置剪刀撑或斜撑；

（5）操作平台应从底层第一步水平杆起逐层设置连墙件，且连墙件间隔不应大于4m，并应设置水平剪刀撑。

3）悬挑式操作平台的规定

（1）悬挑式操作平台设置应符合下列规定：

① 操作平台的搁置点、拉结点、支撑点应设置在稳定的主体结构上，且应可靠连接；

② 严禁将操作平台设置在临时设施上；

③ 操作平台的结构应稳定可靠，承载力应符合设计要求。

（2）悬挑式操作平台的悬挑长度不宜大于5m，均布荷载不应大于5.5kN/m²，集中荷载不应大于15kN，悬挑梁应锚固固定。

（3）采用斜拉方式的悬挑式操作平台，平台两侧的连接吊环应与前后两道斜拉钢丝绳连接，每一道钢丝绳应能承载该侧所有荷载。

（4）采用支承方式的悬挑式操作平台，应在钢平台下方设置不少于两道斜撑，斜撑的一端应支承在钢平台主结构钢梁下，另一端应支承在建筑物主体结构上。

（5）采用悬臂梁式的操作平台，应采用型钢制作悬挑梁或悬挑桁架，不得使用钢管，其节点应采用螺栓或焊接的刚性节点。当平台板上的主梁采用与主体结构预埋件焊接时，预埋件、焊缝均应经设计计算，建筑主体结构应同时满足强度要求。

（6）悬挑式操作平台应设置4个吊环，吊运时应使用卡环，不得使吊钩直接钩挂吊环。吊环应按通用吊环或起重吊环设计，并应满足强度要求。

（7）悬挑式操作平台安装时，钢丝绳应采用专用的钢丝绳夹连接，钢丝绳夹数量应与钢丝绳直径相匹配，且不得少于4个。建筑物锐角、利口周围系钢丝绳处应加衬软垫物。

（8）悬挑式操作平台的外侧应略高于内侧；外侧应安装防护栏杆并应设置防护挡板全封闭。

（9）人员不得在悬挑式操作平台吊运、安装时上下。

7. 交叉作业安全防范措施

（1）交叉作业时，下层作业位置应处于上层作业的坠落半径之外，见表11.3-1。

表11.3-1　交叉作业影响半径

序号	上层作业高度 h_b（m）	坠落半径（m）
1	$2 \leq h_b \leq 5$	3
2	$5 < h_b \leq 15$	4
3	$15 < h_b \leq 30$	5
4	$h_b > 30$	6

（2）交叉作业时，坠落半径内应设置安全防护棚或安全防护网等安全隔离措施。当尚未设置安全隔离措施时，应设置警戒隔离区，人员严禁进入隔离区。

（3）处于起重机臂架回转范围内的通道，应搭设安全防护棚。

（4）施工现场人员进出的通道口，应搭设安全防护棚。

（5）不得在安全防护棚棚顶堆放物料。

（6）对不搭设脚手架和设置安全防护棚时的交叉作业，应设置安全防护网，当在多层、高层建筑外立面施工时，应在二层及每隔四层设一道固定的安全防护网，同时设一道随施工高度提升的安全防护网。

（7）安全防护棚搭设应符合下列规定：

① 当安全防护棚为非机动车辆通行时，棚底至地面高度不应小于 3m；当安全防护棚为机动车辆通行时，棚底至地面高度不应小于 4m。

② 当建筑物高度大于 24m 并采用木质板搭设时，应搭设双层安全防护棚。两层防护的间距不应小于 700mm，安全防护棚的高度不应小于 4m。

③ 当安全防护棚的顶棚采用竹笆或木质板搭设时，应采用双层搭设，间距不应小于 700mm；当采用木质板或与其等强度的其他材料搭设时，可采用单层搭设，木板厚度不应小于 50mm。防护棚的长度应根据建筑物高度与可能坠落半径确定。

（8）安全防护网搭设应符合下列规定：

① 安全防护网搭设时，应每隔 3m 设一根支撑杆，支撑杆水平夹角不宜小于 45°；

② 当在楼层设支撑杆时，应预埋钢筋环或在结构内外侧各设一道横杆；

③ 安全防护网应外高里低，网与网之间应拼接严密。

8. 建筑施工安全网

（1）采用平网防护时，严禁使用密目式安全立网代替平网使用。

（2）密目式安全立网搭设时，每个开眼环扣应穿系绳，系绳应绑扎在支撑架上，间距不得大于 450mm。相邻密目网间应紧密结合或重叠。

（3）当立网用于龙门架、物料提升架及井架的封闭防护时，四周边绳应与支撑架贴紧，边绳的断裂张力不得小于 3kN，系绳应绑在支撑架上，间距不得大于 750mm。

（4）用于电梯井、钢结构和框架结构及构筑物封闭防护的平网，应符合下列规定：

① 平网每个系结点上的边绳应与支撑架靠紧，边绳的断裂张力不得小于 7kN，系绳沿网边应均匀分布，间距不得大于 750mm；

② 电梯井内平网网体与井壁的空隙不得大于 25mm，安全网拉结应牢固。

11.3.6　主要施工机具安全管理要点

1. 塔式起重机的安全管理要点

（1）塔式起重机的轨道基础和混凝土基础必须经过设计验算，验收合格后方可使用；基础周围应修筑边坡和排水设施，并与基坑保持一定的安全距离。

（2）塔式起重机的拆装必须配备下列人员：

① 持有安全生产考核合格证书的项目负责人和安全负责人、机械管理人员；

② 具有建筑施工特种作业操作资格证书的建筑起重机械安装拆卸工、起重司机、起重信号工、司索工等特殊作业操作人员。

（3）拆装人员应穿戴安全保护用品，高处作业时应系好安全带，熟悉并认真执行拆装工艺和操作规程。

（4）顶升时严禁回转臂杆和其他作业。

（5）塔式起重机安装后，应进行整体技术检验和调整，经分阶段及整机检验合格后，方可交付使用。在无载荷情况下，塔身与地面的垂直度偏差不得超过4/1000。

（6）塔式起重机的指挥人员、操作人员必须持证上岗，作业时应严格执行指挥人员的信号，如信号不清或错误时，操作人员应拒绝执行。

（7）塔式起重机的动臂变幅限制器、行走限位器、力矩限制器、吊钩高度限制器以及各种行程限位开关等安全保护装置，必须安全完整、灵敏可靠，不得随意调整和拆除。严禁用限位装置代替操作机构。

（8）塔式起重机机械不得超荷载和起吊不明质量的物件。

（9）突然停电时，应立即把所有控制器拨到零位，断开电源开关，并采取措施将重物安全降到地面，严禁起吊重物后长时间悬挂空中。

（10）起吊重物时应绑扎平稳、牢固，不得在重物上悬挂或堆放零星物件。零星材料和物件必须用吊笼或钢丝绳绑扎牢固后方可起吊。严禁使用塔式起重机进行斜拉、斜吊和起吊地下埋设或凝结在地面上的重物。

（11）遇有6级及以上的大风或大雨、大雪、大雾等恶劣天气时，应停止塔式起重机露天作业。在雨雪过后或雨雪中作业时，应先进行试吊，确认制动器灵敏可靠后方可进行作业。

（12）在起吊荷载达到塔式起重机额定起重量的90%及以上时，应先将重物吊离地面200~500mm，然后进行下列检查：机械状况、制动性能、物件绑扎情况等，确认安全后方可继续起吊。对有晃动的物件，必须拉溜绳使之稳定。

2. 土石方机械的安全管理要点

（1）土石方机械作业前，应查明施工场地明、暗设置物（电线、地下电缆、管道、坑道等）的地点及走向，并采用明显记号标识。严禁在离电缆1m距离以内作业。

（2）在施工中遇下列情况之一时应立即停工，待符合作业安全条件时，方可继续施工：

① 填挖区土体不稳定，有发生坍塌危险时；

② 气候突变，发生暴雨、水位暴涨或山洪暴发时；

③ 在爆破警戒区内发出爆破信号时；

④ 地面涌水冒泥，出现陷车或因雨发生坡道打滑时；

⑤ 工作面净空不足以保证安全作业时；

⑥ 施工标志、防护设施损毁失效时。

（3）配合机械作业的清底、平地、修坡等人员，应在机械回转半径以外工作。当必须在回转半径以内工作时，应停止机械回转并制动好后，方可作业。

（4）推土机行驶前，严禁有人站在履带或刀片的支架上，机械四周应无障碍物，确认安全后，方可开动。

（5）蛙式夯实机进行夯实作业时，应一人扶夯，一人传递电缆线，且必须戴绝缘手套和穿绝缘鞋。递线人员应跟随夯机后或两侧调顺电缆线，电缆线不得扭结或缠绕，且不得张拉过紧，应保持有 3～4m 的余量。

（6）电动冲击夯应装有漏电保护装置，操作人员必须戴绝缘手套，穿绝缘鞋。作业时，电缆线不应拉得过紧，应经常检查线头安装，不得松动及引起漏电。严禁冒雨作业。

（7）风动凿岩机严禁在废炮眼上钻孔和骑马式操作，钻孔时，钻杆与钻孔中心线应保持一致。在装完炸药的炮眼 5m 以内，严禁钻孔。

（8）电动凿岩机电缆线不得敷设在水中或在金属管道上通过。施工现场应设标志，严禁机械、车辆等在电缆上通过。

3. 施工电梯的安全管理要点

（1）凡建筑工程工地使用的施工电梯，必须是通过省、自治区、直辖市以上主管部门鉴定合格和有许可证的制造厂家的合格产品。

（2）在施工电梯周围 5m 内，不得堆放易燃、易爆物品及其他杂物，不得在此范围内挖沟开槽。电梯 2.5m 范围内应搭坚固的防护棚。

（3）严禁利用施工电梯的井架、横竖支撑和楼层站台牵拉悬挂脚手架、施工管道、绳缆、标语旗帜及其他与电梯无关的物品。

（4）司机必须身体健康，并经过专业培训、考核合格，取得主管部门颁发的机械操作合格证后，方能独立操作。

（5）经常检查基础是否完好，是否有下沉现象，检查导轨架的垂直度是否符合出厂说明书要求，说明书无规定的就按 80m 高度不大于 25mm，100m 高度不大于 35mm 检查。

（6）检查各限位安全装置情况，经检查无误后先将梯笼升高至离地面 1m 处停车检查制动是否符合要求，然后继续上行试验楼层站台、防护门、上限位以及前、后门限位，并观察运转情况，确认正常后，方可正式投入使用。

（7）若载运熔化沥青、剧毒物品、强酸、溶液、笨重构件、易燃物品和其他特殊材料时，必须由技术部门会同安全、机务和其他有关部门制订安全措施向操作人员交底后方可载运。

（8）运载货物应做到均匀分布，防止偏载，物料不得超出梯笼之外。

（9）运行到上下尽端时，不准以限位停车（检查除外）。

（10）凡遇有下列情况时应停止运行：天气恶劣，如雷雨、6 级及以上大风、大雾、导轨结冰等情况；灯光不明，信号不清；机械发生故障，未彻底排除；钢丝绳断丝磨损超过规定。

4. 物料提升机（龙门架、井字架）的安全管理要点

（1）龙门架、井字架物料提升机不得用于高度 25m 及以上的建设工程施工。

（2）钢丝绳端部的固定当采用绳卡时，绳卡应与绳径匹配，其数量不得少于 3 个且间距不小于钢丝绳直径的 6 倍。绳卡滑鞍放在受力绳的一侧，不得正反交错设置绳卡。

（3）提升机应具有下列安全防护装置并满足其要求：安全停靠装置；断绳保护装置；楼层口停靠栏杆（门）；吊篮安全门；上料口防护棚；上极限限位器；下极限限位器；紧急断点开关；信号装置；缓冲器；超载限制器；通信装置。

（4）提升机基础应有排水措施。距基础边缘5m范围内，开挖沟槽或有较大振动的施工时，必须有保证架体稳定的措施。

（5）附墙架与架体及建筑之间，均应采用刚性件连接，并形成稳定结构，不得连接在脚手架上，严禁使用钢丝绑扎。

5. 桩工机械的安全管理要点

（1）打桩机类型应根据桩的类型、桩长、桩径、地质条件、施工工艺等因素综合考虑选择。打桩机作业区内无高压线路。作业区应有明显标志或围栏，非工作人员不得进入。桩锤在施打过程中，操作人员必须在距离桩锤中心5m以外监视。

（2）严禁吊桩、吊锤、回转或行走等动作同时进行。打桩机在吊有桩和锤的情况下，操作人员不得离开岗位。

（3）悬挂振动桩锤的起重机，其吊钩上必须有防松脱的保护装置。振动桩锤悬挂钢架的耳环上应加装保险钢丝绳。

（4）压桩时，非工作人员应离机10m以外。起重机的起重臂下，严禁站人。

（5）夯锤落下后，在吊钩尚未降至夯锤吊环附近前，操作人员不得提前下坑挂钩。从坑中提锤时，严禁挂钩人员站在锤上随锤提升。

6. 混凝土机械的安全管理要点

（1）固定式搅拌机的操纵台，应使操作人员能看到各部位工作情况。

（2）作业前，应先启动搅拌机空载运转，进行料斗提升试验，观察并确认离合器、制动器灵活可靠。

（3）进料时，严禁将头或手伸入料斗与机架之间。运转中，严禁用手或工具伸入搅拌筒内扒料、出料。

（4）搅拌机作业中，当料斗升起时，严禁任何人在料斗下停留或通过；当需要在料斗下检修或清理基坑时，应将料斗提升至上止点，并用铁链或插入销锁牢。

（5）插入式振捣器电缆线应满足操作所需的长度。电缆线上不得堆压物品或让车辆挤压，严禁用电缆线拖拉或吊挂振动器。

7. 钢筋加工机械的安全管理要点

（1）室外作业应设置机棚，机械旁应有堆放原材料、半成品的场地。

（2）钢筋调直切断机在调直块未固定或防护罩未盖好前，不得送料。作业中，不得打开防护罩。

（3）钢筋弯曲机的工作台和弯曲机台面应保持水平。操作人员应站在机身设有固定销的一侧。

8. 铆焊设备的安全管理要点

（1）焊接操作及配合人员必须按规定穿戴劳动防护用品，并必须采取防止触电、高空坠落、瓦斯中毒和火灾等事故的安全措施。

（2）对承压状态的压力容器及管道、带电设备、承载结构的受力部位和装有易燃易爆物品的容器严禁进行焊接和切割。

（3）气焊电石起火时必须用干砂或二氧化碳灭火器，严禁用泡沫、四氯化碳灭火器或水灭火。电石粒末应在露天销毁。

（4）未安装减压器的氧气瓶严禁使用。

9. 气瓶的安全管理要点

（1）施工现场使用的气瓶应按标准色标涂色。

（2）气瓶的放置地点，不得靠近热源和明火，可燃、助燃性气体气瓶，与明火的距离一般不小于 10m，应保证气瓶瓶底干燥；禁止敲击、碰撞；禁止在气瓶上进行电焊引弧；严禁用带油的手套开气瓶。

（3）氧气瓶和乙炔瓶在室温下，两瓶之间的安全距离至少 5m；气瓶距明火的距离至少 10m。

（4）瓶阀冻结时，不得用火烘烤；夏季要有防日光暴晒的措施。

（5）气瓶内的气体不能用尽，必须留有剩余压力或重量。

（6）气瓶必须配好瓶帽、防震圈（集装气瓶除外）；旋紧瓶帽，轻装，轻卸，严禁抛、滑、滚动或撞击。

10. 木工机械的安全管理要点

（1）按照有轮必有罩、有轴必有套和锯片有罩锯，条有套，刨（剪）、切有挡，安全器送料的要求，对各种木工机械配置相应的安全防护装置。

（2）对产生噪声、木粉尘或挥发性有害气体的机械设备，要配置与其机械运转相连接的消声、吸尘或通风装置，以消除或减轻职业危害，维护职工的安全和健康。

（3）木工机械的刀轴与电气应有安全联控装置，在装卸或更换刀具及维修时，能切断电源并保持断开位置，以防误触电源开关或突然供电启动机械而造成人身伤害事故。

（4）针对木材加工作业中的木料反弹危险，应采用安全送料装置或设置分离刀、防反弹安全屏护装置，以保障人身安全。

（5）在装设正常启动和停机操纵装置的同时，还应专门设置遇事故需紧急停机的安全控制装置。

11. 手持电动工具的安全管理要点

（1）使用刀具的机具，应保持刃磨锋利，完好无损，安装正确，牢固可靠。使用砂轮的机具，应检查砂轮与接盘间的软垫并安装稳固，凡受潮、变形、裂纹、破碎、磕边缺口或接触过油、碱类的砂轮均不得使用，并不得将受潮的砂轮片自行烘干使用。

（2）在潮湿地区或在金属构架、压力容器、管道等导电良好的场所作业时，必须使用双重绝缘或加强绝缘的电动工具。

（3）严禁超载使用。作业中应注意声响及温升，发现异常应立即停机检查。在作业时间过长，机具温升超过 60℃时，应停机，自然冷却后再行作业。

（4）作业中，不得用手触摸刀具、模具和砂轮，发现其有磨钝、破损情况时，应立即停机或更换，然后再继续进行作业。机具转动时，不得撒手不管。

11.4 常见施工生产安全事故及预防

11.4.1 常见施工安全事故类型

1. 建筑安全生产事故分类
1）按事故的原因及性质分类

从建筑活动的特点及事故的原因和性质来看，建筑安全事故可以分为四类，即生产事故、质量问题、技术事故和环境事故。

（1）生产事故

生产事故主要是指在建筑产品的生产、维修、拆除过程中，操作人员违反有关施工操作规程等而直接导致的安全事故。这类事故一般都是在施工作业过程中出现的，事故发生的次数比较频繁，是建筑安全事故的主要类型之一。目前我国对建筑安全生产的管理主要是针对生产事故。

（2）质量问题

质量问题主要是指由于设计不符合规范或施工达不到要求等原因而导致建筑结构实体或使用功能存在瑕疵，进而引起安全事故的发生。质量问题可能发生在施工作业过程中，也可能发生在建筑实体的使用过程中。特别是在建筑实体的使用过程中，质量问题带来的危害是极其严重的，在外加灾害（如地震、火灾）发生的情况下，其危害后果不堪设想。质量问题也是建筑安全事故的主要类型之一。

（3）技术事故

技术事故主要是指由于工程技术原因而导致的安全事故，技术事故的结果通常是毁灭性的。技术是安全的保证，曾被确信无疑的技术可能会在突然之间出现问题，起初微不足道的瑕疵可能导致灾难性的后果，很多时候正是由于一些不经意的技术失误才导致了严重的事故。

（4）环境事故

环境事故主要是指建筑实体在施工或使用的过程中，由于使用环境或周边环境原因而导致的安全事故。使用环境原因主要是对建筑实体的使用不当，比如荷载超标、静荷载设计而动荷载使用以及使用高污染建筑材料或放射性材料等。周边环境原因主要是一些自然灾害方面的，比如山体滑坡等。在一些地质灾害频发的地区，应该特别注意环境事故的发生。环境事故的发生，其实是缺乏对环境事故的预判和防治能力。

2）按事故类别分类

（1）按事故类别分，建筑业相关职业伤害事故可以分为12类，即：物体打击、车辆伤害、机械伤害、起重伤害、触电、灼烫、火灾、高处坠落、坍塌、爆炸、中毒和窒息、其他伤害。

（2）高处坠落、物体打击、机械伤害、触电、坍塌为建筑业最常发生的五种事故，近几年来已占到事故总数的80%～90%，应重点加以防范。

3）按事故严重程度分类

可以分为轻伤事故、重伤事故和死亡事故三类。

2. 伤亡事故等级

根据生产安全事故（以下简称事故）造成的人员伤亡或者直接经济损失，把事故分为如下几个等级：

（1）特别重大事故，是指造成30人以上死亡，或者100人以上重伤（包括急性工业中毒，下同），或者1亿元以上直接经济损失的事故；

（2）重大事故，是指造成10人以上30人以下死亡，或者50人以上100人以下重伤，或者5000万元以上1亿元以下直接经济损失的事故；

（3）较大事故，是指造成3人以上10人以下死亡，或者10人以上50人以下重伤，或者 1000 万元以上 5000 万元以下直接经济损失的事故；

（4）一般事故，是指造成 3 人以下死亡，或者 10 人以下重伤，或者 1000 万元以下直接经济损失的事故。

所称的"以上"包括本数，所称的"以下"不包括本数。

11.4.2　常见施工安全事故预防措施

《建筑与市政施工现场安全卫生与职业健康通用规范》GB 55034—2022 关于安全管理的规定：

1. 一般管理规定

（1）施工现场应合理设置安全生产宣传标语和标牌，标牌设置应牢固可靠。应在主要施工部位、作业层面、危险区域以及主要通道口设置安全警示标识。

（2）不得在外电架空线路正下方施工、吊装、搭设作业棚、建造生活设施或堆放构件、架具、材料及其他杂物等。

2. 高处坠落事故预防管理

（1）在坠落高度基准面上方 2m 及以上进行高空或高处作业时，应设置安全防护设施并采取防滑措施，高处作业人员应正确佩戴安全帽、安全带等劳动防护用品。

（2）在建工程的预留洞口、通道口、楼梯口、电梯井口等孔洞以及无围护设施或围护设施高度低于 1.2m 的楼层周边、楼梯侧边、平台或阳台边、屋面周边和沟、坑、槽等边沿应采取安全防护措施，并严禁随意拆除。

（3）严禁在未固定、无防护设施的构件及管道上进行作业或通行。

（4）遇雷雨、大雪、浓雾或作业场所 5 级以上大风等恶劣天气时，应停止高处作业。

3. 物体打击事故预防管理

（1）在高处安装构件、部件、设施时，应采取可靠的临时固定措施或防坠措施。

（2）在高处拆除或拆卸作业时，严禁上下同时进行。拆卸的施工材料、机具、构件、配件等，应运至地面，严禁抛掷。

（3）安全通道上方应搭设防护设施，防护设施应具备抗高处坠物穿透的性能。

4. 触电事故预防管理

（1）施工用电的发电机组电源应与其他电源互相闭锁，严禁并列运行。

（2）施工现场的特殊场所照明应符合下列规定：

① 手持式灯具应采用供电电压不大于 36V 的安全特低电压（SELV）供电；

② 照明变压器应使用双绕组型安全隔离变压器，严禁采用自耦变压器；

③ 安全隔离变压器严禁带入金属容器或金属管道内使用。

（3）管道、容器内进行焊接作业时，应采取可靠的绝缘或接地措施，并应保障通风。

5. 坍塌事故预防管理

（1）土方开挖的顺序、方法应与设计工况相一致，严禁超挖。

（2）边坡坡顶、基坑顶部及底部应采取截水或排水措施。

（3）回填土应控制土料含水率及分层压实厚度等参数，严禁使用淤泥、沼泽土、泥炭土、冻土、有机土或含生活垃圾的土。

（4）临时支撑结构安装、使用时应符合下列规定：

① 严禁与起重机械设备、施工脚手架等连接；

② 临时支撑结构作业层上的施工荷载不得超过设计允许荷载；

③ 使用过程中，严禁拆除构配件。

6. 机械伤害预防管理

（1）大型起重机械严禁在雨、雪、雾、霾、沙尘等低能见度天气时进行安装拆卸作业；起重机械最高处的风速超过9.0m/s时，应停止起重机安装拆卸作业。

（2）机械作业应设置安全区域，严禁非作业人员在作业区停留、通过、维修或保养机械。当进行清洁、保养、维修机械时，应设置警示标识，待切断电源、机械停稳后，方可进行操作。

（3）工程结构上搭设脚手架、施工作业平台，以及安装塔式起重机、施工升降机等机具设备时，应进行工程结构承载力、变形等验算，并应在工程结构性能达到要求后进行搭设、安装。

第 12 章　绿色建造及施工现场环境管理

12.1　绿色建造及信息化技术应用管理

第 12 章
看本章精讲课
做本章自测题

12.1.1　项目施工管理信息化系统应用

1. 施工项目信息的分类

（1）按内容属性分为技术类、经济类、管理类和法律类等管理信息；

（2）按照管理目标分为成本、质量、安全、进度等管理信息；

（3）按照生产要素分为劳动力、材料、机械设备、技术、资金等管理信息。

2. 施工项目管理信息化的实施

1）项目计算机网络

（1）项目计算机局域网

施工现场建立覆盖整个项目施工管理机构的计算机网络系统，对内构建一个基于计算机局域网的项目管理信息交流平台，覆盖总承包商、业主、各指定分包商、工程监理和联合设计单位，达到信息的快速传递和共享，对外联通互联网，并与联合体各公司总部相连。

（2）项目对外宣传网页

项目对外宣传网页可显示本工程相关的新闻动态、通知公告、工程信息、施工技术、财务信息、思想建设等方面的信息。

2）项目办公平台系统

项目使用办公自动化系统，为项目的信息沟通和共享提供统一的平台，实现总承包商信息发布、文件管理、内部邮件、手机短信提醒、办公事务的自动流转等功能。办公自动化系统内置工作流程系统，可以实现各项业务流程的管理，文件流转及审批。

3）项目管理信息系统

根据工程项目管理的主要内容，项目管理信息系统通常包括：成本管理、进度管理、质量管理、材料及机械设备管理、合同管理、安全管理、文档资料管理等子系统。其功能与内容主要有：

（1）成本管理子系统。功能包括：资金计划；业主资金到位计划；分包付款；借款支付；资金到位记录及资金使用与资金计划分析等。

（2）进度管理子系统。以网络计划技术为核心，实现施工计划的制订与控制。对工程的重要计划节点实行人、材、物、机械、资金等资源平衡，实现理想的工程工期。

（3）质量管理子系统。主要功能包括：建立质量标准数据库；制订关键节点质量计划；汇总产生所承包范围内的整套质量管理资料；查看和审批分包商的质量报告和质量控制意见；建立质量通病及纠正预防措施信息库。

（4）材料及机械设备管理子系统。主要功能包括：编制与管理采购进度计划、资金使用计划、设备制造计划、设备安装计划、设备调试及试车计划。

（5）合同管理子系统。主要功能包括合同制作、合同管理、合同查询等，最终将合同文件提交档案管理系统进行统一备案保存。

（6）安全管理子系统。主要功能包括：建立安全管理及技术规范信息库；编制安全保证计划；安全档案与表单管理；安全教育与安全检查；事故记录及处理；安全评分等。

（7）文档资料管理子系统。实现对在业务管理子系统（如质量管理、安全管理、资金管理、进度管理、材料设备管理等）中形成的资料直接进行查询，其他类型的资料直接管理，包括资料台账的建立、内容的录入、执行情况的跟踪等。需要时，可以形成完整的工程竣工资料文件。

3. 项目信息安全管理

（1）项目信息保护。通过数据备份、磁盘镜像、磁盘阵列等冗余备份技术，来保证数据信息的静态存储安全。网络数据库配置防火墙等防止黑客入侵的设备，软件应及时升级，关键服务器采用双机热备份，保证系统能提供可靠持续的服务。

（2）网络安全管理要求

① 内部网络与外部网络互联时，要确保保密的等级与安全设施是否对应，必要时与外部网络进行物理隔离。

② 建立用户身份认证制度和访问控制机制，按用户级别、岗位和应用需求进行应用授权，限制用户的非权限访问。

③ 必要时，对网上传输的重要文件进行加密处理。

④ 网络系统安装防病毒软件，并定时升级。

12.1.2 工程施工智能监测技术应用

1. 建筑工程施工现场监管信息系统

执行《建筑工程施工现场监管信息系统技术标准》JGJ/T 434—2018 有关规定：

1）系统组成

（1）系统对建筑工程施工现场的质量、安全、环境及人员等状况实施监督管理，由数据采集层、基础设施层、数据层、业务应用层和用户层等组成。

（2）业务应用层应由建筑工程施工现场监管各业务应用系统组成，包括质量监管子系统、安全监管子系统、环境监管子系统、从业人员实名制管理子系统和协同处置子系统等。

（3）用户层宜包括建设主管部门、建设单位、勘察单位、设计单位、施工单位和监理单位等相关业务人员。

（4）建筑工程施工现场监管信息系统数据宜包括基础数据、监管数据及其他数据。

2）系统监管数据

（1）系统监管数据应包括质量监管数据、安全监管数据、环境监管数据、从业人员实名制监管数据以及监控视频数据等。

（2）质量监管数据应包括材料检测、工程结构实体检测等检测记录、检验批质量验收记录、分项工程质量验收记录、分部工程质量验收记录、单位工程竣工验收记录等；宜包括施工组织方案、质量抽查记录、整改通知、工程整改报告、工程质量监督报告、行政处罚数据等。

（3）安全监管数据应包括施工现场人员作业行为监管数据、施工机械设备运行安全监管数据、危险性较大的分部分项工程安全监管数据、安全防护相关设施设备安全监管数据、施工现场安全管理行为监管数据等；宜包括安全教育、专项安全施工方案等资料。

（4）环境监管数据应包括工地扬尘监测数据、现场环境噪声监测数据、工地小气候气象监测数据等。

（5）从业人员实名制监管数据应包括从业人员基本信息与务工合同信息、项目实名制备案与用工花名册信息、企业工资支付专用账户信息、项目工资支付保证金信息、项目出勤计量信息、从业人员工资支付信息、从业人员务工行为评价信息等。

3）主要子系统

（1）包括质量监管、安全监管、环境监管、从业人员实名制管理、协同处置、移动数据采集、视频监控、基础数据管理和应用维护等子系统。

（2）质量监管子系统，应能实现对从业人员行为、建筑材料、施工过程关键节点等各要素和各环节的质量监管功能。包含从业人员质量行为监管、建筑材料质量监管、结构实体质量监管和施工过程关键节点质量监管等功能。

（3）安全监管子系统，应能实现对建筑工程施工安全状态的监管功能。包括从业人员安全行为监管、施工机械设备运行安全监管、危险性较大的分部分项工程监控、安全防护相关设施设备检测和验收监管等功能。

（4）环境监管子系统，应能实现对建筑工程施工现场环境的监测与管理功能。包括扬尘监测、噪声监测、气象监测、超标辅助判定、超标报警提示和用户服务功能。

（5）从业人员实名制管理子系统，应采用居民身份证作为实名制基础信息来源，并应采用身份识别技术，对施工现场的管理人员、特种作业人员和普通从业人员进行实名制监管。应具有实名制信息管理、实名制验证、入职和离职管理、预警分析和诚信信息评价等功能，并兼有薪资管理和培训管理等功能。

2. 深基坑施工监测技术应用

执行《建筑基坑工程监测技术标准》GB 50497—2019 有关规定：

（1）基坑工程监测范围应根据基坑设计深度、地质条件、周边环境情况以及支护结构类型、施工工法等综合确定；采用施工降水时，尚应考虑降水及地面沉降的影响范围。

（2）现场监测的对象宜包括：

① 支护结构；

② 基坑及周围岩土体；

③ 地下水；

④ 周边环境中的被保护对象，包括周边建筑、管线、轨道交通、铁路及重要的道路等；

⑤ 其他应监测的对象。

（3）当符合下列规定时，宜实施自动化监测：

① 需要进行高频次或连续实时观测的监测项目；

② 环境条件不允许或不可能用人工方式进行观测的监测项目。

（4）基坑及支护结构监测点设置

① 围护墙或基坑边坡顶部的水平和竖向位移监测点应沿基坑周边布置，基坑各侧边中部、阳角处、邻近被保护对象的部位应布置监测点。

② 围护墙或土体深层水平位移监测点宜布置在基坑周边的中部、阳角处及有代表性的部位。

③ 围护墙内力监测断面的平面位置应布置在设计计算受力、变形较大且有代表性的部位。

（5）监测预警值应满足基坑支护结构、周边环境的变形和安全控制要求。监测预警值应由基坑工程设计方确定。变形监测预警值应包括监测项目的累计变化预警值和变化速率预警值。

（6）监测频率的确定应满足能系统反映监测对象所测项目的重要变化过程而又不遗漏其变化时刻的要求。

（7）监测结束阶段，监测单位应向建设方提供监测总结报告。

3. 大型复杂结构施工安全性监测技术应用

执行《建筑与桥梁结构监测技术规范》GB 50982—2014 有关规定：

（1）建筑结构监测分为施工期间监测和使用期间监测。

（2）对需要监测的结构，设计阶段应提出监测要求。

（3）监测前应根据各方的监测要求与设计文件明确监测目的，结合工程结构特点、现场及周边环境条件等因素，制订监测方案。

（4）下列工程结构的监测方案应进行专门论证：

① 甲类或复杂的乙类抗震设防类别的高层与高耸结构、大跨空间结构；

② 发生严重事故，经检测、处理与评估后恢复施工或使用的工程结构；

③ 监测方案复杂或其他需要论证的工程结构。

（5）施工期间监测，宜重点监测下列构件和节点：

① 应力变化显著或应力水平较高的构件；

② 变形显著的构件或节点；

③ 承受较大施工荷载的构件或节点；

④ 控制几何位形的关键节点；

⑤ 能反映结构内力及变形关键特征的其他重要受力构件或节点。

（6）施工期间监测项目可包括应变监测、变形与裂缝监测、环境及效应监测。变形监测可包括基础沉降监测、竖向变形监测及水平变形监测；环境及效应监测可包括风及风致响应监测、温湿度监测及振动监测。

（7）使用期间监测项目可包括变形与裂缝监测、应变监测、索力监测和环境及效应监测。变形监测可包括基础沉降监测、结构竖向变形监测及结构水平变形监测；环境及效应监测可包括风及风致响应监测、温湿度监测、地震动及地震响应监测、交通监测、冲刷与腐蚀监测。

（8）高层及高耸结构监测

① 除设计文件要求外，高度 250m 及以上或竖向结构构件压缩变形显著的高层与高耸结构应进行施工期间监测，高度 350m 及以上的高层与高耸结构应进行使用期间监测。

② 施工期间监测项目：沉降监测、变形监测、应变监测、风及风致响应监测。

③ 使用期间监测项目：变形监测、应变监测、风及风致响应监测、地震动及地震响应监测、温湿度监测。

（9）大跨空间结构监测

① 除设计文件要求或其他规定应进行施工期间监测的大跨空间结构外，满足下列条件之一时，大跨空间结构应进行施工期间监测：

a. 跨度大于 100m 的网架及多层网壳钢结构或索膜结构；

b. 跨度大于 50m 的单层网壳结构；

c. 单跨跨度大于 30m 的大跨组合结构；

d. 结构悬挑长度大于 30m 的钢结构；

e. 受施工方法或顺序影响，施工期间结构受力状态或部分杆件内力或位形与一次成型整体结构的成型加载分析结果存在显著差异的大跨空间结构。

② 高度超过 8m 或跨度超过 18m、施工总荷载大于 $10kN/m^2$ 以及集中线荷载大于 $15kN/m$ 的超高、超重、大跨度模板支撑系统应进行监测。

③ 除设计文件要求或其他规定应进行使用期间监测的大跨空间结构外，满足下列条件之一时，大跨空间结构宜进行使用期间监测：

a. 跨度大于 120m 的网架及多层网壳钢结构；

b. 跨度大于 60m 的单层网壳结构；

c. 结构悬挑长度大于 40m 的钢结构。

④ 施工期间监测项目：基础沉降监测、变形监测、应变监测。

⑤ 使用期间监测项目：变形监测、应变监测、风及风致响应监测。

4. 受周边施工影响的建（构）筑物检测、监测技术应用

执行《建筑基坑工程监测技术标准》GB 50497—2019 有关规定：

（1）基坑边缘以外 1～3 倍的基坑开挖深度范围内需要保护的周边环境应作为监测对象，必要时尚应扩大监测范围。

（2）周边建筑的监测项目分为竖向位移、倾斜、裂缝和水平位移监测。

（3）周边建筑竖向位移监测点的布置应符合下列规定：

① 建筑四角、沿外墙每 10～15m 处或每隔 2～3 根柱的柱基或柱子上，且每侧外墙不应少于 3 个监测点；

② 不同地基或基础的分界处；

③ 不同结构的分界处；

④ 变形缝、抗震缝或严重开裂处的两侧；

⑤ 新、旧建筑或高、低建筑交接处的两侧；

⑥ 高耸构筑物基础轴线的对称部位，每一构筑物不应少于 4 点。

（4）周边建筑水平位移监测点应布置在建筑的外墙墙角、外墙中间部位的墙上或柱上、裂缝两侧以及其他有代表性的部位。

（5）周边建筑倾斜监测点的布置应符合下列规定：

① 监测点宜布置在建筑角点、变形缝两侧的承重柱或墙上；

② 监测点应沿主体顶部、底部上下对应布设，上、下监测点应布置在同一竖直

线上。

（6）周边建筑裂缝、地表裂缝监测点应选择有代表性的裂缝进行布置，当原有裂缝增大或出现新裂缝时，应及时增设监测点。对需要观测的裂缝，每条裂缝的监测点应至少设2个，且宜设置在裂缝的最宽处及裂缝末端。

（7）当出现可能危及工程及周边环境安全的事故征兆时，应实时跟踪监测。

（8）确定基坑周边建筑、管线、道路预警值时，应保证其原有沉降或变形值与基坑开挖、降水造成的附加沉降或变形值叠加后不应超过其允许的最大沉降或变形值。

12.1.3　绿色施工技术应用

执行《建筑工程绿色施工规范》GB/T 50905—2014有关规定：

1. 绿色施工方案与施工场地

（1）绿色施工组织设计、绿色施工方案或绿色施工专项方案编制应符合下列规定：

① 应考虑施工现场的自然与人文环境特点。

② 应有减少资源浪费和环境污染的措施。

③ 应明确绿色施工的组织管理体系、技术要求和措施。

④ 应选用先进的产品、技术、设备、施工工艺和方法，利用规划区域内设施。

⑤ 应包含改善作业条件、降低劳动强度、节约人力资源等内容。

（2）施工场地

① 临时设施的占地面积可按最低面积指标设计，有效使用临时设施用地。

② 塔式起重机等垂直运输设施基座宜采用可重复利用的装配式基座或利用在建工程的结构。

③ 施工生产区、办公区和生活区应实现相对隔离。临时用房应采用可重复利用的房屋。

④ 施工作业棚、库房、材料堆场等布置宜靠近交通线路和主要用料部位。

⑤ 施工现场的强噪声机械设备宜远离噪声敏感区。

⑥ 施工现场大门、围挡和围墙宜采用可重复利用的材料和部件，并应工具化、标准化。

⑦ 施工现场道路布置应遵循永久道路和临时道路相结合的原则。主要道路的硬化处理宜采用可周转使用的材料和构件。

2. 地基与基础工程

（1）地基与基础工程施工应符合下列规定：

① 现场土、料存放应采取加盖或植被覆盖措施。

② 土方、渣土装卸车和运输车应有防止遗撒和扬尘的措施。

③ 对施工过程产生的泥浆应设置专门的泥浆池或泥浆罐车存储。

（2）土石方工程开挖宜采用逆作法或半逆作法进行施工，施工中应采取通风和降温等改善地下工程作业条件的措施。

（3）混凝土灌注桩施工应符合下列规定：

① 灌注桩采用泥浆护壁成孔时，应采取导流沟和泥浆池等排浆及储浆措施。

② 施工现场应设置专用泥浆池，并及时清理沉淀的废渣。

（4）在城区或人口密集地区施工混凝土预制桩和钢桩时，宜采用静压沉桩工艺。

（5）换填法施工应符合下列规定：

① 回填土施工应采取防止扬尘的措施，4 级风以上天气严禁回填土施工。施工间歇时应对回填土进行覆盖。

② 当采用砂石料作为回填材料时，宜采用振动碾压。

③ 灰土过筛施工应采取避风措施。

④ 开挖原土的土质不适宜回填时，应采取土质改良措施后加以利用。

（6）基坑降水宜采用基坑封闭降水方法。基坑施工排出的地下水应加以利用。

（7）当无法采用基坑封闭降水，且基坑抽水对周围环境可能造成不良影响时，应采用对地下水无污染的回灌方法。

3. 主体结构工程

（1）预制装配式结构构件，宜采取工厂化加工；构件的存放和运输应采取防止变形和损坏的措施；构件的加工和进场顺序应与现场安装顺序一致，不宜二次倒运。

（2）施工现场宜采用预拌混凝土和预拌砂浆。现场搅拌混凝土和砂浆时，应使用散装水泥；搅拌机棚应有封闭降噪和防尘措施。

（3）混凝土结构

① 钢筋工程宜采用专业化生产的成型钢筋。钢筋现场加工时，宜采取集中加工方式。

② 钢筋连接宜采用机械连接方式。

③ 钢筋除锈时，应采取避免扬尘和防止土壤污染的措施。

④ 应选用周转率高的模板和支撑体系。模板宜选用可回收利用高的塑料、铝合金等材料。

⑤ 宜使用大模板、定型模板、爬升模板和早拆模板等工业化模板及支撑体系。

⑥ 当采用木或竹制模板时，宜采取工厂化定型加工、现场安装的方式，不得在工作面上直接加工拼装。在现场加工时，应设封闭场所集中加工，并采取隔声和防粉尘污染措施。

⑦ 脚手架和模板支撑宜选用承插式、碗扣式、盘扣式等管件合一的脚手架材料搭设。

⑧ 高层建筑结构施工，应采用整体或分片提升的工具式脚手架和分段悬挑式脚手架。

⑨ 短木方应叉接接长，木、竹胶合板的边角余料应拼接并利用。

⑩ 模板脱模剂应选用环保型产品，并派专人保管和涂刷，剩余部分应加以利用。

⑪ 混凝土宜采用泵送、布料机布料浇筑；地下大体积混凝土宜采用溜槽或串筒浇筑。

⑫ 混凝土振捣应采用低噪声振捣设备，也可采取围挡等降噪措施；在噪声敏感环境或钢筋密集时，宜采用自密实混凝土。

⑬ 混凝土宜采用塑料薄膜加保温材料覆盖保湿、保温养护；当采用洒水或喷雾养护时，养护用水宜使用回收的基坑降水或雨水；混凝土竖向构件宜采用养护剂进行养护。

⑭ 混凝土浇筑余料应制成小型预制件，或采用其他措施加以利用，不得随意倾倒。

⑮ 清洗泵送设备和管道的污水应经沉淀后回收利用，浆料分离后可作室外道路、地面等垫层的回填材料。

（4）砌体结构

① 砌体结构宜采用工业废料或废渣制作的砌块及其他节能环保的砌块。

② 砌块湿润和砌体养护宜使用检验合格的水源。

③ 砌筑施工时，落地灰应随即清理、收集和再利用。

④ 砌块应按要求砌筑；非标准砌块应在工厂加工按计划进场，现场切割时应集中加工，并采取防尘降噪措施。

（5）钢结构

① 钢结构深化设计时，应结合加工、运输、安装方案和焊接工艺要求，确定分段、分节数量和位置，优化节点构造，减少钢材用量。

② 钢结构安装连接宜选用高强度螺栓连接，钢结构宜采用金属涂层进行防腐处理。

③ 大跨度钢结构安装宜采用起重机吊装、整体提升、顶升和滑移等机械化程度高、劳动强度低的方法。

④ 钢结构现场涂料应采用无污染、耐候性好的材料。防火涂料喷涂施工时，应采取防止涂料外泄的专项措施。

4. 装饰装修

（1）施工前，块材、板材和卷材应进行排版优化设计。

（2）门窗、幕墙、块材、板材宜采用工厂化加工。

（3）装饰用砂浆宜采用预拌砂浆；落地灰应回收使用。

（4）施工现场切割地面块材时，应采取降噪措施；污水应集中收集处理。

（5）外门窗安装应与外墙面装修同步进行。

（6）门窗框周围的缝隙填充应采用憎水保温材料。

（7）幕墙与主体结构的预埋件应在结构施工时埋设。

（8）高大空间的整体顶棚施工，宜采用地面拼装、整体提升就位的方式。

（9）高大空间吊顶施工时，宜采用可移动式操作平台等节能节材设施。

（10）隔墙材料宜采用轻质砌块砌体或轻质墙板，严禁采用实心烧结黏土砖。

（11）预制板或轻质隔墙板间的填塞材料应采用弹性或微膨胀的材料。

（12）抹灰墙面宜采用喷雾方法进行养护。

（13）涂料施工应采取遮挡、防止挥发和劳动保护等措施。

5. 保温与防水

（1）保温施工宜选用结构自保温、保温与装饰一体化、保温板兼作模板、全现浇混凝土外墙与保温一体化和管道保温一体化等方案。

（2）采用外保温材料的墙面和屋顶，不宜进行焊接、钻孔等施工作业。确需施工作业时，应采取防火保护措施，并应在施工完成后，及时对裸露的外保温材料进行防护处理。

（3）应在外门窗安装，水暖及装饰工程需要的管卡、挂件，电气工程的暗管、接线盒及穿线等施工完成后，进行内保温施工。

（4）基层清理应采取控制扬尘的措施。

（5）块瓦屋面宜采用干挂法施工。

（6）蓄水、淋水试验宜采用非自来水水源。

12.2　绿色施工及环境保护

12.2.1　绿色施工及环境保护要求

1. 组织与管理

1）实施组织

总承包单位应对工程项目的绿色施工负总责。分包单位应对承包范围内的工程项目绿色施工负责。项目部应建立以项目经理为第一责任人的绿色施工管理体系。

2）绿色施工策划

工程项目开工前，项目部应进行绿色施工影响因素分析，明确绿色施工目标。绿色施工策划应通过绿色施工组织设计、绿色施工方案和绿色施工技术交底等文件的编制实现。

3）管理要求

工程项目绿色施工应符合下列规定：

（1）建立健全的绿色施工管理体系和制度；

（2）具有齐全的绿色施工策划文件；

（3）设立清晰醒目的绿色施工宣传标志；

（4）采集和保存实施过程中的绿色施工典型图片或影像资料；

（5）分包合同或劳务合同包含绿色施工要求。

4）绿色施工评价

（1）绿色施工评价框架体系由基本规定评价、指标评价、要素评价、批次评价、阶段评价、单位工程评价及评价等级划分等构成，绿色施工评价依此顺序进行。

（2）阶段评价应在批次评价的基础上进行。建筑工程阶段划分为：地基与基础工程，主体结构工程，装饰装修与机电安装工程。

（3）单位工程评价应在阶段评价的基础上进行，评价等级划分为：不合格、合格和优良三个等级。

（4）单位工程绿色施工评价由建设单位组织，施工单位和监理单位参加；阶段评价由建设单位或监理单位组织，建设单位、监理单位和施工单位参加；批次评价由施工单位组织，建设单位和监理单位参加。

（5）评价结果应由建设、监理和施工单位三方签认。

（6）单位工程绿色施工评价应由施工单位书面申请，在工程竣工前进行评价。

2. 环境保护技术要点

（1）施工期间确需夜间施工的，应办理夜间施工许可证明，并公告附近社区居民。

（2）夜间室外照明灯应加设灯罩，透光方向集中在施工范围。电焊作业采取遮挡措施，避免电焊弧光外泄。

（3）施工现场污水排放要申领《临时排水许可证》。雨水排入市政雨水管网，污水经沉淀处理后二次使用或排入市政污水管网。施工现场泥浆、污水未经处理不得直接排入城市排水设施和河流、湖泊、池塘。

（4）施工现场应采用有效的隔声降噪设备、设施或施工工艺等，减少噪声排放，降低噪声影响。

（5）施工现场使用的水泥和其他易飞扬的细颗粒建筑材料应密闭存放或采取覆盖等措施。混凝土、砂浆搅拌场所应采取封闭、降尘措施。

3. 节材与材料资源利用技术要点

（1）审核节材与材料资源利用的相关内容，降低材料损耗率；合理安排材料的采购、进场时间和批次，减少库存；应就地取材，装卸方法得当，防止损坏和遗撒；避免和减少二次搬运。

（2）推广使用商品混凝土和预拌砂浆、高强钢筋和高性能混凝土，减少资源消耗。推广钢筋专业化加工和配送，优化钢结构制作和安装方案，装饰贴面类材料在施工前，应进行总体排版策划，减少资源损耗。采用非木质的新材料或人造板材代替木质板材。

（3）门窗、屋面、外墙等围护结构选用耐候性及耐久性良好的材料，施工确保密封性、防水性和保温隔热性，并减少材料浪费。

（4）应选用耐用、维护与拆卸方便的周转材料和机具。模板应以节约自然资源为原则，推广采用外墙保温板替代混凝土施工模板的技术。

（5）现场办公和生活用房采用周转式活动房。

4. 节水与水资源利用的技术要点

（1）施工中采用先进的节水施工工艺。

（2）现场搅拌用水、养护用水应采取有效的节水措施，严禁无措施浇水养护混凝土。现场机具、设备、车辆冲洗用水必须设置循环用水装置。

（3）项目临时用水应使用节水型产品，对生活用水与工程用水确定用水定额指标，并分别计量管理。

（4）现场机具、设备、车辆冲洗、喷洒路面、绿化浇灌等用水，优先采用非传统水源，尽量不使用市政自来水。

（5）保护地下水环境。采用隔水性能好的边坡支护技术。在缺水地区或地下水位持续下降的地区，基坑降水尽可能少地抽取地下水；当基坑开挖抽水量大于 50 万 m^3 时，应进行地下水回灌，并避免地下水被污染。

5. 节能与能源利用的技术要点

（1）制订合理施工能耗指标，提高施工能源利用率。根据当地气候和自然资源条件，充分利用太阳能、地热等可再生能源。

（2）优先使用国家、行业推荐的节能、高效、环保的施工设备和机具。合理安排工序，提高各种机械的使用率和满载率，降低各种设备的单位耗能。优先考虑耗用电能的或其他能耗较少的施工工艺。

（3）临时设施宜采用节能材料，墙体、屋面使用隔热性能好的材料，减少夏天空调、冬天取暖设备的使用时间及耗能量。

（4）临时用电优先选用节能电线和节能灯具，临时照明按照最低照度设计。合理配置采暖设备、空调、风扇数量，规定使用时间，实行分段分时使用，节约用电。

（5）施工现场分别设定生产、生活、办公和施工设备的用电控制指标，定期进行计量、核算、对比分析，并有预防与纠正措施。

6. 节地与施工用地保护的技术要点

（1）临时设施的占地面积应按用地指标所需的最低面积设计。

（2）应对深基坑施工方案进行优化，减少土方开挖和回填量，最大限度地减少对土地的扰动，保护周边自然生态环境。

（3）红线外临时占地应尽量使用荒地、废地，少占用农田和耕地。利用和保护施工用地范围内原有的绿色植被。

（4）施工总平面布置应做到科学、合理，充分利用原有建筑物、构筑物、道路、管线为施工服务。

（5）施工现场道路按照永久道路和临时道路相结合的原则布置。施工现场内宜形成环形通路，减少道路占用土地。

7. 绿色施工创新技术

（1）装配式施工技术；

（2）信息化施工技术；

（3）基坑与地下工程施工的资源保护和创新技术；

（4）建材与施工机具和设备绿色性能评价及选用技术；

（5）钢结构、预应力结构和新型结构施工技术；

（6）高性能混凝土应用技术；

（7）高强度、耐候钢材应用技术；

（8）新型模架开发与应用技术；

（9）建筑垃圾减排及回收再利用技术。

12.2.2　施工现场卫生防疫及职业健康

1. 《建筑与市政施工现场安全卫生与职业健康通用规范》GB 55034—2022关于环境管理、卫生管理的规定

1）基本规定

施工现场生活区应符合下列规定：

（1）围挡应采用可循环、可拆卸、标准化的定型材料，且高度不得低于1.8m。

（2）应设置门卫室、宿舍、厕所等临建房屋，配备满足人员管理和生活需要的场所和设施；场地应进行硬化和绿化，并应设置有效的排水设施。

（3）出入大门处应有专职门卫，并应实行封闭式管理。

（4）应制定法定传染病、食物中毒、急性职业中毒等突发疾病应急预案。

2）环境管理

（1）主要通道、进出道路、材料加工区及办公生活区地面应全部进行硬化处理；施工现场内裸露的场地和集中堆放的土方应采取覆盖、固化或绿化等防尘措施。易产生扬尘的物料应全部篷盖。

（2）施工现场出口应设冲洗池和沉淀池，运输车辆底盘和车轮全部冲洗干净后方

可驶离施工现场。施工场地、道路应采取定期洒水抑尘措施。

（3）建筑垃圾应分类存放、按时处置。收集、储存、运输或装卸建筑垃圾时应采取封闭措施或其他防护措施。

（4）施工现场严禁熔融沥青及焚烧各类废弃物。

（5）严禁将有毒物质、易燃易爆物品、油类、酸碱类物质向城市排水管道或地表水体排放。施工现场应在安全位置设置临时休息点。施工区域禁止吸烟。

3）卫生管理

（1）施工现场应根据工人数量合理设置临时饮水点。

（2）施工现场食堂应设置独立的制作间、储藏间，配备必要的排风和冷藏设施；应制定食品留样制度并严格执行。

（3）施工现场应根据施工人员数量设置厕所，厕所应定期清扫、消毒，厕所粪便严禁直接排入雨水管网、河道或水沟内。

（4）施工现场生活区宿舍、休息室应根据人数合理确定使用面积、布置空间格局，且应设置足够的通风、采光、照明设施。

（5）办公区和生活区应设置封闭的生活垃圾箱，生活垃圾应分类投放，收集的垃圾应及时清运。

（6）施工现场应配备充足有效的医疗和急救用品，且应保障在需要时方便取用。

2. 建筑工程施工职业健康管理

1）职业病类型

（1）矽尘肺。例如：碎石设备作业、爆破作业。

（2）水泥尘肺。例如：水泥搬运、投料、拌合。

（3）电焊尘肺。例如：手工电弧焊、气焊作业。

（4）一氧化碳中毒。例如：手工电弧焊、电渣焊、气割、气焊作业。

（5）苯中毒。例如：油漆作业、防腐作业。

（6）中暑。例如：高温作业。

（7）手臂振动病。例如：操作混凝土振动棒、风镐作业。

（8）电光性眼炎。例如：手工电弧焊、电渣焊、气割作业。

（9）噪声致聋。例如：木工圆锯、平刨操作，无齿锯切割作业，卷扬机操作，混凝土振捣作业。

2）施工生产职业病防治管理措施

（1）要采取有效的职业病防护设施，为劳动者提供个人使用的职业病防护用具、用品见表12.2-1。防护用具、用品必须符合防治职业病的要求，不符合要求的，不得使用。

表12.2-1 现场常见工种配备劳动防护用品表

序号	工种	应配备劳动防护用品	备注
1	架子工、塔司、起重工	紧口工作服、系带防滑鞋、工作手套	
2	信号工	专用标识服装，有色防护眼镜（强光环境）	
3	维修电工	绝缘鞋、绝缘手套、紧口工作服	

序号	工种	应配备劳动防护用品	备注
4	电焊工、气割工	阻燃防护服、绝缘鞋（含鞋盖）、电焊手套、焊接防护面罩、阻燃安全带（高处作业时）	高处作业时，安全帽可用与面罩连接式的
5	防水工、油漆工	防静电工作服、防静电鞋和鞋盖、防护手套、防毒口罩、防护眼镜	涂刷作业时
噪声环境下人员应配备：耳塞、耳罩或防噪声帽 有毒、有害环境下人员应配备：防毒面罩或面具			

（2）应对劳动者进行上岗前的职业卫生培训和在岗期间的定期职业卫生培训。

（3）对从事接触职业病危害作业的劳动者，应当组织上岗前、在岗期间和离岗时的职业健康检查。

12.2.3　施工现场文明施工及成品保护

1. 文明施工

建筑工程施工现场是企业对外的窗口，直接关系到企业和城市的文明与形象。施工现场应当实现科学管理，安全生产，文明有序施工。

1）现场文明施工管理的主要内容

（1）抓好项目文化建设。

（2）规范场容，保持作业环境整洁卫生。

（3）创造文明有序安全生产的条件。

（4）减少对居民和环境的不利影响。

2）现场文明施工管理的基本要求

（1）施工现场应当做到"文明施工六化"：围挡、大门、标牌标准化；材料码放整齐化；安全设施规范化；生活设施整洁化；职工行为文明化；工作生活秩序化。

（2）施工作业要做到工完场清、施工不扰民、现场不扬尘、运输无遗撒、垃圾不乱弃，努力营造良好的施工作业环境。

3）现场文明施工管理的控制要点

（1）施工现场出入口及四周围挡应符合施工总平面布置图的设计要求。

（2）施工现场的场容管理应建立在施工平面图设计的合理安排和物料器具定位管理标准化的基础上，项目经理部应根据施工条件，按照施工总平面图、施工方案和施工进度计划的要求，进行所负责区域的施工平面图的规划、设计、布置、使用和管理。

（3）施工现场的主要机械设备、脚手架、密目式安全网与围挡、模具、施工临时道路、各种管线、施工材料制品堆场及仓库、土方及建筑垃圾堆放区、变配电间、消火栓、警卫室、现场的办公、生产和临时设施等的布置，均应符合施工平面图的要求。

（4）施工现场的施工区域应与办公、生活区划分清晰，并应采取相应的隔离防护措施。施工现场的临时用房应选址合理，并应符合安全、消防要求和国家有关规定。在建工程内严禁住人。

（5）施工现场应设置办公室、宿舍、食堂、厕所、淋浴间、开水房、文体活动室、密闭式垃圾站（或容器）及盥洗设施等临时设施，临时设施所用建筑材料应符合环保、消防要求。

（6）施工现场应设置畅通的排水沟渠系统，保持场地道路的干净坚实，泥浆和污水未经处理不得直接排放。施工场地应硬化处理，有条件时，可对施工现场进行绿化布置。

（7）施工现场应建立现场防火制度和火灾应急响应机制，落实防火措施，配备防火器材。明火作业应严格执行动火审批手续和动火监护制度。高层建筑要设置专用的消防水源和消防立管，每层留设消防水源接口。

（8）施工现场应设宣传栏、报刊栏，悬挂安全标语和安全警示标志牌，加强安全文明施工宣传。

（9）施工现场应加强治安综合治理和社区服务工作，建立现场治安保卫制度，落实好治安防范措施，避免失盗事件和扰民事件的发生。

2. 成品保护

工程竣工前成品保护措施主要有护、包、盖、封等措施。

（1）"护"就是提前保护，防止成品可能发生的损伤和污染。

（2）"包"就是进行包裹，防止成品被损伤和污染。

（3）"盖"就是表面覆盖，防止堵塞、损伤。

（4）"封"就是局部封闭，防止使用前无关人员进入。

12.3　施工现场消防

12.3.1　施工现场防火要求

1. 建立防火制度

（1）施工现场要建立健全防火安全制度。

（2）建立义务消防队，人数不少于施工总人数的10%。

（3）建立现场动用明火审批制度。

2. 施工现场动火等级的划分

（1）一级动火作业

① 禁火区域内。

② 油罐、油箱、油槽车和储存过可燃气体、易燃液体的容器及与其连接在一起的辅助设备。

③ 各种受压设备。

④ 危险性较大的登高焊、割作业。

⑤ 比较密封的室内、容器内、地下室等场所。

⑥ 现场堆有大量可燃和易燃物质的场所。

（2）二级动火作业

① 在具有一定危险因素的非禁火区域内进行临时焊、割等用火作业。

② 小型油箱等容器。

③ 登高焊、割等用火作业。

（3）在非固定的、无明显危险因素的场所进行用火作业，均属三级动火作业。

3. 施工现场动火审批程序

（1）一级动火作业由项目负责人组织编制防火安全技术方案，填写动火申请表，报企业安全管理部门审查批准后，方可动火。

（2）二级动火作业由项目责任工程师组织拟定防火安全技术措施，填写动火申请表，报项目安全管理部门和项目负责人审查批准后，方可动火。

（3）三级动火作业由所在班组填写动火申请表，经项目责任工程师和项目安全管理部门审查批准后，方可动火。

（4）动火证当日开具、当日有效，如动火地点发生变化，则需重新办理动火审批手续。

4. 施工现场防火要求

（1）施工组织设计中的施工平面图、施工方案均应符合消防安全的相关规定和要求。

（2）施工现场应明确划分施工作业区、易燃可燃材料堆场、材料仓库、易燃废品集中站和生活区。

（3）施工现场夜间应设置照明设施，保持车辆畅通，有人值班巡逻。

（4）不得在高压线下面搭设临时性建筑物或堆放可燃物品。

（5）施工现场应配备足够的消防器材，并设专人维护、管理，定期更新，确保使用有效。

（6）土建施工期间，应先将消防器材和设施配备好，同时敷设室外消防水管和消火栓。

（7）危险物品与易燃易爆品的堆放距离不得小于30m。

（8）乙炔瓶和氧气瓶使用时距离不得小于5m；距火源的距离不得小于10m。

（9）氧气瓶、乙炔瓶等焊割设备上的安全附件应完整、有效，否则不得使用。

（10）施工现场的焊、割作业，必须符合安全防火的要求。

（11）冬期施工采用保温加热措施时，应有相应的方案并符合相关规定要求。

（12）施工现场动火作业必须执行动火审批制度。

12.3.2　施工现场消防管理

施工现场必须成立消防安全领导机构，建立健全各种消防安全职责，落实消防安全责任，包括消防安全制度、消防安全操作规程、消防应急预案及演练、消防组织机构、消防设施平面布置、组织义务消防队等。

1. 施工期间消防管理规定

（1）施工组织设计应含有消防安全方案及防火设施布置平面图，并按照有关规定报相关监督机构审批或备案。

（2）临时用电设备必须安装过载保护装置，电闸箱内不准使用易燃、可燃材料。严禁超负荷使用电气设备。施工现场存放易燃、可燃材料的库房、木工加工场所、油漆配料房及防水作业场所不得使用明露高热的强光源。

（3）电焊工、气焊工从事电、气焊切割作业时，要有操作证和动火证并配备看火人员和灭火器具，动火前，要清除周围的易燃、可燃物，必要时采取隔离等措施，作业后必须确认无火源隐患方可离去。

（4）在建工程内禁止氧气瓶、乙炔瓶存放，禁止使用液化石油气"钢瓶"。

（5）从事油漆或防水施工等危险作业时，要有具体的防火要求和措施，必要时派专人看护。

（6）施工现场严禁吸烟。不得在建设工程内设置宿舍。

（7）施工现场使用的大眼安全网、密目式安全网、密目式防尘网、保温材料，必须符合消防安全规定，不得使用易燃、可燃材料。进场前施工企业保卫部门必须严格审核，凡是不符合规定的材料，不得进入施工现场使用。

2. 消防器材的配备

（1）临时搭设的建筑物区域内每 $100m^2$ 配备 2 只 10L 灭火器。

（2）大型临时设施总面积超过 $1200m^2$ 时，应配有专供消防用的太平桶、积水桶（池）、黄砂池，且周围不得堆放易燃物品。

（3）临时木料间、油漆间、木工机具间等，每 $25m^2$ 配备一只灭火器。油库、危险品库应配备数量与种类匹配的灭火器、高压水泵。

（4）应有足够的消防水源，其进水口一般不应少于两处。

（5）室外消火栓应沿消防车道或堆料场内交通道路的边缘设置，消火栓之间的距离不应大于 120m；消防箱内消防水管长度不小于 25m。

3. 灭火器设置要求

（1）灭火器应设置在明显的位置，如房间出入口、通道、走廊、门厅及楼梯等部位。

（2）灭火器的铭牌必须朝外，以方便人们直接看到灭火器的主要性能指标和使用方法。

（3）手提式灭火器设置在挂钩、托架上或消防箱内，其顶部离地面高度应小于 1.50m，底部离地面高度不宜小于 0.15m。

（4）设置于挂钩、托架上或消防箱内的手提式灭火器应正面竖直放置。

（5）对于环境干燥、条件较好的场所，手提式灭火器可直接放在地面上。

（6）对设置于消防箱内的手提式灭火器，可直接放在消防箱的底面上，但消防箱离地面的高度不宜小于 0.15m。

（7）灭火器不应放置于环境温度可能超出其使用温度范围的地点。

4. 重点部位的消防要求

1）存放易燃材料仓库的消防要求

（1）易燃材料仓库应设在水源充足、消防车能驶到的地方，并应设在下风方向。

（2）易燃材料露天仓库四周内，应有宽度不小于 6m 的平坦空地作为消防通道，通道上禁止堆放障碍物。

（3）储量大的易燃材料仓库，应设两个以上的大门，并应将生活区、生活辅助区和堆场分开布置。

（4）有明火的生产辅助区和生活用房与易燃材料之间，至少应保持 30m 的防火间距。有飞火的烟囱应布置在仓库的下风地带。

（5）危险物品之间的堆放距离不得小于 10m，危险物品与易燃易爆品的堆放距离不得小于 30m。

（6）对易引起火灾的仓库，应将库房内、外按每 500m² 区域分段设立防火墙，把建筑平面划分为若干防火单元。

（7）可燃材料库房单个房间的建筑面积不应超过 30m²，易燃易爆危险品库房单个房间的建筑面积不应超过 20m²。房间内任一点至最近疏散门的距离不应大于 10m，房门的净宽度不应小于 0.8m。

（8）对贮存的易燃材料应经常进行防火安全检查，并保持良好通风。

（9）在仓库或堆料场内进行吊装作业时，其机械设备必须符合防火要求，严防产生火星，引起火灾。

（10）仓库或堆料场内电缆一般应埋入地下；若有困难需设置架空电力线时，架空电力线与露天易燃物堆垛的最小水平距离不应小于电杆高度的 1.5 倍。

（11）仓库或堆料场所使用的照明灯具与易燃堆垛间至少应保持 1m 的距离。

（12）安装的开关箱、接线盒，应距离堆垛外缘不小于 1.5m，不准乱拉临时电气线路。

（13）仓库或堆料场严禁使用碘钨灯，以防碘钨灯引起火灾。

2）电、气焊作业场所的消防要求

（1）焊、割作业点与氧气瓶、乙炔瓶等危险物品的距离不得小于 10m，与易燃易爆物品的距离不得少于 30m。

（2）乙炔瓶和氧气瓶之间的存放距离不得小于 2m，使用时两者的距离不得小于 5m。

（3）氧气瓶、乙炔瓶等焊割设备上的安全附件应完整而有效，否则严禁使用。

（4）施工现场的焊、割作业，必须符合防火要求，严格执行"十不烧"规定：

① 焊工必须持证上岗，无证者不准进行焊、割作业；

② 属一、二、三级动火范围的焊、割作业，未经办理动火审批手续，不准进行焊割作业；

③ 焊工不了解焊、割现场周围情况，不得进行焊、割作业；

④ 焊工不了解焊件内部是否有易燃、易爆物时，不得进行焊、割作业；

⑤ 各种装过可燃气体、易燃液体和有毒物质的容器，未经彻底清洗或未排除危险之前，不准进行焊、割作业；

⑥ 用可燃材料对设备做保温、冷却、隔声、隔热的，或火星能飞溅到的地方，在未采取切实可靠的安全措施之前，不准焊、割作业；

⑦ 有压力或密闭的管道、容器，不准焊、割作业；

⑧ 焊、割部位附近有易燃易爆物品，在未作清理或未采取有效的安全防护措施前，不准焊、割作业；

⑨ 附近有与明火作业相抵触的工种在作业时，不准焊、割作业；

⑩ 与外单位相连的部位，在没有弄清有无险情或明知存在危险而未采取有效的措施之前，不准焊、割作业。

3）油漆料库与调料间的消防要求

（1）油漆料库与调料间应分开设置，且应与散发火星的场所保持一定的防火间距。

（2）性质相抵触、灭火方法不同的品种，应分库存放。

（3）涂料和稀释剂的存放和管理，应符合《仓库防火安全管理规则》的要求。

（4）调料间应通风良好，并应采用防爆电器设备，室内禁止一切火源，调料间不能兼做更衣室和休息室。

（5）调料人员应穿不易产生静电的工作服、不带钉子的鞋。开启涂料和稀释剂包装时，应采用不易产生火花型工具。

（6）调料人员应严格遵守操作规程，调料间内不应存放超过当日调制所需的原料。

4）木工操作间的消防要求

（1）操作间的建筑应采用阻燃材料搭建。

（2）操作间应设消防水箱和消防水桶，储存消防用水。

（3）操作间冬季宜采用暖气（水暖）或无明火电加热器供暖。

（4）电气设备的安装要符合要求。抛光、电锯等部位的电气设备应采用密封式或防爆式设备。刨花、锯末较多部位的电动机，应安装防尘罩并及时清理。

（5）操作间内严禁吸烟和明火作业。

（6）操作间只能存放当班的用料，成品及半成品要及时运走。木工应做到工作结束场地清，刨花、锯末每班都打扫干净，倒在指定地点。

（7）严格遵守操作规程，对旧木料一定要经过检查，起出铁钉等金属后，方可上锯锯料。

（8）配电盘、刀闸下方不能堆放成品、半成品及废料。

（9）工作完毕应拉闸断电，并经检查确无火险后方可离开。

第 13 章　施工资源管理

13.1　材料与半成品管理

13.1.1　项目材料计划

第 13 章
看本章精讲课
做本章自测题

1. 材料计划的分类

（1）按照计划的用途划分，材料计划分为材料需用计划、加工订货计划和采购计划。

（2）按照计划的期限划分，材料计划有年度计划、季度计划、月计划、单位工程材料计划及临时追加计划。

（3）项目常用的材料计划有：单位工程主要材料需用计划、主要材料年度需用计划、主要材料月（季）度需用计划、半成品加工订货计划、周转料具需用计划、主要材料采购计划、临时追加计划等。

2. 材料需用计划的编制

1）单位工程主要材料需用计划

项目开工前，项目经理部依据施工图纸、预算、管理水平和节约措施，以单位工程为对象编制各种材料需用计划，作为编制其他材料计划及项目材料采购总量控制的依据。

2）主要材料年（季）度需用计划

根据项目进度计划安排，在主要材料需用计划的基础上。编制主要材料年度需用计划、主要材料季度需用计划，作为项目年度和阶段材料计划的控制依据。

3）主要材料月度需用计划

该计划是项目材料需用计划中最具体的计划，是制订采购计划和向供应商订货的依据。计划中的每项材料描述更详细，主要有产品的名称、规格型号、单位、数量、主要技术要求（含质量）、进场日期、提交样品时间等。

4）周转料具需用计划

依据施工组织设计，按品种、规格、数量、需用时间和进度编制。

3. 材料采购计划的编制

1）材料采购计划

计划中应确定采购方式、采购人员、候选供应商名单和采购时间等。根据物资采购的技术复杂程度、市场竞争情况、采购金额及数量大小确定采购方式。包括招标采购、邀请报价采购和零星采购等方式。

2）半成品加工订货计划

在半成品或构件制品加工周期允许时间内，依据施工图纸和施工进度，提出加工订货计划。加工订货产品通常为非标产品，必须提出具体的加工要求，并附加图纸、说明、样品等。

4. 材料计划的调整

材料计划在实施中常会受到各种因素的影响而进行调整。材料调整计划或材料追加计划应按照编制审核程序进行审批后实施。计划调整的常见因素有生产任务改变、设计变更、材料市场供需变化、施工进度调整等。

13.1.2　现场材料与半成品管理

1. 材料采购的要求

（1）项目经理部应编制工程项目所需主要材料、大宗材料的需用计划，由企业物资部门或授权项目部订货或采购。

（2）选择企业发布的合格分供方名册中的厂家；对于企业合格分供方名册以外的厂家，在必须采购其产品时，要严格按照"合格分供方选择与评定工作程序"执行，即按企业规定经过对分供方审批合格后，方可签订采购合同进行采购。

（3）材料采购时，要注意采购周期、批量、库存量满足使用要求，进行方案优选，选择采购费和储存费之和最低的方案。

2. 周转物资供应方式

建筑企业应根据企业自身情况及项目特点合理选择下列供应方式：

（1）企业统一购置、集中管理，实行内部租赁。

（2）区域性集中管控，周转使用。

（3）项目购置周转使用。

3. 材料进场的验收与保管

（1）材料进入现场时，应进行材料凭证、数量、规格、外观的验收，进行挂牌标识，建立"收料台账记录"。需要复试的材料做待检标识，并及时通知相关人员取样送检，复试结果合格后方可使用。

（2）材料验收中，对不符合计划要求或质量不合格的材料，应更换、退货或让步接收（降级使用），严禁使用不合格的材料。

（3）经验收合格的材料应按施工现场平面布置一次就位，并做好材料的标识。材料的堆放地应平整夯实，并有排水、防扬尘措施。各类材料应分品种、规格码放整齐，并标识齐全清晰，料具码放高度不得超过 1.5m。库外材料存放应下垫上盖，有防雨、防潮要求的材料应入库保管。

（4）周转材料不得挪作他用，也不得随意切割打洞，严禁高空抛落，拆除后应及时退库。施工现场散落材料必须及时清理分拣归垛。易燃、易爆、剧毒等危险品应设立专库保管，并有明显危险品标志。

4. 不合格材料与半成品退场

不合格材料或半成品退场应办理退场手续，其退场流程如下：

（1）项目部物资管理部门提出不合格材料（半成品）退场申请单，经项目主管领导审核同意，报监理工程师批准。

（2）将材料或半成品退场决定通知供应商，商定退场时间。

（3）报请监理工程师见证退场，填写不合格材料（半成品）退场记录，内容包括材料（半成品）型号、规格、数量、运输车辆、见证人员、退场照片等。退场记录经供应商、施工单位、监理工程师签字确认。

（4）项目部物资管理部门提交不合格材料（半成品）退场报告，报监理工程师确认。

（5）不合格材料（半成品）退场事项登记到不合格材料（半成品）记录台账，相关资料归档。

5. ABC分类法

（1）就是根据库存材料的占用资金大小和品种数量之间的关系，把材料分为ABC三类，见表13.1-1，找出重点管理材料。

表 13.1-1　材料 ABC 分类表

材料分类	品种数占全部品种数（％）	资金额占资金总额（％）
A 类	5～10	70～75
B 类	20～25	20～25
C 类	60～70	5～10
合计	100	100

（2）ABC 分类法分类步骤：

第一步，计算每一种材料的金额。

第二步，按照金额由大到小排序并列成表格。

第三步，计算每一种材料金额占库存总金额的比率。

第四步，计算累计比率。

第五步，分类。

（3）分类管理

① A 类材料占用资金比重大，是重点管理的材料，要按品种计算经济库存量和安全库存量，并对库存量随时进行严格盘点，以便采取相应措施。

② 对 B 类材料，可按大类控制其库存。

③ 对 C 类材料，可采用简化的方法管理，如定期检查库存，组织在一起订货运输等。

13.1.3　建筑材料检测

1. 材料检验要求

（1）工程采用的主要材料、半成品、成品、构配件、器具和设备应进行进场检验。

（2）涉及安全、节能、环境保护和主要使用功能的重要材料、产品应按各专业相关规定进行复验，并应经监理工程师检查认可。

（3）对涉及结构安全、节能、环境保护和主要使用功能的试块、试件及材料，应按规定进行见证检验。

（4）见证检验应在建设单位或者监理单位的监督下现场取样、送检，检测试样应具有真实性和代表性。

2. 材料复试取样原则

（1）同一厂家生产的同一品种、同一类型、同一生产批次的进场材料应根据相应建筑材料质量标准与管理规程以及规范要求的代表数量确定取样批次，抽取样品进行复试，当合同另有约定时应按合同执行。

（2）项目应实行见证取样和送检制度。即在建设单位或监理工程师的见证下，由项目试验员在现场取样后送至试验室进行试验。见证取样和送检次数应按相关规定进行。

（3）送检的检测试样，必须从进场材料中随机抽取，严禁在现场外抽取。试样应有唯一性标识，试样交接时，应对试样外观、数量等进行检查确认。

（4）工程的取样送检见证人，应由该工程建设单位书面确认，并委派在工程现场的建设或监理单位人员1～2名担任。见证人应具备与检测工作相适应的专业知识。见证人及送检单位对试样的代表性及真实性负有法定责任。

（5）试验室在接受委托试验任务时，须由送检单位填写委托单。

3. 主要材料复试内容

（1）钢筋：屈服强度、抗拉强度、伸长率、弯曲性能、重量偏差。

（2）水泥：胶砂强度、氯离子含量、安定性、凝结时间。

（3）混凝土外加剂：检验报告中应有碱含量指标，预应力混凝土结构中严禁使用含氯化物的外加剂。混凝土结构中使用含氯化物的外加剂时，混凝土的氯化物总含量应符合规定。

（4）石子：筛分析、含泥量、泥块含量、含水率、吸水率及石子的非活性骨料检验。

（5）砂：筛分析、泥块含量、含水率、吸水率及非活性骨料检验。

（6）建筑外墙金属窗、塑料窗：气密性、水密性、抗风压性能。

（7）装饰装修用人造木板及胶粘剂：甲醛含量。

（8）饰面板（砖）：室内用花岗石放射性，粘贴用水泥的凝结时间、安定性、抗压强度，外墙陶瓷面砖的吸水率及抗冻性能复验。

（9）混凝土小型空心砌块：同一部位使用的小砌块应持有同一厂家生产的产品合格证书和进场复试报告，小砌块在厂内的养护龄期及其后停放期总时间必须确保不少于28d。

（10）预拌混凝土：混凝土坍落度、抗压强度、抗渗等级等。

13.1.4　建筑材料与半成品质量控制

1. 建筑结构材料质量管理要求

（1）建筑结构材料的规格、品种、型号和质量等，必须满足设计和有关规范、标准的要求。

（2）装饰材料应符合现行国家法律、法规、规范及设计要求，同时还应符合经业主批准的材料样板的要求，并应根据材料的特性、使用部位来进行选择。

（3）建筑材料的质量控制主要体现在以下四个环节：材料的采购、材料进场试验检验、过程保管和材料使用。

2. 材料采购的控制

（1）各省市及地方建设行政管理部门对钢材、水泥、预拌混凝土、砂石、砌体材料、石材、胶合板实行备案证明管理。

（2）通过市场调研和对生产经营厂商的考察，选择供货质量稳定、履约能力强、信誉高、价格有竞争力的供货单位。

（3）对于诸如瓷砖、釉面砖等建筑装饰材料，由于不同批次间会不可避免地存在色差，为了保证质量和效果，在订货时要充分考虑施工损耗和日后维修使用等因素。

（4）在确定供货商后，应对供货商提供的质量文件内容、文件格式、份数做出明确要求，对材料技术指标应在合同中明确，这些文件将在工程竣工后成为竣工文件的重要组成部分。

3. 材料试验检验

（1）材料进场时，应提供材料或产品合格证，并根据供料计划和有关标准进行现场质量验证和记录。质量验证包括材料品种、型号、规格、数量、外观检查和见证取样。验证结果记录后报监理工程师审批备案。

（2）现场验证不合格的材料不得使用，也可经相关方协商后按有关标准规定降级使用。

（3）对于项目采购的物资，业主的验证不能代替项目对所采购物资的质量责任，而业主采购的物资，项目的验证也不能取代业主对其采购物资的质量责任。

（4）物资进场验证不齐或对其质量有怀疑时，要单独存放该部分物资，待资料齐全和复验合格后，方可使用。

13.2　机械设备管理

13.2.1　施工机械设备的配置

1. 施工机械设备选择的依据和原则

（1）施工项目机械设备的供应渠道有企业自有设备调配、市场租赁设备、专门购置机械设备、专业分包队伍自带设备。

（2）施工机械设备选择的依据是：施工项目的施工条件、工程特点、工程量多少及工期要求等。

（3）选择的原则主要有适应性、高效性、稳定性、经济性和安全性。

2. 施工机械设备选择的方法

（1）施工机械设备选择的方法有单位工程量成本比较法、折算费用法（等值成本法）、界限时间比较法和综合评分法等。

（2）施工机械需用量计算

施工机械需用量根据工程量、计划期内台班数量、机械生产率和利用率计算见式（13.2-1）：

$$N = P/(W \times Q \times K_1 \times K_2) \tag{13.2-1}$$

式中　N——机械需用数量；

　　　P——计划期内工作量；

　　　W——计划期内台班数；

　　　Q——机械台班生产率（即台班工作量）；

　　　K_1——现场工作条件影响系数；

　　　K_2——机械生产时间利用系数。

（3）单位工程量成本比较法

机械设备使用的成本费用分为可变费用和固定费用两大类。可变费用又称操作费，它随着机械的工作时间变化，如操作人员的工资、燃料动力费、小修理费、直接材料费等。固定费用是按一定施工期限分摊的费用，如折旧费、大修理费、机械管理费、投资应付利息、固定资产占用费等，租赁机械的固定费用是要按期交纳的租金。在多台机械可供选用时，可优先选择单位工程量成本费用较低的机械。单位工程量成本的计算公式（13.2-2）是：

$$C = (R + F \cdot X)/(Q \cdot X) \qquad (13.2\text{-}2)$$

式中　C——单位工程量成本；

　　　R——一定期间固定费用；

　　　F——单位时间可变费用；

　　　Q——单位作业时间产量；

　　　X——实际机械使用时间。

（4）折算费用法（等值成本法）

机械需要长期使用，项目经理部决策购置机械时，可考虑机械的原值、年使用费、残值和复利利息，用折算费用法计算，在预计机械使用的期间，按月或年摊入成本的折算费用，选择较低者购买。

13.2.2　大型施工机械设备管理

1. 管理工作内容

（1）制订设备管理制度；

（2）签订机械租赁合同，组织设备进场与退场；

（3）建立现场设备台账；

（4）建立机械设备日巡查、周检查、月度大检查制度，组织设备维修保养；

（5）做好设备安全技术交底，监督操作者取得操作证，按规程操作设备；

（6）参与重要机械设备作业指导书、防范措施的制订、审查等；

（7）负责机械危险辨识和应急预案的编制和演练；

（8）参与机械事故、未遂事故的调查、处理、报告；

（9）负责各种资料、记录的收集、整理、存档和机械统计报表工作。

2. 使用管理制度

（1）"三定"制度。"三定"制度是指主要机械在使用中实行定人、定机、定岗位责任的制度。

（2）交接班制度。在采用多班制作业、多人操作机械时，要执行交接班制度，内容包括：

① 交接工作完成情况；

② 交接机械运转情况；

③ 交接备用料具、工具和附件；

④ 填写本班的机械运行记录；

⑤ 交接双方签字；

⑥ 管理部门检查交接情况。

（3）安全交底制度。安全交底制度是指项目机械管理人员要对机械操作人员进行安全技术书面交底，并有机械操作人签字。

（4）技术培训制度。通过进场培训和定期的过程培训，使操作人员做到"四懂三会"，即懂机械原理、懂机械构造、懂机械性能、懂机械用途，会操作、会维修、会排除故障；使维修人员做到"三懂四会"，即懂技术要求、懂质量标准、懂验收规范，会拆检、会组装、会调试、会鉴定。

（5）检查制度。在机械使用前和使用中的检查内容包括：

① 制度的执行情况；

② 机械的正常操作情况；

③ 机械的完整与受损情况；

④ 机械的技术与运行状况，维修及保养情况；

⑤ 各种机械管理资料的完整情况。

（6）操作证制度。机械操作人员必须持证上岗；操作人员应随身携带操作证；严禁无证操作；审核操作证的年度审查情况。

3. 机械验收管理内容

（1）安装位置是否符合平面布置图要求；

（2）安装地基是否牢固，机械是否稳固，工作棚是否符合要求；

（3）传动部分是否灵活可靠，离合器是否灵活，制动器是否可靠，限位保险装置是否有效，机械的润滑情况是否良好；

（4）电气设备是否可靠，电阻摇测记录是否符合要求，漏电保护器灵敏可靠，接地接零保护正确；

（5）安全防护装置完好，安全、防火距离符合要求；

（6）机械工作机构无损伤，运转正常，紧固件牢固；

（7）操作人员持证上岗。

4. 土方机械的选择

（1）土方机械化开挖应根据基础形式、工程规模、开挖深度、地质、地下水情况、土方量、运距、现场和机具设备条件、工期要求以及土方机械的特点等合理选择挖土机械。

（2）土方机械化施工常用机械有：推土机、铲运机、挖掘机（包括正铲、反铲、拉铲、抓铲等）、装载机、自卸汽车等。

（3）一般深度不大的大面积基坑开挖，宜采用推土机或装载机推土、装土，用自卸汽车运土。

（4）对长度和宽度均较大的大面积土方一次开挖，可用铲运机铲土、运土、卸土、填筑作业。

（5）对面积不大但较深的基础多采用 $0.5m^3$ 或 $1.0m^3$ 斗容量的液压正铲挖掘机，上层土方也可用铲运机或推土机进行。

（6）如操作面狭窄，且有地下水，土体湿度大，可采用液压反铲挖掘机挖土，自卸汽车运土。

（7）在地下水中挖土，可用拉铲，效率较高。

（8）对地下水位较深，采取不排水开挖时，亦可分层用不同机械开挖，先用正铲挖土机挖地下水位以上土方，再用拉铲或反铲挖地下水位以下土方，用自卸汽车将土方运出。

5. 垂直运输机械与设备的选择

1）塔式起重机

（1）塔机安装位置的选择应考虑所有影响其安全操作的因素，特别注意以下几点：

① 地基承载和附着条件；

② 现场和附近的其他危险因素；

③ 在工作或非工作状态下风力的影响；

④ 满足安装架设（拆卸）空间和运输通道（含辅助起重机站位）要求。

（2）塔式起重机的分类见表 13.2-1。

表 13.2-1 塔式起重机的分类表

分类方式	类别
按组装方式	自行架设塔机、组装式塔机
按回转部位	上回转塔机、下回转塔机
组装式塔机按上部结构特征	水平臂（含平头式）：小车变幅塔机、倾斜臂小车变幅塔机、动臂变幅塔机、伸缩臂小车变幅塔机、折臂小车变幅塔机 动臂变幅塔机：定长臂动臂变幅塔机、铰接臂动臂变幅塔机
组装式塔机按中部结构特征	爬升式塔机、定置式塔机
爬升式塔机按爬升特征	内爬式塔机、外爬式塔机

2）施工电梯

多数施工电梯为人货两用，少数为仅供货用。电梯按其驱动方式可分为齿条驱动和绳轮驱动两种：齿条驱动电梯又有单吊箱（笼）式和双吊箱（笼）式两种，并装有可靠的限速装置，适于 20 层以上建筑工程使用；绳轮驱动电梯为单吊箱（笼），无限速装置，轻巧便宜，适于 20 层以下建筑工程使用。

3）混凝土泵

水平和垂直输送混凝土的专用设备。按工作方式混凝土泵分为固定式和流动式两种；理论输送量 $5\sim200\mathrm{m}^3/\mathrm{h}$。混凝土泵的工作条件应符合以下要求：

（1）工作环境温度为 $0\sim40℃$，但 24h 内平均温度不超过 35℃。

（2）工作环境海拔不超过 2000m（流动式为 1000m），否则应作为特殊情况处理。

（3）泵送混凝土坍落度宜为 80～230mm；当泵送混凝土坍落度为 180～210mm（流动式为 150～200mm）时，混凝土泵泵送效率不低于 85%。

（4）供电电源电压的波动范围不大于额定电压 ±10%，频率的波动范围不大于额定频率 ±2%。

13.3 劳动用工管理

13.3.1 劳动用工的配置

1. 施工劳动用工特点

1）长期工少，短期工多

由于建筑施工劳动的流动性和间断性，在不同地区之间流动施工时，招聘的工人都是短期的合同工或临时工，聘用期最长也只是该建筑产品的整个施工期。通常是按各分部、分项工程的技术要求雇用不同工种和不同技术等级的工人，有时甚至可能按工作日或工时临时雇用工人。

2）技术工少，普通工多

由于建筑生产劳动技能要求不均衡，建筑施工劳动的许多方面普通工即可胜任。即使对技术要求较高的工种，也常常需要一定数量的普通工做一些辅助工作。只有少数工种，如木工、装饰工、水电管线工等，技术工人的比重相对高一些。

3）青年工人少，中老年工人多

一方面，建筑施工的劳动条件艰苦，室外作业多，高空作业多，重体力劳动比重较大，青年人多不愿意从事建筑施工行业劳动；另一方面建筑施工中短期工作的比例较大，对劳动技能要求不高，致使原来从事建筑施工的年龄较大农村劳动力仍坚持工作在施工工地。

4）女性工人少，男性工人多

建筑业由于其劳动强度和作业方式的特殊性，不适宜妇女从事。妇女适宜在建筑业从事一些辅助性工作、后勤服务工作，但这些工作所占比例毕竟有限，一般不超过10%，与全社会妇女的平均就业率相差甚远。

2. 施工劳动力计划与配置方法

1）劳动力计划编制要求

（1）要保持劳动力均衡使用。劳动力使用不均衡，不仅会给劳动力调配带来困难，还会出现过多、过大的需求高峰，同时也增加了劳动力的管理成本，还会带来住宿、交通、饮食、工具等方面的问题。

（2）要根据工程的实物量和定额标准分析劳动需用总工日，确定生产工人、工程技术人员的数量和比例，以便对现有人员进行调整、组织、培训，以保证现场施工的劳动力到位。

（3）要准确计算工程量和施工期限。工程量越精准，工期越合理，劳动力使用计划越准确。

2）劳动力需求计划

（1）确定劳动效率

① 确定劳动力的劳动效率，是劳动力需求计划编制的重要前提。建筑工程施工中，劳动效率通常用"产量／单位时间"或"工时消耗量／单位工作量"来表示。劳动效率可以在《劳动定额》中直接查到，它代表社会平均先进水平的劳动效率。但在实际应用时，必须考虑到具体情况，如环境、气候、地形、地质、工程特点、实施方案的特点、

现场平面布置、劳动组合、施工机具等，进行合理调整。

② 根据劳动力的劳动效率，就可得出劳动力投入的总工时，即：

劳动力投入总工时＝工程量／（产量／单位时间）＝工程量 × 工时消耗量／单位工作量

（2）确定劳动力投入量

劳动力投入量也称劳动组合或投入强度，计算如下：

$$劳动力投入量 = \frac{劳动力投入总工时}{班次/日 \times 工时/班次 \times 活动持续时间}$$

$$= \frac{工时消耗量 \times 工程量/单位工程量}{班次/日 \times 工时/班次 \times 活动持续时间}$$

（3）劳动力需求计划的编制

① 在编制劳动力需要量计划时，由于工程量、劳动力投入量、持续时间、班次、劳动效率、每班工作时间之间存在一定的变量关系，因此，在计划中要注意它们之间的相互调节。

② 在工程项目施工中，经常安排混合班组承担一些工作任务，此时，不仅要考虑整体劳动效率，还要考虑到设备能力和材料供应能力的制约，以及与其他班组工作的协调。

3. 劳动力配置计划

（1）劳动力配置计划的内容

① 制订合理的工作制度与运营班次，根据项目类型和生产过程特点，提出工作时间、工作制度和工作班次方案。

② 根据精简、高效的原则和劳动定额，提出配备各岗位所需人员的数量，优化人员配置。确定各类人员应具备的劳动技能和文化素质，测算职工工资和福利费用，测算劳动生产率，提出员工聘用方案。

（2）劳动力配置计划的编制方法

① 按设备计算定员，即根据机器设备的数量、工人操作设备定额和生产班次等，计算生产定员人数。

② 按劳动定额定员，即根据工作量或生产任务量，按劳动定额计算生产定员人数。

③ 按岗位计算定员，即根据设备操作岗位和每个岗位需要的工人数计算生产定员人数。

④ 按比例计算定员，即按服务人数占职工总数或者生产人员数量的比例计算所需服务人员的数量。

⑤ 按劳动效率计算定员，根据生产任务和生产人员的劳动效率计算生产定员人数。

⑥ 按组织机构职责范围、业务分工计算管理人员的人数。

13.3.2　劳务工人的管理

1. 劳务用工基本规定

（1）劳务用工企业必须依法与工人签订劳动合同，合同中应明确合同期限、工作内容、工作条件、工资标准（计时工资或计件工资）、支付方式、支付时间、合同终止条件、双方责任等。劳务企业应当每月对劳务作业人员应得工资进行核算，按照劳动合同约定的日期支付工资，不得以工程款拖欠、结算纠纷、垫资施工等理由随意克扣或无故拖欠工人工资。

（2）劳务用工企业必须建立健全培训制度，从事建设工程劳务作业的人员必须持相应的执业资格证书，并在工程所在地建设行政主管部门登记备案，严禁无证上岗。

（3）项目部应当以劳务班组为单位，建立建筑劳务用工档案，按月归集劳动合同、考勤表、施工作业工作量完成登记表、工资发放表、班组工资结清证明等资料，并以单项工程为单位，按月将企业自有建筑劳务的情况和使用的分包企业情况向工程所在地建设行政主管部门报告。

（4）总承包企业或专业承包企业支付劳务企业分包款时，应责成专人现场监督劳务企业将工资直接发放给劳务工本人，严禁发放给"包工头"或由"包工头"替多名劳务工代领工资，以避免出现"包工头"携款潜逃，劳务工资拖欠的情况。因总承包企业转包、挂靠、违法分包工程导致出现拖欠劳务工资的，由总承包企业承担全部责任，并先行支付劳务工资。

2. 劳务分包管理

劳务分包管理流程如下：分包单位信息的收集→资格预审→实地考察→评定合格分包商→劳务分包单位参与投标→评标及确定中标单位→签订劳务分包合同→注册、登记→进场施工及现场管理→考核、评估→合同完成。

1）劳务分包单位资源信息的收集

劳务分包单位资源信息筛选的要点：具有良好施工信誉和业绩；具有充足的劳动力及管理人员；符合施工要求的各种资格条件；具有较完善的内部管理体系。

2）资格预审

资格预审内容：劳务分包单位的企业性质、资质等级、社会信誉、资金情况、劳动力资源情况、施工业绩、履约能力、管理水平等。

3）实地考察

实地考察内容：企业规模、内部管理模式、管理水平、获奖情况、管理人员及劳动力状况；近三年竣工工程的业绩情况及履约状况；在施工程实体施工质量、成本管理水平、现场管理水平、文明施工状况、劳动力分布。

4）评定合格分包商

评定要点：劳务分包单位内部管理水平要符合工程项目施工的要求；管理人员及劳动力相对稳定；工程实体质量控制能力能够满足实现质量目标的要求；企业信誉良好；无不良行为和诉讼记录。

5）劳务分包单位参与投标

按国家及地方关于劳务分包招标管理的相关规定和程序，选择劳务分包单位参与投标。所推荐的劳务分包单位应来自企业合格分包单位队伍名录，根据工程项目具体情况的要求，推荐相应资质等级劳务分包单位。

6）评标及确定中标单位

由"劳务分包招标工作小组"组织进行评标、议标工作，由"劳务分包招标领导小组"确定中标单位。确定中标单位的主要依据：满足招标文件规定；合理低价；方案符合招标文件要求。

7）签订劳务分包合同

采用建设工程施工劳务分包合同范本，总承包单位与劳务分包单位签订劳务分包合同。

8）注册、登记

中标的劳务分包单位到总承包单位办理注册登记手续。由总承包单位协助中标的劳务分包单位办理地方政府的注册手续。

9）进场施工及现场管理

总承包商全权负责劳务分包单位在施工现场的管理，包括负责入场教育和施工过程管理等。劳务分包单位及劳务人员按工程所在地建设行政主管部门及总承包商的规定办理各种手续，严格遵守现场安全文明、环保和职业安全健康规定，按规定要求持证上岗。

10）考核、评估

严格的考核和评估是促进劳务分包单位管理能力提高的有效方法。总承包商应对劳务分包单位进行分阶段考核和评估，考核和评估的结论记入分包方信用档案。

3. 劳务工人实名制管理

总承包企业对所承接工程项目的建筑工人实名制管理负总责，分包企业对其招用的建筑工人实名制管理负直接责任，配合总承包企业做好相关工作。

1）主要措施

（1）总承包企业、项目经理部和作业分包单位必须按规定分别设置劳务管理机构和劳务管理员（简称劳务员），制订劳务管理制度。劳务员应持有岗位证书，切实履行劳务管理的职责。

（2）作业分包单位的劳务员在进场施工前，应按实名制管理要求，将进场施工人员花名册、身份证、劳动合同文本或用工书面协议、岗位技能证书复印件及时报送总承包商备案。总承包方劳务员根据劳务分包单位提供的劳务人员信息资料逐一核对，不具备以上条件的不得使用，总承包商将不允许其进入施工现场。

（3）劳务员要做好劳务管理工作内业资料的收集、整理、归档，包括：企业法人营业执照、资质证书、建筑企业档案管理手册、安全生产许可证、项目施工劳务人员动态统计表、劳务分包合同、交易备案登记证书、劳务人员备案通知书、劳动合同书或用工书面协议、身份证、岗位技能证书、月度考勤表、月度工资发放表等。

（4）项目经理部劳务员负责项目日常劳务管理和相关数据的收集统计工作，建立劳务费、工资结算兑付情况统计台账，检查监督作业分包单位对劳务工资的支付情况，对作业分包单位在支付工资上存在的问题，应要求其限期整改。

（5）项目经理部劳务员要严格按照劳务管理的相关规定，加强对现场的监控，规范分包单位的用工行为，保证其合法用工，依据实名制要求，监督劳务分包做好劳务人员的劳动合同或用工书面协议签订、人员增减变动台账。

（6）实施建筑工人实名制管理所需费用可列入安全文明施工费和管理费。

2）技术手段

实名制采用"建筑企业实名制管理卡"，该卡具有多项功能。

（1）工资管理：劳务分包单位按月将劳务人员的工资通过邮政储蓄所存入个人管

理卡，工人使用管理卡可就近在 ATM 机支取现金，查询余额，也可异地支取。

（2）考勤管理：在施工现场进出口通道安装打卡机，工人进出施工现场进行打卡，打卡机记录工人出勤状况，项目劳务员通过采集卡对打卡机的考勤记录进行采集并打印，作为工人考勤的原始资料存档备查，并作为公示资料进行公示，让每一个劳务人员知道自己在本期内的出勤情况。

（3）门禁管理：劳务人员出入项目施工区、生活区的通行许可证。

（4）售饭管理：劳务分包单位按月将每个劳务人员的本月饭费存入卡中，工人用餐时在售饭机上划卡付费即可。

（5）施工现场可采用人脸、指纹、虹膜等生物识别技术进行电子打卡；不具备封闭式管理条件的工程项目，应采用移动定位、电子围栏等技术实施考勤管理。相关电子考勤和图像、影像等电子档案保存期限不少于 2 年。